Gmelin Handbuch der Anorganischen Chemie

Achte völlig neu bearbeitete Auflage

Main Series, 8th Edition

Bisher erschienene Bände zu „Tellur" (Syst.-Nr. 11)
Volumes published on "Tellurium" (Syst.-No. 11)

Tellur

Hauptband – 1940

Tellur Ergänzungsband B 1

Verbindungen mit Wasserstoff, Sauerstoff und Stickstoff – 1976

Tellur Ergänzungsband B 2

Verbindungen mit Fluor und Chlor – 1977

(vorliegender Band)

Gmelin Handbuch der Anorganischen Chemie

BEGRÜNDET VON Leopold Gmelin

Achte völlig neu bearbeitete Auflage

ACHTE AUFLAGE begonnen im Auftrage der Deutschen Chemischen Gesellschaft
von R. J. Meyer
E. H. E. Pietsch und A. Kotowski

fortgeführt von
Margot Becke-Goehring

HERAUSGEGEBEN VOM Gmelin-Institut für Anorganische Chemie
der Max-Planck-Gesellschaft zur Förderung der Wissenschaften

Springer-Verlag
Berlin · Heidelberg · New York 1977

Gmelin Handbuch der Anorganischen Chemie

Achte völlig neu bearbeitete Auflage
Main Series, 8th Edition

Tellur

Ergänzungsband
Teil B 2

Verbindungen mit Fluor und Chlor

Mit 28 Figuren

HAUPTREDAKTEUR (CHIEF EDITOR) Gerhart Hantke

REDAKTEURE (EDITORS) Gerhart Hantke, Hiltrud Hein, Gerhard Kirschstein, Dieter Koschel, Peter Merlet, Brünnhilde v. Tschirschnitz-Geibler

WISSENSCHAFTLICHE MITARBEITER (AUTHORS) Gerhart Hantke, Hiltrud Hein, Peter Kuhn, Karl Rehfeld, Brünnhilde v. Tschirschnitz-Geibler

System-Nummer 11

Springer-Verlag
Berlin · Heidelberg · New York 1977

ENGLISCHE FASSUNG DER STICHWÖRTER NEBEN DEM TEXT:
ENGLISH HEADINGS ON THE MARGINS OF THE TEXT:

H. J. KANDINER, SUMMIT, N. J.

DIE LITERATUR IST BIS ENDE 1973 AUSGEWERTET
IN VIELEN FÄLLEN DARÜBER HINAUS

LITERATURE CLOSING DATE: UP TO END 1973
IN MANY CASES MORE RECENT DATA HAVE BEEN CONSIDERED

Die vierte bis siebente Auflage dieses Werkes erschien im Verlag von Carl Winter's Universitätsbuchhandlung in Heidelberg

Library of Congress Catalog Card Number: Agr 25-1383

ISBN 3-540-93352-2 Springer-Verlag, Berlin · Heidelberg · New York
ISBN 0-387-93352-2 Springer-Verlag, New York · Heidelberg · Berlin

LN-Druck Lübeck

Vorwort

Im „Tellur" Ergänzungsband Teil B werden die Verbindungen des Tellurs beschrieben, wie sie sich entsprechend der Gmelin-Systematik ergeben. Im Band B 1 sind die Wasserstoff-, Sauerstoff- und Stickstoffverbindungen, im vorliegenden Band B 2 werden die Fluor- und Chlorverbindungen gebracht. Die restlichen Halogenverbindungen sowie die der Systematik entsprechend noch fehlenden Verbindungen sowie die Komplexverbindungen folgen in B 3.

Neben nur aus Tellur und Fluor bestehenden Verbindungen, hauptsächlich TeF_4 und TeF_6, existieren eine große Anzahl von Ionen mit 4- und 6wertigem Tellur. Die Hauptvertreter der Ionen des 4wertigen Tellurs sind Pentafluorotellurat(IV)-Ionen sowohl als solche als auch in Form ihrer Salze, von denen hier die Alkali- und einige Onium-Salze behandelt sind. 4wertiges Te tritt auch vielfach in Form von Fluorooxo- und Fluorohydroxotelluraten(IV) auf. Vom 6wertigen Tellur leiten sich nur wenige Verbindungen mit den Ionen TeF_7^- und TeF_8^{2-} ab; es ist aber eine Reihe von zum Teil polymeren Fluoridoxiden bekannt. Die Mehrzahl der 6wertigen Te-F-Verbindungen gehen auf die Orthotellursäure zurück. Das Kapitel „Tellur und Fluor" schließt mit den Amidfluoriden ab.

Im Gegensatz zu den Fluorverbindungen, bei denen 2wertiges Te nur in wenigen Komplexen auftritt und Subfluoride nicht bekannt sind, existieren bei den Chlorverbindungen Subchloride, und 2wertiges Te liegt in Form von Trichlorotelluraten(II) vor. Ein Chlorid des 6wertigen Te ist nicht bekannt. Die zahlreichen Angaben über das reaktionsfähige $TeCl_4$, die komplexen Ionen $TeCl_n^{(4-n)+}$ und die Alkalihexachlorotellurate(IV) machen einen großen Teil des Kapitels „Tellur und Chlor" aus. Im Gegensatz zu den analogen Fluorverbindungen nehmen Chloridoxide, Chlorooxo- und Chlorohydroxo-Ionen nur einen geringen Teil des vorliegenden Bandes in Anspruch. Das gilt auch für Te-Cl-Verbindungen, die noch Fluor und Stickstoff enthalten.

Wie im Band B 1 sind auch hier jeweils die Alkaliverbindungen der Säuren abgehandelt.

Frankfurt am Main
Oktober 1977

Gerhart Hantke

Preface

The compounds of tellurium are described in the Tellurium Supplement Volume Part B, arranged according to the Gmelin "Principle of the Last Position". Volume B 1 covers the hydrogen, oxygen, and nitrogen compounds, while the fluorine and chlorine compounds are described in the present volume, B 2. The remaining halogen compounds together with other compounds called for by the systematic arrangement, as well as complex compounds, will follow in volume B 3.

In addition to those compounds consisting only of tellurium and fluorine, mainly TeF_4 and TeF_6, a large number of ions exist with tetra- and hexavalent tellurium. The chief example of tetravalent tellurium in an ion is the pentafluorotellurate(IV) ion, which appears both as itself as well as in the form of its salts. Among the latter, the alkali salts and certain of the onium salts are handled here. Tetravalent Te also appears frequently in the form of fluorooxo- and fluorohydroxotellurates(IV). Only a few compounds—containing the TeF_7^- and TeF_8^{2-} ions—are derived from hexavalent tellurium; however, a series of partly polymeric tellurium(VI) fluoride oxides is known. Most fluorine compounds of hexavalent Te are derived from orthotelluric acid. Amino- and amidotellurium fluorides conclude the "Tellurium and Fluorine" chapter.

In contrast to the fluorine compounds—among which divalent Te is only encountered in a few complexes and where subfluorides are unknown—subchlorides do exist among the chlorine compounds, and divalent Te is encountered in the form of trichlorotellurates(II). No chlorides of hexavalent Te are known. A large portion of the chapter "Tellurium and Chlorine" is devoted to the numerous citations dealing with the reactive compound $TeCl_4$, the $TeCl_n^{(4-n)+}$ complex ions, and the alkali hexachlorotellurates(IV). As contrasted to the case of the analogous fluorine compounds, only a small portion of the present volume is devoted to chloride oxides, chlorooxo ions, and chlorohydroxo ions. This is also true of those Te-Cl compounds which also contain fluorine and nitrogen.

As in volume B 1, the alkali compounds of the several acids are also treated here.

Frankfurt am Main
October 1977

Gerhart Hantke

Inhaltsverzeichnis

(Table of Contents see page VI)

Seite

Seite

Seite

Table of Contents

(Inhaltsverzeichnis s. S. I)

Page

4 Tellur und Fluor

Tellurium and Fluorine

Allgemeine Literatur:

K. W. Bagnall, The Chemistry of Selenium, Tellurium, and Polonium, Amsterdam – London – New York 1966, S. 1/200, 100.

D. M. Chizhikov, V. P. Shchastlivyi, Tellurium and the Tellurides, London 1970, S. 1/297, 248.

B. Cohen, R. D. Peacock, Fluorine Compounds of Selenium and Tellurium, Advan. Fluorine Chem. **6** [1970] 343/86.

D. R. Vissers, M. J. Steindler, Laboratory Investigations in Support of Fluid-bed Fluoride Volatility Processes. X. A Literature Survey on the Properties of Tellurium, Its Oxygen and Fluorine Compounds, ANL-7142 [1966] 1/81; C.A. **66** [1967] Nr. 71964.

Review

Überblick. Von den einfachen Verbindungen zwischen Tellur und Fluor sind seit langem TeF_4 (S. 2) und TeF_6 (S. 19) bekannt. Das anfänglich als Te_2F_{10} formulierte Dekafluorid ist als $(F_5Te)_2O$ (S. 35) identifiziert worden, und mehrere weitere Fluoridoxide (S. 33) sind inzwischen aufgefunden. TeF_2 (s. S. 2) existiert in Komplexen mit S-Donoren wie Thioharnstoff. Für gasförmiges TeF_2 wie auch für TeF liegen physikalische Werte vor, die in Analogie zu den Werten für die entsprechenden S- bzw. Se-F-Verbindungen geschätzt wurden.

Sowohl vom vier- wie auch vom sechswertigen Tellur leiten sich Fluorotellurat-Ionen ab. Während an der Existenz des TeF_6^{2-}-Ions Zweifel bestehen, s. S. 16, ist das TeF_5^--Ion (S. 8) sowohl in wäßriger Lösung wie auch in Form seiner Salze gut untersucht. Die Ionen TeF_7^- und TeF_8^{2-}, s. S. 31, treten in Form der Rb- und Cs-Salze auf. Fluorooxotellurate (IV) und analoge Hydroxoverbindungen sind bekannt als Ionen wie auch als Alkali- (meist Rb- oder Cs-)Salze, s. S. 40. Fluorohydroxo-orthotellur(VI)-Säuren (S. 43) leiten sich vom $Te(OH)_6$ durch sukzessiven Ersatz der OH^--Ionen durch F^--Ionen ab und bilden Alkalisalze. Formal gehört hierzu auch die starke Säure TeF_5OH, s. S. 51, ihr Anion TeF_5O^- besitzt die bemerkenswerte Fähigkeit, mit einer Vielzahl chemisch verschiedener Gruppen zu kombinieren.

An die Stelle eines F-Atoms im TeF_6 kann eine NH_2-Gruppe treten. Als NH_2TeF_5, s. S. 64, ist dieses ebenso wie das zweifach substituierte, jedoch in Substanz nicht bekannte Produkt als Muttersubstanz einer Reihe organischer Verbindungen zu betrachten. Auch ein Cs-Salz des NH_2TeF_5 existiert, s. S. 66.

Abweichend vom Prinzip der letzten Stelle werden außer den oben erwähnten Verbindungen auch ihre Alkali- und Oniumverbindungen im folgenden beschrieben.

4.1 Tellurmonofluorid TeF

Tellurium Monofluoride

TeF wird bei der Blitzlichtphotolyse von TeF_4 zwischen 20 und 400°C nicht beobachtet, G. A. Oldershaw, K. Robinson (Trans. Faraday Soc. **67** [1971] 907/12, 911).

Aus den Kenngrößen anderer Chalkogenhalogenide läßt sich abschätzen, daß die Enthalpieänderung bei der Bildung aus festem Te und F_2-Gas $\Delta H_f^0 = -20.8 \pm 7.0$ kcal/mol sein müßte. Analog wird für das TeF-Molekül der Kernabstand $r = 1.86$ Å und die Schwingungsfrequenz $\omega = 623\ cm^{-1}$ abgeschätzt. Aus diesen Daten werden für die Wärmekapazität C_p, die Enthalpiefunktion $(H° - H_0^°)/T$ und die Entropie S folgende Werte berechnet (sämtlich in $cal \cdot mol^{-1} \cdot K^{-1}$):

T in K	100	200	273.15	298.15	500	1000	1500	2000
C_p°	6.9755	7.4170	7.8230	7.9385	8.4858	8.8144	8.8842	8.9093
$(H^\circ - H_0^\circ)/T$ . .	6.9545	7.0556	7.2086	7.2651	7.6662	8.1827	8.4071	8.5300
S°	49.654	54.597	56.971	57.661	61.919	67.936	71.526	74.085

P. A. G. O'Hare (ANL-7315 [1968] 1/95, 60/1; C.A. **71** [1969] Nr. 33988).

Tellurium(II) Fluoride

4.2 Tellur(II)-fluorid TeF_2

Der Befund von Berzelius [1], daß TeF_2 nicht existiert (s. „Tellur" S. 317), wird von Aynsley [2] bestätigt. Es sind jedoch TeF_2 enthaltende Thioharnstoffkomplexe der Form $Te(tu)_4(HF_2)_2$, $Te(tu)_3(HF_2)_2$ und $Te(tu)_4F_2 \cdot 2H_2O$ bekannt (tu = Thioharnstoff), Foss, Hauge [3]. Falls das TeF_2-Molekül stabil wäre, könnte — analog wie für TeF abgeschätzt — der Kernabstand 1.87 Å und der F-Te-F-Winkel 100° betragen; die Wellenzahlen der Schwingungen könnten 420, 630 und 800 cm^{-1} sein. Ausgehend von diesen Daten lassen sich für die thermodynamischen Funktionen (Wärmekapazität C_p, Enthalpiefunktion $(H^\circ - H_0^\circ)/T$, Entropie S) folgende Werte (sämtlich in $cal \cdot mol^{-1} \cdot K^{-1}$) berechnen, O'Hare [4]:

T in K . . .	100	200	273.15	298.15	300	500	1000	1500	2000
C_p°	8.1433	9.5840	10.6815	10.9950	11.0168	12.5335	13.5145	13.7294	13.8075
$(H^\circ - H_0^\circ)/T$.	7.9796	8.3905	8.8624	9.0283	9.0405	10.1823	11.6745	12.3305	12.6914
S°	55.601	61.644	64.800	65.748	65.817	71.860	80.949	86.478	90.440

Zur Berechnung des β-Faktors für den Isotopenaustausch (Definition s. S. 28) s. Knyazev u.a. [5].

Literatur:

[1] J. J. Berzelius (Ann. Physik Chem. [2] **32** [1834] 577/627, 624). — [2] E. E. Aynsley (J. Chem. Soc. **1953** 3016/9). — [3] D. Foss, S. Hauge (Acta Chem. Scand. **15** [1961] 1623/4). — [4] P. A. G. O'Hare (ANL-7315 [1968] 1/95, 58; C.A. **71** [1969] Nr. 33988). — [5] D. A. Knyazev, A. A. Ivlev, I. B. Popov (Zh. Fiz. Khim. **43** [1969] 1269/78; Russ. J. Phys. Chem. **43** [1969] 704/8).

Tellurium(IV) Fluoride

4.3 Tellur(IV)-fluorid TeF_4

Ältere Angaben s. „Tellur" S. 317.

Formation. Preparation

4.3.1 Bildung und Darstellung

TeF_4 bildet sich vor allem bei der Fluorierung von Te und Te-Verbindungen sowie durch verschiedene Reaktionen der Te-Verbindungen: beispielsweise aus Te und F_2 bei 0°C, Campbell, Robinson [3]; bei der stark exothermen Reaktion von Te und NO_2F, Aynsley u.a. [5]; bei der Reaktion von Te mit Pb-Fluoriden in der Wärme, Montignie [7]; als Zwischenprodukt bei der Reaktion von $TeCl_2$ oder $TeBr_2$ mit F_2, verdünnt mit N_2 (1:9 bzw. 1:10), das Endprodukt ist TeF_6, Aynsley [19], Aynsley, Watson [8]; bei der Umsetzung von TeO_2 mit BrF_3-Dampf bei Temperaturen von 100 bis 450°C neben TeF_6, „Te_2F_{10}" (vgl. S. 33) und $Te_3F_{14}O_2$, Sakurai [17]; bei der Reaktion von CuF_2 mit Cu-Tellurid bei 185°C, Nichols [14], angegeben bei Moss u.a. [15]. — TeF_4 entsteht auch bei der thermischen Zersetzung von $KTeF_5$ oder $NaTeF_5$ bei 570 bis 900°C bzw. 455 bis 960°C. Obwohl die Ausbeute im Falle des $KTeF_5$ 100%ig ist, ist die Reaktion für die Darstellung des TeF_4 unbrauchbar wegen der Verdampfung des KF vor der quantitativen thermischen Zersetzung; $NaTeF_5$ ergibt dagegen eine Ausbeute von 94%, aber ohne irgendwelche flüchtigen Produkte, Moss u.a. [15]. Es bildet sich bei der Umsetzung von $TeBrF_5$ mit C_2H_4 unter UV-Bestrahlung, Fraser u.a. [12].

Versuche, zur Darstellung des TeF_4 Metallfluoride als Fluorierungsmittel für metallisches Te oder TeO_2 zu verwenden, ergeben: CuF_2 reagiert bei 800°C mit Te in einer speziellen Sublimationsapparatur entsprechend $2\,CuF_2+Te=2\,Cu+TeF_4$, als Zwischenprodukt tritt Cu-Tellurid auf. TeF_4 wird mit 68%iger Ausbeute als einziges flüchtiges Produkt erhalten. Die Reaktion mit FeF_3 bei 800°C verläuft langsamer: $4\,FeF_3+Te=4\,FeF_2+TeF_4$, die Ausbeute beträgt 74%, aber TeF_4 ist mit FeF_2 verunreinigt. Bei der Reaktion von CuF_2 mit TeO_2 wird TeF_4 in guter Ausbeute erhalten. Das dabei zuerst gebildete $CuTeO_3$ (370 bis 480°C) setzt sich bei 500 bis 950°C zu Cu_2O und CuO weiter um; die Ausbeute an TeF_4 beträgt 97%. Mit überschüssigem FeF_3 wird TeO_2 entsprechend $4\,FeF_3+3\,TeO_2=3\,TeF_4+2\,Fe_2O_3$ bei 700°C vollständig innerhalb 90 min umgesetzt (Ausbeute 77%). TeF_4 wird nach Sublimation und Kondensation als weißes Produkt, das nur unwägbare Mengen Te als Verunreinigung enthält, gewonnen, Moss u.a. [15].

Die Darstellung nach Junkins u.a. [1, 2] geht auf die bekannte Reaktion $2\,TeF_6+Te=3\,TeF_4$ zurück, s. „Tellur" S. 317. Hierbei wird in einem Zweistufen-Verfahren das zuerst bei 200°C aus Te und überschüssigem F_2 entstehende TeF_6 bei 180°C durch elementares Te (10% Überschuß) in einer Nickelapparatur zu TeF_4 reduziert [1, 2]. Die Reduktionszeit beträgt 100h; von den gleichzeitig sich bildenden niederen, grau gefärbten und wenig flüchtigen Fluoriden wird TeF_4 durch Sublimieren bei 160°C getrennt [1]. Nach Peacock [6] beträgt die Reduktionszeit in einer Al_2O_3-Apparatur 4 Tage; es werden aber nur geringe Mengen TeF_4 erhalten. — Eine weitere Darstellungsmethode basiert auf der Reaktion von SeF_4 mit TeO_2. Nach Campbell, Robinson [10] und Dagron [11] wird hierbei SeF_4 auf trocknes TeO_2 aufkondensiert und die Mischung langsam im Wasserbad erwärmt, bis bei 80°C die Reaktion einsetzt. Nach weiterem Erhitzen bis zum Sieden unter Rückfluß (15 min) werden $SeOF_2$ und das überschüssige SeF_4 abdestilliert, zuletzt 1h bei 100°C und 10^{-2} Torr. Der Rückstand ist TeF_4 in reiner Form. — Die Darstellung aus TeO_2 und SF_4 erfolgt in einem Druckkessel aus rostfreiem Stahl unter H_2O-freien Bedingungen. Überschüssiges SF_4 wird mit TeO_2 für 12h auf 150°C erhitzt. TeF_4 wird hierbei in Form einer kristallinen, festen Substanz erhalten und durch Sublimation gereinigt. Bei diesem Verfahren können auch andere Te-Oxide, Tellurate und entsprechende Verbindungen, in denen der Sauerstoff durch mehr oder weniger F ersetzt ist, als Ausgangssubstanz verwendet werden, Du Pont de Nemours & Co. [9]. — Unter Verwendung von ClF als Fluorierungsmittel wird TeF_4 aus Te oder Metalltelluriden bei −20 bis 200°C in evakuierter Monelapparatur von Olin Mathieson Chemical Corp. u.a. [4] hergestellt.

Thermodynamische Daten der Bildung. Bildungsenthalpie ΔH und freie Bildungsenthalpie ΔG in kcal/mol unter Standardbedingungen für die Bildung von festem TeF_4 aus festem Te und gasförmigem F_2: $\Delta H^\circ_{298}=-205$, $\Delta G^\circ_{298}=-185$, berechnet von Glassner [13] aus bekannten Literaturdaten; ΔG-Werte bis 2500 K s. Original [13]. — $\Delta H^\circ_{298}=-241.8\pm2.1$ wird von O'Hare [18] angegeben unter Hinweis auf Nichols [14] und von Mills [16] übernommen mit dem Zusatz, daß zur Berechnung Hydrolysationswärmen von [14] verwendet wurden. Ein weiterer Wert von Nichols [14] wird von Moos u.a. [15] und Cohen, Peacock [20] mit $\Delta H=-237.6$ kcal/mol (= −994.2 kJ/mol) angegeben.

Für die Bildung von flüssigem TeF_4 beträgt $\Delta H^\circ_{298}=-235.5\pm2.1$, berechnet von O'Hare [18].

Für die Bildung von gasförmigem TeF_4 wird $\Delta H^\circ_{298}=-226.6$ von Mills [16] berechnet mit Hilfe der Bildungs- und Sublimationsenthalpie des festen TeF_4. — Auch aus festem Te und gasförmigem F_2 beträgt $\Delta H^\circ_{298}=-227.3\pm2.1$, berechnet von O'Hare [18] unter Verwendung der Hydrolysationswärme [14] und Sublimationswärme [1] des festen TeF_4; für die Bildung aus den gasförmigen Elementen wird $\Delta H_{298}=-247.4\pm2.3$, $\Delta G_{298}=-232.05$ angegeben; ΔH- und ΔG-Werte bis 2000 K s. Original [18].

Literatur:

[1] J. H. Junkins, H. A. Bernhardt, E. J. Barber (J. Am. Chem. Soc. **74** [1952] 5749/51). — [2] J. H. Junkins, E. J. Barber (K-768 [1951] 1/20 nach N.S.A. **5** [1951] Nr. 5148). — [3] R. Campbell, P. L. Robinson (J. Chem. Soc. **1956** 3454/8). — [4] Olin Mathieson Chemical Corp., J. J. Pitts, A. W. Jache (U.S.P. 3373000 [1966/68]; C.A. **68** [1968] Nr. 88678). — [5] E. E. Aynsley, G. Hetherington, P. L. Robinson (J. Chem. Soc. **1954** 1119/24).

[6] R. D. Peacock (Diss. Univ. of Durham (King's College) 1951 nach [10]). — [7] E. Montignie (Ann. Pharm. Franc. **1** [1943] 107/9). — [8] E. E. Aynsley, R. H. Watson (J. Chem. Soc. **1955** 2603/6). — [9] E. I. Du Pont de Nemours & Co., W. C. Smith, (U.S.P. 3026179 [1957/62]; C.A. **57** [1962] 13411). — [10] R. Campbell, P. L. Robinson (J. Chem. Soc. **1956** 785).

[11] C. Dagron (Compt. Rend. **255** [1962] 122/4). — [12] G. W. Fraser, R. D. Peacock, P. M. Watkins (Chem. Commun. **1968** 1257). — [13] A. Glassner (ANL-5750 [1958] 1/71, 39, 63; C.A. **1958** 4303). — [14] M. J. Nichols (Diss. Univ. of Durham 1958 nach [15]). — [15] J. H. Moss, R. Ottie, J. B. Wilford (J. Fluorine Chem. **3** [1973/74] 317/22).

[16] K. C. Mills (Thermodynamic Data for Inorganic Sulphides, Selenides and Tellurides, London 1974, S. 1/845, 289). — [17] T. Sakurai (J. Nucl. Sci. Technol. [Tokyo] **10** [1973] 130/1; C.A. **78** [1973] Nr. 118107). — [18] P. A. G. O'Hare (ANL-7315 [1968] 1/77, 53/5). — [19] E. E. Aynsley (J. Chem. Soc. **1953** 3016/9). — [20] B. Cohen, R. D. Peacock (Advan. Fluorine Chem. **6** [1970] 343/86, 354).

The Molecule

4.3.2 Molekül

Point Group. Structure. Electron Affinity

Punktgruppe, Struktur, Elektronenaffinität A

Die Punktgruppe ist C_{2v}, wie sich aus IR- und Raman-Untersuchungen ergibt, Adams, Downs [1].

Wie bei den analogen Verbindungen SF_4 und SeF_4 läßt sich die Struktur aus einer trigonalen Bipyramide ableiten, bei der eine der drei äquatorialen Positionen durch das einsame Elektronenpaar des Te besetzt wird (im folgenden: F_{ax} axiales, $F_{äq}$ äquatoriales F-Atom). Wegen der Abstoßung zwischen bindenden Elektronenpaaren ist der axiale Abstand größer als der äquatoriale, durch die noch stärkere Abstoßung zwischen dem einsamen Elektronenpaar und bindenden Paaren werden die Bindungswinkel $\alpha(F_{ax}\text{-Te-}F_{ax}) < 180°$ bzw. $\alpha(F_{äq}\text{-Te-}F_{äq}) < 120°$, Gillespie [2]. Aus der Badgerschen Regel sowie aus einer ähnlichen Beziehung von Herschbach und Laurie schätzen Adams, Downs [1] mit eigenen Kraftkonstanten $r(\text{Te-}F_{ax}) = 1.90 \pm 0.02$ Å und $r(\text{Te-}F_{äq}) = 1.79 \pm 0.02$ Å ab, für $95° \leqq \alpha(F_{äq}\text{-Te-}F_{äq}) \leqq 105°$ und $150° \leqq \alpha(F_{ax}\text{-Te-}F_{ax}) \leqq 160°$ werden optimale Ergebnisse der Kraftkonstantenberechnung erhalten.

Aus der von Brion [3] gemessenen Ionenausbeute als Funktion der Elektronenenergie beim Beschuß von TeF_6 mit langsamen Elektronen (s. S. 28) schätzen Harland, Thynne [4] $A \approx 2.2$ eV ab.

^{19}F Nuclear Magnetic Resonance. Mössbauer Effect of ^{125}Te

^{19}F-Kernresonanz, Mössbauer-Effekt von ^{125}Te

Für die chemische Verschiebung der ^{19}F-Kernresonanz wird $\delta = -51.4$ ppm, bezogen auf CF_3COOH, gemessen ($\delta > 0$ feldaufwärts), Muetterties, Phillips [5].

Das Mössbauer-Spektrum (35.6 keV-Strahlung von ^{125}Te) zeigt eine Isomerieverschiebung $\delta = 0.04 \pm 0.09$ cm/s bezogen auf eine Quelle von ^{125}J in Cu, $\delta = -0.01 \pm 0.05$ cm/s bezogen auf eine Quelle von ^{125m}Te in Te-Metall, und eine Quadrupolaufspaltung $\Delta = 0.7 \pm 0.1$ cm/s, Quellen und Absorber bei 82 K, Violet, Booth [6], in Übereinstimmung mit Buyrn, Grodzins [7]. Abschätzungen der s-Elektronendichte am Kernort und Vergleich mit anderen Te-Verbindungen zur Kalibrierung der Isomerieverschiebungen, s. Unland [8], Ionov u.a. [9].

Molecular Vibrations. Force Constants

Molekülschwingungen, Kraftkonstanten in mdyn/Å

Unter der Annahme von C_{2v}-Symmetrie hat TeF_4 folgende neun Grundschwingungen: ν_1 bis ν_4 vom Symmetrietyp A_1, ν_5 (A_2), ν_6 und ν_7 jeweils B_1, ν_8 und ν_9 jeweils B_2. Alle Schwingungen sind Raman-aktiv und alle außer ν_5 IR-aktiv.

IR-Absorptionsmessungen in einer N_2-Matrix bei 15 K ergeben folgende Zuordnung für sechs der acht IR-aktiven Frequenzen (Wellenzahlen in cm^{-1}):

$\nu_1 = 695.0$ (symmetrische Streckschwingung Te-$F_{äq}$),

$\nu_2 = 572$ (symmetrische Streckschwingung Te-F_{ax}),

$\nu_3 = 333.2$ (Scherenschwingung $F_{äq}$-Te-$F_{äq}$),

$\nu_4 = 151.5$ (Scherenschwingung $F_{äq}$-Te-F_{ax}, berechnet aus Kraftkonstanten),
$\nu_6 = 586.9$ ($^{130}TeF_4$, antisymmetrische Streckschwingung Te-F_{ax}, für $^{128}TeF_4$ $\nu_6 = 587.9$, für $^{126}TeF_4$ $\nu_6 = 588.9$),
$\nu_7 = 293.3$ (Schaukelschwingung),
$\nu_8 = 682.2$ (antisymmetrische Streckschwingung Te-$F_{äq}$),
$\nu_9 = 184.8$ (Kippschwingung, berechnet aus Kraftkonstanten).

Für die Berechnung von Symmetrie-Kraftkonstanten nach der Wilsonschen FG-Matrixmethode werden die Frequenzen ν_4 und ν_9 mit den entsprechenden Frequenzen des isoelektronischen SbF_4^- verglichen. Für ν_5 ist kein entsprechender Vergleichswert bekannt, daher ist F_{55} nicht berechnet. $F_{13} = F_{23} = F_{24} = F_{34} = F_{89} = 0$ gesetzt, zur Berechnung der übrigen werden zusätzlich Isotopieaufspaltungen bzw. -verbreiterungen der Schwingungsbanden zu Hilfe genommen. Es ergeben sich für die Rasse A_1 $F_{11} = 3.95$, $F_{12} = -0.50$, $F_{14} = 0.10$, $F_{22} = 4.77$, $F_{33} = 1.70$, $F_{44} = 0.28$, für die Rasse B_1 $F_{66} = 3.10$, $F_{67} = 0.10$, $F_{77} = 0.94$, für die Rasse B_2 $F_{88} = 4.47$, $F_{99} = 1.20$. Aus den Symmetrie-Kraftkonstanten ergeben sich die Streck-Kraftkonstanten f_R und f_r (R = axialer, r = äquatorialer Abstand) und die Bindungs-Bindungs-Wechselwirkungskonstanten f_{RR} und f_{rr} eines allgemeinen Valenzkraftfeldes zu: $f_R = 3.53$, $f_r = 4.62$, $f_{RR} = 0.42$, $f_{rr} = 0.15$, Adams, Downs [1].

Mittlere Bindungsenergie D(Te-F)

Mean Bond Energy

Aus der von O'Hare [10] berechneten Bildungsenthalpie $\Delta H° = -227.3 \pm 2.1$ kcal/mol, gemäß Te(fest) + 2 F_2 (Gas) → TeF_4 (Gas) (s. S. 3), läßt sich mit Hilfe der bei Compton, Cooper [11] angegebenen Sublimationswärme von Te und der Atomisierungswärme von F_2 D(Te-F) = 3.7 eV berechnen.

Literatur:

[1] C. J. Adams, A. J. Downs (Spectrochim. Acta A **28** [1972] 1841/54). — [2] R. J. Gillespie (Angew. Chem. Intern. Ed. Engl. **6** [1967] 819/30). — [3] C. E. Brion (Intern. J. Mass Spectrom. Ion Phys. **3** [1969] 197/202). — [4] P. W. Harland, J. C. J. Thynne (Inorg. Nucl. Chem. Letters **9** [1973] 265/9). — [5] E. L. Muetterties, W. D. Phillips (J. Am. Chem. Soc. **81** [1959] 1084/8).

[6] C. E. Violet, R. Booth (Phys. Rev. [2] **144** [1966] 225/31), C. E. Violet (Advan. Chem. Ser. Nr. 68 [1967] 147/58). — [7] A. B. Buyrn, L. Grodzins (Bull. Am. Phys. Soc. [2] **8** [1963] 43) laut G. K. Shenoy, S. L. Ruby (Mössbauer Eff. Methodol. Proc. Symp. **5** [1969/70] 77/93), P. Jung, W. Triftshäuser (Phys. Rev. [2] **175** [1968] 512/21). — [8] M. L. Unland (J. Chem. Phys. **49** [1968] 4514/20). — [9] S. P. Ionov, E. F. Makarov, D. I. Baltrunas (Zh. Strukt. Khim. **14** [1973] 65/9; J. Struct. Chem. [USSR] **14** [1973] 56/60). — [10] P. A. G. O'Hare (ANL-7315 [1968] 53).

[11] R. N. Compton, C. D. Cooper (J. Chem. Phys. **59** [1973] 4140/4).

4.3.3 Kristallographische Eigenschaften

Crystallographic Properties

TeF_4 kristallisiert rhombisch in der Raumgruppe $P2_1$ $D2_12_1$- (Nr. 19) mit den Gitterkonstanten a = 5.36 ± 0.01, b = 6.22 ± 0.01, c = 9.64 ± 0.01 Å; Z = 4. Diereiddimensionale Verfeinerung mit isotropen Temperaturfaktoren führt für die Atome, welche ausschließlich die allgemeine Punktlage (xyz; $^1/_2 - x$, $\bar{y}$, $^1/_2 + z$; $^1/_2 + x$, $^1/_2 - y$, $\bar{z}$; $\bar{x}$, $^1/_2 + y$, $^1/_2 - z$) besetzen, zu folgenden Parametern:

	Te	F_1	F_2	F_3	F_4
x	0.3473(3)	0.1969(61)	0.0681(72)	0.1562(46)	0.5562(69)
y	0.0047(6)	0.2532(46)	−0.1449(45)	0.0329(39)	0.2111(40)
z	0.1240(2)	0.0525(26)	0.0451(26)	0.2762(22)	0.2480(33)

Mit 376 Reflexintensitäten wird ein R-Faktor von 0.084 erzielt. Die Struktur besteht aus $[TeF_5]$-Einheiten, die über cis-F-Brückenatome zu unendlichen Ketten parallel der b-Achse verknüpft sind (Brückenwinkel 159°). Die in **Fig. 1** jedem Te-Atom nächstbenachbarten drei endständigen Fluoratome F_1, F_2 und F_3 im Abstand von 1.87, 1.92 und 1.80 Å und zwei Brücken-Fluoratome F_4 und F_4' im

Abstand von 2.08 und 2.26 Å bilden eine verzerrte quadratische Pyramide. Das Te-Atom liegt unterhalb ihrer Basisebene (0.29 Å), die von den Atomen F_1, F_2, F_4 und F_4' gebildet wird, dem F_3-Atom gegenüber; die kürzesten Abstände zu F-Atomen in benachbarten Ketten betragen 2.94, 3.01 und 3.36 Å. Auf Grund dieser Anordnung und der beobachteten Winkel (s. Original) ist das einsame Elektronenpaar am Te-Atom stereochemisch aktiv, vergleiche Gillespie, Nyholm [2], und vervollständigt die (verzerrte) oktaedrische Koordination um das Te-Atom, Edwards, Hewaidy [1]. Die unterschiedlichen Abstände der Brücken-Fluoratome vom Te-Atom erklären sich aus dem Vorliegen kovalenter TeF_4-Einheiten, in welchen das Te-Atom eine Fünferkoordination hat (vier F-Liganden und ein einsames Elektronenpaar). Koordinationsfigur ist (wie in der Molekel, s. S. 4) eine trigonale Bipyramide mit den Atomen F_2, F_4 in axialer Lage und F_1, F_3 sowie dem einsamen Elektronenpaar in äquatorialer Lage [1].

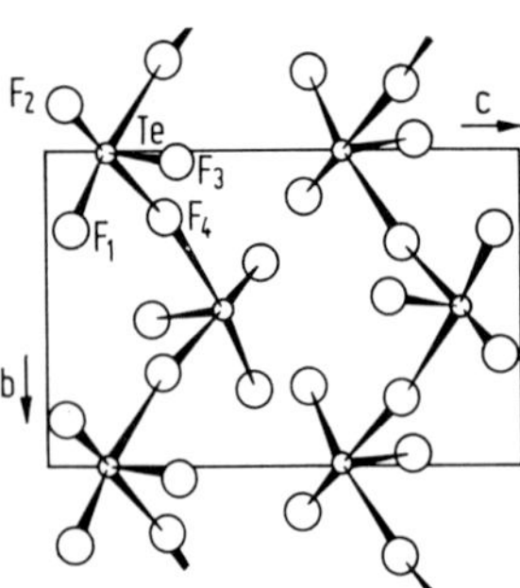

Fig. 1

TeF_4-Struktur in Projektion parallel [100].

Literatur:

[1] A. J. Edwards, F. I. Hewaidy (J. Chem. Soc. A **1968** 2977/80). — [2] R. J. Gillespie, R. S. Nyholm (Quart. Rev. **11** [1957] 339/80).

Mechanical and Thermal Properties

4.3.4 Mechanische und thermische Eigenschaften

Die Dichte ergibt sich aus den Gitterkonstanten zu D = 4.21 g/cm³; pyknometrisch wird D = 4.22 g/cm³ gemessen, Edwards, Hewaidy [1].

TeF_4 schmilzt bei 129.6 ± 1.0°C; die Schmelzenthalpie ergibt sich als Differenz von Sublimationsenthalpie $\Delta H_s = 14.525$ kcal/mol und Verdampfungsenthalpie $\Delta H_v = 8.174$ kcal/mol zu $\Delta H_f = 6.351$ kcal/mol. Nach Dampfdruckmessungen zwischen 100 und 196°C gilt über festem TeF_4 $\lg p = 9.0934 - 3174.3/T$, über flüssigem dagegen $\lg p = 5.6397 - 1786.4/T$, s. **Fig. 2.** Zwischen 193 und 199°C entsteht TeF_6, und die bei höheren Temperaturen gemessenen p-Werte sind nicht dem TeF_4 allein zuzuordnen, Junkins u.a. [2]. Aus den angegebenen Formeln ergibt sich, daß p von 0.03 Torr bei 25°C auf 16.58 Torr am Schmelzpunkt steigt und weiter auf 64.19 Torr bei 193°C, O'Hare [3]. Unter Verwendung von geschätzten Wellenzahlen*) für die neun Molekülschwingungen berechnet O'Hare [3] für die Enthalpiefunktion $(H^\circ - H_0^\circ)/T$, die Wärmekapazität C_p° und die Entropie S° des Dampfes folgende Werte (in cal · mol⁻¹ · K⁻¹):

T in K	100	200	273.15	298.15	500	1000	1500	2000
$(H^\circ - H_0^\circ)/T$ . .	9.4301	11.7634	13.3593	13.8590	16.9842	20.6412	22.1883	23.0295
C_p°	11.7446	16.3459	18.9588	19.6636	22.9784	25.0188	25.4616	25.6222
S°	60.677	70.263	75.766	77.458	88.552	105.315	115.561	122.911

Literatur:

[1] A. J. Edwards, F. I. Hewaidy (J. Chem. Soc. A **1968** 2977/80). — [2] J. H. Junkins, H. A. Bernhardt, E. J. Barber (J. Am. Chem. Soc. **74** [1952] 5749/51). — [3] P. A. G. O'Hare (ANL-7315 [1968] 1/95, 56/7; C.A. **71** [1969] Nr. 33988).

*) Gemessen wurden neuerdings, besonders für die Schwingungen ν_1 bis ν_4, beträchtlich abweichende Wellenzahlen, s. S. 4.

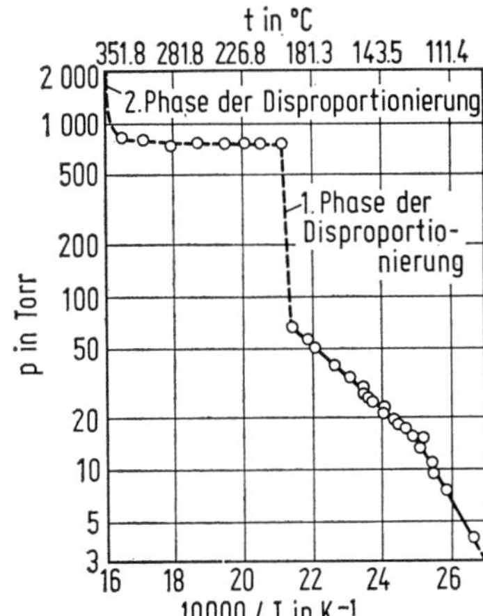

Fig. 2

Dampfdruck von TeF_4.

4.3.5 Spektren

Spectra

Matrixisolierte Proben (N_2-, Ar-, Kr- und Xe-Matrizen) zeigen neben den IR-Banden des Monomeren (s. S. 4) auch die von Dimeren und anderen Oligomeren. Banden, die etwa 100 cm^{-1} unter denen der axialen Streckschwingungen des Monomeren liegen, werden F-Te · · F'-Brücken zugeordnet, die über axiale Bindungen gebildet werden. Diese Brückenschwingungen treten auch im IR- und Raman-Spektrum von festem TeF_4 auf; die Frequenzen der äquatorialen Streckschwingungen liegen hier etwas tiefer als im Monomeren, was möglicherweise auf eine Schwächung der Bindung zurückzuführen ist. In Ar- und Xe-Matrizen treten Linienaufspaltungen auf, die auf die Besetzung von mindestens zwei unterschiedlichen Gitterplätzen durch TeF_4 zurückzuführen sind, C. J. Adams, A. J. Downs (Spectrochim. Acta A **28** [1972] 1841/54).

4.3.6 Chemisches Verhalten

Chemical Reactions

Bei der Blitzlichtphotolyse von TeF_4 wird kein TeF gebildet, Oldershaw, Robinson [9].

TeF_4 ist über den Schmelzpunkt (129.6°C) hinaus bis 193.8°C thermisch stabil, oberhalb dieser Temperatur tritt Disproportionierung in TeF_6 und niedere Fluoride und/oder elementares Te ein, Junkins u.a. [1, 2].

Mit Cu reagiert TeF_4 bei 185 bis 200°C schnell zu Cu_2Te und CuF_2; mit Ag findet eine ähnliche Reaktion statt; mit Ni und Au ist die Reaktion sehr langsam; Pt scheint unter 300°C inert zu sein [1, 2].

Beim Aufkondensieren von ClF auf TeF_4 und anschließender Erwärmung auf Normaltemperatur erfolgt Reaktion zu $TeClF_5$, Lau, Passmore [10]; nähere Angaben zu dieser Reaktion s. S. 152 bei $TeClF_5$. TeF_4 soll wie SF_4 und SeF_4 mit BF_3, AsF_5 und SbF_5 Additionsverbindungen bilden, die (entsprechend den Chloro...onium-Verbindungen) als Fluoro...onium-Verbindungen bezeichnet werden, Seel, Detmer [4]. Nach Bartlett, Robinson [5, 6] findet mit BF_3 bis zum Schmelzpunkt des TeF_4 keine merkbare Reaktion statt, bei höherer Temperatur wird eine beträchtliche Menge des BF_3-Gases absorbiert, die bei Abkühlung bis zur festen Phase nicht wieder abgegeben wird; es wird deshalb Bildung von $TeF_4 \cdot BF_3$ angenommen. In SbF_5 löst sich TeF_4 bei 40 bis 50°C langsam, beim Abkühlen bildet sich $TeF_4 \cdot SbF_5$ als weiße kristalline Substanz [5, 6].

Obwohl nach älteren Angaben ("Tellur" S. 317) Glas bei 200°C angegriffen wird: $TeF_4 + SiO_2 \rightarrow SiF_4 + TeO_2$, erfolgt mit festem TeF_4 nach Peacock [3] keine Reaktion; die Substanz kann in Glasgefäßen aufbewahrt werden.

Durch direkte Reaktion von TeF_4 mit Alkalifluoriden werden keine Alkali-pentafluorotellurate (IV) erhalten, s. dazu S. 12.

TeF_4 reagiert mit einigen organischen Substanzen sowohl bei direkter Einwirkung als auch in Lösungsmitteln unter Bildung von Komplexverbindungen der Zusammensetzung $L \cdot TeF_4$ und

$L^* \cdot (TeF_4)_2$; Komplexverbindungen im Verhältnis 1:1 werden beispielsweise mit Pyridin, Trimethylamin, Dioxan erhalten, im Verhältnis 1:2 mit Bipyridyl, Tetramethyläthylendiamin u.a. Näheres hierzu s. bei den Komplexverbindungen in „Tellur" Erg.-Bd. B 3.

Aus Lösungen von TeF_4 (0.1 mol Te^{4+}/l) in wäßrigen HF-Lösungen mit 1 bis 20 mol HF/l wird Te^{4+} bei 20.0 ± 0.5°C mäßig gut durch Diäthyläther extrahiert. Der Verteilungskoeffizient α steigt im genannten Konzentrationsbereich von 0.0001 auf 0.298, s. Tabelle im Original, Bock, Herrmann [8]. Dieses Ergebnis steht jedoch im Widerspruch zu Kitahara [7], der aus Lösungen mit etwa 1 bis 5 mol HF/l praktisch keine Extraktion beobachtet.

Literatur:

[1] J. H. Junkins, H. A. Bernhardt, E. J. Barber (J. Am. Chem. Soc. **74** [1952] 5749/51). — [2] J. H. Junkins, E. J. Barber (K-768 [1951] 1/20 nach N.S.A. **5** [1951] Nr. 5148). — [3] R. D. Peacock (Diss. Univ. of Durham (King's College) 1951 nach R. Campbell, P. L. Robinson: J. Chem. Soc. **1956** 785). — [4] F. Seel, O. Detmer (Angew. Chem. **70** [1958] 163/4). — [5] N. Bartlett, P. L. Robinson (J. Chem. Soc. **1961** 3417/25, 3424/5).

[6] N. Bartlett, P. L. Robinson (Chem. Ind. [London] **1956** 1351/2). — [7] S. Kitahara (Rep. Sci. Res. Inst. [Tokyo] **25** [1949] 165/7 nach C.A. **1951** 3743). — [8] R. Bock, M. Herrmann (Z. Anorg. Allgem. Chem. **284** [1956] 288/304). — [9] G. A. Oldershaw, K. Robinson (Trans. Faraday Soc. **67** [1971] 907/12). — [10] C. Lau, J. Passmore (Inorg. Chem. **13** [1974] 2278/9).

Fluorotellurate (IV) Ions and Their Alkali Salts

4.4 Fluorotellurat(IV)-Ionen und deren Alkalisalze

Neben den Anionen TeF_5^- und TeF_6^{2-} ist das TeF_3^+-Kation bekannt, das in den Additions- bzw. Komplexverbindungen des TeF_4 mit organischen Liganden, die einzählig (L) oder zweizählig (L*) sein können, in Form des $[L_2TeF_3^+]$ bzw. $[L^*TeF_3^+]$ gegenwärtig ist. Die Komplexe $L \cdot TeF_4$ und $L^*(TeF_4)_2$ haben auf Grund spektroskopischer Untersuchungen die ionische Form $[L_2TeF_3^+][TeF_5^-]$ bzw. $[L^*TeF_3^+][TeF_5^-]$, wobei beispielsweise L = Pyridin, Tetramethylamin oder Dioxan und L* = Bipyridyl oder Tetramethyläthylendiamin ist, N. N. Greenwood, A. C. Sarma, B. P. Straughan (J. Chem. Soc. A **1968** 1561/3).

The Pentafluorotellurate(IV) Ion

4.4.1 Pentafluorotellurat(IV)-Ion TeF_5^-

Zum Auftreten des TeF_5^--Ions im Massenspektrum von TeF_6 s. S. 28. — Die Existenz des TeF_5^--Ions in festen Verbindungen des Typs $MTeF_5$ wird mehrfach durch IR- und Raman-Spektren und durch die Kristallstrukturbestimmung des $KTeF_5$ nachgewiesen, s. beispielsweise Edwards u.a. [1], Greenwood u.a. [2], Adams Downs, [3], Edwards, Mouty [4]. Es ist in Lösungen von $[C_5H_5NH]TeF_5$ in Pyridin auf Grund von Leitfähigkeitsmessungen und IR-Untersuchungen vorhanden [2] sowie in Lösungen desselben Salzes in Acetonitril, Dichlormethan oder Aceton [3]. TeF_5^- wird in Lösungen mit bis zu 2.32 mol/l TeO_2 in 26 mol/l HF auf Grund von Raman-Spektren beobachtet, Milne, Moffett [17]. In den Additions- bzw. Komplexverbindungen des TeF_4 mit organischen Liganden, $L \cdot TeF_4$ und $L^* \cdot (TeF_4)_2$, liegt dieses Ion im festen Zustand vor, wie ein Vergleich der IR- und Raman-Spektren mit denen von $MTeF_5$ zeigt, wobei L für Pyridin, Trimethylamin, Dioxan, L* für Bipyridyl, Tetramethyläthylendiamin und M für K, Rb, Cs, NH_4 u.a. steht. Die Stabilität des TeF_5^--Ions beeinflußt die Struktur dieser Addukte, Greenwood u.a. [5]; Näheres s. dazu bei diesen Verbindungen. — Gegenüber der scheinbaren Instabilität des TeF_6^{2-}- ist das TeF_5^--Ion sehr stabil; die übrigen Halogenoanionen des Tellurs verhalten sich umgekehrt, bei ihnen ist das oktaedrische TeX_6^{2-}-Ion im Vergleich zum TeX_5^--Ion stabil und gut charakterisiert [5]. Nach Aynsley, Hetherington [6] ist aber die Stabilität des TeF_5^- im Hinblick auf eine Stabilitätsreihe der TeX_6^{2-}-Anionen (X = F, Cl, Br, J) von der gleichen Größenordnung wie die des TeF_6^{2-}, die Stabilität in dieser Reihe steigt vom Fluorid zum Jodid an.

Das TeF_5^- ist isoelektronisch mit SbF_5^{2-}, JF_5 und XeF_5^+, s. beispielsweise [4, 7]. Es hat wie diese eine tetragonal-pyramidale Struktur mit C_{4v}-Symmetrie, wie IR- und Raman-Untersuchungen an festem $CsTeF_5$ [2] und festem $[(C_2H_5)_4N]TeF_5$ sowie $[(C_2H_5)_4N]TeF_5$ in Lösungen [3] zeigen und die Kristallstrukturbestimmung von $KTeF_5$ durch Edwards, Mouty [4] bestätigt. Nach röntgenographischen Untersuchungen von Mastin u.a. [8] hat TeF_5^- in festem $KTeF_5$ jedoch nur C_s-Symmetrie, die auch von Alexander, Beattie [7] auf Grund spektroskopischer Untersuchungen angenommen wird. Das Te-Atom befindet sich annähernd im Schwerpunkt einer quadratischen Grundfläche, welche von vier F-Atomen ($F_{äquatorial}$, im folgenden als $F_{äq}$) gebildet wird, während das fünfte F-Atom (F_{axial}, im folgenden F_{ax}) an der Pyramidenspitze liegt. Die oktaedrische Koordination des Te-Atoms wird durch ein freies Elektronenpaar vervollständigt. Die Bindungslängen betragen $r(Te\text{-}F_{äq}) \approx 1.95$ Å und $r(Te\text{-}F_{ax}) \approx 1.86$ Å. Das Te-Atom liegt etwa 0.38 Å unter der Ebene der äquatorialen F-Atome. Die Winkel $F_{äq}$-Te-$F_{äq}$ sind etwa 90° und die F_{ax}-Te-$F_{äq}$ etwa 79°, Mastin u. a. [8]. Entsprechende Werte von Edwards, Mouty [4] s. beim festen $KTeF_5$, S. 13. Diese Geometrie ist in Übereinstimmung mit dem Modell von Gillespie [9] für die AX_5E-Molekel, die ein freies und fünf bindende Elektronenpaare in der Valenzschale besitzt und die durch die große Abstoßung des freien Elektronenpaares von einem regulären Oktaeder abweicht. Außerdem ist diese Geometrie auch in Übereinstimmung mit HMO-Berechnungen von Gavin [10] für diese AX_5E-Molekel. Auf Grund der Valenzkraftkonstanten wird angenommen, daß die Bindung Te-F_{ax} hauptsächlich kovalenten Charakter hat, während für die Bindungen Te-$F_{äq}$ semiionische Dreizentren-Vierelektronen-Bindungsanteile eine Rolle spielen, Christe u. a. [11].

Für das sechsatomige Anion TeF_5^- (C_{4v}-Symmetrie) werden neun Fundamentalschwingungen erwartet, drei in der Symmetrieklasse A_1, zwei in B_1, eins in B_2 und drei in E. Alle Schwingungen sind Raman-aktiv, IR-aktiv aber nur die in A_1 und E. — Im IR- und Raman(R)-Spektrum werden an festem $KTeF_5$ und $CsTeF_5$ von Greenwood u.a. [2], an festem $[(C_2H_5)_4N]TeF_5$ (im folgenden Et_4NTeF_5) und in Acetonitrillösung von Adams, Downs [3] sowie im Raman-Spektrum einer Lösung von 2 mol/l TeO_2 in 26 mol/l HF von Milne, Moffett [17] folgende Schwingungen (in cm^{-1}) für das TeF_5^--Anion beobachtet und zugeordnet (Beschreibung der Schwingungsformen [11]):

	ν_1/A_1		ν_2/A_1		ν_3/A_1		Lit.
	IR	R	IR	R	IR	R	
$KTeF_5$	616 ms	616 vs	521 m	511 s	293 m	294 mw	[2]
$CsTeF_5$	618 ms	611 vs	466 vs, br	504 s	283 m	282 mw	[2]
Et_4NTeF_5	636 s	639 s	≈520 sh	520 s	270 s	275 w	[3]
Et_4NTeF_5 in Lösung	634 ms	638 s	524 sh	524 s	278 ms	281 m	[3]
TeF_5^- in Lösung		636 vs, p		528 s, p		273 m, p	[17]
	$\nu(TeF_{ax})$		$\nu_s(TeF_{äq})$ in Phase		$\delta_s(F_{äq}TeF_{äq})$ Schirmschwingung		

	ν_4/B_1		ν_5/B_1		ν_6/B_2		Lit.
	IR	R	IR	R	IR	R	
$KTeF_5$	—	570 mw	—	n. b.	—	247 mw	[2]
$CsTeF_5$	—	572 w	—	n. b.	—	231 mw	[2]
Et_4TeF_5	—	559 w	—	n. b.	—	235 w	[3]
Et_4TeF_5 in Lösung	—	590 w	—	n. b.	—	240 w	[3]
TeF_5^- in Lösung		(508 s, sh, b)		238 sh		225 m	[17]
	$\nu_s(TeF_{äq})$ außer Phase		$\delta_{as}(F_{äq}TeF_{äq})$ aus der Ebene *)		$\delta_s(F_{äq}TeF_{äq})$ in der Ebene **)		

	ν_7/E		ν_8/E		ν_9/E		Lit.
	IR	R	IR	R	IR	R	
$KTeF_5$	472 vs	484 s	347 m	349 mw	119, 130, 140 mw	132 vw	[2]
$CsTeF_5$	466 vs, br	472 s	336 m	338 mw	164 mw	n. b.	[2]
Et_4TeF_5	490 vs, br 456 vs, br	488 s 475 s	329 s	332 mw	168 mw	177 w	[3]
Et_4TeF_5 in Lösung	495 vs, vbr	494 s	333 m	341 m	166 w, br	n. b.	[3]
TeF_5^- in Lösung		(508 s, sh, b)		333 m		168 sh	[17]
	$\nu_{as}(TeF_{äq})$		$\delta(F_{ax}TeF_{äq})$ ***)		$\delta_{as}(F_{äq}TeF_{äq})$ in der Ebene ****)		

— = inaktiv, n. b. = nicht beobachtet.

Nach [17]: *) in der Ebene außer Phase, **) in Phase, ***) Kippschwingung, ****) in Phase.

In einer Neuzuordnung von Christe u. a. [11] wird die von Greenwood u. a. [2] im Raman-Spektrum von $CsTeF_5$ bei 472 cm^{-1} beobachtete starke und ν_7 zugeordnete Bande der Fundamentalschwingung ν_4 zugeschrieben anstatt der schwachen Bande bei 572 cm^{-1}; außerdem wird angenommen, daß die ν_7-Bande von der 472 cm^{-1}-Bande verdeckt ist [11]. Die von Greenwood u. a. [2] beobachtete Aufspaltung von ν_9 beim $KTeF_5$ wird durch die Abweichung des TeF_5^--Anions von der C_{4v}-Symmetrie im festen $KTeF_5$ bei der Strukturbestimmung von Mastin u. a. [8] erklärt, s. dazu S. 14. — Nach der Zuordnung von Alexander, Beattie [7] liegen ν_4 und ν_5 in der Rasse B_2 und ν_6 in der Rasse B_1. — Das Raman-Spektrum des TeF_5^- in Lösung von TeO_2 in HF stimmt mit dem in Acetonitril überein bis auf die bei 590 cm^{-1} nicht beobachtete Bande. Die Banden ν_4 und ν_7 fallen in der starken breiten Linie bei 508 cm^{-1} zusammen, Milne, Moffett [17].

Die Berechnung der Kraftkonstanten für ein modifiziertes Valenzkraftfeld wird von Christe u. a. [11] mit einer eigenen Methode, der „reparameterization method", durchgeführt unter Verwendung der molekularen Parameter für festes $KTeF_5$ von Mastin u. a. [8]: $R(Te\text{-}F_{ax}) = 1.86$ Å, $r(Te\text{-}F_{äq}) = 1.95$ Å, $\beta(F_{äq}\text{-}Te\text{-}F_{ax}) = 79°$. Folgende Kraftkonstanten (in mdyn/Å) werden erhalten: $f_R = 3.56$; $f_r = 2.27$; $f_\beta/r^2 = 1.86$; $f_\alpha/r^2 = 0.54$; $f_{rr'} = 0.36$; $f_{rr} = 0.06$; $f_{\beta\beta'}/r^2 = 0.43$; $f_{\alpha\alpha'}/r^2 = 0.04$; es berücksichtigen: f_R die Te-F_{ax}-Dehnung, f_r die Te-$F_{äq}$-Dehnung, f_{rr} die Wechselwirkung zwischen benachbarten und $f_{rr'}$ die Wechselwirkung zwischen gegenüberliegenden Te-$F_{äq}$-Bindungen, f_β und f_α die Biegung der Winkel F_{ax}-Te-$F_{äq}$ bzw. $F_{äq}$-Te-$F_{äq}$, $f_{\beta\beta'}$ unf $f_{\alpha\alpha'}$ die Wechselwirkung zwischen den entsprechenden gegenüberliegenden Winkeln. Von Adams, Downs [3] werden die Kraftkonstanten mit Hilfe einer Normalkoordinaten-Analyse nach der Wilson-FG-Matrix-Methode mit den molekularen Parametern $R = 1.84$ Å, $r = 1.96$ Å, $\alpha = \beta = 90°$ berechnet. Die Kraftkonstanten betragen: $f_r = 2.77$; $f_R = 3.91$; $f_{rr} = 0.72, -0.21$; $f_\alpha/r^2 = 0.12$; $f_\beta/r^2 = 0.51$; $f_{\alpha\alpha}/r^2 = -0.02$; $f_{\beta\beta'}/r^2 = 0.12$. Eine Berechnung von R und r mit Hilfe dieser Kraftkonstanten unter Verwendung von empirischen Beziehungen ergibt gute Übereinstimmung mit den experimentellen Werten [3].

Die mittleren Schwingungsamplituden werden von Baran [12] mit der sogenannten „Methode der charakteristischen Schwingungen" (s. dazu [13, 14]) berechnet mit Hilfe der bei [11] angegebenen Schwingungsfrequenzen und molekularen Parameter. Folgende Werte in Å für gebundene und nicht gebundene Atome werden bei T = 0 und 298 K erhalten:

	0 K	298 K
$u(Te\text{-}F_{äq})$	0.0461	0.0509
$u(Te\text{-}F_{ax})$	0.0408	0.0429
$u(F_{äq}\cdots F_{äq})$ *)	0.084	0.121
$u(F_{äq}\cdots F_{äq})$ **)	0.061	0.069
$u(F_{äq}\cdots F_{ax})$	0.068	0.081

*) benachbart, **) gegenüberliegend

Die ^{125}Te-Mössbauer-Spektren von NH_4TeF_5 und $CsTeF_5$ sind charakteristisch für das TeF_5^--Ion und unabhängig vom Kation. Wie für ein Ion mit tetragonal-pyramidaler Geometrie (C_{4v}-Symmetrie) zu erwarten ist, zeigt das Spektrum eine klare Quadrupolaufspaltung. Das Spektrum einer gefrorenen Lösung von TeO_2 und CsF in wäßrigem HF ist grundsätzlich dem des festen $CsTeF_5$ ähnlich und beweist damit die Existenz des TeF_5^--Ions in Lösung, obwohl die Unsicherheit in den Parametern groß ist. Isomerieverschiebung δ, bezogen auf die ^{125}J-Cu-Quelle, Quadrupolaufspaltung Δ sowie Linienbreite Γ (alles in mm/s) bei 80 K und Probenstärke in Klammern: (Die Proben sind mit 88% ^{125}Te angereichert)

	δ	Δ	Γ
NH_4TeF_5	$+1.09 \pm 0.33$	6.25 ± 0.16	8.0, 8.4
$CsTeF_5$ (42.8 mg/cm^2)	$+0.93 \pm 0.21$	5.85 ± 0.09	8.8, 8.2
$CsTeF_5$ (17.1 mg/cm^2)	$+0.80 \pm 0.19$	6.26 ± 0.09	7.5, 8.3
$CsTeF_5$ (gefrorene Lösung)	$+0.75 \pm 0.65$	5.58 ± 0.42	7.5, 8.7

Ein Vergleich der δ-Werte von TeF_5^- mit denen von TeX_6^{2-} (X = Cl, Br, J) zeigt geringere positive δ-Werte für TeF_5^-. Dies wird durch die Tatsache erklärt, daß TeF_5^- ein freies (stereochemisch aktives) Elektronenpaar hat, das eine bestimmte Koordinationsstelle besetzt, während TeX_6^{2-} ein stereochemisch inaktives freies Elektronenpaar besitzt, das beträchtlichen s-Charakter hat und wahrscheinlich auf den Te^{IV}-Kern konzentriert ist, Gibb u. a. [15], s. dazu auch Greenwood [16]. Die unter denselben Bedingungen in neuerer Zeit von Dobud, Jones [18] an $KTeF_5$ ermittelten Werte $\delta = +0.75 \pm 0.08$, $\Delta = 6.6 \pm 0.2$, $\Gamma = 7.1$ mm/s stimmen mit den oben angegebenen gut überein. Zu einer Interpretation der δ- und Δ-Werte in bezug auf den relativen s- und p-Charakter des stereochemisch aktiven Elektronenpaares in TeF_5^-, TeF_4O^{2-} und $TeF_2O_2^{2-}$ s. Original [18].

In HF-Lösungen von TeO_2 beim Molverhältnis 26:2 wird auf Grund von Raman-Spektren das TeF_5^--Ion nachgewiesen, dagegen liegt beim Molverhältnis HF:TeO_2 = 8:2 das $TeF_4(OH)^-$-Ion vor, s. dazu Figur im Original. Der Wechsel der Intensitäten der Spektren von TeF_5^- und $TeF_4(OH)^-$ mit den wechselnden Molverhältnissen HF:TeO_2 zeigt, daß diese beiden Anionen sich in den Lösungen im Gleichgewicht befinden: $TeF_5^- + H_2O \rightleftharpoons TeF_4(OH)^- + HF$. Die Gleichgewichtskonstante für die Hydrolyse des TeF_5^- zu $TeF_4(OH)^-$ wird aus den Konzentrationen und den integrierten Intensitäten von ν_1 des TeF_5^- berechnet, s. dazu Original. Der Mittelwert beträgt K = 2.5 ± 0.1 mol/l, Milne, Moffett [17].

Bei der Hydrolyse des TeF_5^- findet in der Lösung ein schneller Austausch des axialen F^- des TeF_5^- gegen OH^- statt, wie das Raman-Spektrum einer frisch hergestellten wäßrigen $KTeF_5$-Lösung zeigt, in der nur das $TeF_4(OH)^-$-Ion nachgewiesen wird. Dieses Verhalten, der Ersatz des axialen F^-, wird auch bei JF_5 bei Substitutionsreaktionen beobachtet, obwohl auch hier das axiale F-Atom stärker am Zentralatom gebunden ist als die äquatorialen F-Atome. Es scheint, daß der leichte Ersatz des axialen F-Atoms mit dem bequemen Angriff auf die trans-Position erklärt werden kann [17].

Literatur:

[1] A. J. Edwards, M. A. Mouty, R. D. Peacock, A. J. Suddens (J. Chem. Soc. **1964** 4087/8). — [2] N. N. Greenwood, A. C. Sarma, B. P. Straughan (J. Chem. Soc. A **1966** 1446/7). — [3] C. J. Adams, A. J. Downs (J. Chem. Soc. A **1971** 1534/42). — [4] A. J. Edwards, M. A. Mouty (J. Chem. Soc. A **1969** 703/6). — [5] N. N. Greenwood, A. C. Sarma, B. P. Straughan (J. Chem. Soc. A **1968** 1561/3).

[6] E. E. Aynsley, G. Hetherington (J. Chem. Soc. **1953** 2802/3). — [7] L. E. Alexander, I. R. Beattie (J. Chem. Soc. A **1971** 3091/5). — [8] S. H. Mastin, R. R. Ryan, L. B. Asprey (Inorg. Chem. **9** [1970] 2100/3). — [9] R. J. Gillespie (J. Chem. Soc. **1963** 4672/8). — [10] R. M. Gavin (J. Chem. Educ. **46** [1969] 413/22, 418).

[11] K. O. Christe, E. C. Curtis, C. J. Schack, D. Pilipovich (Inorg. Chem. **11** [1972] 1679/82). — [12] E. J. Baran (Z. Naturforsch. **28a** [1973] 1376/7). — [13] A. Müller, C. J. Peacock, H. Schulze, U. Heidborn (J. Mol. Struct. **3** [1969] 252/5). — [14] E. J. Baran (Z. Naturforsch. **25a** [1970] 1292/5). — [15] T. C. Gibb, R. Greatex, N. N. Greenwood, A. C. Sarma (J. Chem. Soc. A **1970** 212/7).

[16] N. N. Greenwood (Colloq. Intern. Natl. Tech. Sci. **1970** Nr. 191, S. 105/16, 114/5). — [17] J. B. Milne, D. Moffett (Inorg. Chem. **13** [1974] 2750/4). — [18] P. Dobud, C. H. W. Jones (J. Solid State Chem. **16** [1976] 201/8).

Penta-fluorotellurates(IV)

4.4.2 Pentafluorotellurate(IV)

Die Salze des TeF_5^--Anions werden nicht durch direkte Vereinigung von TeF_4 und einem Alkalifluorid erhalten.

Die ursprüngliche Methode (I) der Darstellung, die bereits von Wells, Willis [1] für die Herstellung von $CsTeF_5$ verwendet wird, ist die einfache Reaktion von Alkalifluorid mit TeO_2 in 40%iger HF-Lösung. Hierbei sollen aber Produkte von ungewisser Zusammensetzung erhalten werden. Deshalb wird eine andere Synthese (II), bei der die Reaktion von Alkalifluorid mit TeO_2 in SeF_4 verläuft, von Edwards u. a. [2] vorgeschlagen, obwohl SeF_4 nicht leicht verfügbar und schwer zu handhaben ist. Von Greenwood u. a. [3] wird aber bestätigt, daß die ursprüngliche Methode (I) doch sehr reine Verbindungen und gut ausgebildete Kristalle ergibt und so der Methode (II) vorzuziehen ist.

Darstellung der Pentafluorotellurate (IV) nach Methode (I) (im Original für das Pyridinsalz angegeben): TeO_2 wird in 40%iger HF-Lösung gelöst und die Lösung zum Entfernen von suspendierten Teilchen (aus TeO_2) filtriert. Im Molverhältnis 1:1 wird Alkalifluorid hinzugefügt und die Lösung innerhalb von 12 h auf dem Wasserbad eingeengt. Die sich ausscheidenden, meist farblosen bis weißen Kristalle werden von der Mutterlauge abgetrennt und aus 40%iger HF-Lösung umkristallisiert, zwischen Filterpapier und anschließend im Exsikkator getrocknet. Zur Vergrößerung der Ausbeute kann TeO_2 im Überschuß (etwa 1%) verwendet werden [3]. — Darstellung nach Methode (II): Eine Mischung aus Alkalifluorid und leicht überschüssigem TeO_2 wird in warmem SeF_4 gelöst. Beim Abkühlen bilden sich farblose Kristalle, die durch Abpumpen im Vakuum bei 25°C von dem überschüssigen Lösungsmittel befreit werden. Der fast trockne Rückstand wird allmählich auf 150°C erwärmt, um die verbliebenen Spuren des Lösungsmittels und des außerdem gebildeten TeF_4 zu entfernen [2]. — Nach Methode (I) sind folgende Pentafluorotellurate (IV) hergestellt worden: $KTeF_5$, $RbTeF_5$, $CsTeF_5$, NH_4TeF_5, $[C_5H_5NH]TeF_5$ [3]; nach Methode (II): $KTeF_5$, $RbTeF_5$, $CsTeF_5$ und die Na-Verbindung [2].

Allgemeines Verhalten dieser Verbindungen: Alle TeF_5^--Verbindungen sind weniger reaktionsfähig als die SeF_5^--Verbindungen [2]. Die Kristalle sind an der Luft nicht stabil [4] und müssen in trockner Atmosphäre aufbewahrt werden [2]. Sie zersetzen sich an feuchter Luft zu weißem Pulver; diese Zersetzung kann durch Überziehen mit Lack verhindert werden [5]. Alle TeF_5^--Verbindungen werden in Wasser sofort hydrolysiert [2] unter Bildung von telluriger Säure H_2TeO_3 [6]. Sie sind in den meisten Lösungsmitteln unlöslich oder zersetzen sich in ihnen, abgesehen von 40%iger HF-Lösung [3].

Literatur:

[1] H. L. Wells, J. M. Willis (Am. J. Sci. [4] **12** [1901] 190). — [2] A. J. Edwards, M. A. Mouty, R. D. Peacock, A. J. Suddens (J. Chem. Soc. **1964** 4087/8). — [3] N. N. Greenwood, A. C. Sarma, B. P. Straughan (J. Chem. Soc. A **1966** 1446/7). — [4] L. E. Alexander, I. R. Beattie (J. Chem. Soc. A **1971** 3091/5). — [5] A. J. Edwards, M. A. Mouty (J. Chem. Soc. A **1969** 703/6).

[6] E. E. Aynsley, G. Hetherington (J. Chem. Soc. **1953** 2802/3).

$LiTeF_5$

4.4.2.1 $LiTeF_5$

Versuche zur Herstellung dieser wahrscheinlich wenig stabilen Verbindung entsprechend den Darstellungsmethoden der K- oder Na-Verbindung bleiben erfolglos, J. H. Moss, R. Ottie, J. B. Wilford (J. Fluorine Chem. **3** [1973/74] 317/22).

4.4.2.2 $NaTeF_5$

$NaTeF_5$

Ältere Angaben s. „Natrium" S. 649.

Diese Verbindung wird von Edwards u.a. [1] nach Methode (II) (s. S. 12) aber in nicht reiner Form erhalten. Das Pulverdiagramm kann nicht identifiziert werden. Nach Moss u.a. [2] zersetzt sich $NaTeF_5$ bei 455°C in NaF und TeF_4. Die Anfangstemperatur der Zersetzung ist niedriger als die des $KTeF_5$. Es bilden sich bei der Zersetzung keine Zwischenprodukte und NaF wird dabei nicht verdampft.

Literatur:

[1] A. J. Edwards, M. A. Mouty, R. D. Peacock, A. J. Suddens (J. Chem. Soc. **1964** 4087/8). — [2] J. H. Moss, R. Ottie, J. B. Wilford (J. Fluorine Chem. **3** [1973/74] 317/22).

4.4.2.3 $KTeF_5 \cdot n\,H_2O$ mit n = 0 und 1

$KTeF_5 \cdot nH_2O$

Ältere Angaben s. „Kalium" S. 802.

Die Darstellung des **$KTeF_5$** erfolgt nach Methode (I) und (II), s. S. 12. Kristalle zur Röntgenstrukturuntersuchung werden von Mastin u.a. [1] durch langsames Verdampfen einer 2:1molaren Mischung von KF und TeF_4 in 42%iger wäßriger HF-Lösung hergestellt. Die großen hellen Kristalle können leicht zu einer Größe, die für Strukturuntersuchungen geeignet ist, gespalten werden.

$KTeF_5$ kristallisiert im rhombischen System. Aus Schwenk- und Weissenberg-Aufnahmen werden folgende Gitterkonstanten in Å erhalten: $a = 4.72 \pm 0.01$, $b = 9.18 \pm 0.01$, $c = 11.24 \pm 0.01$, Edwards, Mouty [2], aus Präzessionsaufnahmen bei Zimmertemperatur: a = 4.735, b = 9.209, c = 11.227 [1]; Raumgruppe Pbcm-D_{2h}^{11} (Nr. 57); Z = 4 [1, 2]. Auf Grund der durchgeführten Strukturbestimmung besetzen die Atome folgende Punktlagen mit den Parametern [1]:

Atom	Punktlage	x	y	z
4 K	4c	0.4973	$^1/_4$	0
4 Te	4d	0.1124	0.05563	$^1/_4$
8 F_1	8e	0.3700	−0.0146	0.1270
8 F_2	8e	−0.0337	0.1844	0.1265
4 F_3	4d	0.3799	0.2037	$^1/_4$

Die interatomaren Abstände in Å und Bindungswinkel in ° betragen (erster Wert [1], zweiter Wert [2]):

Te-F_1	Te-F_2	Te-F_3	$F_1 \cdots F_2$	$F_1 \cdots F_3$	$F_2 \cdots F_3$	$F_1 \cdots F_1'$	$F_2 \cdots F_2'$	F_1-Te-F_2
1.953	1.952	1.862	2.648	2.439	2.408	2.761	2.774	85.4
1.96	1.96	1.84	2.69	2.41	2.41	2.73	2.76	86.7

F_1-Te-F_3	F_2-Te-F_3	F_1-Te-F_1'	F_2-Te-F_2'	K-F_1	K-F_2	K-F_3	K-F_2^{I}	K-F_1^{II}
79.4	78.3	90.0	90.6	2.887	2.952	2.892	2.706	2.671
78.7	78.9	88.4	89.6	2.88	2.97	2.90	2.68	2.67

(Das Bezugsatom liegt in x, y, z; die Indizes beziehen sich auf Atome in x, y, $^1/_2 - z$; die zusätzlichen römischen Zahlen I und II auf Positionen in 1 + x, y, z und 1 − x, $\bar{y}$, $\bar{z}$) [1, 2].

Eine Projektion der Struktur entlang [100] zeigt **Fig. 3.** $KTeF_5$ setzt sich aus K^+- und TeF_5^--Ionen in einer verzerrten CsCl-Anordnung zusammen. Das K-Atom ist von 10 F-Atomen umgeben. Zwischen den einzelnen Anionen besteht keine Wechselwirkung, der nächste intermolekulare Abstand zwischen Te- und F-Atomen beträgt 3.72 Å [2].

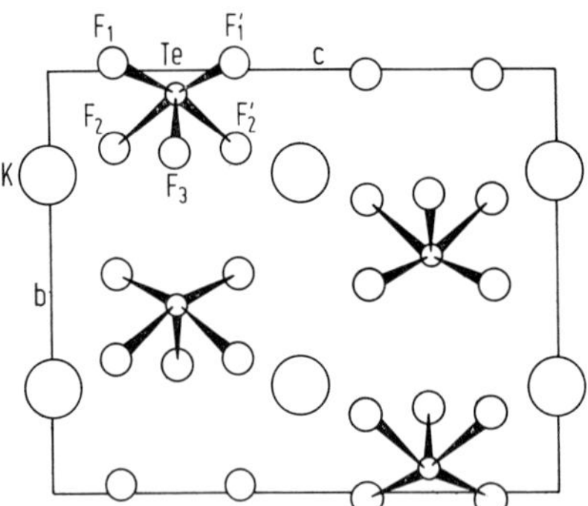

Fig. 3

Projektion der Struktur von $KTeF_5$ längs [100].

Zur Struktur des TeF_5^--Ions, die annähernd tetragonal-pyramidal ist, sowie zur Symmetrie, die C_{4v} oder nur C_s ist, s. S. 8. — In TeF_5^- ist das Te-Atom 0.378 Å unter die Äquatorebene der F-Atome verschoben; in dieser Äquatorebene ist der Abstand zwischen den äquivalenten F-Atomen ($F_1 \cdots F_1'$ und $F_2 \cdots F_2'$) um 0.12 Å größer als der zwischen den nichtäquivalenten ($F_1 \cdots F_2$ und $F_1' \cdots F_2'$). Diese Deformation beruht wahrscheinlich auf der Wechselwirkung mit dem freien Elektronenpaar eines benachbarten Te-Atoms [1]. Eine geringe Abweichung des TeF_5^--Ions von der C_{4v}-Symmetrie ist in Übereinstimmung mit der Aufspaltung der ν_9-Schwingungsbande im IR-Spektrum der festen Verbindung, die durch Greenwood u.a. [3] beobachtet wird [1].

Die pyknometrisch in Perfluortetralin bestimmte Dichte beträgt D = 3.55 g/cm³, die berechnete Dichte D = 3.57 g/cm³ [2]; D_{ber} = 3.547 g/cm³ [1]. — Im IR- und Raman-Spektrum, untersucht von Greenwood u.a. [3] und Alexander, Beattie [4], werden die Schwingungen des TeF_5^--Anions beobachtet, Wellenzahlen und Zuordnung s. beim TeF_5^--Ion, S. 9.

$KTeF_5$ kann bis 450°C im Vakuum ohne Gewichtsverlust und ohne Zersetzung erhitzt werden [5, 6]. Bei 570°C beginnt die Zersetzung in KF und TeF_4; bevor aber die Zersetzung vollständig ist, verdampft schon ein Teil KF [6]. $KTeF_5$ reagiert auch im geschmolzenen Zustand nicht mit KF [5]. — Zu Stabilität und Löslichkeit s. S. 12. In einer frisch hergestellten wäßrigen Lösung von $KTeF_5$ werden im Raman-Spektrum nur die Banden des $TeF_4(OH)^-$-Ions (s. S. 11) beobachtet. Demnach findet in der Lösung ein schneller Austausch des axialen F^- des TeF_5^- mit OH^- statt. In CH_3CN hydrolysiert $KTeF_5$ in Gegenwart von KF und H_2O (äquimolare Mengen) am Rückflußkühler während 2 h zu $KTeF_4(OH)$ entsprechend: $KTeF_5 + H_2O + KF = KTeF_4(OH) + KHF_2$, Milne, Moffett [8].

Für das Monohydrat $\mathbf{KTeF_5 \cdot H_2O}$ werden von Insley u.a. [7] 18 Netzebenenabstände mit relativen Intensitäten angegeben. Die Verbindung ist optisch zweiachsig; die Brechungsindizes betragen $n_\alpha = 1.436$, $n_\gamma = 1.460$; der optische Achsenwinkel ist 2 V = 30° [7].

Literatur:

[1] S. H. Mastin, R. R. Ryan, L. B. Asprey (Inorg. Chem. **9** [1970] 2100/3). — [2] E. J. Edwards, M. A. Mouty (J. Chem. Soc. A **1969** 703/6). — [3] N. N. Greenwood, A. C. Sarma, B. P. Straughan (J. Chem. Soc. A **1966** 1446/7). — [4] L. E. Alexander, I. R. Beattie (J. Chem. Soc. A **1971** 3091/5). — [5] A. J. Edwards, M. A. Mouty, R. D. Peacock, A. J. Suddens (J. Chem. Soc. **1964** 4087/8).

[6] J. H. Moss, R. Ottie, J. B. Wilford (J. Fluorine Chem. **3** [1973/74] 317/22). — [7] H. Insley, T. N. McVay, R. E. Thoma, G. D. White (ORNL-2192 [1956] 1/68, 11, 37). — [8] J. B. Milne, D. Moffett (Inorg. Chem. **13** [1974] 2750/4).

4.4.2.4 NH_4TeF_5

NH_4TeF_5

Diese Verbindung wird nach Methode (I) dargestellt, s. S. 12. Nach Umkristallisieren aus 40%iger HF-Lösung werden lange weiße Nadeln erhalten. Die Verbindung wird bereits früher als Monohydrat beschrieben, s. hierzu „Ammonium" S. 319. Thermogravimetrische Untersuchungen ergeben aber, daß das Produkt bis 300°C stabil ist und keinen Gewichtsverlust zeigt. NH_4TeF_5 muß deshalb wasserfrei sein. Im IR- und Raman-Spektrum werden die Schwingungsfrequenzen des TeF_5^--Anions (s. dazu S. 9) beobachtet; folgende Wellenzahlen in cm^{-1} und Intensitäten werden gemessen: $\nu_1 = 611$ ms, $\nu_2 = 525$ m, $\nu_3 = 291$ m, ν_4 bis ν_6 = inaktiv, $\nu_7 = 456$ vs, $\nu_8 = 344$ m, $\nu_9 = 184$ mw, N. N. Greenwood, A. C. Sarma, B. P. Straughan (J. Chem. Soc. A **1966** 1446/7). Auch im Mössbauer-Spektrum sind die Parameter charakteristisch für das TeF_5^--Anion, T. C. Gibb, R. Greatrex, N. N. Greenwood, A. C. Sarma (J. Chem. Soc. A **1970** 212/7). Werte s. beim TeF_5^--Ion, S. 11. Zur Löslichkeit und Stabilität s. S. 12.

4.4.2.5 $[(CH_3)_4N]TeF_5$(A); $[(C_2H_5)_4N]TeF_5$(B); $[CH_3N(C_2H_4)_3NCH_3][TeF_5]_2$(C)

$[(CH_3)_4N]$-TeF_5. $[(C_2H_5)_4$-$N]TeF_5$. $[CH_3N$-$(C_2H_4)_3$-$NCH_3]$-$[TeF_5]_2$

Die Methyl- und die Äthylverbindung (A und B) werden von J. B. Milne, D. Moffett (Inorg. Chem. **12** [1973] 2240/4) aus wäßrigen HF-Lösungen von TeO_2 und $(CH_3)_4NF$ bzw. $(C_2H_5)_4NF$ erhalten bei Versuchen, die entsprechenden Hexafluorotellurate (IV) darzustellen. Eine 1:1 molare Mischung von $(CH_3)_4NTeF_5$ und $(CH_3)_4NF$ reagiert beim Schütteln in CH_3CN auch innerhalb mehrerer Tage nicht zum Hexafluorotellurat (IV). — Die Verbindungen B und C kristallisieren aus wäßrigen HF-Lösungen von TeO_2 und den entsprechenden quaternären Ammoniumhydroxiden. Die im IR- und Raman-Spektrum der festen Verbindungen und in Lösungen des $[(C_2H_5)_4N]TeF_5$ in CH_3CN, CH_2Cl_2 und CH_3COCH_3 auftretenden Schwingungsfrequenzen sind die des TeF_5^--Anions. Die Messungen der Lösungsspektren schließen eine qualitative Bestimmung der Depolarisation für 6 von 8 beobachteten Raman-Linien ein. Wellenzahlen der Schwingungsfrequenzen des festen $[(C_2H_5)_4N]TeF_5$ und in Lösung von CH_3CN s. beim TeF_5^--Ion, S. 9, alle weiteren s. im Original bei C. J. Adams, A. J. Downs (J. Chem. Soc. A **1971** 1534/42, 1535, 1539).

4.4.2.6 $[C_5H_5NH]TeF_5$

$[C_5H_5NH]$-TeF_5

Die Darstellung der weißen Kristalle erfolgt nach Methode (I), s. S. 12, indem TeO_2 in 40%iger HF-Lösung gelöst und frisch destilliertes Pyridin zugefügt wird, Greenwood u. a. [1]. Das Pyridiniumsalz wird bereits davor von Aynsley, Hetherington [2] in Form von schwach grünen Kristallen erhalten durch Lösen des Komplexes $C_5H_5N \cdot TeF_4$ (gebildet aus TeF_4 und C_5H_5N in trocknem $C_2H_5OC_2H_5$) in wäßriger HF-Lösung und Eindampfen dieser Lösung auf dem Wasserbad. — Die IR- und Raman-Spektren der festen Verbindung und die IR-Spektren einer Lösung von $[C_5H_5NH]TeF_5$ in C_5H_5N sind abgesehen von Lösungsmittelverschiebungen identisch und zeigen die Schwingungsfrequenzen des TeF_5^--Ions (s. dazu S. 9). Folgende Schwingungen (in cm^{-1}) und Intensitäten werden im IR-Spektrum beobachtet (Werte für die Lösung in Klammern): $\nu_1 = 624$ ms (633 ms); $\nu_2 = 502$ m (497 m); $\nu_3 = 268$ m (275 m); ν_4 bis ν_6 = inaktiv; $\nu_7 = 476$ vs (468 vs); $\nu_8 = 328$ m (333 m); $\nu_9 = 166$ mw (nicht beobachtet) [1]. — Zur Stabilität und Löslichkeit s. S. 12. Das Salz hat eine begrenzte Löslichkeit in C_5H_5N und CH_3OH; nach 12 bis 24 h bildet sich ein weißer Niederschlag von H_2TeO_3, der Zersetzung anzeigt. Durch Leitfähigkeitsmessungen und Molgewichtsbestimmungen an frisch hergestellten Lösungen von $[C_5H_5NH]TeF_5$ in diesen Lösungsmitteln wird festgestellt, daß die Verbindung ionisch ist und als 1:1-Elektrolyt formuliert werden kann: $[C_5H_5NH]^+[TeF_5]^-$. Die Leitfähigkeit einer 10^{-3} molaren Lösung des Salzes in C_5H_5N beträgt bei Zimmertemperatur $3.4 \times 10^{-6}\ \Omega^{-1} \cdot cm^{-1}$ [1]. Durch Behandeln mit wäßriger HCl-Lösung wird $[C_5H_5NH]TeF_5$ in $[C_5H_5NH]_2TeCl_6$, das in gelben Nadeln kristallisiert, umgewandelt; mit wäßriger HBr-Lösung werden rote Nadeln von $[C_5H_5NH]_2TeBr_6$ beim Kristallisieren erhalten und beim Lösen von $[C_5H_5NH]TeF_5$ in heißer wäßriger HJ-Lösung und anschließendem Abkühlen werden kleine schwarze Nadeln von $[C_5H_5NH]_2TeJ_6$ abgesetzt [2].

Literatur:

[1] N. N. Greenwood, A. C. Sarma, B. P. Straughan (J. Chem. Soc. A **1966** 1446/7). — [2] E. E. Aynsley, G. Hetherington (J. Chem. Soc. **1953** 2802/3).

(NO)TeF₅

4.4.2.7 $(NO)TeF_5 = TeF_4 \cdot NOF$

Die Nitrosylverbindung wird durch schnelle Reaktion von $NOF(HF)_3$ mit Te bei Temperaturen von 20 bis 120°C gebildet, F. Seel, W. Birnkraut, D. Werner (Chem. Ber. **95** [1962] 1264/74, 1270; Angew. Chem. **73** [1961] 806).

$(NO_2)TeF_5$

4.4.2.8 $(NO_2)TeF_5$

Die Nitrylverbindung wird durch Reaktion von TeO_2 mit NO_2F gebildet. Nach schwachem Erwärmen verläuft die Reaktion gleichmäßig weiter. Durch beträchtliche Wärmeentwicklung wird die Verbindung im geschmolzenen Zustand erhalten und setzt sich beim Abkühlen als feste weiße Substanz ab. Der Schmelzpunkt liegt bei etwa 110°C, E. E. Aynsley, G. Hetherington, P. L. Robinson (J. Chem. Soc. **1954** 1119/24), G. Hetherington, P. L. Robinson (Chem. Soc. [London] Spec. Publ. Nr. 10 [1957] 23/32, 28).

$RbTeF_5$

4.4.2.9 $RbTeF_5$

Die Darstellung erfolgt nach Methode (I) und (II), s. S. 12. Die im IR- und Raman-Spektrum auftretenden Banden sind die des TeF_5^--Ions, s. dazu die Angaben auf S. 9. Folgende Schwingungen (in cm^{-1}) und Intensitäten werden im IR-Spektrum beobachtet: $\nu_1 = 612$ ms, $\nu_2 = 523$ m, $\nu_3 = 286$ m, ν_4 bis ν_6 = inaktiv, $\nu_7 = 462$ vs, $\nu_8 = 345$ m, $\nu_9 = 170$, 812 mw, N. N. Greenwood, A. C. Sarma, B. P. Straughan (J. Chem. Soc. A **1966** 1446/7). Zur Stabilität und Löslichkeit s. S. 12.

$CsTeF_5$

4.4.2.10 $CsTeF_5$

Ältere Angaben s. „Caesium" S. 230.

Die Verbindung wird wie die Rb-Verbindung nach Methode (I) und (II) hergestellt, s. S. 12. Im IR- und Raman-Spektrum werden von N. N. Greenwood, A. C. Sarma, B. P. Straughan (J. Chem. Soc. A **1966** 1446/7) die Schwingungen des TeF_5^--Ions beobachtet; Wellenzahlen und Zuordnung s. beim TeF_5^--Ion, S. 9. Die Mössbauer-Spektren der festen Verbindung und der gefrorenen Lösung (hergestellt aus TeO_2 und CsF in wäßriger HF-Lösung) sind ähnlich und charakteristisch für das TeF_5^--Anion, T. C. Gibb, R. Greatrex, N. N. Greenwood, A. C. Sarma (J. Chem. Soc. A **1970** 212/7). Werte der Isomerieverschiebung und der Quadrupolaufspaltung s. beim TeF_5^--Ion, S. 11. Zur Stabilität und Löslichkeit s. S. 12. Eine 1:1molare Mischung von CsF und $CsTeF_5$ reagiert beim Schütteln in CH_3CN auch innerhalb mehrerer Tage nicht zu Cs_2TeF_6, ebenso ergibt eine Schmelze dieser beiden Verbindungen in stöchiometrischen Mengen bei 400°C kein Hexafluorotellurat(IV), J. B. Milne, D. Moffett (Inorg. Chem. **12** [1973] 2240/4).

The Hexafluorotellurate (IV) Ion (?)

4.4.3 Hexafluorotellurat(IV)-Ion TeF_6^{2-} (?)

Über die Existenz des Hexafluorotellurat(IV)-Ions liegen in der Literatur unterschiedliche Angaben vor.

Nach Aynsley, Hetherington [1] existiert TeF_6^{2-} im festen Zustand in der von ihnen dargestellten Verbindung $[C_5H_5NH]_2TeF_6$, vgl. dazu aber S. 18. Sie stellen auch fest, daß die Stabilität der TeX_6^{2-}-Anionen (X = F, Cl, Br, J) vom Fluorid zum Jodid ansteigt, da sich $[C_5H_5NH]_2TeF_6$ durch Behandeln mit Chlorwasserstoffsäure in die Cl-Verbindung und diese durch Behandeln mit Bromwasserstoffsäure in die Br-Verbindung und diese wiederum durch Jodwasserstoffsäure in $[C_5H_5NH]_2TeJ_6$ überführen läßt. Auch bei $(NO)_2TeF_6$, das von Seel, Massat [2] hergestellt und beschrieben wird, liegt formal TeF_6^{2-} vor. — Die Existenz der ziemlich unstabilen Fluorotellurate(IV) und damit des TeF_6^{2-} wird von Urch [3] in einer theoretischen Betrachtung über die Bindung in MX_6^{n-}-Anionen (M = Sb, Se, Te, J, Xe; X = F, Cl, Br, J; n = 0 bis 3) nicht ausgeschlossen.

Bryukhanov u.a. [4] haben zwar für die Existenz des TeF_6^{2-}-Ions im festen Zustand keine experimentelle Bestätigung, nehmen aber die Bildung dieses Ions in einer Lösung des Te in konzentrierter

Fluorwasserstoffsäure an. Auf Grund von Untersuchungen der ^{125m}Te-Mössbauer-Spektren stellen sie fest, daß die an gefrorenen Lösungen des Te in konzentrierter HCl- und HBr-Lösung gemessenen Linien dieselbe Form und dieselbe Isomerieverschiebung haben wie die der entsprechenden kristallinen Hexahalogenotellurat(IV)-Salze. Sie beweisen damit, daß komplexe TeX_6^{2-}-Ionen in konzentrierten Säuren gebildet werden und nehmen dieses auch für TeF_6^{2-} an. Alle TeX_6^{2-}-Ionen haben oktaedrische Struktur, Symmetrie O_h; das Te-Atom hat die Koordinationszahl 6 und bildet 6 äquivalente Bindungen mit den Halogenatomen. In Analogie zu $SeCl_6^{2-}$ oder SnX_6^{2-} wird angenommen, daß die Bindung durch sp^3d^2-Hybridorbitale erfolgt. Die Isomerieverschiebung δ von TeF_6^{2-} beträgt $\delta = 0 \pm 0.3$ mm/s relativ zu $^{125}Sb(Cu)$ bei 80 K; es wird keine Quadrupolaufspaltung beobachtet. Vergleiche der δ-Werte von TeX_6^{2-} ($\delta = 0$ bis $+2.0 \pm 0.3$ mm/s) zeigen eine Verkleinerung von δ beim Ansteigen der Elektronegativität des Halogenatoms, d.h. mit Ansteigen des ionischen Anteils der Bindung, s. dazu Diagramm im Original [4], s. auch [5, 6]. — Nach Gukasyan u.a. [7] beeinflußt das freie Elektronenpaar am Te die Abhängigkeit der Isomerieverschiebung von der Differenz der Elektronegativitäten zwischen Ligand und Tellur, s. dazu Diagramm im Original. Für TeF_6^{2-} beträgt $\delta = 0.97 \pm 0.10$ mm/s relativ zu ZnTe bei 78 K; im Gegensatz zu den anderen TeX_6^{2-}-Anionen wird hier Quadrupolaufspaltung beobachtet, $\Delta = 5.6 \pm 0.1$ mm/s. Ein Vergleich der experimentellen und berechneten Elektronendichte am Te-Kern für die TeX_6^{2-}-Ionen zeigt, daß sich das freie Elektronenpaar nicht im 5s-Orbital befindet [7].

Für die Existenz eines stabilen TeF_6^{2-}-Anions gibt es nach Gibb u.a. [8] keinen experimentellen Beweis trotz umfassender Versuche, diese Spezies durch sehr verschiedene Reaktionen darzustellen. Das Mössbauer-Spektrum einer gefrorenen Lösung von TeO_2 und CsF in wäßrigem HF (in stöchiometrischen Mengen erforderlich für Cs_2TeF_6) ist grundsätzlich dem des festen $CsTeF_5$ ähnlich und zeigt deutliche Quadrupolaufspaltung, während das hypothetische TeF_6^{2-} diese nicht haben sollte in Analogie mit den anderen Hexafluorotelluraten(IV).

Nach neueren Beobachtungen von Aynsley u.a. [9] sollen die eventuell gebildeten TeF_6^{2-}-Verbindungen aus einer äquimolaren Mischung von F^-- und TeF_5^--Verbindungen bestehen und somit kein TeF_6^{2-}-Ion enthalten. Der offensichtlichen Instabilität des TeF_6^{2-}-Ions steht nach Greenwood u.a. [10] die Stabilität des TeF_5^--Ions gegenüber; im Gegensatz dazu sind die TeX_6^{2-}-Anionen der anderen Halogene stabiler als deren TeX_5^--Anionen. — Auch Adams, Downs [11] und Edwards u.a. [12] sowie Milne, Moffett [13] haben keinen Erfolg mit verschiedenen Versuchen zur Darstellung von festen Derivaten des TeF_6^{2-}-Anions und beobachten auch in nichtwäßrigen Lösungen unter entsprechenden Bedingungen keine Bildung dieses Ions, sondern immer nur die Bildung von Pentafluorotelluraten(IV). Hieraus wird geschlossen, daß das TeF_6^{2-}-Anion in Hinsicht auf das TeF_5^--Anion eine bedeutende positive freie Bildungsenthalpie haben müßte [11].

Die einzigen bekannten hexakoordinierten Fluoroanionen des Te^{IV} sind $TeCl_4F_2^{2-}$ und $TeBr_4F_2^{2-}$, die in Form ihrer Caesium- und Tetraäthylammoniumsalze von Ozin, Vander Voet [14] dargestellt und untersucht worden sind, s. dazu in „Tellur" Erg.-Bd. B 3.

Literatur:

[1] E. E. Aynsley, G. Hetherington (J. Chem. Soc. **1953** 2802/3). — [2] F. Seel, H. Massat (Z. Anorg. Allgem. Chem. **280** [1955] 186/96, 192). — [3] D. S. Urch (J. Chem. Soc. **1964** 5775/81, 5779). — [4] V. A. Bryukhanov, B. Z. Iofa, A. A. Opalenko, V. S. Shpinel (Zh. Neorgan. Khim. **12** [1967] 1985/7; Russ. J. Inorg. Chem. **12** [1967] 1044/6). — [5] V. S. Shpinel, V. A. Bryukhanov, V. Kothekar, B. Z. Iofa, S. I. Semenov (Symp. Faraday Soc. Nr. 1 [1967/68] 69/76).

[6] V. S. Shpinel, V. A. Bryukhanov, V. Kothekar, B. Z. Iofa (Zh. Eksperim. i Teor. Fiz. **53** [1967] 23/8; Soviet Phys.-JETP **26** [1968] 16/9). — [7] S. E. Gukasyan, B. Z. Iofa, A. N. Karasev, S. I. Semenov, V. S. Shpinel (Phys. Status Solidi **37** [1970] 91/3). — [8] T. C. Gibb, R. Greatrex, N. N. Greenwood, A. C. Sarma (J. Chem. Soc. A **1970** 212/7). — [9] E. E. Aynsley, N. N. Greenwood, A. C. Sarma (unveröffentlichte Mitteilung in [10]). — [10] N. N. Greenwood, A. C. Sarma, B. P. Straughan (J. Chem. Soc. A **1968** 1561/3).

[11] C. J. Adams, A. J. Downs (J. Chem. Soc. A **1971** 1534/42, 1541). — [12] A. J. Edwards, M. A. Mouty, R. D. Peacock, A. J. Suddens (J. Chem. Soc. **1964** 4087/8). — [13] J. B. Milne, D. Moffett (Inorg. Chem. **12** [1973] 2240/4). — [14] G. A. Ozin, A. Vander Voet (J. Mol. Struct. **13** [1972] 435/57, 448).

Hexafluorotellurates (IV)

4.4.4 Hexafluorotellurate(IV)

Zahlreiche Versuche zur Herstellung von Hexafluorotelluraten(IV) sind ohne Erfolg geblieben, so beispielsweise das Erhitzen von $KTeF_5$, das Zusammenschmelzen von $KTeF_5$ und KF in stöchiometrischen Mengen oder die Reaktion von TeO_2 und KF in warmem SeF_4, Edwards u. a. [1]. Auch feste Verbindungen mit großen organischen Kationen wie $[CH_3N(C_2H_4)_3NCH_3]^{2+}$ können nicht isoliert werden, Adams, Downs [3]. Bei den Darstellungsversuchen entsteht allgemein $MTeF_5$, wobei M ein anorganisches oder organisches Kation sein kann, Greenwood u. a. [2], wenn aber formal M_2TeF_6 entsteht, so ergeben nach Aynsley u. a. [4] die strukturellen Untersuchungen, daß das Produkt eine äquimolare Mischung von MF und $MTeF_5$ ist.

Literatur:

[1] A. J. Edwards, M. A. Mouty, R. D. Peacock, A. J. Suddens (J. Chem. Soc. **1964** 4087/8). — [2] N. N. Greenwood, A. C. Sarma, B. P. Straughan (J. Chem. Soc. A **1968** 1561/3). — [3] C. J. Adams, A. J. Downs (J. Chem. Soc. A **1971** 1534/42). — [4] E. E. Aynsley, N. N. Greenwood, A. C. Sarma (unveröffentlichte Beobachtungen in [2]).

$(NO)_2TeF_6$ (?)

4.4.4.1 $(NO)_2TeF_6$(?)

Die Dinitrosylverbindung wird durch Reaktion von $TeCl_4$ mit überschüssigem FSO_2NO bei $<-10°C$ in flüssigem SO_2 hergestellt entsprechend der Gleichung: $TeCl_4 + 6\,FSO_2NO \rightarrow (NO)_2TeF_6 + 4\,NOCl + 6\,SO_2$. Sie ist stabiler als die entsprechende Se-Verbindung, die bei Zimmertemperatur leicht NOF abspaltet. $(NO)_2TeF_6$ schmilzt bei etwa 100°C unter Zersetzung, ohne vorher im Vakuum zu sublimieren, E. Seel, H. Massat (Z. Anorg. Allgem. Chem. **280** [1955] 186/96, 192).

$[C_5H_5NH]_2TeF_6$(?)

4.4.4.2 $[C_5H_5NH]_2TeF_6$(?)

Zur Darstellung der Dipyridiniumverbindung wird Pyridin zu einer Lösung von TeO_2 in wäßriger Fluorwasserstoffsäure zugefügt und die Lösung auf einem Dampfbad eingeengt, bis rötlich-gelb gefärbte Nadeln auskristallisieren. $[C_5H_5NH]_2TeF_6$ hydrolysiert in H_2O schnell unter Bildung von H_2TeO_3; es ist in Äther unlöslich und verändert sich darin auch nicht. Durch Behandeln mit Salzsäure wird das Salz in $[C_5H_5NH]_2TeCl_6$ umgewandelt; Bromwasserstoffsäure bzw. Jodwasserstoffsäure ergeben das entsprechende Bromo- bzw. Jodosalz, E. E. Aynsley, G. Hetherington (J. Chem. Soc. **1953** 2802/3). — Eine Überprüfung dieser Darstellungsmethode von J. B. Milne, D. Moffett (Inorg. Chem. **12** [1973] 2240/4) ergibt, daß nicht $[C_5H_5NH]_2TeF_6$, sondern $[C_5H_5NH]TeF_5$ erhalten wird.

Tellurium Pentafluoride

4.5 Tellurpentafluorid TeF_5

Die Enthalpieänderung bei der Bildung des hypothetischen TeF_5 aus festem Te und F_2-Dampf läßt sich zu $\Delta H_f^\circ = -277.2 \pm 5.0$ kcal/mol abschätzen. Falls das Molekül wie BrF_5 die Form einer vierseitigen Pyramide (Symmetriegruppe C_{4v}) hat und seine Schwingungen etwa dieselben Wellenzahlen (697, 672, 752, 325, 315, 197 cm^{-1}) haben wie die TeF_6-Schwingungen (s. S. 22), so ergeben sich mit einem einheitlichen Te-F-Abstand $\nu = 1.84$ Å für die thermodynamischen Funktionen des Dampfes folgende Werte (sämtlich in $cal \cdot mol^{-1} \cdot K^{-1}$):

T in K	100	200	273.15	298.15	300	400	500	600
$(H^\circ - H_0^\circ)/T$ . .	9.3782	13.0038	15.3077	16.0073	16.0574	18.4315	20.2573	21.6775
C_p°	12.8887	19.8206	23.1938	24.0902	24.1519	26.7291	28.2651	29.2206
S°	61.424	72.674	79.382	81.452	81.601	88.935	95.079	100.323

T in K	700	800	1000	1200	1400	1600	1800	2000
$(H^\circ - H^\circ_0)/T$	22.8027	23.7112	25.0811	26.0603	26.7931	27.3612	27.8141	28.1835
C°_p	29.8449	30.2713	30.7958	31.0917	31.2740	31.3939	31.4768	31.5366
S°	104.878	108.892	115.710	121.353	126.160	130.345	134.047	137.367

P. A. G. O'Hare (ANL-7315 [1968] 1/95, 52; C.A. **71** [1969] Nr. 33988).

4.6 Tellur(VI)-fluorid TeF_6

Tellurium(VI) Fluoride

Ältere Angaben s. „Tellur" S. 317.

Tellur(VI)-fluorid ist bei gewöhnlicher Temperatur ein Gas, das bei Konzentrationen >0.2, nach anderen Angaben >0.01 mg/m³ Luft, hochtoxisch ist, offenbar toxischer als das Element. TeF_6 tritt u.a. beim Fluorierungs- und Verflüchtigungsprozeß von Spaltprodukten aus verbrauchten Brennelementen von Kernreaktoren auf. Durch seine große Flüchtigkeit ist es schwer von UF_6 und PuF_6 abzutrennen.

4.6.1 Bildung und Darstellung

Formation. Preparation

TeF_6 bildet sich bei der Reaktion von F_2 mit Te oder einem der Oxide, TeO_2 bzw. TeO_3, unter verschiedenen Bedingungen: Mit N_2-verdünntem F_2 und Te bei 150°C entsteht ausschließlich TeF_6, bei 40 bis 60°C werden neben TeF_6 kleine Mengen „Te_2F_{10}" (vgl. hierzu S. 33) erhalten, bei 0°C wird kein TeF_6 gebildet. Zusätze zu Te, wie Al_2O_3, Ni, Cu, TeO_2, die Verwendung von unverdünntem F_2 sowie F_2-O_2-Gemischen und wechselnde Temperaturen ergeben verschiedene Ausbeuten an TeF_6, außerdem „Te_2F_{10}" und $Te_3F_{14}O_2$, s. dazu Original. Fast vollständig bildet sich TeF_6 bei der Reaktion von TeO_3 mit F_2 (verdünnt mit N_2) bei 100 bis 250°C; mit TeO_2 werden bei 100 bis 200°C außerdem Spuren von „Te_2F_{10}" oder eines Fluoridoxids erhalten. Die Reaktionen werden in einem Ni-Rohr ausgeführt, die Produkte in Pyrex-Glasflaschen bei −180°C kondensiert, Campbell, Robinson [1].

TeF_6 wird aus $TeCl_2$ bzw. $TeBr_2$ und F_2, verdünnt mit N_2 (1:9 bzw. 1:10), erhalten, als Zwischenprodukt tritt TeF_4 auf, Aynsley [2], Aynsley, Watson [8]. — Es entsteht in größeren Mengen als Nebenprodukt bei der Herstellung von $TeClF_5$ und $TeBrF_5$ durch Reaktion von $TeCl_4$ oder $TeBr_4$ mit N_2-verdünntem F_2 bei 25°C; bei der entsprechenden Reaktion mit TeJ_4 wird es neben JF_5 gebildet, Fraser u.a. [9].

Bei der Umsetzung von TeO_2 mit BrF_3-Dampf bei 100 bis 450°C tritt TeF_6 neben TeF_4, „Te_2F_{10}" und $Te_3F_{14}O_2$ auf, Sakurai [18].

TeF_6 entsteht neben anderen Zersetzungsprodukten bei der thermischen Zersetzung verschiedener Te^{VI}-F-Verbindungen, z.B. der Pentafluoro-orthotellurate(VI) (s. dazu ab S. 57): $Xe(OTeF_5)_2$ [20], $(XeF)TeF_5O$ [20], $NaTeF_5O$ [16], $B(OTeF_5)_3$ [19]; bei der Zersetzung von $(TeF_5)_2O$ bei 200°C unter Dismutierung [20]; bei Erhitzen der Rb- und Cs-Fluorotellurate(VI) durch Zersetzung in die Ausgangssubstanzen [14, 17].

Auch beim Lösen der Fluorotellurate(VI) in H_2O [14] oder in wasserfreiem HF [17] wird TeF_6 erhalten. — Es ist unter den Reaktionsprodukten der Umsetzung von $(XeF)TeF_5O$ bzw. $Xe(TeF_5O)_2$ mit CsF zu finden, Sladky [20].

Zur Darstellung wird bis in die Gegenwart die von Yost, Claussen [7] angegebene Methode angewendet: Einwirkung von wasserfreiem F_2 auf feinverteiltes Tellur in einem Kupferrohr, Kondensation des Reaktionsproduktes durch Kühlung und Reinigung durch wiederholte Sublimation, s. „Tellur" S. 317. — Von Selig u.a. [17] wird TeF_6 in ähnlicher Weise durch Fluorierung von Te-Pulver mit überschüssigem F_2 in einem Hochdruckreaktor aus Monel hergestellt, durch wiederholte Tieftemperatur-Destillation wird TeF_6 gereinigt. — Nach Fischer, Steunenberg [15] erfolgt die direkte Vereinigung von metallischem Te und F_2 in einem Ni-Behälter. TeF_6 wird von dem während der Reaktion gebildeten TeF_4 durch Destillation bei 25°C abgetrennt, das überschüssige F_2 wird durch Vakuumdestillation bei −195°C entfernt. — Unter Verwendung von ClF als Fluorierungsmittel erfolgt die Darstellung nach Olin Mathieson Chemical Corp. u.a. [3] aus Te oder Metalltelluriden bei über 200°C in evakuierter Monelapparatur. — Nach Clifford, Morris [4] eignet sich auch ClF_3 als Fluorierungsmittel, das bei ca. −80°C tropfenweise zu gemahlenem Te in flüssigem HF zugesetzt wird; bei −78°C scheiden sich aus den konzentrierten Lösungen große klare Kristalle von TeF_6 aus. — Zur Darstellung in mg-Mengen für Isotopenanalysen wird die Fluorierung von Te durch Einwirkung von CoF_3 in einem evakuierten Behälter bei 300°C durchgeführt, Gwinn [6].

Thermodynamische Daten der Bildung. Bildungsenthalpie ΔH und freie Bildungsenthalpie ΔG in kcal/mol unter Standardbedingungen für die Bildung von gasförmigem TeF_6 aus festem Te und gasförmigem F_2: $\Delta H^{\circ}_{298} = -327.20 \pm 0.56$, $\Delta G^{\circ}_{298} = -304.26 \pm 0.56$, berechnet von O'Hare u.a. [11] aus kalorimetrischen Messungen bei der Vereinigung der Elemente im Bombenkalorimeter; die Entropie-Änderung beträgt $\Delta S^{\circ}_{298} = -76.9$ cal · mol^{-1} · K^{-1}, s. auch O'Hare [10]. Dieser ΔH°_{298}-Wert ist nicht in Übereinstimmung mit dem älteren Wert $\Delta H^{\circ}_{298} = -315.0$ von Yost, Claussen [7], der auf Grund von Messungen mit einem Dewar-Strömungskalorimeter erhalten wurde; die Differenz kann nicht geklärt werden, da in der älteren Arbeit Einzelheiten fehlen [11]. — Aus Literaturdaten berechnete ΔG°-Werte als Funktion der Temperatur zwischen 0 und 2000 K s. Diagramm im Original, Kellogg [13]. — Zu einem Vergleich der Bildungsenthalpien von TeF_6, SeF_6 und SF_6 (alle gasförmig) untereinander und einer mutmaßlichen Erklärung für den verhältnismäßig hohen Wert des TeF_6 s. Long [12]. — Für die Bildung aus den gasförmigen Elementen wird $\Delta H^{\circ}_{298} = -347.30 \pm 0.58$ und $\Delta G^{\circ}_{298} = -318.34$ berechnet; ΔH- und ΔG-Werte bis 2000 K s. Original [10].

Für die Bildung von flüssigem TeF_6 beträgt $\Delta H^{\circ}_{298} = -331.43 \pm 0.61$, berechnet von O'Hare [10].

Für die Bildung von festem TeF_6 berechnet Mills [5] $\Delta H^{\circ}_{0} = -331.1$ mit Hilfe von ausgewählten Werten der Sublimationsenthalpie und der Bildungsenthalpie von gasförmigem TeF_6. — Den Wert $\Delta H^{\circ}_{298} = -333.33 \pm 0.65$ berechnet O'Hare [10].

Literatur:

[1] R. Campbell, P. L. Robinson (J. Chem. Soc. **1956** 3454/8). — [2] E. E. Aynsley (J. Chem. Soc. **1953** 3016/9). — [3] Olin Mathieson Chemical Corp., J. J. Pitts, A. W. Jache (U.S.P. 3373000 [1966/68]; C.A. **68** [1968] Nr. 88678). — [4] A. F. Clifford, A. G. Morris (J. Inorg Nucl. Chem. **5** [1957] 71/5). — [5] K. C. Mills (Thermodynamic Data for Inorganic Sulphides, Selenides and Tellurides, London 1974, S. 1/845, 286).

[6] H. R. Gwinn (Y-568 [1950] 1/7; N.S.A. **4** [1950] Nr. 2641). — [7] D. M. Yost, W. H. Claussen (J. Am. Chem. Soc. **55** [1933] 885/91). — [8] E. E. Aynsley, R. H. Watson (J. Chem. Soc. **1955** 2603/6). — [9] G. W. Fraser, R. D. Peacock, P. M. Watkins (Chem. Commun. **1968** 1257). — [10] P. A. G. O'Hare (ANL-7315 [1968] 1/77, 48).

[11] P. A. G. O'Hare, J. L. Settle, W. N. Hubbard (Trans. Faraday Soc. **62** [1966] 558/65). — [12] L. H. Long (Quart. Rev. [London] **7** [1953] 134/74, 155). — [13] H. H. Kellogg (J. Metals **3** [1951] Trans. **191** 137/41). — [14] E. L. Muetterties (J. Am. Chem. Soc. **79** [1957] 1004). — [15] J. Fischer, R. K. Steunenberg (ANL-5593 [1956] 1/19; C.A. **1956** 16449).

[16] K. Seppelt (Z. Anorg. Allgem. Chem. **406** [1974] 287/98). — [17] H. Selig, S. Sarig, S. Abramowitz (Inorg. Chem. **13** [1974] 1508/11). — [18] T. Sakurai (J. Nucl. Sci. Technol. [Tokyo] **10** [1973] 130/1; C.A. **78** [1973] Nr. 118107). — [19] F. Sladky, H. Kropshofer, O. Leitzke (J. Chem. Soc. Chem. Commun. **1973** 134/5). — [20] F. Sladky (Monatsh. Chem. **101** [1970] 1559/70, 1571/77).

The Molecule

Point Group. Electron Configuration. Photoelectron Spectrum. Bonding

4.6.2 Molekül

4.6.2.1 Punktgruppe, Elektronenkonfiguration, Photoelektronenspektrum, Bindung

Die Punktgruppe ist O_h, wie durch Elektronenbeugung, Seip, Stoelevik [1] (s. S. 22), durch Analyse der IR- und Raman-Spektren, Gaunt [2] (s. S. 22), und durch Dipolmoment-Messungen, Kaiser u.a. [3] (s. S. 22), nachgewiesen ist.

Die energetische Reihenfolge der Molekülorbitale ist unsicher. Für das isostrukturelle SF_6 ergibt eine CNDO-Rechnung in der spd-Näherung $2a_{1g}$, $1t_{2g}$, $2t_{1u}$, $1t_{2u}$, $2e_g$, $1t_{1g}$, $3t_{1u}$, Santry, Segal [4] ($2t_{2g}$ in [4] geändert in $1t_{1g}$, laut Potts u.a. [5]); diese Zuordnung wird für das Photoelektronenspektrum von TeF_6 übernommen [5]. Eine Rechnung nach der SCF-Xα-scattered-wave-Methode ergibt die Reihenfolge (in Klammern berechnete Ionisierungsenergien in eV) $2a_{1g}$, $2t_{1u}$ (19.82), $1t_{2g}$ (17.98), $1t_{2u}$ (16.99), $3t_{1u}$ (16.90), $2e_g$ (16.84), $1t_{1g}$ (16.44), Rösch u.a. [6]. In einem qualitativen MO-Schema (Betrachtung der Orbitale eines F_6-Clusters und ihrer Störung durch symmetrieangepaßte Orbitale des Zentralatoms) ergibt sich $2a_{1g}$, $2t_{1u}$, $1t_{2g}$, $3t_{1u}$, $1t_{2u}$, $2e_g$, $1t_{1g}$, Figueiredo [7].

Auf Grund der O_h-Symmetrie ist für die Te-Valenzorbitale sp^3d^2-Hybridisierung zu erwarten; diese Annahme wird durch Mössbauer-Effekt-Messungen (s. unten) gestützt, Ruby, Shenoy [12]. Für den Ionencharakter i der Te-F-Bindung wird aus der Elektronegativitäts-Differenz i = 043. abgeschätzt; i = 0.84 mit einer eigenen empirischen Formel, Lakatos [13]. Bindungsordnung N, nach Siebert [20], jeweils mit eigenen Kraftkonstanten: N = 1.47 [20], N = 1.37, Wendling, Makhmudi [14].

4.6.2.2 Elektronenaffinität A in eV

Electron Affinity

Durch Messung der Schwellenenergie für Ionenpaarbildung beim Beschuß von TeF_6 mit Cs-Atomen (mit Schwerpunktenergie 0 bis 20 eV) erhalten Compton, Cooper [8] $A = 3.34^{+0.1}_{-0.17}$. Aus den von Brion [9] gemessenen Ionenausbeute-Kurven beim Beschuß von TeF_6 mit Elektronen (0 bis 20 eV) schätzen Harland, Thynne [10] $A > 1.4$ ab. Messungen mit einem Magnetron ergeben A = 2.6, Goode [11].

4.6.2.3 ^{19}F-Kernresonanz

^{19}F Nuclear Magnetic Resonance

Für die reine Substanz (verflüssigt unter Druck) bei 25°C ist die chemische Verschiebung $\delta = 485.9(3)$ ppm, bezogen auf F_2 (Gas, 25 atm) als äußeren Standard, Gutowski, Hoffmann [15]; damit übereinstimmend $\delta = -20.6$ ppm, bezogen auf CF_3COOH, Muetterties, Phillips [16] ($\delta > 0$ jeweils nach höherem Feld). Bei $t \approx -160$°C wird aus einer frequenzabhängigen Linienverbreiterung auf eine Anisotropie der Abschirmkonstante $|\sigma_{||} - \sigma_{\perp}| = 150 \pm 50$ ppm geschlossen, Michel u.a. [17].

Spin-Spin-Kopplungskonstante $J(^{123}Te\text{-}F) = 3052$ Hz, $J(^{125}Te\text{-}F) = 3688$ Hz [16].

Das zweite Moment ΔH^2 variiert als Funktion der Temperatur zwischen 1.20 ± 0.5 G^2 bei $t \approx -70$°C und 7.2 ± 0.6 G^2 bei $t \approx -160$°C. Daraus wird geschlossen, daß in der kubischen Phase (s. S. 26) Reorientierungen durch Molekül-Rotationen stattfinden (eine schwache Frequenzabhängigkeit von ΔH^2 beruht wahrscheinlich auf der Anisotropie der Abschirmung, Michel u.a. [17], Blinc, Lahajnar [18].

Die Temperaturabhängigkeit der Spin-Gitter-Relaxationszeit T_1 wird durch Rotationsrelaxation gedeutet, das zugrundeliegende Modell ist dasselbe wie bei ΔH^2, Blinc, Lahajnar [18, 19].

Die Spin-Spin-Relaxationszeit T_2 und ihre Temperaturabhängigkeit werden in einem Diffusionsmodell beschrieben, die darin enthaltene Korrelationszeit τ_D (Verweilzeit zwischen zwei Sprüngen) variiert zwischen $\tau_D = 10^{-7}$ s am Schmelzpunkt und $\tau_D = 1 \times 10^{-5}$ s am Phasenübergangspunkt kubisch→rhombisch (s. S. 26), Virlet [21].

4.6.2.4 Mössbauer-Effekt

Mössbauer Effect

Das Mössbauer-Spektrum mit der 35.6-keV-Strahlung von ^{125}Te ergibt eine Isomerieverschiebung $\delta = -1.40 \pm 0.013$ mm/s, bezogen auf eine Quelle von ^{125}J in Cu; ohne Temperaturangabe, Ruby, Shenoy [12]. Berechnungen der s-Elektronendichte am Kernort und Vergleich mit anderen Te-Verbindungen zur Kalibrierung der Isomerieverschiebungen s. [12], Jonov u.a. [22].

Dipole Moment. Polarizability Derivative

4.6.2.5 Dipolmoment μ, Polarisierbarkeitsänderung $\delta\bar{\alpha}/\delta r$

Aus Molekularstrahl-Experimenten in inhomogenen elektrischen Feldern, mit Fokussierungseigenschaften für Dipolmoleküle, ergibt sich $\mu < 10^{-2}$ D, Kaiser u. a. [3].

Aus der Streuintensität der ν_1-Raman-Bande (ν_1 s. unten) im Gaszustand erhalten Long, Thomas [23] $\delta\bar{\alpha}/\delta r = 1.40$ Å^2 (±5%).

Nuclear Distance. Bastiansen-Morino Shrinkage Effect

4.6.2.6 Kernabstand r, Bastiansen-Morino-Schrumpfeffekt δ in Å

Durch Elektronenbeugung an gasförmigem TeF_6 erhalten Seip, Stoelevik [1] $r_g = 1.824$ (4), aus dem Schwerpunkt der Fläche unter der radialen Verteilungsfunktion.

In der Näherung von Cyvin werden in für den langen und kurzen F···F-Abstand r(F···F) und r(F-Te-F) folgende Schrumpfeffekte berechnet (T = 298 K, in Klammern Werte für 0 K): δ(F···F) = 0.00061 (45), δ(F-Te-F) = 0.00452 (237), Cyvin [24, S. 326], Cyvin u.a. [25]. Abweichende Ergebnisse, zum Teil offenbar mit Rechenirrtümern, s. Meisingseth, Cyvin [26], Nagarajan, Adams [27], Nagarajan [28].

Molecular Vibrations

4.6.2.7 Molekülschwingungen

TeF_6 besitzt sechs Grundschwingungen: ν_1 (A_{1g}), ν_2 (E_g), ν_3 (F_{1u}), ν_4 (F_{1u}), ν_5 (F_{2g}), ν_6 (F_{2u}). Auf Grund von Normalkoordinatenanalysen mit verschiedenen Kraftfeldern (s. S. 23) sind ν_1 und ν_2 als Streckschwingungen, ν_5 und ν_6 als Biegeschwingungen zu charakterisieren. Die Normalkoordinate von ν_3 besteht überwiegend aus einer Streckung, die von ν_4 überwiegend aus einer Biegung, Labonville u.a. [29], Weinstock, Goodman [30, S. 310]. ν_1, ν_2 und ν_5 sind Raman-aktiv, ν_3 und ν_4 IR-aktiv, ν_6 ist IR- und Raman-inaktiv. Es sind folgende Frequenzen gemessen (in cm^{-1}):

ν_1	ν_2	ν_3	ν_4	ν_5	ν_6	Meßmethode	Lit.
697.6[a) ±0.5	671.5[a) ±0.5	—	—	312.3[a) ±0.5	201.0[b) ±1.0	Raman (Gas)	[31]
697.1	670.3	—	—	314[c)	197[b)	Raman (Gas)	[32]
696	668.4	—	—	314.5	—	Raman (flüssig)	[33]
—	—	751.0	326.5	—	—	IR (Gas)	[34]
—	—	752	325	—	197[d)	IR (Gas)	[2]

[a) Maximum des Q-Zweigs; der Abstand der Maxima von OP- und RS-Zweig beträgt 16.3 für die ν_2- und 8.4 für die ν_5-Bande, T = 296 K. — [b) Aus der Raman-aktiven Oberschwingung $2\nu_6$. — [c) OP- und RS-Zweig-Struktur nicht beobachtet; 296 K, 1 atm. — [d) Aus Kombinationsbanden im IR-Spektrum zwischen 400 und 2000 cm^{-1}, unter Zuhilfenahme älterer Daten (s. [30, S. 184]) für ν_1, ν_2 und ν_5. Eine revidierte Auswertung ergibt $\nu_6 = 195$ [30, S. 184]. Einige der als Kombinationsschwingungen zugeordneten Banden stammen jedoch wahrscheinlich von Verunreinigungen, wie eine spätere Messung zeigt, Burke [35].

Mittlere Schwingungsamplituden u ($\triangleq \langle u^2 \rangle^{1/2}$): Aus Elektronenbeugungsmessungen erhalten Seip, Stoelevik [1] bei T = 298 K u(Te-F) = 0.038(2). Berechnete Werte, mit Hilfe des Cyvinschen Σ-Matrix-Kalküls; für T = 300 K (in Klammern T = 0 K): u(Te-F) = 0.0389 (0.0376); u(F-Te-F) = 0.0529 (0.0510); u(F···F) = 0.0863 (0.0680), Cyvin [24, S. 241]. Weitere Berechnungen, mit praktisch identischen Ergebnissen, s. [14, 25, 36 bis 41].

4.6.2.8 Coriolis-Kopplungskonstanten ζ_i

Coriolis Coupling Constants

Bei der Molekülrotation treten die Komponenten einer dreifach entarteten Schwingung durch die Coriolis-Kraft in Wechselwirkung. Der Schwingungsdrehimpuls $\zeta_i \cdot h/2\pi$ $(0 \leq |\zeta_i| \leq 1)$ koppelt mit der Molekülrotation; dies führt zu einer Aufhebung der Entartung (Coriolis-Kopplung erster Ordnung).

Die Bestimmung der ζ_i erfolgt in Erweiterung der Placzek-Teller-Theorie durch Analyse von Bandenumhüllenden (Abstand der Maxima von P- und R-Zweig im IR-Spektrum), Formeln s. bei Edgell, Moynihan [42] und bei McDowell [43], Abstand der Maxima von OP- und RS-Zweig im Raman-Spektrum, Formeln s. bei Clark, Rippon [44]. Aus IR-Untersuchungen ergibt sich $\zeta_3 = 0.18$, $\zeta_4 = 0.28$, Abramowitz, Levin [34], aus Raman-Messungen $\zeta_5 = -0.48 \pm 0.03$, Bosworth u.a. [31]. Die Ergebnisse sind in befriedigender Übereinstimmung mit den ζ-Summenregeln, (s. McDowell [45]) $\zeta_3 + \zeta_4 = {}^1/_2$, $\zeta_5 = -{}^1/_2$.

Aus Kraftkonstanten berechnete Coriolis-Kopplungskoeffizienten: $\zeta_3 = 0.23$, Thakur u.a. [37]; $\zeta_3 = 0.229$ bzw. $\zeta_3 = 0.014$, jeweils bei verschiedenen Annahmen über das Kraftfeld (s. unten), Cyvin [24, S. 369]; $\zeta_4 = {}^1/_2 - \zeta_3$. Berechnung der Kopplungskonstanten zweiter Ordnung ζ_{36} und ζ_{46} s. bei [24, S. 369]. Mit einer empirischen Formel für oktaedrische XY_6-Moleküle, die nur von Atommassen abhängt, wird $\zeta_3 = 0.23$ berechnet, Timoshinin, Godnev [46].

4.6.2.9 **Kraftkonstanten** in mdyn · Å^{-1}

Force Constants

Das allgemeine Valenzkraftfeld enthält sieben unabhängige Kraftkonstanten. Bei Wahl von Symmetriekoordinaten sind dies je eine Konstante F_{ii} für jede Grundschwingung ν_1 bis ν_6 (s. S. 22) sowie eine Kopplungskonstante F_{34} für die Schwingungen ν_3 und ν_4 der Symmetrie F_{1u}.

Die Konstanten F_{11}, F_{22}, F_{55}, F_{66} lassen sich jeweils aus ν_1, ν_2, ν_5, ν_6 mit dem Wilsonschen FG-Matrixkalkül direkt berechnen. Mit Frequenzen (in cm^{-1}) $\nu_1 = 701$, $\nu_2 = 674$, $\nu_5 = 313$ (s. „Tellur", S. 318) und $\nu_6 = 197$, Gaunt [2], erhalten beispielsweise Abramowitz, Levin [34] $F_{11} = 5.50$, $F_{22} = 5.08$, $F_{55} = 0.27$, $F_{66} = 0.22$. Damit übereinstimmende Ergebnisse s. [47 bis 49].

Die Berechnung von F_{33}, F_{44} und F_{34} aus ν_3 und ν_4 erfolgt unter Zuhilfenahme experimentell bestimmter Coriolis-Kopplungskonstanten, mit Näherungsverfahren oder mit einschränkenden Annahmen:

	a)	b)	c)	d)	e)
F_{33}	4.98	4.961	5.222	4.98	4.78
F_{44}	0.40 ±0.05	0.405	0.438	0.41	0.41
F_{34}	−0.24 ±0.05	−0.186	−0.557	−0.02	−0.01

Verwendete Frequenzen s. [2]; bei [34] eigene Meßwerte.

a) Mit eigenen Meßwerten für Coriolis-Kopplungskonstanten, Abramowitz, Levin [34]. — b) Minimum von F_{44} bezüglich F_{34}, Thakur u.a. [37]. — c) Valenzkraftkonstante $f_{rr'} = 0$ gesetzt (s. unten), Meisingseth u.a. [48]. — d) Modifiziertes Kopplungsstufenverfahren von Fadini, Angaben nach Wendling, Makhmudi [14]. — e) Methode der „nächsten Lösung", Müller u.a. [47]. (Das Vorzeichen von F_{34} hängt von der Vorzeichendefinition für die Symmetriekoordinaten S_3 und S_4 ab; hier festgelegt wie bei Pistorius [50].)

Bei der Transformation von Symmetriekoordinaten auf innere Koordinaten ergeben sich die Valenzkraftkonstanten f_r (Streckung) und f_α (Biegung, α = Bindungswinkel) sowie die Wechselwirkungskonstanten f_{rr} (zwei Bindungen senkrecht aufeinander), $f_{rr'}$ (zwei gegenüberliegende Bindungen), $f_{\alpha\alpha}$ (zwei Winkel in zwei zueinander senkrechten Ebenen), $f_{\alpha\alpha'}$ (zwei Winkel in der gleichen Ebene) und $f_{r\alpha}$ (Bindung und ein Winkel in einer dazu senkrechten Ebene). Bei $f_{\alpha\alpha}$ und $f_{\alpha\alpha'}$ werden Konstanten für zwei Winkel, die keine Bindung gemeinsam haben, durch Hinzufügung von zwei Strichen gesondert gekennzeichnet, zu $f_{\alpha\alpha}$ tritt noch $f_{\alpha\alpha''}$ und zu $f_{\alpha\alpha'}$ tritt $f_{\alpha\alpha'''}$. Analog wird für $f_{r\alpha}$ unterschieden in $f_{r\alpha}$ (die Bindung bildet einen Schenkel des Winkels) und $f_{r\alpha''}$ (Bindung und Winkel liegen abgewandt). — Formeln für die Umrechnung von Symmetrie- auf Valenzkraftkonstanten s. Cyvin [24, S. 131].

Aus diesen Konstanten können sieben unabhängige Linearkombinationen gebildet werden; hierfür sind folgende Werte berechnet:

f_r	$f_{rr'}$	f_{rr}	$f_{r\alpha}$-$f_{r\alpha''}$	f_α-$f_{\alpha\alpha'''}$	$f_{\alpha\alpha'}$-$f_{\alpha\alpha'''}$	$f_{\alpha\alpha}$-$f_{\alpha\alpha''}$	Lit.
5.109	0.152	0.070	0.049	0.214	−0.031	−0.0002	[30][a]
5.182	0	0.064	0.240	0.322	−0.022	0.052	[50][b]
4.987	0.1956	0.0639	0.0094	0.3149	0.0186	0.0488	[14][c]

[a] s. Fußnote b unter der vorangehenden Tabelle (S. 23). — [b] $f_{rr'}=0$ gesetzt. — [c] s. Fußnote e unter der vorangehenden Tabelle (S. 23). Berechnungen unter Annahme verschiedener Nebenbedingungen s. Siebert [20], Labonville u.a. [29], Linnett, Simpson [51].

Weitere Kraftfelder: Urey-Bradley-Feld (UBFF) mit Konstanten K, H, F und F′ (Streckung und Biegung von Bindungen sowie Abstoßung nichtgebundener Atome). Im Orbital-Valenzkraftfeld (OVFF) tritt D an Stelle von H, die zugehörige Winkelkoordinate ist $\Delta\beta$, der Winkel zwischen Verbindungslinie zweier gebundener Atome und Richtung des bindenden Orbitals; sonst ist das OVFF mit dem UBFF identisch. (Formeln für die Umrechnung von Symmetriekraftkonstanten auf UBFF- und OVFF-Konstanten s. Kim u.a. [52].) Es sind folgende Werte berechnet (in Klammern OVFF-Konstanten):

K	H (D)	F	F′	Lit.
4.9 (4.85)	0.20 (0.78)	0.080 (0.075)	−0.0123[a] (−0.0115)	[53]
4.93 (4.93)	0.194 (0.775)	0.0765 (0.0765)	−0.0118[a] (−0.0118)	[54]
4.90 (4.62)	0.17 (0.20)	0.17 (0.32)	−0.09[b] (−0.10)	[29, 52]

[a] $F' = -(2/13)\cdot F$, da $V \approx r^{-12}$ für die F···F-Abstoßung angenommen. — [b] F und F′ unabhängig bestimmt. F/F′ entspricht etwa dem Wert, der sich bei reinem Coulomb-Potential bei der F···F-Abstoßung ergibt.

Konstanten eines modifizierten UBFF und eines modifizierten OVFF s. bei Labonville u.a. [29]. — Weitere Kraftkonstantenberechnungen unter Verwendung inkorrekter Formeln bzw. mit Rechenirrtümern s. [55 bis 61].

Mean Bond Energy. Bond Dissociation Energy

4.6.2.10 Mittlere Bindungsenergie E, Bindungsdissoziationsenergie D in eV

E(Te-F) = 3.5 ± 0.1 (≙81.3 ± 3 kcal/mol) ergibt sich aus der Bildungsenthalpie $\Delta H^\circ_{298} = -327.2 \pm 0.5$ kcal/mol, s. S. 20. Es wird angenommen, daß analog wie bei SF_6 E(Te-F) ≈ $D^\circ_0(TeF_5\text{-}F)$ ist, s. Compton, Cooper [8].

Aus den Auftrittspotentialen von Fragment-Ionen, die beim Beschuß von TeF_6 mit monoenergetischen Elektronen entstehen, Brion [9], schätzen Harland, Thynne [10] $D(TeF_5\text{-}F) = D(TeF_4\text{-}F) = 4.2$ unter der Annahme eines Fragmentierungsvorgangs $TeF_6 + e^- \rightarrow F^- + F + TeF_4$ ab.

Literatur zu 4.6.2:

[1] H. M. Seip, R. Stoelevik (Acta Chem. Scand. **20** [1966] 1534/45), H. M. Seip (Selec. Top. Struct. Chem. **1967** 25/68). — [2] J. Gaunt (Trans. Faraday Soc. **49** [1953] 1122/31, **51** [1955] 893/4). — [3] E. W. Kaiser, J. S. Muenter, W. Klemperer, W. E. Falconer, W. A. Sunder (J. Chem. Phys. **53** [1970] 1411/2). — [4] D. P. Santry, G. A. Segal (J. Chem. Phys. **47** [1967] 158/74). —

[5] A. W. Potts, H. J. Lempka, D. G. Streets, W. C. Price (Phil. Trans. Roy. Soc. [London] A **268** [1970] 59/76).

[6] N. Rösch, V. H. Smith, M. H. Whangbo (J. Am. Chem. Soc. **96** [1974] 5984/9). — [7] P. L. R. M. Figueiredo (Diss. München T.U. 1973). — [8] R. N. Compton, C. D. Cooper (J. Chem. Phys. **59** [1973] 4140/4). — [9] C. E. Brion (Intern. J. Mass Spectrom. Ion Phys. **3** [1969] 197/202). — [10] P. W. Harland, J. C. J. Thynne (Inorg. Nucl. Chem. Letters **9** [1973] 265/9).

[11] G. C. Goode (Thesis Aston Univ. 1969 laut [10]). — [12] S. L. Ruby, G. K. Shenoy (Phys. Rev. [2] **186** [1969] 326/31). — [13] B. Lakatos (Acta Chim. Acad. Sci. Hung. **39** [1963] 53/76). — [14] E. Wendling, S. Makhmudi (Opt. i Spektroskopiya **32** [1972] 492/500; Opt. Spectry. [USSR] **32** [1972] 257/61). — [15] H. S. Gutowsky, C. J. Hoffman (J. Chem. Phys. **19** [1951] 1259/67).

[16] E. L. Muetterties, W. D. Phillips (J. Am. Chem. Soc. **81** [1959] 1084/8). — [17] J. Michel, M. Drifford, P. Rigny (J. Chim. Phys. **67** [1970] 31/6). — [18] R. Blinc, G. Lahajnar (Fizika **1** [1968] 17/29). — [19] R. Blinc, G. Lahajnar (Phys. Rev. Letters **19** [1967] 685/7). — [20] H. Siebert (Z. Anorg. Allgem. Chem. **274** [1953] 34/46).

[21] J. Virlet (CEA-R-4344 [1973]; C.A. **80** [1974] Nr. 76378). — [22] S. P. Jonov, E. F. Makarov, D. J. Baltrunas (Zh. Strukt. Khim. **14** [1973] 65/9; J. Struct. Chem. [USSR] **14** [1973] 56/60). — [23] D. A. Long, E. L. Thomas (Trans. Faraday Soc. **59** [1963] 1026/32). — [24] S. J. Cyvin (Molecular Vibrations and Mean Square Amplitudes, Oslo – Amsterdam 1968). — [25] S. J. Cyvin, B. N. Cyvin, J. Brunvoll, B. Andersen, R. Stoelevik (Selec. Top. Struct. Chem. **1967** 69/89).

[26] E. Meisingseth, S. J. Cyvin (Acta Chem. Scand. **16** [1962] 2452/3). — [27] G. Nagarajan, T. S. Adams (Monatsh. Chem. **104** [1973] 1607/22). — [28] G. Nagarajan (Indian J. Pure Appl. Phys. **4** [1966] 237/43). — [29] P. Labonville, J. R. Ferraro, M. C. Wall, L. J. Basile (Coord. Chem. Rev. **7** [1972] 257/87). — [30] B. Weinstock, G. L. Goodman (Advan. Chem. Phys. **9** [1965] 169/319).

[31] Y. M. Bosworth, R. J. H. Clark, D. M. Rippon (J. Mol. Spectry. **46** [1973] 240/55). — [32] H. H. Claassen, G. L. Goodman, J. H. Holloway, H. Selig (J. Chem. Phys. **53** [1970] 341/8). — [33] M. Drifford, M. T. Boucraut (Semin. Chim. Etat Solide 1969/70 Nr. 4 [1971] 115/26). — [34] S. Abramowitz, I. W. Levin (J. Chem. Phys. **44** [1966] 3353/6). — [35] T. G. Burke (J. Chem. Phys. **25** [1956] 791/2).

[36] E. J. Baran (Monatsh. Chem. **105** [1974] 362/5). — [37] S. N. Thakur, D. V. R. A. Rao, D. K. Rai (Indian J. Pure Appl. Phys. **8** [1970] 196/8). — [38] G. Nagarajan (Bull. Soc. Chim. Belges **72** [1963] 537/59). — [39] G. Nagarajan, T. S. Adams (Z. Physik. Chem. [Leipzig] **255** [1974] 869/88). — [40] M. Kimura, K. Kimura (J. Mol. Spectry. **11** [1963] 368/77).

[41] E. Meisingseth, S. J. Cyvin (Acta Chem. Scand. **16** [1962] 2452/3). — [42] W. F. Edgell, R. E. Moynihan (J. Chem. Phys. **27** [1957] 155/9). — [43] R. S. McDowell (J. Chem. Phys. **43** [1965] 319/23). — [44] R. J. H. Clark, D. M. Rippon (J. Mol. Spectry. **44** [1972] 479/503). — [45] R. S. McDowell (J. Chem. Phys. **41** [1964] 2557/8).

[46] V. S. Timoshinin, I. N. Godnev (Dokl. Nauchn. Tekhn. Konf. Ivanovsk. Khim. Tekhnol. Inst., Ivanovo, USSR, 1971, S. 3/5; C.A. **78** [1973] Nr. 153209). — [47] A. Müller, A. Fadini, C. Peacock (Z. Physik. Chem. [Leipzig] **238** [1968] 17/21). — [48] E. Meisingseth, J. Brunvoll, S. J. Cyvin (Kgl. Norske Videnskab. Selskabs Skrifter **1964** Nr. 7). — [49] K. Ramaswamy, N. Mohan (J. Mol. Struct. **7** [1971] 51/8). — [50] C. W. F. T. Pistorius (J. Chem. Phys. **29** [1958] 1328/32).

[51] J. W. Linnett, C. J. Simpson (Trans. Faraday Soc. **55** [1959] 857/66). — [52] H. Kim, P. A. Souder, H. H. Claassen (J. Mol. Spectry. **26** [1968] 46/66). — [53] D. F. Heath, J. W. Linnett (Trans. Faraday Soc. **45** [1949] 264/71). — [54] J. Gaunt (Trans. Faraday Soc. **50** [1954] 546/51). — [55] K. Venkateswarlu, S. Sundaram (Z. Physik. Chem. [Frankfurt] **9** [1956] 174/9).

[56] S. Califano (Atti Acad. Nazl. Lincei Rend. Classe Sci. Fis. Mat. Nat. [8] **25** [1958] 284/91). — [57] G. Nagarajan (Bull. Soc. Chim. Belges **72** [1963] 276/85). — [58] J. Hiraishi, I. Nagakawa, T. Shimanouchi (Spectrochim. Acta **20** [1964] 819/28). — [59] S. N. Thakur, D. K. Rai (J. Mol. Spectry. **19** [1966] 341/8). — [60] K. Venkateswarlu, M. Devi (Current Sci. [India] **37** [1968] 370/1).

[61] G. Nagarajan, D. C. Brinkley (Monatsh. Chem. **104** [1973] 1183/202).

Crystal Structure

4.6.3 Kristallstruktur

TeF_6 kristallisiert wie SeF_6 und SF_6 unterhalb seines Schmelzpunktes kubisch mit der Gitterkonstanten a = 6.33 ± 0.02 Å bei −40°C; Z = 2, Michel u.a. [1]. Die Umwandlung in eine rhombische Tieftemperaturphase erfolgt nach Untersuchung des Raman-Spektrums bei −74.5°C, Gilbert, Drifford [2], nach älteren NMR-Untersuchungen bei −72°C, Blinc, Lahajnar [3].

Literatur:

[1] J. Michel, M. Drifford, P. Rigny (J. Chim. Phys. **67** [1970] 31/6). — [2] M. Gilbert, M. Drifford (Advan. Raman Spectry. **1** [1972] 204/14). — [3] R. Blinc, G. Lahajnar (Phys. Rev. Letters **19** [1967] 685/7).

Mechanical and Thermal Properties

4.6.4 Mechanische und thermische Eigenschaften

Die Dichte ergibt sich aus den bei −40°C gemessenen Gitterkonstanten zu D = 3.16 g/cm³, Michel u.a. [1]. An flüssigem TeF_6 finden Hahn u.a. [2] bei 44.2°C und 15 atm D = 2.06 g/cm³.

Die Viskosität η des Dampfes, gemessen mit schwingender Scheibe, nimmt zwischen 0.3 und 72°C folgendermaßen zu:

t in °C	0.3	10	20	25	35	45	55	72
η in 10^{-8} P	15293	15782	16255	16507	17006	17446	17993	18923

Umrechnung auf die Kelvin-Skala zeigt, daß η proportional $T^{0.902}$ ist. Nach der Sutherland-Formel $\eta = 1596\,T^{3/2}\,(T+199.0)^{-1}$ und der Lennard-Jones-Formel berechnete Werte (in 10^{-8} P) liegen zwischen 15273 und 18852 bzw. zwischen 15275 und 18866, Ueda, Kigoshi [3].

Die Enthalpieänderung am Schmelzpunkt, den Fischer, Steunenberg [4] als $t_f = -38.9$°C, $T_f = 234.26$ K angeben und Nemilov [5] zu $T_f = 207$ K berechnet, ergibt sich aus Literaturdaten zu $\Delta H_f = 2.1 \pm 0.4$ kcal/mol, Kubaschewski u.a. [6]. Die Strukturumwandlung bei $t_u = -74$°C ist mit der Enthalpieänderung $\Delta H_u = 0.5$ kcal/mol verbunden [6], Yost, Claussen [7].

Nach der Dampfdruckformel $\lg p = 9.1605 - 1471.4/T$, die aus Messungen zwischen −40.1 und −78.8°C abgeleitet wurde [7], berechnet O'Hare [8] für den Bereich von −79 bis −100°C Werte zwischen 38.18 und 4.60 Torr. Die Sublimationsenthalpie ergibt sich zu $\Delta H_s = 6.5 \pm 0.4$ kcal/mol, Kubaschewski u.a. [6].

Die thermodynamischen Funktionen des Dampfes werden zunächst aus älteren Angaben von Yost [9] über das Raman-Spektrum und eigenen Meßwerten für die Wellenzahlen der IR-Absorptionsbanden von Gaunt [10] für den Bereich von 100 bis 500 K berechnet; danach ist beispielsweise $S^\circ_{298} = 80.38$ cal · mol⁻¹ · K⁻¹. Auf diesen Berechnungen basiert eine Interpolationsformel für $H - H_{298.15}$, die Kelley [11] als gültig bis 2000 K bezeichnet. Mit aus der Literatur entnommenen Moleküldaten berechnet O'Hare [8] für die Enthalpiefunktion $(H^\circ - H^\circ_0)/T$, die Wärmekapazität C_p und die Entropie S° folgende Werte:

T in K	100	200	273.15	298.15	300
$(H^\circ - H^\circ_0)/T$ in cal · mol⁻¹ · K⁻¹	9.5639	14.0695	16.9847	17.8699	17.9332
$H^\circ - H^\circ_{298.15}$ in kcal/mol	−4.3715	−2.5140	−0.6885	0	0.0520
C°_p in cal · mol⁻¹ · K⁻¹	13.7544	22.6850	26.9640	28.0936	28.1714
S° in cal · mol⁻¹ · K⁻¹	57.585	70.103	77.847	80.258	80.432

T in K	500	1000	1500	2000
$(H^\circ - H^\circ_0)/T$ in cal · mol⁻¹ · K⁻¹	23.2369	29.3128	31.8455	33.2158
$H - H^\circ_{298.15}$ in kcal/mol	6.2905	23.9849	42.4404	61.1038
C°_p in cal · mol⁻¹ · K⁻¹	33.3344	36.5048	37.1862	37.4328
S° in cal · mol⁻¹ · K⁻¹	96.255	120.662	135.619	146.355

Aus den Moleküldaten von Claassen u.a. [13] ergeben sich für den Temperaturbereich von 200 bis 2000 K Werte, die von $(H-H_{298.16})/T = 14.2678$ auf 33.2286, von $C_p = 22.6979$ auf 37.4324 und von $S^\circ = 70.2773$ auf 146.4492 cal · mol^{-1} · K^{-1} steigen; hiernach ist die Standardentropie $S_{298.16} = 80.2385$ cal · mol^{-1} · K^{-1}, Nagarajan, Brinkley [14].

Literatur:

[1] J. Michel, M. Drifford, P. Rigny (J. Chim. Phys. **67** [1970] 31/6). — [2] B. Hahn, G. Riepe, A. W. Knudsen (Rev. Sci. Instr. **30** [1959] 654/5). — [3] K. Ueda, K. Kigoshi (J. Inorg. Nucl. Chem. **36** [1974] 989/92). — [4] J. Fischer, R. K. Steunenberg (ANL-5593 [1956] 1/19; C.A. **1956** 16449). — [5] S. V. Nemilov (Zh. Fiz. Khim. **42** [1968] 1397/402; Russ. J. Phys. Chem. **42** [1968] 729/32).

[6] O. Kubaschewski, E. L. Evans, C. B. Alcock (Metallurgical Thermochemistry, 4. Aufl., Oxford – London – Edinburgh – New York – Toronto – Sydney – Paris – Braunschweig 1967, S. 354, 386). — [7] D. M. Yost, W. H. Claussen (J. Am. Chem. Soc. **55** [1933] 885/91). — [8] P. A. G. O'Hare (ANL-7315 [1968] 1/95, 48; C.A. **71** [1969] Nr. 33988). — [9] D. M. Yost (Proc. Indian Acad. Sci. A **8** [1939] 333/40, 339). — [10] J. Gaunt (Trans. Faraday Soc. **49** [1953] 1122/31, 1124).

[11] K. K. Kelley (Bur. Mines Bull. Nr. 584 [1960] 1/232, 185/6). — [12] C. W. F. T. Pistorius (J. Chem. Phys. **29** [1958] 1328/32). — [13] H. H. Claassen, G. L. Goodman, J. H. Holloway, H. Selig (J. Chem. Phys. **53** [1970] 341/8). — [14] G. Nagarajan, D. C. Brinkley (Z. Naturforsch. **26a** [1971] 1658/66).

4.6.5 Elektrische und optische Eigenschaften

Electrical and Optical Properties

Die Dielektrizitätskonstante des Dampfes beträgt bei 19°C $\varepsilon = 1.00302$. Die hieraus berechnete Gesamtpolarisation P = 22.7 kann in Elektronen- und Atompolarisation $P_E = 15.0$ und $P_A = 7.7$ zerlegt werden, R. Linke (Z. Physik. Chem. B **48** [1941] 193/6). P_E kann als Molrefraktion aufgefaßt werden und stimmt so mit der Summe der Ionenrefraktionen 15.01 gut überein, S. S. Batsanov (Zh. Fiz. Khim. **30** [1956] 2640/8).

IR- und Raman-Spektren

Siehe hierzu „Molekülschwingungen" S. 22. — Messungen der Polarisation des Raman-Streulichts bei Claassen u.a. [1]. — Im Gaszustand tritt für die ν_1-Bande nur ein Q-Zweig auf, während ν_2 und ν_5 ausgeprägte OP- und RS-Zweige haben, in Übereinstimmung mit den entsprechenden Auswahlregeln. In der ν_5-Bande hat der RS-Zweig eine größere Intensität als der Q°-Zweig, das Intensitätsverhältnis ändert sich zwischen 295 und 455 K nicht. Eine befriedigende Erklärung hierfür steht noch aus, Bosworth u.a. [2].

Beim Übergang vom flüssigen Zustand in die kubische Phase (s. S. 26) bleiben die Linienlagen von ν_1, ν_2 und ν_5 über einen Temperaturbereich von 297 bis 195 K praktisch konstant ($\Delta\nu \leqq 2$ cm^{-1}). In der rhombischen Phase (s. S. 26) spaltet die ν_2-Bande in zwei und die ν_5-Bande in drei Komponenten auf, keine eindeutige Zuordnung zu einer Punktgruppe, Drifford, Boucraut [3].

Aus der Änderung der Linienbreiten der ν_2- und ν_5-Banden als Funktion der Temperatur wird auf Rotations-Relaxation geschlossen, die durch ein Modell mit Reorientierungsbewegungen beschrieben wird, s. auch Relaxationszeiten bei der ^{19}F-Kernresonanz (s. S. 21), Gilbert, Drifford [4].

Literatur:

[1] H. H. Claassen, G. L. Goodman, J. H. Holloway, H. Selig (J. Chem. Phys. **53** [1970] 341/8). — [2] Y. M. Bosworth, R. J. H. Clark, D. M. Rippon (J. Mol. Spectry. **46** [1973] 240/55). — [3] M. Drifford, M. T. Boucraut (Semin. Chim. Etat Solide 1969/70 Nr. 4 [1971] 115/26; C.A. **75** [1971] Nr. 92659). — [4] M. Gilbert, M. Drifford (Advan. Raman Spectry. **1** [1972] 201/14).

Chemical Reactions

4.6.6 Chemisches Verhalten

Sorption

Sorption

TeF_6 wird von verschiedenen Reagenzien sorbiert. Versuche bei 25 und 100°C in einem statischen und einem dynamischen System mit aktiviertem Al_2O_3, Aktivkohle, MgF_2, NaF, Natronkalk, Cu- und Al-Spänen, Ni-Wolle, CuO und Te als Adsorptionsmittel zeigen, daß die ersten drei genannten besonders wirksam sind. Vor allem Al_2O_3 ändert seine Adsorptionskapazität über einen ausgedehnten Temperaturbereich nicht. Aus den Sorptionsisothermen (5 bis 60°C) wird die Sorptionswärme zu 5 kcal/mol bestimmt und physikalische Sorption auf Grund typischer Charakteristika dieser Isothermen angenommen; Diagramm s. Original. Auch in Gegenwart von geringen Mengen F_2 findet an Al_2O_3 Sorption statt, dagegen zeigt fluoriertes Al_2O_3, d. h. AlF_3, kein Adsorptionsvermögen für TeF_6, Vissers, Steindler [6, 7]. Zur Kinetik der Adsorption von flüchtigen Metallfluoriden, darunter TeF_6, an NaF, s. Krause, Potts [24]. — Aus einem Gemisch mit F_2 wird TeF_6 von 10%iger wäßriger Kalilauge bei 25, 50 und 70°C zu 46, 68 und 67% absorbiert, Oak Ridge National Lab. [10].

Isotope Exchange

Isotopenaustausch

Die Gleichgewichtskonstanten K (= das Verhältnis der reduzierten Isotopenverteilungsfunktionen Q_2'/Q_1') verschiedener $^{122}TeF_6 \leftrightarrow {}^{130}TeF_6$-Austauschreaktionen werden aus Schwingungsfrequenzen berechnet. Für den theoretischen Austausch $^{122}TeF_6 + H_2{}^{130}Te \overset{K}{\rightleftharpoons} H_2{}^{122}Te + {}^{130}TeF_6$ ist K = 1.0249 bei 20°C, weitere Werte s. Original, Smithers, Krouse [2]. Das Verhältnis f der Verteilungsfunktionen der schweren und leichten Isotope eines Elements, unter anderem Te, nimmt in der Reihenfolge Oxide > Fluoride > Bromide ≧ Chloride ab, s. dazu Diagramm im Original, Hahn [3]. Nach Knyazev u. a. [25] ist der Trennfaktor für den Isotopenaustausch zwischen zwei beliebigen Verbindungen eines Elements (hier Te) definiert als das Verhältnis der sogenannten β-Faktoren dieser Verbindungen: $\alpha_{12} = \beta_1/\beta_2$. Die β-Faktoren sind eindeutig auf das Verhältnis der Verteilungsfunktionen der isotopen Formen der Verbindungen bezogen und charakterisieren daher vollständig die thermodynamischen Eigenschaften der Verbindungen in bezug auf die Isotopentrennung. Sie werden berechnet aus den Schwingungen der isotopen Molekelarten; für TeF_6 ergibt sich für $\Delta m = 1$ von Te (m = Isotopenmasse) und T = 300 K nach Korrelation mit Ergebnissen für Elemente der vierten, fünften und sechsten Gruppe des Periodensystems als Durchschnittswert aus β-Werten, die nach dem Urey-Bradley-Kraftfeld bzw. dem allgemeinen Valenz-Kraftfeld erhalten werden, $\beta_{Te} = 1.00461$, Knyazev u. a. [27], $\beta_{Te} = 1.002970$, Knyazev u. a. [28], erste Berechnung s. [29].

Behavior with Radiation and under Bombardment with Electrons or Atoms

Gegen Strahlung und Beschuß mit Elektronen oder Atomen

Unter der Einwirkung von γ-Strahlen (^{60}Co-Quelle) auf die feste Lösung von TeF_6 (1%) in SF_6 bei 77 K wird auf Grund der ESR-Spektren der Radiolyseprodukte die Bildung von TeF_6^- vermutet, Morton u. a. [16].

Beim Beschuß von TeF_6 mit langsamen Elektronen (0 bis 20 eV) werden die negativ geladenen Spezies TeF_5^-, TeF_4^- und F^- in den relativen Mengen 3:1:300 gefunden, Brion [4]. Aus dem im Original [4] wiedergegebenen Ionenstromdiagramm lesen Harland, Thynne [32] folgende Auftrittspotentiale E_a ab: $E_a(F^-) = 5.0$, $E_a(TeF_5^-) = 0$, $E_a(TeF_4^-) \approx 6$. Im Gegensatz zu [4] werden von Stockdale u. a. [5] bei der Einwirkung von langsamen Elektronen (0 bis 10 eV) kein TeF_5^- und F^- beobachtet; bei Zusatz von SF_6 zu TeF_6 (1:3) tritt im Massenspektrum mit großer Häufigkeit TeF_6^- neben SF_6^- auf [4, 5]. — Für die Anlagerung von thermischen Elektronen an TeF_6 wird für die Geschwindigkeitskonstante $k < 2.0 \times 10^{-11}$ $cm^3 \cdot Molekül^{-1} \cdot s^{-1}$ abgeschätzt bei einem Gesamtdruck von 0.5 Torr ($k = \alpha \cdot w$, α = Anlagerungskoeffizient, w = Elektronen-Driftgeschwindigkeit), Davis u. a. [34].

Durch Beschuß mit Cs-Atomen (Schwerpunktsenergie 0 bis 20 eV) werden TeF_6^-, TeF_5^-, TeF_4^- und F^- gebildet. Relativer Wirkungsquerschnitt der Bildung der Ionen als Funktion der Schwerpunktsenergie s. Diagramm im Original, Compton, Cooper [33].

With Elements and Compounds

Gegen Elemente und Verbindungen

Bei der Einwirkung von aktivem Stickstoff wird TeF_6 zu atomaren Te reduziert, Vidal u. a. [8]. Bei Erhitzen (etwa 200°C) mit elementarem Te erfolgt Reduktion zu TeF_4, s. S. 3. Hg wird von

TeF_6 korrodiert, Gaunt [15]. Mit Al reagiert flüssiges TeF_6 nicht, Fischer, Steunenberg [9]. Mit Ni erfolgt Reduktion bei <300°C, Oak Ridge National Lab. [10]. — Eine Mischung von TeF_6 und Br_2 im flüssigen Zustand zeigt bei 25°C keine Anzeichen für eine chemische Reaktion, bei der flüchtige Te-Verbindungen entstehen, dasselbe gilt für Mischungen von TeF_6 und BrF_3 sowohl im gasförmigen Zustand (75 und 100°C) wie auch im flüssigen Zustand (25°C) und für Mischungen von TeF_6 und BrF_5 bei 75°C [9].

Zwischen TeF_6 und NOF findet nach Selig u.a. [26] keine Reaktion statt. — Mit AsF_3 und BF_3 wird im flüssigen Zustand keine Verbindungsbildung beobachtet; es findet auch kein meßbarer F-Austausch bis 60°C statt, Muetterties [14]. Nach George [1] beruht diese Nichtreaktion mit AsF_3 und BF_3 auf der Unfähigkeit des TeF_6, als Fluoriddonor zu fungieren. TeF_6 ist eine relativ schwache Lewis-Säure und bildet mit (Alkali-)Fluoriden, die als F-Donor wirken, Verbindungen [1]: Bei der Reaktion von gasförmigem TeF_6 mit Alkalifluoriden (im festen Zustand wie auch in inerter Flüssigkeit bei 90°C) werden Alkalifluorotellurate(VI) der angenäherten Zusammensetzung $MTeF_7$ bzw. M_2TeF_8 (M = K, Rb, Cs) gebildet, s. dazu S. 32. Bei der Festkörper-Gas-Reaktion entstehen $2\,KF \cdot 0.32\,TeF_6$, $2\,RbF \cdot 0.52\,TeF_6$ bzw. $2\,CsF \cdot TeF_6$, die Reaktionen verlaufen aber nicht vollständig. Mit LiF, NaF und BaF_2 finden keine Reaktionen statt [14]. Bei der Umsetzung mit in C_6H_6 suspendiertem RbF bzw. CsF ist die Grenzzusammensetzung $CsF \cdot TeF_6$ bzw. $2\,RbF \cdot TeF_6$, mit KF findet keine Reaktion statt [26]. — Mit KSCN wird $TeF_6 \cdot 2\,KSCN = K_2[TeF_6(SCN)_2]$ gebildet, ein Addukt, das ionischen Charakter hat, Cohen, Peacock [22], Muetterties [23].

Die Reaktion von TeF_6 mit Methanol führt zur Bildung von Methoxytellur(VI)-fluoridverbindungen. Mit überschüssigem TeF_6 wird $TeF_5(OCH_3)$, mit CH_3OH im Überschuß $TeF_4(OCH_3)_2$ erhalten; das in diesen Reaktionen freiwerdende HF muß durch Umsetzung mit NaF oder Pyridin entfernt werden. Ein trisubstituiertes Derivat wird nicht erhalten. Mit Äthanol, tertiärem Butanol und Äthylenglykol finden ähnliche Reaktionen statt, Clouston u.a. [17]. — TeF_6 reagiert mit Silylaminen $R_2NSi(CH_3)_3$ (R = CH_3, C_2H_5 u.a.) unter Bildung von Tellur(VI)-dialkylamidpentafluoriden TeF_5NR_2. Mit überschüssigem Silylamin werden die disubstituierten Derivate, Tellur(VI)-bis-dialkylamid-tetrafluorid, gebildet, s. S. 65. Auch mit anderen N-haltigen Si-Verbindungen, z.B. Silazanen, finden ähnliche Reaktionen statt. Im Vergleich mit SF_6 kann im TeF_6 mehr als ein F-Atom substituiert werden, Fraser u.a. [18, 19]. — Mit tertiären Aminen werden in exothermer Reaktion Komplexverbindungen der Zusammensetzung $TeF_6 \cdot 2\,R_3N$ (R = CH_3, C_2H_5) erhalten. Mit Amiden, Äthern und Nitrilen bilden sich keine Komplexe. Muetterties, Phillips [13] folgern aus diesen Reaktionen, daß die Akzeptorstärke des TeF_6 gering ist. Zur Existenz bzw. Nichtexistenz eines Pyridinkomplexes s. [13, 23]. Mit Äthylendiamin wird $TeF_6[(CH_3)_2NCH_2]_2$ gebildet [23]. — Nach Hammond, Lake [20, 21] reagiert TeF_6 auch mit π-Donoren, wie aromatischen Kohlenwasserstoffen (Xylol, Mesitylen) auf Grund seiner Akzeptoreigenschaften. In Lösungen werden Spezies der Zusammensetzung 1:1 beobachtet; die Wechselwirkung zwischen den Reaktionspartnern ist gering [20]. — Zur Komplexbildung s. auch in „Tellur" Erg.-Bd. B 3.

Gegen Wasser, Hydrolyse

With Water. Hydrolysis

TeF_6 ist gegen Feuchtigkeit empfindlich und hydrolysiert in 24 Stunden vollständig, George [1]. Es löst sich in H_2O langsam (beim Aufkondensieren von TeF_6 auf die Oberfläche einer bestimmten Menge von entgastem H_2O), dabei bilden sich zwei Phasen; die obere Schicht enthält die wäßrige Phase, die untere das flüssige TeF_6. Ohne Schütteln setzt sich die Reaktion über mehrere Stunden an der Zwischenschicht fort. Nur bei einem Verhältnis von $TeF_6:H_2O > 1:4$ wird ein Einphasensystem im Gleichgewicht erreicht. In der wäßrigen Lösung unterliegt TeF_6 der Hydrolyse, dabei werden verschiedene Fluoro-orthotellursäuren (s. ab S. 45) gebildet, deren Art und Menge vom Verhältnis $TeF_6:H_2O$ abhängen. Mit Hilfe von ^{19}F-NMR-Spektren werden folgende Spezies beobachtet:

beim Verhältnis $TeF_6:H_2O = 1:1.10$: TeF_8^{2-} oder TeF_7^- (Bildung nur vorübergehend, s. S. 31), TeF_6, TeF_5OH (s. S. 51), cis-$TeF_4(OH)_2$,

beim Verhältnis 1:4.05: TeF_5OH (geringe Mengen), cis-$TeF_4(OH)_2$, fac-$TeF_3(OH)_3$, trans-$TeF_2(OH)_4$,

beim Verhältnis 1:13.5: fac-$TeF_3(OH)_3$, trans-$TeF_2(OH)_4$, mer-$TeF_3(OH)_3$ und $TeF(OH)_5$, Elgard, Selig [31].

Die gleichzeitig durchgeführten Untersuchungen von Fraser, Meikle [30] stimmen in großen Zügen mit diesen Ergebnissen überein; es wird aber in keiner Phase TeF_5OH beobachtet und als Endprodukt ist $Te(OH)_6$ gegenwärtig. Da aber neben dem $Te(OH)_6$ noch $TeF_n(OH)_{6-n}$ mit n = 1 bis 4 anwesend sind, ist auch hier die Hydrolyse nicht vollständig. — Bei der Hydrolyse von TeF_6 in Gegenwart von anfangs wasserfreiem HF wird nur TeF_5OH nachgewiesen [31]. Bei Verwendung von wäßriger NaOH-Lösung wird nach einigen Tagen im ^{19}F-NMR-Spektrum cis-$TeF_4O_2^{2-}$ beobachtet [30].

Nonaqueous Solution

4.6.7 Nichtwäßrige Lösung

TeF_6 löst sich in wasserfreiem HF und reagiert in dieser Lösung als Säure. Aus dem Verhalten gegenüber Metallen und Metallfluoriden wird für TeF_6 und 26 weitere Fluoride die relative Säurestärke in HF-Lösung bestimmt, s. Tabelle bei Clifford u. a. [11, 12]. Die Lösung greift metallisches Mg, Mn und Cr nicht an, aber Hg; auf Sn wird eine schwarze Schicht abgesetzt und mit Ag ein weißer Niederschlag gebildet [11]. Die Lösung reagiert nicht mit CuF_2, AgF_2, HgF_2, CoF_2 und MnF_3; mit AgF wird $AgTeF_7$ gebildet [11, 12]. Mit CaF_2 und BaF_2 werden die Verbindungen der Zusammensetzung $M(TeF_7)_2$ und $MTeF_8$ (bzw. $MF \cdot TeF_7$) mit M = Ca, Ba erhalten [12].

Literatur:

[1] J. W. George (Progr. Inorg. Chem. **2** [1960] 33/107, 94). — [2] R. M. Smithers, H. R. Krouse (Can. J. Chem. **46** [1968] 583/91). — [3] H. T. Hahn (J. Chem. Phys. **24** [1956] 921). — [4] C. E. Brion (Intern. J. Mass Spectrom. Ion Phys. **3** [1969] 197/202). — [5] J. A. D. Stockdale, R. N. Compton, H. C. Schweinler (J. Chem. Phys. **53** [1970] 1502/7).

[6] D. R. Vissers, M. J. Steindler (Ind. Eng. Chem. Process Design Develop. **7** [1968] 496/502). — [7] D. R. Vissers, M. J. Steindler (ANL-7464 [1968] 1/41 nach C.A. **71** [1969] Nr. 35341). — [8] B. Vidal, M.-P. Bassez, P. Goudmand (J. Chim. Phys. **70** [1973] 1278/84). — [9] J. Fischer, R. K. Steunenberg (ANL-5593 [1956] 1/19; C.A. **1956** 16449). — [10] Oak Ridge National-Lab. (ORNL-3452 [1963] 26/50, 44; N.S.A. **17** [1963] Nr. 39179).

[11] A. F. Clifford, H. C. Beachell, W. M. Jack (J. Inorg. Nucl. Chem. **5** [1957/58] 57/70, 63, 69). — [12] A. F. Clifford, A. G. Morris (J. Inorg. Nucl. Chem. **5** [1957/58] 71/5). — [13] E. L. Muetterties, W. D. Phillips (J. Am. Chem. Soc. **79** [1957] 2975). — [14] E. L. Muetterties (J. Am. Chem. Soc. **79** [1957] 1004). — [15] J. Gaunt (Trans. Faraday Soc. **49** [1953] 1122/31).

[16] J. R. Morton, K. F. Preston, J. C. Tait (J. Chem. Phys. **62** [1975] 2029/30). — [17] A. Clouston, R. D. Peacock, G. W. Fraser (Chem. Commun. **1970** 1197). — [18] G. W. Fraser, R. D. Peacock, P. M. Watkins (Chem. Commun. **1967** 1248). — [19] G. W. Fraser, R. D. Peacock, P. M. Watkins (J. Chem. Soc. A **1971** 1125/8). — [20] P. R. Hammond, R. R. Lake (Chem. Commun. **1968** 987/8).

[21] P. R. Hammond, R. R. Lake (J. Chem. Soc. A **1971** 3819/25). — [22] B. Cohen, R. D. Peacock (Advan. Fluorine Chem. **6** [1970] 343/85, 346). — [23] E. L. Muetterties (Advances in the Chemistry of the Coordination Compounds, New York 1961, S. 509/19, 517). — [24] J. H. Krause, J. D. Potts (TID-11398 [1959] 1/50, 45; N.S.A. **15** [1961] Nr. 7412). — [25] D. A. Knyazev, A. N. Bantysh, A. A. Ivlev (Zh. Fiz. Khim. **40** [1966] 32/7, 1711/9; Russ. J. Phys. Chem. **40** [1966] 16/8, 926/30).

[26] H. Selig, S. Sarig, S. Abramowitz (Inorg. Chem. **13** [1974] 1508/11). — [27] D. A. Knyazev, A. A. Ivlev, I. B. Popov (Zh. Fiz. Khim. **43** [1969] 1269/78; Russ. J. Phys. Chem. **43** [1969] 704/8). — [28] D. A. Knyazev, E. V. Dobizha, Yu. K. Tovbin (Tr. Mosk. Khim. Tekhnol. Inst. Nr. 60 [1969] 71/4; C.A. **72** [1970] Nr. 48283). — [29] D. A. Knyazev, A. A. Ivlev (Tr. Mosk. Khim. Tekhnol. Inst. Nr. 54 [1967] 30/5; C.A. **69** [1968] Nr. 90533). — [30] G. W. Fraser, G. D. Meikle (J. Chem. Soc. Chem. Commun. **1974** 624/5).

[31] U. Elgard, H. Selig (Inorg. Chem. **14** [1975] 140/5). — [32] P. W. Harland, J. C. J. Thynne (Inorg. Nucl. Chem. Letters **9** [1973] 265/9). — [33] R. N. Compton, C. D. Cooper (J. Chem. Phys. **59** [1973] 4140/4). — [34] F. J. Davis, R. N. Compton, D. R. Nelson (J. Chem. Phys. **59** [1973] 2324/9).

4.7 Das Ion TeF_6^-

The TeF_6^- Ion

Über die Bildung des Ions durch Bestrahlung mit γ-Strahlen, durch Beschuß mit langsamen Elektronen oder durch Beschuß mit Cs-Atomen s. beim chemischen Verhalten von TeF_6, S. 28.

Aus dem isotropen ESR-Spektrum einer durch Einwirkung von γ-Strahlen (^{60}Co-Quelle) auf eine feste Lösung von 1% TeF_6 in SF_6 bei 77 K erhaltenen Probe, in der TeF_6^- vermutet wird, werden folgende Parameter bestimmt: $g = 2.0070 \pm 0.0001$, $A(^{125}Te) = 10081 \pm 55$ G. Eine Spin-Dichteberechnung ergibt A = 9690 G für ein ungepaartes 5s-Elektron von Te; dies Ergebnis gilt als zweifelhaft, da hiernach das ungepaarte Elektron im höchsten besetzten Molekülorbital mehr als 100% 5s-Charakter haben müßte, J. R. Morton, K. F. Preston, J. C. Tait (J. Chem. Phys. **62** [1975] 2029/30).

Die Geschwindigkeitskonstante für den Ladungsaustausch zwischen SF_6^- und TeF_6 bei der Erzeugung von TeF_6^- im Massenspektrum von TeF_6 in Gegenwart von SF_6 — vgl. S. 28 — beträgt $k = (1.9 \pm 0.6) \times 10^{-10}$ $cm^3 \cdot Molekül^{-1} \cdot s^{-1}$, J. A. D. Stockdale, R. N. Compton, H. C. Schweinler (J. Chem. Phys. **53** [1970] 1502/7).

4.8 Fluorotellurat(VI)-Ionen und deren Alkalisalze

Fluorotellurate(VI) Ions and Their Alkali Salts

4.8.1 Fluorotellurat(VI)-Ionen TeF_7^-, TeF_8^{2-}

Fluorotellurate(VI) Ions

Auf die Existenz von TeF_7^- im festen Zustand wird aus der Bildung von $AgTeF_7$ bei der Reaktion von AgF mit TeF_6 in HF-Lösung geschlossen. Die mit BaF_2 und CaF_2 auf gleiche Weise gebildeten Produkte der empirischen Zusammensetzung $BaTeF_8$ bzw. $CaTeF_8$ enthalten wahrscheinlich auch das TeF_7^--Ion entsprechend der Formel $[BaF]^+[TeF_7]^-$, Clifford, Morris [1]. Auch $2\,CsF \cdot TeF_6$, das sich durch Festkörper-Gas-Reaktion bildet, hat nach Muetterties [2] im Gitter außer den Cs^+-Ionen TeF_8^{2-}-Ionen oder F^-- und TeF_7^--Ionen, die nur im festen Zustand stabil sein sollen. Von Selig u. a. [3] wird die Existenz der TeF_7^-- und TeF_8^{2-}-Ionen durch die Isolierung der Verbindungen $CsTeF_7$ und Rb_2TeF_8 (s. dazu S. 32) bewiesen. Mit Hilfe der IR- und Raman-Spektren beider fester Substanzen wird die Struktur der Ionen ermittelt. Versuche, die Raman-Spektren von wasserfreien HF-Lösungen der Verbindungen zu erhalten, haben keinen Erfolg, da solche Lösungen nur die Anwesenheit von gelöstem TeF_6 zeigen. Dies ist in Übereinstimmung mit früheren Beobachtungen [2], daß Fluorotellurate(VI) und auch diese Ionen nur im festen Zustand stabil sind [3]. — Nach neueren ^{19}F-NMR-Untersuchungen wird bei der Hydrolyse von TeF_6 (s. dazu S. 29) die vorübergehende Bildung eines Ions des Typs TeF_7^- oder TeF_8^{2-} erwogen, das durch Koordination von TeF_6 mit dem bei der Hydrolyse gebildeten HF entsteht. Die chemische Verschiebung beträgt $\delta = 57.5$ ppm relativ zu CCl_3F als äußerem Standard ($\delta = 54.5$ ppm für TeF_6 zum Vergleich). Das Signal ist anfänglich sehr stark, verschwindet aber nach mehreren Tagen, Elgad, Selig [6].

Für das TeF_7^--Ion wird eine Struktur mit D_{5h}-Symmetrie angenommen auf Grund der Nichtkoinzidenz der IR- und Raman-Banden von $CsTeF_7$ und der Übereinstimmung mit den Spektren des JF_7 [3], das eine pentagonale bipyramidale Struktur hat [4]. Folgende nicht zugeordnete IR- und Raman(R)-Banden (in cm^{-1}), die Schwingungen des TeF_7^--Ions sind, werden in $CsTeF_7$ (Zusammensetzung $1.12\ CsF \cdot TeF_6$) ermittelt: 725 s, 620 vs, 380 s, 275 s (IR); 652 vs, 593 s, 455 s, 305 m, 122 w (R) [3].

Für das TeF_8^{2-}-Ion wird von Selig u. a. [3] eine Struktur mit D_{4d}-Symmetrie vorgeschlagen entsprechend dem TaF_8^{3-}-Ion, das wahrscheinlich die Struktur eines Archimedischen Antiprismas hat [5], obwohl das IR- und Raman-Spektrum des Rb_2TeF_8 kleine Unterschiede gegenüber den Spektren einer achtfach koordinierten Spezies aufweist. Im Raman-Spektrum werden von den erwarteten 3 Valenz- und 4 Deformationsschwingungen im Bereich der Valenzschwingungen 3 und im Bereich der Deformationsschwingungen 5 Banden beobachtet und außerdem weitere Banden, die wahrscheinlich Gitterschwingungen sind. Im IR-Spektrum treten im Bereich der Valenzschwingungen 3 anstatt 2 Banden auf und im Bereich der Deformationsschwingungen nur 2 anstatt 3. Folgende nicht zugeordnete IR- und Raman(R)-Banden (in cm^{-1}), die Schwingungen des TeF_8^{2-} sind, werden in Rb_2TeF_8 ($2\,RbF \cdot TeF_6$) beobachtet: 645 s, 587 s, 555 s, 385 s, 330 w (IR); 597 vs, 569 s, 475 vw, 425 w, 395 m, 205 w, 185 w, 145 w (R) [3].

Literatur:

[1] A. F. Clifford, A. G. Morris (J. Inorg. Nucl. Chem. 5 [1957] 71/5). — [2] E. L. Muetterties (J. Am. Chem. Soc. **79** [1957] 1004). — [3] H. Selig, S. Sarig, S. Abramowitz (Inorg. Chem. **13** [1974] 1508/11). — [4] H. H. Claassen, E. L. Gasner, H. Selig (J. Chem. Phys. **49** [1968] 1803/7). — [5] K. O. Hartman, F. A. Miller (Spectrochim. Acta A **24** [1968] 669/84, 676, 683).

[6] U. Elgad, H. Selig (Inorg. Chem. **14** [1975] 140/5).

Alkali Fluorotellurates(VI)

4.8.2 Alkalifluorotellurate(VI)

Alkalifluorotellurate(VI) werden nach zwei Methoden erhalten: durch Reaktion von festem Alkalifluorid mit gasförmigem TeF_6 bei 250°C und durch Reaktion von Alkalifluorid, das in inerter Flüssigkeit (C_6F_6) suspendiert ist, mit gasförmigem TeF_6 bei 90°C.

Zur Darstellung durch die Festkörper-Gas-Reaktion nach Muetterties [1] wird Alkalifluorid mit 100%igem Überschuß von TeF_6 in einem Druckkessel auf 250°C erhitzt. Das Reaktionsprodukt wird in 24 h auf Zimmertemperatur abgekühlt und überschüssiges TeF_6-Gas entfernt. Nach dieser Methode werden Fluorotellurate(VI) folgender Zusammensetzung erhalten: 2 KF · 0.32 TeF_6, dessen Pulverdiagramm die Anwesenheit von KF und einer zweiten kristallinen Phase zeigt, 2 RbF · 0.52 TeF_6, auch hier wird im Pulverdiagramm neben RbF eine weitere kristalline Phase beobachtet, und 2CsF · TeF_6, dessen nicht indizierbares Pulverdiagramm kein kristallines CsF aufweist. Li- und Na-Fluorotellurate(VI) werden nicht erhalten, da sowohl LiF als auch NaF unter diesen experimentellen Bedingungen gegenüber TeF_6 inaktiv sein sollen [1]. — Bei der Darstellungsmethode nach Selig u. a. [2] durch Reaktion von TeF_6 mit in C_6F_6 suspendiertem RbF bzw. CsF wird unter konstantem Rühren im Vakuum gearbeitet. Zu einer abgewogenen Menge Alkalifluorid in einem Glasreaktor mit eingeschmolzenem Rührer werden 2 bis 3 ml C_6F_6 destilliert und mit TeF_6 ein Enddruck von 2 bis 3 atm eingestellt. Die Mischung wird im Paraffinbad auf 90°C erhitzt und die Reaktion mehrmals unterbrochen zur Kontrolle der TeF_6-Aufnahme. Es tritt starke Volumenvergrößerung des Feststoffes auf. Wenn keine TeF_6-Aufnahme mehr erfolgt, werden TeF_6 und C_6F_6 unter reduziertem Druck bei Zimmertemperatur getrennt abdestilliert. Als Rückstand verbleiben weiße flockige Produkte. Die Reaktion läuft nicht vollständig ab; die bei Zimmertemperatur isolierten Produkte haben die angenäherte Zusammensetzung 2 RbF · TeF_6 = Rb_2TeF_8 und CsF · TeF_6 = $CsTeF_7$. Zur Abhängigkeit der Zusammensetzung von der Reaktionsdauer s. Tabelle im Original. Zwischen KF und TeF_6 findet unter diesen Bedingungen keine Reaktion statt [2]. — IR- und Raman-Spektren der festen Verbindungen Rb_2TeF_8 und $CsTeF_7$ bestätigen die Gegenwart des TeF_8^{2-}- und des TeF_7^--Ions; beobachtete Banden s. bei diesen Ionen S. 31. Raman-Spektren in Lösungen von wasserfreiem HF zeigen nur die Gegenwart von gelöstem TeF_6 [2] und bestätigen damit die Beobachtung von Muetterties [1], daß Fluorotellurate(VI) nur im festen Zustand bestehen.

Rb_2TeF_8 zersetzt sich beim Erhitzen unter Abgabe von TeF_6, dabei werden als Zwischenprodukte 4 RbF · TeF_6 und 6 RbF · TeF_6, die bei hohen Temperaturen stabil sind, gebildet. Nach thermogravimetrischen Untersuchungen (Thermogramm s. Original) beginnt bei einer Erhitzungsgeschwindigkeit von 8 grd/min die Zersetzung bis etwa 200°C schnell; bei etwa 215°C entspricht ein Minimum der Bildung von 4 RbF · TeF_6, ein weiteres Minimum bei 425°C der von 6 RbF · TeF_6. Diese Phase beginnt sich bei etwa 600°C zu zersetzen. Bis nahe 750°C, dem Schmelzpunkt des RbF, werden noch merkbare Mengen von gebundenem TeF_6 beobachtet. Pulverdiagramme ergeben aber nur RbF, deshalb wird angenommen, daß die andere Phase amorph ist [2]. Ein Vergleich der Stöchiometrien der Zwischenprodukte 4 RbF · TeF_6 und 6 RbF · TeF_6 mit denen der durch Festkörper-Gas-Reaktionen [1] erhaltenen Verbindungen 2 RbF · 0.52 TeF_6 und 2 KF · 0.32 TeF_6 zeigt große Ähnlichkeit [2]. In H_2O zersetzt sich die Verbindung unter TeF_6-Entwicklung und Auflösung des RbF [1].

Das linienreiche Pulverdiagramm von **$CsTeF_7$** kann nicht indiziert werden, im Endprodukt ist aber kein Ausgangsmaterial (CsF) vorhanden. $CsTeF_7$ ist auf Grund von thermogravimetrischer Analyse schon bei Zimmertemperatur nicht stabil, da sehr geringer Gewichtsverlust auftritt. Beim Erhitzen (8 grd/min) wird TeF_6 abgegeben. Im Thermogramm (s. Original) treten mehrere Minima auf, unter denen die zwei bei etwa 135 und 400°C den Verbindungen 2 CsF · TeF_6 und

$4\,CsF \cdot TeF_6$ zugeordnet werden. Wie bei der Rb-Verbindung werden bis nahe dem Schmelzpunkt von reinem CsF bei 690°C immer noch merkliche Mengen von gebundenem TeF_6 beobachtet. Die als Zwischenprodukt sich bildende 2:1-Verbindung entspricht dem durch Festkörper-Gas-Reaktion [1] hergestellten $2\,CsF \cdot TeF_6$ bei 250°C. Der im Gleichgewicht mit dem festen Cs-Fluorotellurat(VI) gemessene TeF_6-Druck bei 80, 90 und 117°C beträgt 13, 29 und 50 Torr; die Werte fügen sich nicht in eine Clausius-Clapeyron-Kurve [2]. Aus Messungen des Zersetzungsdruckes an $2\,CsF \cdot TeF_6$ wird von Muetterties [1] eine mittlere Zersetzungsenergie von 0.4 kcal/mol im Bereich 200 bis 250°C ermittelt. In H_2O zersetzt sich die Verbindung unter TeF_6-Entwicklung und Auflösung des CsF.

Nach Selig u. a. [2] scheint die Größe der Kationen eine bedeutende Rolle bei der Bildung und der Stabilität der Rb- und Cs-Fluorotellurate(VI) zu spielen, da eine auffallende Analogie in der Stöchiometrie der RbF- und CsF-Addukte, die bei Zimmertemperatur und als Zwischenprodukte erhalten werden, besteht.

Versuche zur Herstellung von **Nitrosyl-fluorotelluraten(VI)** durch Reaktion von TeF_6 mit NOF bleiben ohne Erfolg [2].

Literatur:

[1] E. L. Muetterties (J. Am. Chem. Soc. **79** [1957] 1004). — [2] H. Selig, S. Sarig, S. Abramowitz (Inorg. Chem. **13** [1974] 1508/11).

4.9 Ditellurdekafluorid Te_2F_{10}

Ditellurium Decafluoride

Eine Verbindung der Zusammensetzung Te_2F_{10}, die von English, Dale [1] sowie von Campbell, Robinson [2] beschrieben und von Dodd u.a. [3] spektroskopisch untersucht wurde, wird auf Grund eines von Bürger [4] vorgenommenen Vergleichs der Schwingungsspektren und der Untersuchung des ^{19}F-Kernresonanzspektrums von Watkins [5] als $F_5TeOTeF_5$ identifiziert. Zusammenfassende Angaben über die Erkennung des Te_2F_{10} als $F_5TeOTeF_5$ s. bei [5].

Die Bildungsenthalpie ΔH in kcal/mol unter Standardbedingungen für die Bildung von Te_2F_{10} aus festem Te und gasförmigem F_2 beträgt $\Delta H^\circ = -598 \pm 12$, berechnet aus Literaturdaten von O'Hare [6]. Für gasförmiges Te_2F_{10} aus gasförmigem Te und F_2 wird $\Delta H = -628.2 \pm 12$ berechnet; unter Verwendung der geschätzten Bindungsenergie Te-Te (34 ± 10 kcal/mol) und weiteren ausgewählten Daten wird $\Delta H^\circ_{298} = -588 \pm 12$ erhalten [6]; dieser Wert wird von Mills [7] übernommen.

Darstellung und Eigenschaften der Verbindung s. bei $F_5TeOTeF_5$ auf S. 35.

Literatur:

[1] W. D. English, J. W. Dale (J. Chem. Soc. **1953** 2498/9). — [2] R. Campbell, P. L. Robinson (J. Chem. Soc. **1956** 3454/8). — [3] R. E. Dodd, L. A. Woodward, H. L. Roberts (Trans. Faraday Soc. **53** [1957] 1545/56). — [4] H. Bürger (Z. Anorg. Allgem. Chem. **360** [1968] 97/103). — [5] P. M. Watkins (J. Chem. Educ. **51** [1974] 520/1).

[6] P. A. G. O'Hare (ANL-7315 [1968] 1/77, 62; C.A. **71** [1969] Nr. 33988). — [7] K. C. Mills (Thermodynamic Data for Inorganic Sulfides, Selenides and Tellurides, London 1974, S. 1/845, 288).

4.10 Fluoridoxide des Tellurs

Tellurium Fluoride Oxides

Die Fluoridoxide des Te, in der Originalliteratur meist als Oxidfluoride formuliert, enthalten sämtlich Te in sechswertiger Form, mindestens zwei Te-Atome im Molekül mit 6er-Koordination und einfache O-Bindungen. Das einfachste Glied dieser Reihe sollte daher nach Ansicht der Autoren $Te_2F_{10}O$ sein, Cohen, Peacock [1], es existiert jedoch auch $(TeF_4O)_2$, s. S. 34. Über die Identität von $Te_2F_{10}O$ mit der als Te_2F_{10} betrachteten Substanz s. oben.

$TeFO^+$ tritt im Massenspektrum von $BrTeF_5O$ auf, Seppelt [2], ferner im Massenspektrum von $(TeF_4O)_2$ und $(F_5Te)_2O_2$, s. S. 34, 38.

Die Existenz von TeF_2O ist unwahrscheinlich, Bagnall [3].

Die Darstellung von TeF_2O_2 aus Ba-Tellurat und Fluorsulfonsäure gelingt nicht. An seiner Stelle entstehen — anders als bei der Umsetzung der entsprechenden Se-Verbindung — neben anderen Produkten im wesentlichen TeF_5OH und seine Derivate, Engelbrecht, Sladky [4].

TeF_3O^+ findet sich im Massenspektrum von $J(TeF_5O)_3$ und $BrTeF_5O$, Seppelt [2].

Zum Auftreten von TeF_4O^+ im Massenspektrum von $(TeF_4O)_2$ s. unten und von $ClTeF_5O$ s. S. 61.

$FTeF_5O$ scheint nicht existent zu sein, weil eine Selbstfluorierung über die freien d-Orbitale des Te möglich ist, Seppelt [2]; vergeblicher Darstellungsversuch von Seppelt, Nöthe [5].

Höhere Fluortelluroxid-Ionen, wie z. B. $Te_2F_{10}O^+$, $Te_2F_{10}O_2^+$, $Te_2F_2O_8^+$ u. a., werden in den Massenspektren von $(F_5Te)_2O$, $(TeF_4O)_n$, $(F_5Te)_2O_2$, $LiTeF_5O$ und $Xe(TeF_5O)_2$ beobachtet, s. S. 37, 35, 38, 62, 59.

Fluorooxo- und -hydroxotellurat(IV)-Verbindungen s. ab S. 40. Zur Bildung von $TeF_n(OH)_{6-n}$ s. bei der Hydrolyse des TeF_6, S. 29, und bei den Fluorohydroxotellurat(VI)-Verbindungen ab S. 45.

Literatur:

[1] B. Cohen, R. D. Peacock (Advan. Fluorine Chem. **6** [1970] 343/86, 356). — [2] K. Seppelt (Chem. Ber. **106** [1973] 1920/6, 1922). — [3] K. W. Bagnall (The Chemistry of Selenium, Tellurium and Polonium, Amsterdam – London – New York 1966, S. 1/200, 101). — [4] A. Engelbrecht, F. Sladky (Monatsh. Chem. **96** [1965] 159/68, 160/1). — [5] K. Seppelt, D. Nöthe (Inorg. Chem. **12** [1973] 2727/30).

Ditellurium Octafluoride Dioxide and Its Polymers

4.10.1 Ditelluroktafluoriddioxid $(TeF_4O)_2$ und Polymere

$Te_2F_8O_2$ kann aufgefaßt werden als Dimeres von Tellurtetrafluoridoxid TeF_4O, das bisher noch nicht erhalten werden konnte. — $(TeF_4O)_2$ bildet sich bei der Vakuumpyrolyse (200°C, 10^{-2} Torr) von $LiTeF_5O$, vgl. S. 62, neben festem LiF und weiteren flüchtigen Te-O-F-Verbindungen, bei denen es sich um TeF_5OH und Polymere der wahrscheinlichen Form $(TeF_4O)_n$ oder F_5Te-$(TeF_4O)_n$-$OTeF_5$ handelt. Zur Abtrennung der polymeren Begleitstoffe wird in der Vakuumapparatur destilliert und das Destillat zur Entfernung von TeF_5OH mehrfach mit konzentriertem H_2SO_4 gewaschen. Die weitere Destillation ergibt $(TeF_4O)_2$ mit einer Ausbeute von 71%. Da im Massenspektrogramm der Pyrolyseprodukte des $LiTeF_5O$ kein TeF_4O^+ und nur wenig TeF_3O^+ auftreten, die auf monomeres TeF_4O hindeuten könnten, wird geschlossen, daß $Te_2F_8O_2$ nicht durch Dimerisierung von TeF_4O, sondern direkt bei der Pyrolyse entsteht, Seppelt [1, 2].

$(TeF_4O)_2$ ist eine farblose Substanz. Der Schmelzpunkt liegt bei 28°C, der Siedepunkt bei 77.5°C. Gemessenes Molgewicht nach Dumas 431.1, berechnet 439.2, Seppelt [1, 2].

In Analogie zu $Se_2F_8O_2$ wird eine (für Fluoridoxide ungewöhnliche) viergliedrige Ringstruktur angenommen:

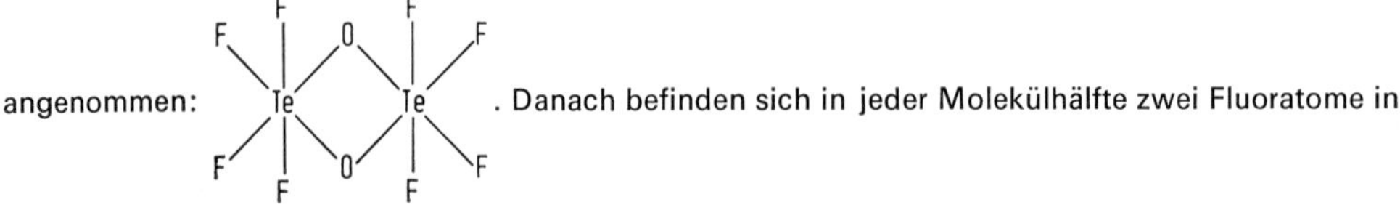

. Danach befinden sich in jeder Molekülhälfte zwei Fluoratome in der Vierring-Ebene und je eines oberhalb und unterhalb davon. Diese Struktur wird durch das ^{19}F-Kernresonanzspektrum gestützt. Aus der Nicht-Koinzidenz von IR- und Raman-Banden wird auf die Existenz eines Symmetriezentrums geschlossen und dem Molekül die Symmetrie D_{2h} zugeordnet, Seppelt [1, 2], Beattie u. a. [5].

In IR- und Raman-Spektren des Gases messen Beattie u. a. [5] folgende Linien (Wellenzahlen in cm^{-1}):

IR	270	280	305	328	402	636	696	711	732
Raman	185	192	230	610	660	686	710	740	

Damit übereinstimmende Ergebnisse s. [1, 2]; Raman-Linien der festen und flüssigen Substanz s. [1, 2, 5].

Das ^{19}F-Kernresonanzspektrum entspricht in guter Näherung dem eines A_2B_2-Spinsystems [1, 2]. Chemische Verschiebungen in ppm, bezogen auf $CFCl_3$: $\delta_A = 53.3$, $\delta_B = 25.6$ [1, 2] bzw. $\delta_A = 51.0$, $\delta_B = 22.8$ [5]. Nach Beattie u.a. [5] liegen die A-Atome in, die B-Atome oberhalb und unterhalb der Ringebene. Spin-Kopplungskonstante J(A··B) = 188.5 Hz; eine schwache Kopplung zwischen den Fluoratomen der beiden TeF_4-Gruppen zeigt sich in einer Triplettaufspaltung einiger Linien. Weitere Kopplungskonstanten: J(^{125}Te··A) = 3700 Hz, J(^{125}Te··B) = 3600 Hz [1, 2].

Im Massenspektrum (75 eV) treten folgende Ionenfragmente auf (relative Häufigkeit in Klammern): $Te_2F_8O_2^+$ (18), $Te_2F_7O_2^+$ (54), $Te_2F_7O^+$ (37), TeF_4O^+ (5), TeF_3O^+ (34), TeF_3^+ (100), TeF_2^+ (17), $TeFO^+$ (15), TeF^+ (10) [1, 2].

$(TeF_4O)_2$ ist gegen Hydrolyse empfindlich. Es reagiert schnell mit F-Donoren wie KF unter Bildung von höheren Polymeren $(TeF_4O)_n$ und/oder $F_5Te(OTeF_4)_nOTeF_5$ [1, 2].

Polymeres $(TeF_4O)_n$ entsteht bei der Pyrolyse von $B(TeF_5O)_3$, Sladky u.a. [3], und von $LiTeF_5O$ [2] sowie bei der Fluorierung von $As(TeF_5O)_3$ nach $As(TeF_5O)_3 + F_2 \rightarrow [AsF_2(TeF_5O)_3] \rightarrow AsF_5 + (TeF_4O)_n$, Pritzkow, Seppelt [4]. Es bildet sich auch bei der Reaktion von $(TeF_4O)_2$ mit KF [1, 2], s. oben.

Literatur:

[1] K. Seppelt (Angew. Chem. **86** [1974] 104). — [2] K. Seppelt (Z. Anorg. Allgem. Chem. **406** [1974] 287/98, 294/8). — [3] F. Sladky, H. Kropshofer, O. Leitzke (J. Chem. Soc. Chem. Commun. **1973** 134/5). — [4] H. Pritzkow, K. Seppelt (Angew. Chem. **88** [1976] 846/7). — [5] I. Beattie, R. Crocombe, A. German, P. Jones, C. Marsden, G. Van Schalkwyk, A. Bukovsky (J. Chem. Soc. Dalton Trans. **1976** 1380/7).

4.10.2 Bis(pentafluortellur)oxid $(F_5Te)_2O$

Bis(pentafluorotellurium) Oxide

$(F_5Te)_2O$ wird zuerst von Engelbrecht u.a. [1] dargestellt und untersucht. Weitere Untersuchungen von Bürger [2] und Watkins [3] ergeben, daß $(F_5Te)_2O$ mit dem seit längerem bekannten Te_2F_{10} identisch ist, s. dazu auch S. 33.

Bildung. Darstellung

Formation. Preparation

$F_5TeOTeF_5$ wird von Engelbrecht u.a. [1] bei der Reaktion von $(F_5TeO)_2SO_2$ mit CsCl oder $KTeF_5O$ erhalten:

$$(F_5TeO)_2SO_2 + CsCl = (F_5Te)_2O + CsOSO_2Cl$$
$$(F_5TeO)_2SO_2 + KTeF_5O = (F_5Te)_2O + KOSO_3TeF_5$$

Zur Darstellung wird $(F_5TeO)_2SO_2$, eine farblose Flüssigkeit, die frei von F_5TeOSO_2F sein muß, auf $KTeF_5O$ aufkondensiert und die Reaktion durch Erwärmen auf 70°C mit Rühren eingeleitet. Das Gemisch erstarrt allmählich, während das gebildete $(F_5Te)_2O$ am Rückfluß zu sieden beginnt. Das leicht flüchtige Produkt wird im Vakuum abgezogen. Spuren von F_5TeOH können durch Schütteln mit Eiswasser, Trocknen mit $Mg(ClO_4)_2$ und Umkristallisieren entfernt werden [1]. — $(F_5Te)_2O$ entsteht bei der thermischen Zersetzung des $B(TeF_5O)_3$ aus dem Zerfallsprodukt $F_5Te(TeF_4O)_{n-3}OTeF_5$ oberhalb 200°C, zerfällt aber sofort in TeF_6 und α-TeO_3 weiter, Sladky u.a. [4]. Es bildet sich ferner bei der thermischen Zersetzung des $Xe(TeF_5O)_2$ bei 130°C, Sladky [5].

Nach den Darstellungsmethoden, die für Te_2F_{10} beschrieben wurden, kann die Verbindung mit 20%iger Ausbeute bei der Fluorierung von Te-Pulver mit N_2-verdünntem F_2 in Gegenwart von $CaCl_2$-Pulver erhalten werden, English, Dale [6], oder mit 40- bis 50%iger Ausbeute beim Überleiten eines F_2-O_2-Gemisches über eine Mischung von Te und TeO_2 (1:1) bei 50 bis 60°C, Campbell, Robinson [7]. — Die Verbindung bildet sich auch, wie für Te_2F_{10} angegeben, bei der Fluorierung von TeO_2 (auch als Spaltprodukt in Kernbrennstoffen) mit BrF_3, Sakurai [8], mit F_2, ClF_3 oder BrF_5, Vissers, Steindler [9], s. auch Page u.a. [10].

Physical Properties

Physikalische Eigenschaften

Hier sind auch die für die vermeintliche Verbindung Te_2F_{10} ermittelten Daten angegeben.

Für beide TeF_5-Gruppen des $F_5TeOTeF_5$ wird jeweils die lokale Punktsymmetrie C_{4v} angenommen. Für den Bindungswinkel α(Te-O-Te) wird aus einer Kraftkonstantenberechnung 130° erhalten. Die TeO- und TeF-Valenzkraftkonstanten werden auf 4.3 und 5.0 mdyn/Å geschätzt. Die relativ hohe Frequenzlage der TeO-Valenzschwingung (s. unten) spricht für eine d_π-p_π-Bindung zwischen Te und O, die auch zu einer Stärkung der Te-F-Bindung führt.

Von den 33 möglichen Molekülschwingungen lassen sich die inneren Schwingungen der TeF_5-Gruppe in IR- und Raman-Spektren leicht identifizieren und ausgehend von der lokalen C_{4v}-Symmetrie teilweise zuordnen. Folgende Wellenzahlen (in cm^{-1}) ergeben sich aus Raman-Messungen in der flüssigen Substanz und aus IR-Messungen im Gaszustand:

Raman		722	678	664		472	316		256	245	192	144	167
IR	751	714		665	891	470	321	304		240			
Zuordnung . . .	ν(TeF); E, A_1, A_1, B_1				ν(TeOTe)		$\delta(TeF_5)$, δ(OTeF)						δ(TeOTe)

Bürger [2], Seppelt [11].

Im ^{19}F-Kernresonanzspektrum der Flüssigkeit zeigen die Linien der äquatorialen ^{19}F-Kerne wegen der magnetischen Wechselwirkung der beiden TeF_5-Gruppen eine Quintettaufspaltung. Die näherungsweise Analyse des Spektrums unter Annahme eines AB_4-Spinsystems ergibt folgende Parameter: Chemische Verschiebungen (in ppm) $\delta_A = 48.1$, $\delta_B = 37.5$, bezogen auf $CFCl_3$ als inneren Standard, Spin-Spin-Kopplungskonstante $J(A \cdots B) = 176.3$ Hz, Bladon u.a. [14].

Der Schmelzpunkt des $F_5TeOTeF_5$ beträgt −36.6°C, der Siedepunkt 59.8°C. Die Dichtewerte zwischen 20 und 50°C folgen der Formel $D = -4.706 \times 10^{-3} T + 4.2204$ g · cm^{-3} [1].

Für „Te_2F_{10}“ wird der Schmelzpunkt mit −34°C [6] bzw. −33.7 ± 0.2°C [7] angegeben und der Siedepunkt mit 54°C [6] bzw. 59.0 ± 0.2°C [7]. Dichtemessungen an der flüssigen Verbindung „Te_2F_{10}“ ergeben folgende Werte:

T in K	236.2	247.5	261.7	275.5	289.0	296.0
D in g/cm^3	3.0916	3.0436	2.9855	2.9255	2.8673	2.8390

Oberhalb 243 K lassen sich diese Werte mit der Formel $D = 4.0984 - 4.2525 \times 10^{-3}$ T erfassen, aus der sich für 25°C D = 2.839 g/cm^3 und der kubische Ausdehnungskoeffizient zu $\gamma = 0.00145\ K^{-1}$ ergibt. Die Oberflächenspannung nimmt zwischen 257 und 311 K gemäß der Formel $\sigma = 49.2 \pm 0.2 - 0.11554$ T (in dyn/cm) linear ab. Bei 273 K ist $\gamma = 17.6 \pm 0.2$ dyn/cm [7].

Für die Viskosität von „Te_2F_{10}“ werden folgende Werte erhalten:

t in °C.	−30.0	−23.0	−11.0	0.0	18.2	25.0	32.2	44.9
η in mP	2.542	2.210	1.791	1.533	1.209	1.140	1.053	0.930

Die Koeffizienten der Interpolationsformel $\eta = \eta_0/(1 + At + Bt^2)$ ergeben sich zu $\eta_0 = 1.524$ mP, $A = 1.365 \times 10^{-2}$, $B = 1.75 \times 10^{-5}$, Hetherington, Robinson [12]. Für den Dampfdruck von „Te_2F_{10}“ p (in Torr) gilt nach Messungen zwischen −33 und +54°C die Formel lg p = 9.20 − 2063/T [6]; danach steigt p zwischen −33 und +51 °C von 4.07 auf 684.96 Torr, O'Hare [13]. Ferner ergibt sich aus der Dampfdruckformel für „Te_2F_{10}“ die Verdampfungsenthalpie $\Delta H_v = 9.44$ kcal/mol [6]. Die kritische Temperatur für „Te_2F_{10}“ wird zu $T_K \approx 443$ K extrapoliert [7].

Für die Wärmekapazität C_p, die Enthalpiefunktion $(H^\circ - H^\circ_0)/T$ und die Entropie S ergeben sich aus Moleküldaten für „Te_2F_{10}“ folgende Werte (sämtlich in cal · mol^{-1} · K^{-1}):

T in K	100	200	273.15	298.15	300
C°_p	19.6418	35.9681	44.7896	47.1557	47.3189
$(H^\circ - H^\circ_0)/T$ . . .	12.3259	20.2279	25.6900	27.3929	27.5152
S°	70.613	89.456	102.047	106.074	106.366

T in K	500	1000	1500	2000
C_p°	58.2076	64.9152	66.3574	66.8793
$(H^\circ - H_0^\circ)/T$	37.9829	50.2682	55.4371	58.2415
S°	133.554	176.654	203.304	222.476

O'Hare [13]. — Die spezifische Leitfähigkeit von „Te_2F_{10}" beträgt $\varkappa = (3.1 \pm 0.4) \times 10^{-8}\ \Omega^{-1} \cdot cm^{-1}$ im Bereich 293 bis 309 K [7]. — Bei 589.6 nm und 20°C ist der Brechungsindex von „Te_2F_{10}" n = 1.298 [6].

Chemisches Verhalten

Chemical Reactions

Bei der massenspektroskopischen Analyse (50 eV) des $(F_5Te)_2O$ wird eindeutig $F_5TeOTeF_5^+$ nachgewiesen [1]. — Das als Zwischenprodukt bei der thermischen Zersetzung des $B(TeF_5O)_3$ entstehende $(F_5Te)_2O$ zersetzt sich bei 200°C sofort in TeF_6 und α-TeO_3 [5], s. auch [4]. Mit H_2O tritt Hydrolyse unter Bildung von TeF_5OH ein [1].

Alle weiteren Angaben beziehen sich auf Te_2F_{10}. — Die farblose Flüssigkeit ist über lange Zeit stabil [6]. Sie reagiert bis zum Siedepunkt nicht mit Schwefel und Selen, mit Jod wird eine rote Lösung gebildet. Mit Natrium tritt bei Normaltemperatur unter Bildung von Tellur und Polytelluriden lebhafte Umsetzung ein [7]. Die Reaktion mit Natrium ist nach anderen Angaben langsam, jedoch lebhaft mit Kalium, dabei bildet sich ein schwarzes Pulver (Te?) [6]. Mit Hg gibt die gasförmige Verbindung die bekannten Verschmierungen („tailings"), in flüssigem Zustand scheint sie nur geringe Wirkung auf Hg zu haben; Fe, Cu und Ni werden nicht angegriffen [7].

Mit Wasser tritt nach langer Zeit Hydrolyse ein [6, 7]. Mit Säuren [7] findet keine Umsetzung statt, auch nicht mit Alkalilaugen [6, 7]. Aus acetonischen Lösungen von KJ wird Jod freigemacht (mit Aceton allein ebenfalls Braunfärbung!) [6]. CaF_2 und BaF_2 geben keine Reaktion, auch NaF nicht, doch hält dieses kleinere Mengen „Te_2F_{10}" adsorptiv fest, wenn es mit der siedenden Flüssigkeit in Kontakt war. In Glasbehältern läßt es sich längere Zeit ohne merkliche Veränderung aufbewahren [7]. Angriff des Glases wird jedoch auch beobachtet [6].

Im Gegensatz zu seiner Nichtmischbarkeit und mangelnder Reaktionsfähigkeit in wäßrigen Reagenzien zeigt „Te_2F_{10}" hohe Aktivität gegenüber zahlreichen organischen Verbindungen. Mit gesättigten und halogensubstituierten aliphatischen Kohlenwasserstoffen bilden sich farblose Lösungen. Viele aromatische Verbindungen und alle Amine reagieren lebhaft, teilweise heftig. Es werden unter anderem teerige Produkte gebildet; entstehende Feststoffe — oftmals stabile Pulver — zeichnen sich durch lebhafte Färbung aus [7].

Literatur:

[1] A. Engelbrecht, W. Loreck, W. Nehoda (Z. Anorg. Allgem. Chem. **360** [1968] 88/96, 90, 94). — [2] H. Bürger (Z. Anorg. Allgem. Chem. **360** [1968] 97/103). — [3] P. M. Watkins (J. Chem. Educ. **51** [1974] 520/1). — [4] F. Sladky, H. Kropshofer, O. Leitzke (J. Chem. Soc. Chem. Commun. **1973** 134/5). — [5] F. Sladky (Monatsh. Chem. **101** [1970] 1559/70, 1562, 1564).

[6] W. D. English, J. W. Dale (J. Chem. Soc. **1953** 2498/9). — [7] R. Campbell, P. L. Robinson (J. Chem. Soc. **1956** 3454/8). — [8] T. Sakurai (J. Nucl. Sci. Technol. [Tokyo] **10** [1973] 130/1; C.A. **78** [1973] Nr. 118107). — [9] D. R. Vissers, M. J. Steindler (ANL-7142 [1966] 1/83, 34, 36; C.A. **66** [1967] Nr. 71964). — [10] W. R. Page, C. J. Raseman, E. I. Goodman, C. H. Scarlett (BNL-174 [1952] 1/38 nach C.A. **1959** 2709).

[11] K. Seppelt (Z. Anorg. Allgem. Chem. **399** [1973] 87/96, 94, 95). — [12] G. Hetherington, P. L. Robinson (J. Chem. Soc. **1956** 3681). — [13] P. A. G. O'Hare (ANL-7315 [1968] 1/77, 62; C.A. **71** [1969] Nr. 33988). — [14] P. Bladon, D. H. Brown, K. D. Crosbie, D. W. A. Sharp (Spectrochim. Acta A **26** [1970] 2221/3).

Bis(pentafluorotellurium) Peroxide

4.10.3 Bis(pentafluortellur)peroxid $(F_5Te)_2O_2$

$F_5TeOOTeF_5$ tritt vermutlich als nichtstabiles Zwischenprodukt bei der thermischen Zersetzung von $Xe(TeF_5O)_2$ bei 130°C auf, Sladky [1]. — Nach Seppelt, Nöthe [2] entsteht die Verbindung aus vorsichtig geschmolzenem $Xe(TeF_5O)_2$ durch Bestrahlung mit UV-Licht. Die Reaktion findet unter Gasentwicklung statt, dabei muß das entstehende Gas vor dem UV-Licht geschützt werden, da sich das Peroxid sonst in der Gasphase zersetzt. Nach Entfärbung der gelben Schmelze und Beendigung der Gasentwicklung wird die als klare Flüssigkeit erhaltene Verbindung schnell destilliert. Bei der Reaktion tritt als Zwischenprodukt das Radikal TeF_5O auf, das durch ESR-Spektroskopie nachgewiesen wird. Auch aus $(XeF)TeF_5O$ bildet sich das Peroxid bei UV-Bestrahlung und nicht, wie erwartet, $FTeF_5O$ [2].

Das Peroxid hat einen Schmelzpunkt von −39°C, es siedet bei 81.5°C unter Normaldruck, wobei es sich langsam zersetzt [2].

Von den 36 möglichen Molekülschwingungen lassen sich die inneren Schwingungen der TeF_5-Gruppen gemäß der lokalen Symmetrie C_{4v} zuordnen. Folgende Wellenzahlen (in cm^{-1}) ergeben sich aus Raman-Messungen in der Flüssigkeit und IR-Messungen im Gaszustand (äq = äquatorial, ax = axial):

Raman	907	740	725	674	658	637	599
IR	—	740	721	665	—	637	600
Zuordnung . . .	ν(OO)	$\nu(TeF_{äq})$, E	$\nu(TeF_{ax})$	$\nu(TeF_{äq})$, A_1	$\nu(TeF_{äq})$, B_1	ν(TeO)	

Weitere, nicht zugeordnete Raman- und (in Klammern) IR-Banden bei 363 (363), 335 (309), 315 (321), 284 (285), 258, 218, 169, 142, 116 cm^{-1}.

Aus der hohen Frequenzlage der Sauerstoff-Sauerstoff-Schwingung wird auf eine d_π-p_π-Bindung zwischen Te und O geschlossen, Seppelt [3].

Das ^{19}F-Kernresonanzspektrum entspricht dem eines AB_4-Spinsystems (A = ^{19}F (axial), B = ^{19}F (äquatorial)) mit den chemischen Verschiebungen $\delta_A = 54.6$ ppm, $\delta_B = 54.9$ ppm, bezogen auf $CFCl_3$ als inneren Standard, und der Spin-Spin-Kopplungskonstante J(A··B) = 180 Hz (geschätzter Wert). Kopplungskonstante J(^{125}Te··^{19}F) = 3830 Hz, J(^{123}Te··^{19}F) = 3120 Hz [2].

$F_5TeOOTeF_5$ ist über 80°C nicht stabil, beim Destillieren unter Normaldruck bilden sich $F_5TeOTeF_5$ sowie TeF_4 und TeF_6. — Im Massenspektrum (70 eV) werden $Te_2F_{10}O_2^+$, $Te_2F_9O^+$, $TeF_5O_2^+$, TeF_5O^+, TeF_5^+, TeF_4^+, TeF_3O^+, TeF_3^+, TeF_2^+, $TeFO^+$, TeF^+ und Te^+ nachgewiesen, Seppelt, Nöthe [2].

Literatur:

[1] F. Sladky (Monatsh. Chem. **101** [1970] 1559/70, 1562, 1564). — [2] K. Seppelt, D. Nöthe (Inorg. Chem. **12** [1973] 2727/30). — [3] K. Seppelt (Z. Anorg. Allgem. Chem. **399** [1973] 87/96, 94, 95).

$F_5Te(OTeF_4)_n$-$OTeF_5$

4.10.4 $F_5Te(OTeF_4)_nOTeF_5$

Verbindungen dieser Zusammensetzung bilden sich als wachsartige Stoffe bei der Reaktion von KF mit $Te_2F_8O_2$ unter starker Erwärmung, Seppelt [1].

Dem Wert n = 0 entspricht die Verbindung $\mathbf{F_5TeOTeF_5}$, vgl. S. 35 unter Bis(pentafluortellur)oxid.

Die Verbindung mit n = 1 ist $\mathbf{Te_3F_{14}O_2}$. Sie bildet sich neben TeF_4, TeF_6 und anderen Te-Fluoridoxiden bei der Reaktion von Te und TeO_2 (1:1) mit F_2 (verdünnt bis 10% mit N_2 bzw. O_2) bei 50 bis 60°C. $Te_3F_{14}O_2$ wird durch Destillation abgetrennt, Campbell, Robinson [2]. Die Verbindung wird auch bei der Reaktion von BrF_3 mit TeO_2 (auch bei der Kernspaltung entstandenem TeO_2) im He-Strom bei 100 (Reaktionsbeginn) bis 450°C erhalten, Sakurai [3]. Zur möglichen Bildung bei der Zersetzung von $Xe(TeF_5O)_2$ im Hochvakuum oder in der Ionisierungskammer s. Sladky [4]. — Die farblose, leicht bewegliche Flüssigkeit siedet bei 134.5°C (755 Torr) und geht bei −27°C in den festen Zustand über. Die Dichte beträgt D = 2.25 g/cm^3 bei 20°C. Die Verbindung destilliert in Pyrexglas ohne Zersetzung und kann im trocknen Zustand in Pyrexglas aufbewahrt werden. Sie wird nicht leicht hydrolysiert. Im flüssigen Zustand reagiert sie nicht mit Messing, Kupfer und Gummi und nur wenig mit Quecksilber; im gasförmigen Zustand greift sie Quecksilber aber leicht an („tailings"). $Te_3F_{14}O_2$ ist in den meisten Fetten löslich. Das Verhalten gegen organische Substanzen ist ähnlich dem von „Te_2F_{10}" (s. bei $(F_5Te)_2O$ auf S. 37), Campbell, Robinson [2].

Die Verbindung $\mathbf{Te_4F_{18}O_3}$, das nächsthöhere Glied der Reihe mit n = 2, wird möglicherweise bei der Zersetzung von $Xe(TeF_5O)_2$ im Hochvakuum oder in der Ionisierungskammer gebildet, Sladky [4].

$\mathbf{Te_5F_{22}O_4}$ — entsprechend n = 3 in der obigen Formel — wird aus dem Polymerengemisch $(TeF_4O)_n$, das bei der Fluorierung von $As(TeF_5O)_3$ erhalten wird, s. S. 35, gewonnen. Die Verbindung stellt einen kristallisierten, sublimierbaren, bei 76°C schmelzenden Festkörper dar, der durch seine Schwingungs-, Massen- und NMR-Spektren charakterisiert wird. Die Kristallstrukturanalyse ergibt tetragonale Symmetrie für $Te_5F_{22}O_4$, die Gitterkonstanten betragen a = 8.816(2), c = 20.341 (6) Å; Z = 4; Raumgruppe $I4_1/_a$-C_{4h}^6 (Nr. 88). Die Struktur wird mit der Methode der kleinsten Fehlerquadrate bis zu R = 0.049 verfeinert. Die Verbindung ist aus isolierten $TeF_2(OTeF_5)_4$-Oktaedern aufgebaut, s. **Fig. 4**. Vier äußere Oktaeder sind über ihre Ecken mit einem zentralen Oktaeder verknüpft. Die Substanz tritt nur in der höchstsymmetrischen Anordnung auf. Die Te-F-Bindungen im zentralen Oktaeder betragen 1.849 Å und sind damit etwas länger als die anderen mit 1.798 bis 1.819 Å. Der Te-O-Te-Winkel ist 139.4°. Da keine kurzen intermolekularen Abstände auftreten, wird die Geometrie des Moleküls nur durch innermolekulare Kräfte bestimmt, Pritzkow, Seppelt [5].

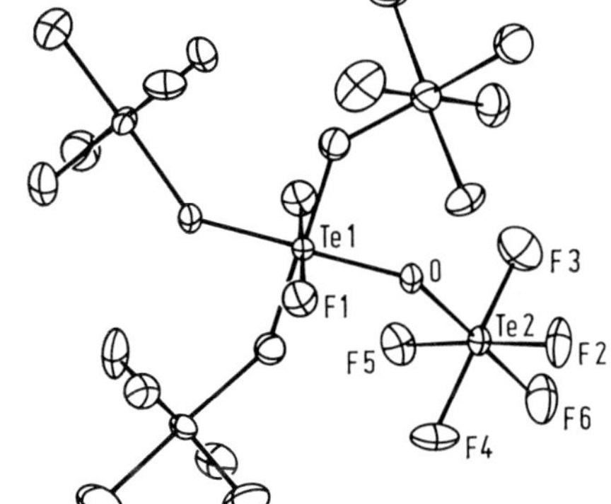

Fig. 4

Molekülstruktur von $Te_5F_{22}O_4$.

Höhere Fluoridoxide scheinen in der farblosen, beweglichen Flüssigkeit vorzuliegen, die bei Experimenten von Campbell, Robinson [2] zur Darstellung von TeF_6 aus TeO_2 und F_2 als Nebenprodukt anfällt. Die Zusammensetzung der Fluoridoxide wird mit $\mathbf{Te_6F_{26}O_5}$ und/oder $\mathbf{Te_7F_{30}O_6}$ entsprechend n = 4 bzw. n = 5 in der allgemeinen Formel angenommen. Das Molekulargewicht ist etwa 1300. Der Siedepunkt der Flüssigkeit liegt oberhalb 300°C, die Dichte beträgt D^{20} = 3 bis 3.1 g/cm³. Die Flüssigkeit kann bei Raumtemperatur in Glas aufbewahrt werden, greift aber Glas unter 300°C an [2].

$\mathbf{F_5Te(OTeF_4)_{n-3}OTeF_5}$ entsteht bei der thermischen Zersetzung von $B(TeF_5O)_3$ oberhalb 140°C neben BF_3, TeF_6 und TeO_3. Die Verbindung ist eine hochviskose Flüssigkeit mit einem schlecht definierten Schmelzpunkt oberhalb 250°C. Nach Molekulargewichtsbestimmungen soll n von der Größenordnung 25 sein. Oberhalb 200°C nimmt n graduell ab bis auf n = 0, d.h., es entsteht $F_5TeOTeF_5$, das sofort in TeF_6 und α-TeO_3 zerfällt. Die Verbindung kann auch als Modifikation des bislang noch unbekannten TeF_4O betrachtet werden, Sladky u.a. [6].

Literatur:

[1] K. Seppelt (Z. Anorg. Allgem. Chem. **406** [1974] 287/98, 294/8). — [2] R. Campbell, P. L. Robinson (J. Chem. Soc. **1956** 3454/8). — [3] T. Sakurai (J. Nucl. Sci. Technol. [Tokyo] **10** [1973] 130/1; C.A. **78** [1973] Nr. 118107). — [4] F. Sladky (Monatsh. Chem. **101** [1970] 1559/70, 1562, 1564). — [5] H. Pritzkow, K. Seppelt (Angew. Chem. **88** [1976] 846/7).

[6] F. Sladky, H. Kropshofer, O. Leitzke (J. Chem. Soc. Chem. Commun. **1973** 134/5).

Fluorooxo- and Fluorohydroxotellurate(IV) Ions and Their Alkali Salts

4.11 Fluorooxo- und Fluorohydroxotellurat(IV)-Ionen und deren Alkalisalze

Ältere Angaben über hydratisierte Fluorooxotellurate(IV), die aus Lösungen von TeO_2 in 40%iger Flußsäure erhalten wurden, s. „Tellur", S. 323.

Fluorooxotellurate(IV) Ions and Their Salts

4.11.1 Fluorooxotellurat(IV)-Ionen und deren Salze

TeF_4O^{2-}

4.11.1.1 TeF_4O^{2-}

Das Ion existiert in den festen Verbindungen Cs_2TeF_4O und K_2TeF_4O und kann dort durch Raman- und IR-Spektren nachgewiesen werden; in wäßrigen Lösungen bildet es sich nicht.

TeF_4O^{2-} ist isoelektronisch mit dem SbF_5^{2-}-Ion und mit $XeOF_4$. Es hat, wie durch Vergleich mit diesen angenommen wird, eine quadratisch-pyramidale Form mit dem O-Atom in axialer Position. Das Te-Atom befindet sich im Schwerpunkt einer quadratischen Grundfläche, welche von den vier F-Atomen gebildet wird, während das O-Atom an der Spitze der Pyramide liegt. Das freie Elektronenpaar ist dem O-Atom gegenüber angeordnet und ist somit in trans-Stellung zu der Doppelbindung. Zur Größe des Winkels O-Te-F s. S. 41. Die Symmetrie ist C_{4v}; IR- und Raman-Spektren sind in Übereinstimmung damit. Auf Grund der C_{4v}-Symmetrie werden wie beim TeF_5^-, s. S. 9, neun Fundamentalschwingungen erwartet. Folgende Schwingungen (in cm^{-1}) werden an festem Cs_2TeF_4O für das Ion beobachtet und zugeordnet:

Zuordnung	Raman	IR	Schwingungsform
ν_1/A_1	837 vs	840 s	$\nu(TeO)$
ν_2/A_1	461 m	480 m	$\nu_s(TeF_4)$ in Phase
ν_3/A_1		265 m	$\delta_s(TeF_4)$ Schirmschwingung
ν_4/B_1	390 m		$\nu_s(TeF_4)$ außer Phase
ν_5/B_1			$\delta_{as}(TeF_4)$ außer Phase
ν_6/B_2	190 w		$\delta_s(TeF_4)$ in Phase
ν_7/E	335 m	330 bis 360 vs, b	$\nu_{as}(TeF_4)$
ν_8/E			$\delta(OTeF_4)$ Kippschwingung
ν_9/E	129 w		$\delta_{as}(TeF_4)$ in der Ebene

Es werden nur 7 Fundamentalschwingungen beobachtet. ν_5 ist in C_{4v}-Symmetrie sehr schwach und wird (wie beim TeF_5^-) nicht beobachtet; ν_8 wird infolge Koinzidenz mit ν_7 auch nicht beobachtet. Die Zuordnung erfolgt in Anlehnung an die des TeF_5^--Ions (s. S. 9) und SbF_5^{2-} sowie im Vergleich mit verwandten C_{4v}-Molekülen. — ν_7 liegt bei TeF_4O^{2-} bei niedrigerer Frequenz als ν_4, was im allgemeinen nicht in Übereinstimmung mit anderen C_{4v}-Molekülen ist; aber in der Reihe JF_5, TeF_5^-, SbF_5^{2-} wird bereits beobachtet, daß sich die Lage von ν_7 der von ν_4 nähert und sich dann mit ihr überschneidet. Dieser Trend gilt auch für XeF_4O, JF_4O^- und TeF_4O^{2-}. Im IR-Spektrum des Cs_2TeF_4O und K_2TeF_4O treten zusätzlich Kombinationsbanden auf, s. dazu S. 41, Milne, Moffet [1].

Die Bindung in TeF_4O^{2-} kann nach Dobud, Jones [2] durch sp^3d^2-Hybridorbitale beschrieben werden; auf Grund der Mössbauer-Werte von Te^{IV}-Oxiden, -Fluoriden und -Oxofluoriden wird ca. 10% s-Charakter in den Bindungsorbitalen angenommen. Das ^{125}Te-Mössbauer-Spektrum von Cs_2TeF_4O zeigt Quadrupolaufspaltung. Bezogen auf die J/Cu-Quelle beträgt die Isomerieverschiebung $\delta = +0.71 \pm 0.08$, die Quadrupolaufspaltung $\Delta = 9.5 \pm 0.2$ und die Linienbreite $\Gamma = 7.2$ mm/s bei 80 K. Die relativ geringe Isomerieverschiebung ist in Übereinstimmung mit der stereochemischen Aktivität des freien Elektronenpaares. Zu einer Interpretation der δ- und Δ-Werte in bezug auf den relativen s- und p-Charakter des stereochemisch aktiven Elektronenpaares in TeF_5^-, TeF_4O^{2-} und $TeF_2O_2^{2-}$ s. Original [2].

Das TeF_4O^{2-}-Ion bildet sich nicht in wäßrigen HF-Lösungen (verschiedene Konzentrationen) von TeO_2. Raman-Spektren dieser Lösungen zeigen die Gegenwart des TeF_5^--Ions und einer zweiten Spezies, welche das $TeF_4(OH)^-$-Ion sein soll [1].

Literatur:

[1] J. B. Milne, D. Moffett (Inorg. Chem. **12** [1973] 2240/4). — [2] P. Dobud, C. H. W. Jones (J. Solid State Chem. **16** [1976] 201/8).

4.11.1.2 K_2TeF_4O

K_2TeF_4O

Die Verbindung wird analog dem Cs_2TeF_4O dargestellt, Temperatur der Schmelze aber 550°C. Auch die Struktur und das Verhalten entsprechen der Cs-Verbindung, s. dazu unten. Gitterkonstanten im rhombischen System: $a = 6.24 \pm 0.05$, $b = 13.83 \pm 0.05$, $c = 6.46 \pm 0.05$ Å. Im IR-Spektrum werden die Grundschwingungen des TeF_4O^{2-}-Ions beobachtet, s. S. 40, ferner werden gemessen in cm^{-1}: 1675 vw ($2\nu_1$); 1160 vw ($\nu_1 + \nu_2$); 777 v ($\nu_2 + \nu_7$), J. B. Milne, D. Moffett (Inorg. Chem. **12** [1973] 2240/4).

4.11.1.3 Cs_2TeF_4O

Cs_2TeF_4O

Die Verbindung wird durch Mischen von TeO_2, $CsTeF_5$ und CsF im Verhältnis 1:1:3 in einem Platinschiffchen und langsames Erhitzen auf 500°C in einem Quarzrohr im N_2-Strom dargestellt. Es bildet sich eine farblose Schmelze, aus der beim Abkühlen Cs_2TeF_4O als weißes kristallines Produkt erhalten wird, dessen Pulverdiagramm kein CsF, TeO_2 oder $CsTeF_5$ zeigt. Eine Erhöhung der Temperatur auf 900°C hat keinen Einfluß auf das Endprodukt. Ein weiterer Darstellungsversuch, bei dem die Ausgangsstoffe in Dimethylsulfoxid am Rückflußkühler während 24 h zur Reaktion gebracht werden sollen, ist ohne Erfolg, ebenso die Darstellung aus wäßrigen Lösungen von TeO_2 und CsF in Gegenwart von HF.

Nach Röntgen-Pulveraufnahmen ist Cs_2TeF_4O isostrukturell mit Cs_2SbF_5 (TeF_4O^{2-} ist mit SbF_5^{2-} isoelektronisch). Die Te-Verbindung kristallisiert wie die Sb-Verbindung im rhombischen System mit den Gitterkonstanten: $a = 6.65 \pm 0.05$, $b = 14.53 \pm 0.05$, $c = 7.04 \pm 0.05$ Å. Cs_2TeF_4O setzt sich aus Cs^+- und TeF_4O^{2-}-Ionen zusammen. Das Anion hat eine quadratisch-pyramidale Form, bei der der Sauerstoff axial gebunden ist, s. dazu TeF_4O^{2-}, S. 40. Durch visuellen Vergleich der Pulveraufnahmen von Cs_2TeF_4O und Cs_2SbF_5 wird festgestellt, daß die Einheitszelle des Te-Salzes größer ist als die des Sb-Salzes. Da man aber erwartet hatte, daß die Bindungsabstände Te-O und Te-F kleiner sind als die Bindungsabstände Sb-F_{ax} und Sb-$F_{äq}$, wird zur Erklärung der Anomalie angenommen, daß der Winkel O-Te-F größer ist als der Winkel F_{ax}-Sb-$F_{äq}$.

Im IR- und Raman-Spektrum werden die Schwingungen des TeF_4O^{2-}-Ions beobachtet, Wellenzahlen und Zuordnung s. beim TeF_4O^{2-}, S. 40. Zusätzlich treten folgende Banden auf, Wellenzahlen in cm^{-1}: 1155 vw ($\nu_1 + \nu_2$); 790 vw ($\nu_2 + \nu_7$); 770 w, 700 vw, sh ($\nu_4 + \nu_7$), J. B. Milne, D. Moffett (Inorg. Chem. **12** [1973] 2240/4). — Mössbauer-Spektrum s. beim TeF_4O^{2-}-Ion S. 40.

4.11.1.4 $TeF_2O_2^{2-}$

$TeF_2O_2^{2-}$

Das Ion existiert in den festen Verbindungen $Rb_2TeF_2O_2$ und $Cs_2TeF_2O_2$, in denen es durch IR- und Raman-Spektren nachgewiesen wird; in wäßrigen Lösungen bildet es sich nicht.

$TeF_2O_2^{2-}$ ist isoelektronisch mit XeF_2O_2 und $JF_2O_2^-$ und hat wie diese eine trigonale-bipyramidale Form mit den O-Atomen und dem einsamen Elektronenpaar in äquatorialen Positionen und den F-Atomen in axialen Lagen; es wird teilweise Brückenbildung über den Sauerstoff angenommen. Die Symmetrie soll C_{2v} sein. Hiernach gibt es neun Fundamentalschwingungen in folgenden Symmetrierassen (in Klammern Aktivität im IR- und Raman-Spektrum): 4 A_1 (IR, R), 1 A_2 (R), 2 B_1 (IR, R) und 2 B_2 (IR, R). Folgende Schwingungen (in cm^{-1}) werden an festem $Cs_2TeF_2O_2$ für das Ion beobachtet und zugeordnet:

Zuordnung	Raman	IR	Schwingungsform
ν_1/A_1	796 vs 781 w	795 s 777 s	$\nu_s(TeO_2)$
ν_2/A_1	404 mw 385 w, sh	400 m, sh	$\nu_s(TeF_2)$
ν_3/A_1	353 mw		$\delta_s(TeO_2)$
ν_4/A_1	279 mw		$\delta_s(TeF_2)$
ν_5/A_2	(150) *)		Torsionsschwingung
ν_6/B_1	758 m	760 s 755 vs	$\nu_{as}(TeO_2)$
ν_7/B_1	326 w	330 sh	$\delta_{as}(TeO_2)$
ν_8/B_2	315 sh	305 vs, b	$\nu_{as}(TeF_2)$
ν_9/B_2	197 vw		$\delta_{as}(TeF_2)$

*) Berechnet aus der Kombinationsbande $\nu_5 + \nu_7$ des $Cs_2TeF_2O_2$.

Im Raman-Spektrum werden 10 Banden und im IR-Spektrum 7 Banden beobachtet. Die Zahl der Banden spricht gegen ein isoliertes C_{2v}-Anion. Die Aufspaltung der Valenzschwingungen deutet auf Kopplungen zwischen den Anionen und auf anionische Brückenbildung. Die Zuordnung erfolgt in Anlehnung und durch Vergleich mit dem SbF_4^--Ion, dem $JF_2O_2^-$-Ion und mit XeF_2O_2. Die Gleichheit der Intensitäten von ν_2 und ν_8 für $JF_2O_2^-$ und $TeF_2O_2^{2-}$ zeigt, daß die F-Atome sich auch beim $TeF_2O_2^{2-}$ in axialen Positionen befinden. Auf Grund der Intensitäten liegt ν_6 ($\nu_{as}TeO_2$) nicht bei höherer Frequenz als ν_1 (ν_sTeO_2), im Gegensatz zu $JF_2O_2^-$ und XeF_2O_2; das gleiche Verhalten zeigen aber die C_{3v}-Spezies XeO_3, JO_3^- und TeO_3^{2-}. In Übereinstimmung mit $JF_2O_2^-$ ist die Aufspaltung von ν_1 und ν_6 und somit die erwartete Brückenbildung im $TeF_2O_2^{2-}$ bestätigt, J. B. Milne, D. Moffett (Inorg. Chem. **12** [1973] 2240/4).

Die Bindung in $TeF_2O_2^{2-}$ kann durch sp^3d-Hybridorbitale beschrieben werden. Auf Grund der Mössbauer-Werte von Te^{IV}-Oxiden, -Fluoriden und -Oxofluoriden wird ca. 10% s-Charakter in den Bindungsorbitalen angenommen. Das ^{125}Te-Mössbauer-Spektrum von $K_2TeF_2O_2$ und $Cs_2TeF_2O_2$ zeigt Quadrupolaufspaltung. Die Isomerieverschiebung δ, bezogen auf die J/Cu-Quelle, die Quadrupolaufspaltung Δ sowie die Linienbreite Γ (alles in mm/s) bei 80 K betragen:

	δ	Δ	Γ
$K_2TeF_2O_2$	+0.45 ± 0.08	6.6 ± 0.2	6.8
$Cs_2TeF_2O_2$	+0.34 ± 0.08	7.1 ± 0.2	6.1

Die relativ geringe Isomerieverschiebung ist in Übereinstimmung mit der stereochemischen Aktivität des einsamen Elektronenpaares. Zu einer Interpretation der δ- und Δ-Werte in bezug auf den relativen s- und p-Charakter des stereochemisch aktiven Elektronenpaares in TeF_5^-, TeF_4O^{2-} und $TeF_2O_2^{2-}$ s. Original, P. Dobud, C. H. W. Jones (J. Solid State Chem. **16** [1976] 201/8).

4.11.1.5 $Rb_2TeF_2O_2$, $Cs_2TeF_2O_2$

$Rb_2TeF_2O_2$, $Cs_2TeF_2O_2$

Die Darstellung erfolgt durch Mischen von TeO_2 und MF (M = Rb, Cs) im Verhältnis 1:2 in einem Platinschiffchen und langsames Erhitzen im N_2-Strom auf 800°C. Hierbei bildet sich eine klare farblose Schmelze, aus der beim Abkühlen ein weißes kristallines Produkt erhalten wird, in dessen Pulveraufnahmen kein Ausgangsmaterial oder $MTeF_5$ oder M_2TeF_4O nachgewiesen wird. Ein weiteres Erhitzen der Schmelze auf 900°C hat keinen Einfluß auf das Endprodukt. Der Versuch der Darstellung aus wäßrigen Lösungen ist ohne Erfolg, hierbei bildet sich sofort $MTeF_5$.

Die IR- und Raman-Spektren zeigen die Schwingungen des $TeF_2O_2^{2-}$-Ions; beobachtete Schwingungsfrequenzen und Zuordnung s. beim $TeF_2O_2^{2-}$-Ion, S. 42. Zwei zusätzliche Kombinationsbanden (in cm^{-1}) im IR-Spektrum liegen bei (erster Wert für $Rb_2TeF_2O_2$, zweiter Wert für $Cs_2TeF_2O_2$): 1070 vw, sh bzw. 1075 vvw ($\nu_1+\nu_4$); 447 w, sh bzw. 480 w, sh ($\nu_5+\nu_7$), aus letzterem wird ν_5 für $TeF_2O_2^{2-}$ berechnet, J. B. Milne, D. Moffett (Inorg. Chem. **12** [1973] 2240/4). — Mössbauer-Spektrum s. beim $TeF_2O_2^{2-}$-Ion, S. 42.

4.11.1.6 $RbTeFO_2$, $CsTeFO_2$

$RbTeFO_2$, $CsTeFO_2$

Ein Versuch der Darstellung dieser Monofluorodioxotellurate(IV) aus TeO_2 und MF-Schmelzen entsprechend $MF + TeO_2 \rightarrow MTeFO_2$ (M = Rb, Cs) ist erfolglos. Wie aus dem IR-Spektrum hervorgeht, wird nur eine Mischung von TeO_2 und $M_2TeF_2O_2$ erhalten, J. B. Milne, D. Moffett (Inorg. Chem. **12** [1973] 2240/4).

4.11.2 Fluorohydroxotellurat(IV)-Ionen und deren Salze

Fluorohydroxotellurate(IV) Ions and Their Salts

4.11.2.1 $TeF_4(OH)^-$

$TeF_4(OH)^-$

Die Existenz des $TeF_4(OH)^-$-Ions in festem $KTeF_4(OH)$ und in der wäßrigen Lösung dieser Verbindung wird auf Grund von IR- und Raman-Spektren nachgewiesen. Wie das Spektrum einer frisch hergestellten Lösung von $KTeF_5$ in destilliertem H_2O zeigt, bildet sich das Ion in dieser Lösung durch schnellen Austausch des axialen F^- des TeF_5^- mit OH^-. Auch in wäßrigen HF-Lösungen des TeO_2 entsteht $TeF_4(OH)^-$ bei der Hydrolyse des in dieser Lösung befindlichen TeF_5^-, wenn sich das Molverhältnis HF:TeO_2 von 26:2 auf 8:2 verringert, wie Raman-Spektren dieser Lösung beweisen, s. dazu S. 11.

Nach Vergleich der Raman-Spektren von $TeF_4(OH)^-$ und TeF_5^- hat $TeF_4(OH)^-$ eine quadratisch-pyramidale Form mit der OH-Gruppe in axialer Position und dem Te-Atom im Schwerpunkt der quadratischen Grundfläche der vier F-Atome, das freie Elektronenpaar befindet sich der OH-Gruppe gegenüber. — Das TeF_4O-Gerüst des $TeF_4(OH)^-$ hat angenähert C_{4v}-Symmetrie, aber die Gegenwart der nichtlinearen TeOH-Gruppe begründet Abweichungen von den C_{4v}-Auswahlregeln der Schwingungen; Fundamentalschwingungen für C_{4v}-Symmetrie s. S. 9. Da die Masse der OH-Gruppe geringer als die des F-Atoms ist, liegen ν_1 und ν_8 (die Valenz- und Deformationsschwingungen von Te–axialer Ligand) bei höheren Frequenzen, außerdem ist ν_8 infolge inter- und intraionischer Wasserstoffbindung aufgespalten. Folgende Schwingungen (in cm^{-1}) werden an festem $KTeF_4(OH)$ und der wäßrigen Lösung dieser Verbindung für das $TeF_4(OH)^-$ beobachtet und zugeordnet:

Zuordnung	Raman $KTeF_4(OH)$ fest	IR $KTeF_4(OH)$ fest	Raman $KTeF_4(OH)$-Lösung	Schwingungsform
ν_1/A_1	697 vs	689 m	700 vs, p	ν(TeOH)
ν_2/A_1	502 vs	505 sh, w	505 s, p	$\nu_s(TeF_4)$ in Phase
ν_3/A_1	266 w	250 sh	265 w, sh, p	$\delta_s(TeF_4)$ Schirmschwingung
ν_4/B_1	465 m	(465 vs, sh)	460 m, sh	$\nu_s(TeF_4)$ außer Phase

Zuordnung	Raman KTeF$_4$(OH) fest	IR KTeF$_4$(OH) fest	Raman KTeF$_4$(OH)-Lösung	Schwingungsform
ν_5/B_1	205 sh, vw			δ_{as}(TeF) in der Ebene, außer Phase
ν_6/B_2	223 w		225 m	$\delta_s(TeF_4)$ in Phase
ν_7/E	427 w	(465 vs, sh) 425 vs, b	425 w, sh	$\nu_{as}(TeF_4)$
ν_8/E	378 w 342 w	375 s, b 335 m	340 w, b	$\delta(OHTeF_4)$-Kippschwingung
ν_9/E	125 w, sh			$\delta_{as}(TeF_4)$ in Phase

Die Zuordnung erfolgt in Anlehnung an TeF_5^- (in festem $KTeF_5$ und in der wäßrigen Lösung) und an TeF_4O^{2-} (in Cs_2TeF_4O). Die Raman-Bande bei 205 cm^{-1} wird bei keiner anderen quadratisch-pyramidalen Pentafluoro- oder Tetrafluorooxo-Spezies beobachtet, sie wird der Bande ν_5 zugeordnet, deren Intensität anscheinend durch die erniedrigte Symmetrie vergrößert ist. Die Verschiebung von ν_1 ist größer, als für einen Masseneffekt erwartet, und deutet an, daß die Te-(OH)-Bindung stärker ist als die Te-F_{ax}-Bindung im TeF_5^-. Infolge der OH-Gruppe treten drei zusätzliche Schwingungen auf: die Valenzschwingung ν(OH), die δ_1(OH)-Biegeschwingung und δ_2(OH)-Kippschwingung, für die folgende Wellenzahlen in cm^{-1} beobachtet werden: Raman: 647 vw, b(δ_2); IR: 630 w, b(δ_2); 1130 mw, b(δ_1); 2240 w, vb(2 δ_1); 3285 m, vb = ν(OH). — In denRaman-Spektren von Lösungen, in denen sich TeF_4OH^- befindet [a) wäßrige $KTeF_4$(OH)-Lösung, b) $KTeF_5$ gelöst in destilliertem H_2O, c) HF-Lösung des TeO_2 bei geringen Molverhältnissen] wird keine Linie um 840 cm^{-1} beobachtet, die ν(TeO) im TeF_4O^{2-} entsprechen würde. Das $TeF_4(OH)^-$-Ion scheint demnach nicht zu TeF_4O^{2-} zu dissoziieren. Der Vergleich der Raman-Spektren von $TeF_4(OH)^-$ in Lösung und in festen Zustand zeigt, daß keine bedeutende Menge H_2TeF_4O gebildet wird und daß H_2TeF_4O eine mäßig starke Säure ist. — Das $TeF_4(OH)^-$-Ion zeigt in verdünnten Säuren eine gewisseStabilität, da sich $KTeF_4$(OH) nach Lösen in verdünnter HCl-Lösung (Te : Cl = 1 : 1) aus dieser Lösung beim Kristallisieren wieder zurückgewinnen läßt, J. B. Milne, D. Moffett (Inorg. Chem. **13** [1974] 2750/4).

$NaTeF_4(OH)$

4.11.2.2 $NaTeF_4(OH)$

Die Verbindung kann nicht entsprechend der K-Verbindung (s. unten) hergestellt werden, da selbst stark konzentrierte Lösungen nicht zur Kristallisation gebracht werden können, J. B. Milne, D. Moffett (Inorg. Chem. **13** [1974] 2750/4).

$KTeF_4(OH)$

4.11.2.3 $KTeF_4(OH)$

Zur Darstellung werden TeO_2, $KHCO_3$ und 26 molare Fluorwasserstoffsäure im Molverhältnis 1:1:4 in einem Teflonbehälter mit wenig H_2O gemischt und durch Erhitzen in Lösung gebracht. Zur Entfernung von Spuren suspendierten Materials wird die Lösung filtriert. Beim Abkühlen scheiden sich große Kristalle in der Lösung ab, die nach Filtrieren aus H_2O umkristallisiert werden. Die Substanz wird anschließend im Vakuumexsikkator über $CaCl_2$ getrocknet. Eine weitere Umkristallisation aus H_2O ist nicht möglich, da das Auflösen in H_2O von geringer Hydrolyse begleitet wird. Aus verdünnter HCl-Lösung kann aber $KTeF_4$(OH) durch Kristallisation zurückgewonnen werden. Die Verbindung wird auch durch Hydrolyse des $KTeF_5$ in CH_3CN entsprechend $KTeF_5 + H_2O + KF = KTeF_4(OH) + KHF_2$ erhalten. Dazu werden äquimolare Mengen der Ausgangsstoffe in CH_3CN während 2 h am Rückflußkühler zur Reaktion gebracht.

Aus Röntgen-Pulveraufnahmen geht nicht hervor, ob $KTeF_4$(OH) im rhombischen System kristallisiert und mit $KTeF_5$ isostrukturell ist.

Die im IR- und Raman-Spektrum beobachteten Schwingungsfrequenzen sind die des $TeF_4(OH)^-$-Anions, Wellenzahlen und Zuordnung s. S. 43, J. B. Milne, D. Moffett (Inorg. Chem. **13** [1974] 2750/4).

4.11.2.4 $CsTeF_4(OH)$

$CsTeF_4(OH)$

Bei dem Versuch der Darstellung entsprechend dem K-Salz (s. S. 44) wird ein Gemisch aus $CsTeF_5$ und dessen Hydrolyseprodukt $CsTeF_4(OH)$ erhalten, das aber nicht durch Umkristallisation getrennt werden kann, J. B. Milne, D. Moffett (Inorg. Chem. **13** [1974] 2750/4).

4.12 Fluorohydroxo-orthotellursäuren(VI), ihre Salze und Oxoderivate

Fluorohydroxo-ortho-telluric Acids(VI), Their Salts and Oxo. Derivatives

Überblick.

Review

Diese Säuren leiten sich von der Orthotellursäure $Te(OH)_6$ ab, wobei die einzelnen OH^--Liganden durch F^--Liganden ersetzt werden. Sie können aber auch umgekehrt vom Tellurhexafluorid TeF_6 abgeleitet werden. Die allgemeine Zusammensetzung der Säuren ist $TeF_n(OH)_{6-n}$ mit n = 1 bis 5. Die Säuren mit n = 1 bis 4, die Mono-, Di-, Tri- und Tetrafluoro-orthotellursäure, werden gemeinsam in einem festen Gemisch bei der Reaktion von $Te(OH)_6$ mit 40%igem HF erhalten und werden in Lösungen von $Te(OH)_6$ in wasserfreiem HF nachgewiesen. Sie bilden sich auch nacheinander als Zwischenprodukte bei der Hydrolyse von Tellurhexafluorid in H_2O. Hierbei wird auch die Bildung der Pentafluoro-orthotellursäure TeF_5OH nachgewiesen. TeF_5OH entsteht nicht bei der Solvolyse des $Te(OH)_6$ in HF, es wird aus Bariumtellurat und Fluorosulfonsäure HSO_3F hergestellt. Von TeF_5OH leiten sich viele Verbindungen ab. TeF_5OH selbst und die Salze werden anschließend an die Mono- bis Tetrasäure abgehandelt, s. S. 51. Die Säuren mit n = 1 bis 4 sind in ihren Eigenschaften so ähnlich, daß sie nur durch Trennmethoden wie Chromatographie oder Elektrophorese getrennt oder durch NMR-Untersuchungen nachgewiesen werden können. Nur von der Di- und Tetrafluorosäure sind reine Salze bekannt, in der Regel aber mit organischen Kationen, und in wäßrigen Lösungen die freien Säuren. Bei dem Versuch, Salze mit anorganischen Kationen zu erhalten, durch Umsetzen von $Te(OH)_6$ mit Alkalifluoriden in H_2O, bilden sich Produkte der Zusammensetzung $Te(OH)_6 \cdot 2KF$, $Te(OH)_6 \cdot NaF$ und $Te(OH)_6 \cdot 1.5NH_4F$.

4.12.1 $TeF_n(OH)_{6-n}$ mit n = 1 bis 4 und deren Salze

$TeF_n(OH)_{6-n}$

Die Fluorohydroxo-orthotellursäuren (im folgenden als Fluorosäuren bezeichnet) mit n = 1 bis 4 entstehen bei der Hydrolyse von TeF_6 in H_2O, s. dazu S. 29, wie ^{19}F-NMR-Untersuchungen [1, 7] und Papierchromatogramme während der Reaktion zeigen [1]. Durch kontinuierliches Schütteln von TeF_6 und H_2O in einem Glas- oder Metallgefäß bilden sich nach Fraser, Meikle [1] in der wäßrigen Lösung im allgemeinen nach 24 h die Hauptprodukte HF und cis-$TeF_4(OH)_2$. Das ^{19}F-NMR-Spektrum der Tetrafluorosäure ist ein A_2B_2-System mit $\delta_A = 31$, $\delta_B = 42$ ppm relativ zu CCl_3F, $J_{AB} = 153$ Hz. Daneben treten geringe Mengen von $TeF_3(OH)_3$ und $TeF_2(OH)_4$, auf, deren Signale $\delta = 36$ bzw. 30 ppm sich mit der Zeit mit verschiedenen Geschwindigkeiten verstärken. TeF_5OH wird in keinem Stadium der Reaktion nachgewiesen. Nach 6 Tagen verringert sich die Stärke des Signals von $TeF_4(OH)_2$, während die 2 anderen Signale an Intensität zunehmen, außerdem tritt ein neues Signal bei 22 ppm auf, das wahrscheinlich von $TeF(OH)_5$ herrührt. Beim Fortschreiten der Reaktion setzt sich ein weißer Niederschlag ab, und die Signale der Säuren verringern sich. Auch papierchromatographisch wird nach 10 Tagen die Anwesenheit der $TeF_n(OH)_{6-n}$ mit n = 1 bis 4 zusammen mit völlig hydrolysiertem $Te(OH)_6$ in der wäßrigen TeF_6-Lösung nachgewiesen [1].

NMR-Untersuchungen von Elgad, Selig [7] ergeben, daß das Auftreten und die Konzentrationen der Fluorosäuren mit n = 1 bis 4 merklich vom Verhältnis $TeF_6:H_2O$ abhängen. Bei dem Verhältnis $TeF_6:H_2O = 1:1.10$ wird neben TeF_6, einer nicht genau identifizierten Spezies (eventuell TeF_7^- oder TeF_8^{2-}, s. S. 31) und TeF_5OH (s. S. 51) die cis-Form von $TeF_4(OH)_2$ nachgewiesen. Bei $TeF_6:H_2O = 1:4.05$ ist diese Tetrafluorosäure verstärkt zu finden neben etwas TeF_5OH, außerdem bilden sich fac-$TeF_3(OH)_3$ und trans-$TeF_2(OH)_4$. Bei $TeF_6:H_2O = 1:13.5$ treten die beiden zuletzt genannten Säuren verstärkt auf und außerdem mer-$TeF_3(OH)_3$, zusätzlich wird $TeF(OH)_5$, das partiell ionisiert ist, nachgewiesen. Die Zuordnung der gemessenen ^{19}F-Kernresonanzen erfolgt auf Grund einer Systematik, die von Dean, Evans [6] für eine große Zahl von Sn-F-Verbindungen aufgestellt worden ist [7] (δ = chemische Verschiebung in ppm relativ zu CCl_3F als äußerem Standard, Unsicherheit

± 0.2 ppm; die außerdem auftretenden beträchtlichen Schwankungen sind auf Lösungsmittel- und Konzentrationseffekte zurückzuführen. F_A = axial, F_B = äquatorial; J = Kopplungskonstanten in Hz, Unsicherheit ± 20 Hz):

Verbindung	System	δ	J_{AB}	$J(^{125}Te\text{-}F)$	$J(^{123}Te\text{-}F)$	$R = J_{AB}/\delta_{AB}$
cis-$TeF_4(OH)_2$ *)	A_2B_2	44 bis 41.2 (F_A) 38.2 bis 30.8 (F_B)	165	3485		≈ 0.30
trans-$TeF_4(OH)_2$ oder fac-$TeF_3(OH)_3$	A_4 oder A_3	37 bis 34.4				
mer-$TeF_3(OH)_3$	AB_2	36.9 (F_B) 23.8 (F_A)	130	3115		0.105
trans-$TeF_2(OH)_4$	A_2	30.2 bis 29.1		2995	2490	
$TeF(OH)_5$	A	22.5		2860		

*) Dieses Signal ist bei $TeF_6:H_2O = 1:1.10$ zwar schwach, aber gut erkennbar und hat seine maximale Intensität bei 1:4.05. Da kein Singulett von vergleichbarer Intensität beobachtet wird, scheint die Existenz des trans-Isomeren ausgeschlossen [7], was im Gegensatz zu der Annahme von Kolditz, Fitz [2] steht, daß die Tetrafluorosäure ein trans-Isomer ist (s. S. 47), aber in Übereinstimmung ist mit Fraser, Meikle [1] (s. S. 45) und mit der gefundenen cis-Struktur des $TeF_4O_2^{2-}$ im $Na_2TeF_4O_2$ von Seppelt [5] (s. S. 50).

Auch beim Behandeln von $Te(OH)_6$ mit wasserfreiem HF werden die Fluorosäuren mit n = 1 bis 4 auf Grund der NMR-Spektren beobachtet. In Lösungen mit $Te(OH)_6:HF = 1:22.7$ bis 1:155, die durch Aufkondensieren des wasserfreien HF auf die Oberfläche des entgasten $Te(OH)_6$ erhalten werden, werden nach- und nebeneinander und mit verschiedenen Konzentrationen folgende Spezies nachgewiesen: $TeF(OH)_5$, trans-$TeF_2(OH)_4$, mer-$TeF_3(OH)_3$ und fac-$TeF_3(OH)_3$ oder trans-$TeF_4(OH)_2$. Folgende ^{19}F-Kernresonanzen werden gemessen (Erläuterung s. vorige Tabelle):

Verbindung	System	δ	J_{AB}	$J(^{125}Te\text{-}F)$	$J(^{123}Te\text{-}F)$
$TeF(OH)_5$	A	24.7 bis 27.6		2965 bis 3105	
trans-$TeF_2(OH)_4$	A_2	34.2 bis 36.3		3185 bis 3230	2690
mer-$TeF_3(OH)_3$	AB_2	29.8 bis 31.9 (F_A) 37.1 bis 39.9 (F_B)	137		
fac-$TeF_3(OH)_3$ oder trans-$TeF_4(OH)_2$	A_3	43.0 bis 44.5		3405	2905

Die Zuordnung zu $TeF_4(OH)_2$ und $TeF_3(OH)_3$ ist unsicher, Näheres s. dazu Original. Das Signal δ = 44 ppm wird $TeF_4(OH)_2$ zugeordnet. Dabei wird auch festgestellt, daß in stark sauren Lösungen nur das trans-Isomere stabil sein kann, während in wäßrigen Lösungen das cis-Isomere stabiler sein müßte [7].

In Lösungen von $Te(OH)_6$ in 48%igem HF ($Te(OH)_6:HF:H_2O = 1:98.7:107.5$ bis 1:14.1:15.2) ist $TeF(OH)_5$ die einzige Spezies in den Lösungen, wie NMR- und Raman-Spektren zeigen [7]. Dieses Resultat steht im Gegensatz zu den Ergebnissen von Kolditz, Fitz [2], die ein festes Gemisch von $TeF_n(OH)_{6-n}$ mit n = 1 bis 4 aus $Te(OH)_6$ und 40%igem HF darstellen, s. dazu S. 47. Die chemische Verschiebung des $TeF(OH)_5$ beträgt δ = 24.7 ppm und ist damit in Übereinstimmung mit dem bei der Hydrolyse des TeF_6 dafür erhaltenen Wertes δ = 22.5 ppm (s. dazu Tabelle oben). Das Raman-Spektrum ist dem des TeF_5OH sehr ähnlich. Für $TeF(OH)_5$ wird Punktgruppe C_{4v}

angenommen und damit 11 Grundschwingungen in folgenden Symmetrierassen: $4\,A_1$, $2\,B_1$, $1\,B_2$ und 4 E, die alle Raman-aktiv sind. Eine graphische Darstellung des Spektrums s. Figur im Original. Im Bereich der Biegungsschwingungen wird nur eine breite, wenig aufgelöste Bande gefunden. Die stärkste und auch stark polarisierte Bande bei $676\ cm^{-1}$ wird ν(TeOH) (in der Phase) und die polarisierte Bande mittlerer Intensität bei $617\ cm^{-1}$ ν(TeOH) (außer Phase) zugeordnet. Eine schwache Schulter um $700\ cm^{-1}$ ist wahrscheinlich die antisymmetrische (TeOH)-Valenzschwingung der Symmetrie E. Die (TeF)-Schwingung ist vermutlich unter der Bande verborgen [7].

Zur Darstellung eines festen Gemisches von $TeF_n(OH)_{6-n}$ (n = 1 bis 4) wird nach Kolditz, Fitz [2, 3] $Te(OH)_6$ mit 40%iger Fluorwasserstoffsäure versetzt. Durch leichtes Erwärmen löst sich $Te(OH)_6$ vollständig, anschließend wird HF innerhalb von 8 h vorsichtig abgedampft. Kristallisation tritt erst nach weiterem Einengen bis fast zur Trocknung über P_2O_5 im Wasserstrahlpumpenvakuum nach 24 h ein. Der feste Kristallbrei wird von der verbleibenden Lösung abgesaugt und der feuchte Rückstand über P_2O_5 getrocknet. — Nach Elgad, Selig [7], die bei allen $(TeOH)_6:HF:H_2O$-Konzentrationen nur $TeF(OH)_5$ nachweisen, wird beim Konzentrieren der Mischung durch Verdampfen bis fast zur Trocknung und Trocknen über P_2O_5 das Gleichgewicht scheinbar zugunsten von größerem Ligandenaustausch verändert. — Das feste Säuregemisch ist sehr hygroskopisch und zerfließt beim Stehen an der Luft vollständig. Die Identifizierung der einzelnen Säuren gelingt nach Auftrennung des Gemisches in einer mit Cellulosepulver gefüllten Säule, z. B. unter Verwendung eines Laufmittels, das ein Gemisch aus 75 ml Isopropanol, 25 ml H_2O und 5 g CCl_3COOH ohne Ammoniakzusatz ist. Folgende R_f-Werte werden erzielt (Werte für $Te(OH)_6$ und TeF_5OH zum Vergleich mitangegeben):

		R_f-Werte
Orthotellursäure	$Te(OH)_6$	0.264
Monofluoro-orthotellursäure	$TeF(OH)_5$	0.365
Difluoro-orthotellursäure	$TeF_2(OH)_4$	0.577
Trifluoro-orthotellursäure	$TeF_3(OH)_3$	0.745
Tetrafluoro-orthotellursäure	$TeF_4(OH)_2$	0.854
Pentafluoro-orthotellursäure	$TeF_5(OH)$	0.980

Die R_f-Werte zeigen dasselbe Verhalten wie bei anderen Fluorohydroxoverbindungen, mit steigender Anzahl an OH^--Gruppen verringert sich der R_f-Wert. Auch Dünnschicht- und Papierchromatographie oder Papierelektrophorese kann zur Trennung verwendet werden [2, 3].

Aus dem Säuregemisch werden durch Zugabe von organischen Basen oder von Salzen mit großen Kationen reine Salze abgeschieden. Die Salze stammen ausschließlich von der Di- und Tetrafluoro-orthotellursäure ($TeF_2(OH)_4$ bzw. $TeF_4(OH)_2$) ab, die offensichtlich in dem Gemisch bevorzugt auftreten. Es handelt sich dabei wahrscheinlich um die symmetrischen trans-Komplexe. Von der Trifluoro-orthotellursäure $TeF_3(OH)_3$ wird nur eine geringe Menge an $[Co(NH_3)_6]^{3+}$-Salz erhalten. Folgende Salze, die sich von $TeF_4(OH)_2$ ableiten, werden gebildet: $[C_5H_5NH][TeF_4(OH)O]$ (I), $[C_9H_7NH][TeF_4(OH)O]$ (II), $[Co(NH_3)_6]_2[TeF_4O_2]$ (III). Von $TeF_2(OH)_4$ leiten sich ab: $[C_5H_5NH][TeF_2(OH)_3O] \cdot 2C_5H_5N \cdot 7\,HF$ (IV); $[C_9H_7NH][TeF_2(OH)_3O] \cdot HF$ (V); $Tl[TeF_2(OH)_3O] \cdot HF$ (VI). Die Tl-Verbindung wird aus $Tl[Te(OH)_5O]$ und HF gebildet. Die Verbindung $[C_9H_7NH][TeF_4(OH)O] \cdot [C_9H_7NH][TeF_2(OH)_3O] \cdot HF$ ist ein Gemisch der Salze von beiden Säuren. Alle Salze geben die entsprechenden Chromatogramme der beiden Fluoro-orthotellursäuren; ein Unterscheiden zwischen komplexgebundenem F^- und angelagertem HF ist durch Titration mit $ZrOCl_2$ möglich; hierbei wird angelagertes HF sofort erfaßt, während komplexgebundenes F^- erst nach Hydrolyse (Erhitzen) titriert werden kann. Genaue Angaben zur Darstellung dieser Salze und Röntgenpulverdiagramme s. Original [2].

Die IR-Spektren der Salze sind mit Ausnahme des Tl-Salzes durch die großen vielatomigen organischen Kationen sehr linienreich.

Folgende für die Anionen charakteristischen Schwingungen (in cm^{-1}) werden beobachtet [2]:

I	587/607	635		1170, 1205, 1250	3100 bis 3260
II	580/611	645		1150 bis 1230	3100
III	600	*)		—	—
IV	575/608	642	880	1120	3080 bis 3250
V	575/615	665	880	1220	3000 bis 3260
VI	555, 579,	695	720	865, 1180, 1250	2300, 2700 bis 2800

*) Überschneidung mit Banden des Kations.

Im Bereich 555 bis 880 cm^{-1} liegen die Schwingungen ν(TeF) und ν(TeO). Die Banden bei 880 cm^{-1} treten auf, wenn HF angelagert ist, was möglicherweise eine Erhöhung der Koordinationszahl des Tellurs zur Folge hat (vgl. S. 49). Bei 1120 bis 1250 cm^{-1} sind δ(TeOH)-Schwingungen zu finden und die ν(OH)-Schwingungen liegen bei 3000 bis 3260 cm^{-1}. Das Tl-Salz macht hiervon eine Ausnahme, da seine ν(OH)-Schwingungen kleinere Wellenzahlen haben. Die Bande bei 2300 cm^{-1} kann ein Oberton von δ(TeOH) sein (2δ(TeOH). Es treten starke Wasserstoffbrücken auf. Die HF-Banden liegen bei den entsprechenden Salzen im ν(OH)-Bereich. Daraus geht hervor, daß das als Solvat formulierte HF relativ fest gebunden ist [2].

Die freien Säuren $H_2[TeF_4O_2]$ und $H_2[TeF_2(OH)_2O_2]$ werden in wäßriger Lösung mit Hilfe des Kationenaustauschers KPS 200 aus den entsprechenden Salzlösungen hergestellt. Durch Titration mit KOH-Lösung wird deutlich, daß die Fluoro-orthotellursäuren eine größere Säurestärke aufweisen als $Te(OH)_6$, Titrationskurven s. Original. Gegenüber starken Basen verhalten sich die Fluorosäuren zweiprotonig, wie die Isolierung des Salzes $[Co(NH_3)_6]_2[TeF_4O_2]$ beweist. Die schwächeren Basen Pyridin und Chinolin vermögen dagegen nur ein Proton der Fluorosäuren zu neutralisieren, Kolditz, Fitz [2].

Bei dem Versuch, zu Salzen von $TeF_n(OH)_{6-n}$ (n = 1 bis 4) mit anorganischen Kationen zu kommen, werden von Kolditz, Fitz [4] die Substanzen $Te(OH)_6 \cdot 2KF$, $Te(OH)_6 \cdot NaF$ und $Te(OH)_6 \cdot 1.5NH_4F$ erhalten.

Literatur:

[1] G. W. Fraser, G. D. Meikle (J. Chem. Soc. Chem. Commun. **1974** 624/5). — [2] L. Kolditz, I. Fitz (Z. Anorg. Allgem. Chem. **349** [1967] 175/83). — [3] L. Kolditz, I. Fitz (Z. Chem. [Leipzig] **4** [1964] 350/1). — [4] L. Kolditz, I. Fitz (Z. Anorg. Allgem. Chem. **349** [1967] 184/8). — [5] K. Seppelt (Z. Anorg. Allgem. Chem. **406** [1974] 287/98).

[6] P. A. W. Dean, D. F. Evans (J. Chem. Soc. A **1968** 1154/66). — [7] U. Elgad, H. Selig (Inorg. Chem. **14** [1975] 140/5).

$Te(OH)_6 \cdot 2KF$

4.12.1.1 $Te(OH)_6 \cdot 2KF$

Die Verbindung, welche formelmäßig dem bereits im „Kalium", S. 804, beschriebenen $K_2TeF_2O_3 \cdot 3H_2O$ entspricht, bildet sich beim Lösen von $Te(OH)_6$ in heißer wäßriger KF-Lösung (Molverhältnis 1:6, pH = 6). Nach kurzem Eindampfen der Lösung tritt bei Zimmertemperatur nach 5 bis 10 Tagen, bei −15 bis −20°C nach 5 Tagen Kristallisation ein. Die Kristalle werden abgesaugt, mit Eiswasser und 96%igem Alkohol gewaschen und bei 60°C getrocknet. Röntgenaufnahmen schließen ein Gemisch aus $Te(OH)_6$ und KF aus; Röntgendiagramm s. Original. Im IR-Spektrum tritt keine H_2O-Deformationsschwingung auf, so daß eine Formulierung als Fluorotellurat mit Solvatwasser nicht zutrifft. Bei 1120 bis 1250 cm^{-1} werden δ(TeOH)-Schwingungen und bei 3000 bis 3270 cm^{-1} ν(OH)-Schwingungen beobachtet. Eine bei 888 cm^{-1} auftretende Bande entspricht den bei 880 cm^{-1} beobachteten Banden bei den Salzen der Di- und Tetrafluoro-orthotellursäure mit angelagertem HF, s. dazu oben. Bei Titration mit $ZrOCl_2$ wird sofort das gesamte Fluor erfaßt, s. dazu S. 47. Papierchromatographische Untersuchungen zeigen überwiegend $Te(OH)_6$ neben wenig $TeF(OH)_5$. Die entstandene Monofluorosäure deutet auf eine Te-F-Wechselwirkung in der festen Substanz. Es wird angenommen, daß sich die Koordinationszahl des Tellurs in der Verbindung erhöht hat, wie auch beispielsweise für $MTeF_7$ bzw. M_2TeF_8 (M = Alkali) angenommen wird. $Te(OH)_6 \cdot 2KF$ existiert offensichtlich nur im festen Zustand, in Lösung zerfällt es. Bei der thermischen Kondensation wird oberhalb 100°C H_2O abgegeben, Thermogramm s. Original. Das erhaltene Produkt hat die Zusammensetzung $K_2TeF_2O_3$ (s. dazu unten), L. Kolditz, I. Fitz (Z. Anorg. Allgem. Chem. **349** [1967] 184/8).

4.12.1.2 $Te(OH)_6 \cdot NaF$, $Te(OH)_6 \cdot 1.5\,NH_4F$

$Te(OH)_6 \cdot NaF$, $Te(OH)_6 \cdot 1.5\,NH_4F$

In analoger Weise zu $Te(OH)_6 \cdot 2KF$ werden $Te(OH)_6 \cdot NaF$ (in Form weißer würfelförmiger Kristalle) und $Te(OH)_6 \cdot 1.5\,NH_4F$ (in Form von gut ausgebildeten, klaren, durchsichtigen Oktaedern mit abgeplatteten Oktaederecken) erhalten. Bei der Darstellung der Na-Verbindung kristallisiert außerdem NaF mit aus. Nach dem Chromatogramm und den IR-Spektren entspricht die Na-Verbindung der K-Verbindung. Bei der thermischen Kondensation, Thermogramm s. Original, wird oberhalb 100°C eine Verbindung der angenäherten Zusammensetzung $NaTeO_3$ (s. dazu unten) erhalten. Bei der Herstellung von $Te(OH)_6 \cdot 1.5\,NH_4F$ verlaufen weitere Umsetzungen, da $[NH_4]HF_2$ gefunden wird und im Chromatogramm $TeF_2(OH)_4$ neben $TeF(OH)_5$ und $Te(OH)_6$ auftritt. Diese Beobachtung wird auch bei der K- und Na-Verbindung gemacht, wenn anstatt der neutralen Fluoride die sauren Fluoride KHF_2 bzw. $NaHF_2$ verwendet werden. Bei der thermischen Kondensation von $Te(OH)_6 \cdot 1.5\,NH_4F$ wird unter H_2O-, NH_3- und HF-Abspaltung eine Substanz der angenäherten Zusammensetzung NH_4TeFO_3 (s. dazu unten) erhalten, L. Kolditz, I. Fitz (Z. Anorg. Allgem. Chem. **349** [1967] 184/8).

4.12.1.3 $K_2TeF_2O_3$

$K_2TeF_2O_3$

Die Verbindung entsteht bei der thermischen Kondensation von $Te(OH)_6 \cdot 2KF$ oberhalb 100°C. Sie ist röntgenamorph; oberhalb 500°C tritt Sauerstoffabgabe ein. Im IR-Spektrum wird bei 800 cm^{-1} eine scharfe Bande beobachtet, die versuchsweise einer TeF- oder einer Te-O-Te-Bindung zugeordnet wird; die Intensität wird geringer, wenn die Substanz länger unter Einwirkung von Luftfeuchtigkeit steht. In H_2O bildet $K_2TeF_2O_3$ eine gummiartige Masse; in der überstehenden Lösung wird chromatographisch $Te(OH)_6$ und $TeF(OH)_5$ sowie das Vorliegen von polymeren Produkten nachgewiesen, L. Kolditz, I. Fitz (Z. Anorg. Allgem. Chem. **349** [1967] 184/8).

4.12.1.4 $NaTeFO_3$

$NaTeFO_3$

Die Verbindung, deren Zusammensetzung nur annähernd der Formel entspricht, entsteht bei der thermischen Kondensation von $Te(OH)_6 \cdot NaF$ oberhalb 100°C. Das Kondensationprodukt ist röntgenamorph; für das IR-Spektrum gilt das Analoge wie für die K-Verbindung, s. oben. Die Verbindung hat polymeren Charakter. Sie ist in H_2O nur gering löslich, auch bei erhöhter Temperatur ändert sich das nicht. Im Chromatogramm wird $Te(OH)_6$ neben wenig $TeF(OH)_5$ nachgewiesen, L. Kolditz, I. Fitz (Z. Anorg. Allgem. Chem. **349** [1967] 184/8).

4.12.1.5 NH_4TeFO_3

NH_4TeFO_3

Die Verbindung ist ein polymeres Produkt, dessen Zusammensetzung nur annähernd durch die Formel wiedergegeben wird. Sie entsteht bei der thermischen Kondensation von $Te(OH)_6 \cdot 1.5\,NH_4F$, s. dazu oben. Nach achtstündigem Tempern bei 180°C ist der F-Gehalt immer noch etwas höher als der angegebenen Formel entspricht. Die Substanz ist röntgenamorph und löst sich nur wenig in kaltem H_2O, L. Kolditz, I. Fitz (Z. Anorg. Allgem. Chem. **349** [1967] 184/8).

$TeF_4O_2^{2-}$

4.12.1.6 $TeF_4O_2^{2-}$

Das Anion von $TeF_4(OH)_2$ und deren Salzen existiert im festen Zustand in $Na_2TeF_4O_2$ wie IR- und Raman-Spektren zeigen, Seppelt [2]. Es entsteht in Lösung bei der Reaktion von TeF_6 mit wäßriger NaOH-Lösung nach mehreren Tagen, wie das ^{19}F-NMR-Spektrum dieser Lösung ausweist, Fraser, Meikle [1]. Es bildet sich in Lösung als Zwischenprodukt bei der langsamen Hydrolyse von TeF_5OCH_3 oder $TeF_4(OCH_3)_2$ in konzentrierter Lauge bei 60°C, Clouston u. a. [3].

Für $TeF_4O_2^{2-}$ kann cis- oder trans-Struktur angenommen werden. Die Schwingungsspektren sprechen für die cis-Struktur, vorausgesetzt, daß die Kristallfeldaufspaltungen unberücksichtigt bleiben. Für die cis-Struktur mit Symmetrie C_{2v} sollten 15 Grundschwingungen, davon 6 Valenzschwingungen beobachtet werden, die alle IR- und Raman-aktiv sind. Folgende Schwingungen (in cm^{-1}) werden im festen $Na_2TeF_4O_2$ beobachtet und zugeordnet [2]:

Raman (fest)	IR (fest)	Zuordnung
847 (9)	847 sst	$\nu(TeO_2)$
797 (100)		$\nu(TeO_2)$
666 (13)	660 m, b	$\nu(TeF_2)$ (F-Te-F)
	615 st	$\nu(TeF_2)$ (F-Te-F)
553 (45)	555 sst, b	$\nu(TeF_2)$ (Te<F, F)
513 (12)		$\nu(TeF_2)$ (Te<F, F)
	415 st	
400 (19)	403 st	
	390 st	
377 (17)	375 st	
	349 st	
	331 st	
279 (7)	279 st	
218 (3)		
175 (2)		
126 (8)		

Würde trans-Struktur mit Symmetrie D_{4h} vorliegen, sollte Alternativverbot herrschen und die Gesamtzahl der Schwingungen viel geringer sein (5 Raman-aktiv, 5 IR-aktiv, keine Koinzidenzen)

Der trans-Effekt, die Wechselwirkung gegenüberliegender Liganden, der im TeF_5O^--Anion zu finden ist (s. S. 56), bei dem die dem Sauerstoff gegenüberliegende Te-F-Bindung geschwächt und gleichzeitig die Te-O-Bindung in den Doppelbindungsbereich fällt, wird auch im $TeF_4O_2^{2-}$-Anion gefunden: $\nu(TeO_2) = 797$, 847 cm^{-1}, $\nu(TeF_2) = 513$, 555 cm^{-1}. Bei der Beschreibung des Ions muß folgende Mesomerie angenommen werden:

```
        F   F         F   F         F   F⁻
         \ /           \ /           \
  ⁻O—Te—F  ↔  O═Te  F⁻  ↔  ⁻O—Te—F
         / \           / \           // \
       ⁻O   F        ⁻O   F         O   F
```

Im trans-System ^-O-TeF_4O^- ist diese Mesomerie nicht gut denkbar, weil dann die eine TeO_2-Valenzschwingung auf Kosten der anderen zu höheren Wellenzahlen verschoben sein müßte [2].

Das ^{19}F-NMR-Spektrum einer mehrere Tage alten Lösung, in der sich durch Reaktion von TeF_6 mit wäßriger NaOH-Lösung cis-$TeF_4O_2^{2-}$ gebildet hat, zeigt ein typisches A_2B_2-System. Die chemische Verschiebung beträgt $\delta_A = +14$ und $\delta_B = +36$ ppm (relativ zu $CFCl_3$) und die Kopplungskonstante ist $J_{AB} = 142$ Hz [1].

Literatur:

[1] G. W. Fraser, G. D. Meikle (J. Chem. Soc. Chem. Commun. **1974** 624/5). — [2] K. Seppelt (Z. Anorg. Allgem. Chem. **406** [1974] 287/98). — [3] A. Clouston, R. D. Peacock, G. W. Fraser (J. Chem. Soc. Chem. Commun. **1970** 1197).

4.12.1.7 $Na_2TeF_4O_2$

$Na_2TeF_4O_2$

Das Salz der Tetrafluoro-orthotellursäure $TeF_4(OH)_2$ wird bei der Pyrolyse von $NaTeF_5O$ erhalten entsprechend: $2\,Na^+TeF_5O^- \rightarrow Na_2^+TeF_4O_2^{2-} + TeF_6$, s. dazu S. 62. Zur Darstellung wird $NaTeF_5O$ im Quarzrohr bei 300°C im Vakuum pyrolysiert; als flüchtige Stoffe werden dabei hauptsächlich TeF_6 und TeF_5OH durch ihre charakteristischen IR-Spektren nachgewiesen; der Rückstand, ein weißes Salz, ist nach Analyse $Na_2TeF_4O_2$. Wegen der Unlöslichkeit in allen gängigen Lösungsmitteln kann kein ^{19}F-NMR-Spektrum aufgenommen werden. Die im IR- und Raman-Spektrum der festen Verbindung beobachteten Schwingungsfrequenzen sind die des $TeF_4O_2^{2-}$-Anions, K. Seppelt (Z. Anorg. Allgem. Chem. **406** [1974] 287/98).

4.12.2 Pentafluoro-orthotellursäure TeF_5OH

TeF_5OH

Die Verbindung reiht sich formal an die Hydroxofluoroanionen der Elemente der 4. und 5. Gruppe des Periodensystems an, ist aber infolge der Gruppenzahl 6 kein Hydroxofluoroanion, sondern eine starke, leicht flüchtige Säure. Ihre Stabilität beruht auf der Absättigung der oktaedrischen Konfiguration des 6wertigen Tellurs durch die 5 F^--Ionen und das OH^--Ion als Liganden, Engelbrecht, Sladky [1].

Pentafluoro-orthotellursäure bildet sich bei der Hydrolyse von TeF_6 im Bereich $TeF_6:H_2O = 1:1.10$ bis $1:4.05$, Elgad, Selig [21], außerdem bei der Hydrolyse verschiedener Pentafluoro-orthotellurate, wie beispielsweise $B(TeF_5O)_3$, Sladky u. a. [2], $F_5TeOTeF_5$, Watkins [3], $(XeF)TeF_5O$, Sladky [4], $Xe(TeF_5O)_2$, Sladky [5]. TeF_5OH wird bei der Reaktion von $Xe(TeF_5O)_2$ mit überschüssigen Säuren, beispielsweise HSO_3F, CF_3COOH erhalten, die es aus der Xe-Verbindung verdrängen [5]. Es tritt als flüchtiger Bestandteil neben anderen Produkten bei der Pyrolyse von $NaTeF_5O$ und $LiTeF_5O$ auf, Seppelt [6], und es bildet sich bei der Reaktion von TeF_6 mit Trimethyl- oder Triphenylsilanol neben dem entsprechenden Fluorosilan, Fraser, Millar [7]. — TeF_5OH entsteht im Gemisch mit drei flüchtigen Te-Verbindungen (die alle die TeF_5O-Gruppe enthalten: F_5TeOSO_2F, F_5TeOSO_3H und $(F_5TeO)_2SO_2$) beim Erhitzen (1 bis 4 h) von Bariumtellurat(VI) mit überschüssigem HSO_3F neben etwas TeF_6 und wechselnden Mengen SO_3. Ein wesentlicher Faktor für die Mengenverhältnisse, in denen die vier Verbindungen gebildet werden, ist der Wassergehalt des Bariumtellurats. Die Trennung der Rohprodukte erfolgt durch fraktionierte Destillation, Engelbrecht, Sladky [8], s. auch [1]. TeF_5OH kann auch aus den drei Verbindungen gewonnen werden, indem jede einzeln mit einem großen Überschuß von konzentriertem H_2SO_4 für einige Zeit am Rückflußkühler gekocht wird, Engelbrecht u. a. [9].

Die Darstellung von TeF_5OH erfolgt durch Reaktion von Bariumtellurat der genauen stöchiometrischen Zusammensetzung BaH_4TeO_6 (getrocknet bei 180°C) mit reiner vakuumdestillierter, SO_3-freier Fluorsulfonsäure HSO_3F im molaren Verhältnis 1:7 entsprechend: $BaH_4TeO_6 + 7\,HSO_3F \rightarrow TeF_5OH + 2\,SO_3F^- + Ba^{2+} + 5\,H_2SO_4$. Für die Reaktion wird BaH_4TeO_6 in kleinen Portionen zu gekühltem (−20°C) und kräftig gerührtem HSO_3F zugegeben (Beschreibung der Apparatur s. Original). Unter fortgesetztem Rühren wird langsam aufgeheizt, wobei weitgehend reines TeF_5OH abzudestillieren beginnt. Nach etwa 2 bis 3 h steigt die Temperatur des HSO_3F allmählich auf den Siedepunkt, und die Reaktion geht zu Ende. Das erhaltene TeF_5OH enthält keine nachweisbaren anderen Te-Verbindungen. Wird durch Verwendung von zu stark getrocknetem Bariumtellurat oder

SO_3-haltigem HSO_3F ein unreines Präparat erhalten, kann durch fraktionierte Kristallisation Reinigung erzielt werden [9]. Auch durch Lösen von H_6TeO_6 in HSO_3F im Verhältnis 1:12 und sofortige fraktionierte Destillation wird reines F_5TeOH dargestellt, Seppelt, Nöthe [10].

TeF_5OH ist eine farblose, kristalline, aber langsam glasig werdende Substanz mit starkem unangenehmen Geruch. Über 40°C ist es eine leicht bewegliche, stark lichtbrechende Flüssigkeit. Das Einatmen der Dämpfe, auch in relativ geringer Konzentration, erzeugt vorübergehende Atemnot [9]. — Der Schmelzpunkt beträgt 39.1°C, der Siedepunkt 59.7°C bei 760 Torr [9]; Schmelzpunkt 40°C, Siedepunkt 60°C [10]. Die Verbindung ist relativ leicht flüchtig mit $p \approx 130$ Torr bei 25°C [5]. Der Dampfdruck im festen Zustand wird durch $\lg p = -1.8889 \times 10^3\ T^{-1} + 8.6003$ (20 bis 39°C) wiedergegeben; im flüssigen Zustand gilt: $\lg p = -1.6615 \times 10^3\ T^{-1} + 7.8722$ (40 bis 59°C). Die Sublimationsenthalpie beträgt 8.64 kcal/mol und die Verdampfungsenthalpie 7.60 kcal/mol. Hieraus ergibt sich die Schmelzenthalpie zu 1.04 kcal/mol; die Troutonsche Konstante ist 22.8 $cal \cdot mol^{-1} \cdot K^{-1}$. Bei 40°C beträgt die Dichte $D = 2.6181\ g/cm^3$; für 41 bis 57°C gilt $D = -4.144 \times 10^{-3}\ T + 3.916\ g/cm^3$ [9], s. auch [1, 8].

TeF_5OH enthält die TeF_5O-Gruppe, die wahrscheinlich ein nur leicht deformiertes Oktaeder darstellt [9].

Das ^{19}F-NMR-Spektrum ist in Übereinstimmung mit einem AB_4-System, das ein axiales F-Atom (A) und vier äquivalente äquatoriale F-Atome (B) umfaßt. Die chemischen Verschiebungen δ relativ zu CCl_3F als innerem Standard und die Kopplungskonstante J betragen: $\delta_A = 44.5 \pm 0.1$, $\delta_B = 47.0 \pm 0.1$ ppm, $J_{AB} = \pm 182.2$ Hz, Bladow u.a. [11]; $\delta_A = 44.3$, $\delta_B = 46.6$ ppm, $J_{AB} = 182$ Hz, Seppelt [12]. Mit CCl_3F als äußerem Standard beträgt $\delta_A = 43.6$ bis 39, $\delta_B = 49$ bis 48 ppm, $J_{AB} = 205 \pm 20$ Hz (bei Konzentrationen $TeF_6 : H_2O = 1:1.10$ bis 1:4.05). Das AB_4-Spektrum hat bei $TeF_6 : H_2O = 1:1.10$ die höchste Intensität, bei 1:4.05 ist es relativ schwach und verschwindet bei 1:13.5. Die Abweichungen der δ- und J-Werte von den davorstehenden Werten werden den verschiedenen Lösungsmitteln und den damit zusammenhängenden Lösungsmitteleffekten zugeschrieben, Elgard, Selig [21]. Das ^1H-NMR-Signal ist ein Singulett bei $\delta = -5.58$ ppm relativ zu $(CH_3)_4Si$ als innerer Standard; die Abwesenheit von H-F-Wechselwirkung kann vom Protonenaustausch herrühren, der durch Spuren von Verunreinigungen verursacht ist [11, 12]. Die Tellurisotope ^{123}Te und ^{125}Te rufen auch Satellitenpeaks hervor, jedoch sind deren Kopplungskonstanten (wegen nicht geklärtem Sättigungsverhalten der Satellitenlinien) nicht exakt meßbar; für $J(^{125}Te\text{-}^{19}F)$ wird 3520 Hz angegeben [12]; $J(^{125}Te\text{-}^{19}F) = 3775 \pm 20$ Hz; $J(^{123}Te\text{-}^{19}F) = 2640 \pm 20$ Hz [21]. Zu einem Vergleich der NMR-Daten von verschiedenen TeF_5O-Verbindungen, darunter TeF_5OH, der Aufschluß über die Bindungsverhältnisse gibt, s. Original; dort auch Angaben über die Lösungsmittelabhängigkeit, die für TeF_5OH ähnlich der für SeF_5OH ist [12].

Die im IR- und Raman-Spektrum beobachteten Banden sind charakteristisch für die TeF_5O-Gruppe, s. dazu TeF_5O^-, S. 55.

Folgende Schwingungen werden gemessen und zugeordnet (in cm^{-1}):

IR (gasförmig)	Raman (flüssig)	Schwingungsform	Klasse
3625.7 s	3540 w	ν(OH)	
1023.8 s 1014.8 s		δ(OH)	
733.5 vvs		ν(TeF)	E
	685 vs, p		A_1
	652 s, p		A_1
			B_1
741 s	735 vw	ν(TeO)	
328 s	319 s, p 310 m	δ(TeF_5), δ(OTeF)	A_1 B_2, E
	168 w 145 w	ν(TeF_5)	B_1, E

Auf Grund des ν(OH)-Wertes von 3540 cm^{-1} werden im flüssigen TeF_5OH keine H-Brücken angenommen, Bürger [13].

TeF_5OH reagiert mit äquimolarer Menge XeF_2 unter HF-Abspaltung zu $(XeF)TeF_5O$, mit einem Überschuß von TeF_5OH bildet sich $Xe(TeF_5O)_2$: $XeF_2 \underset{+HF}{\overset{+TeF_5OH}{\rightleftharpoons}} (XeF)TeF_5O \underset{+HF}{\overset{+TeF_5OH}{\rightleftharpoons}} Xe(TeF_5O)_2$. Der K-Wert dieser Gleichgewichtsreaktion liegt bei etwa 1 [5], s. auch [4, 10]. Mit XeF_4 findet unter ähnlichen Versuchsbedingungen keine Reaktion statt [22]. — Mit SO_3 (als $H_2S_2O_7$ oder in HSO_3F gelöst) findet folgende quantitative Reaktion statt: $TeF_5OH + SO_3 \rightarrow F_5TeOSO_3H$. Zwischen TeF_5OH und überschüssigem HSO_3F tritt keine Reaktion ein [9]. — TeF_5OH reagiert mit BCl_3 bei −80°C unter Bildung von $B(TeF_5O)_3$, dessen Lewis-Säurestärke vergleichbar mit BCl_3 ist [2]. — Beim Aufkondensieren von TeF_5OH auf KCl, KF oder K_2CO_3 bildet sich unter Aufschäumen und Entwicklung von HCl, HF bzw. CO_2 das K-Pentafluoro-orthotellurat. Aus der Reaktion $TeF_5OH + KCl \rightarrow KTeF_5O + HCl$ wird geschlossen, daß die Protonendonoraktivität von TeF_5OH größer oder in der Größenordnung von HCl ist und TeF_5OH somit eine relativ starke, hydrolysenempfindliche Säure ist. Mit CsCl wird in gleicher Weise das Cs-Salz gebildet. In CCl_4-Lösung wird mit NH_3 und C_5H_5N das entsprechende Ammonium- bzw. Pyridiniumsalz erhalten [1, 8, 14, 15]. In CCl_3F reagiert $LiOCH_3$ mit TeF_5OH zu $LiTeF_5O$ [6]. — Mit Metallfluoriden, -chloriden und -cyaniden reagiert TeF_5OH unter Entwicklung der entsprechenden Säure und Bildung von Salzen, die das $TeFe_5O^-$-Anion enthalten [23]. — Bei der Reaktion mit HgF_2 wird kristallines $Hg(TeF_5O)_2$ erhalten, das in CH_2Cl_2 kovalent gebundene TeF_5O-Gruppen, in CH_3CN aber TeF_5O^--Ionen aufweist [10, 12]. — Mit Diazoverbindungen reagiert TeF_5OH zu Verbindungen, die formal als Ester angesehen werden können: $TeF_5OH + N_2CHR \rightarrow TeF_5OCH_2R + N_2$ (R = H, CH_3, $COOC_2H_5$). Mit CH_2N_2 in $C_2H_5OC_2H_5$ wird das schwerlösliche Alkoxonium-pentafluoro-orthotellurat $[C_2H_5O(CH_3)C_2H_5]^+[TeF_5O]^-$ gebildet, Sladky, Kropshofer [16]. — In $C_2Cl_2F_4$-Lösung setzt sich TeF_5OH mit $[(CH_3)_3Si]_3N$ zu NH_4TeF_5O und $[(CH_3)_3Si][TeF_5O]$ um. Mit $(CH_3)_3SiCl$ reagiert TeF_5OH zu $[(CH_3)_3Si][TeF_5O]$ und HCl [6].

TeF_5OH löst sich in H_2O ohne sichtbare Reaktion zu einer stark sauren Lösung; qualitative Leitfähigkeitsmessungen zeigen, daß sofort Hydrolyse einsetzt, die über mehrere Zwischenstufen (wobei es sich um $TeF_n(OH)_{6-n}$ mit n = 1 bis 4 handelt) zu $Te(OH)_6$ führt [1, 8, 15]. — Die Verbindung ist überraschend gut in CCl_4 löslich, was ebenso wie die große Flüchtigkeit auf die Schwäche der zwischenmolekularen Kräfte hinweist [8]. — In wasserfreier Essigsäure ist TeF_5OH gut löslich und auch stabil. Bei Zimmertemperatur treten weder Solvolyse, noch andere zersetzende Reaktionen ein. Konduktometrische Titrationen zeigen in Essigsäure das Verhalten einer Säure. Die Leitfähigkeit einer TeF_5OH/CH_3COOH-Lösung liegt nur wenig über der des verwendeten Eisessigs. Es werden offensichtlich Ionenassoziate in CH_3COOH gebildet, die nur sehr wenig in Ionen dissoziieren. Im Gegensatz dazu ist $TeF_5O^-K^+$, das sich durch Zugabe von CH_3COOK bildet, stärker dissoziiert. Da die Leitfähigkeit wesentlich vom Ausmaß der Protolyse abhängt, wird durch Vergleich der Meßwerte von TeF_5OH und anderen Säuren qualitativ die Säurestärke von TeF_5OH zwischen HCl und HNO_3 eingeordnet: $HCl > TeF_5OH > HNO_3$. Äquivalentleitfähigkeit Λ_c (korrigiert, nach Abzug der Eigenleitfähigkeit des verwendeten CH_3COOH) verschiedener Säurelösungen, darunter TeF_5OH, in Abhängigkeit von der Wurzel aus der Konzentration $\sqrt{c}$ s. Figur im Original, dort auch Messungen an Verdünnungsreihen von TeF_5OH [15], s. auch [20]. Eine quantitative Auswertung der Leitfähigkeitsmessungen nach der Methode von Fuoss, Kraus [17] zur Berechnung der Dissoziationskonstante K ergibt den Wert pK = 5.89, der nahe bei dem für HCl pK = 5.09 liegt [15]. Auch das Verhalten von TeF_5OH gegenüber Indikatorbasen ist dem von HCl ähnlich und läßt auf ähnlichen Aciditätscharakter schließen. Aus spektrophotometrischen Messungen an Verdünnungsreihen von TeF_5OH mit p-Naphtholbenzein als Indikator (Werte s. Original) wird nach der Methode von Kolthoff, Bruckenstein [18] die Dissoziationskonstante (im Original als „Gesamtdissoziationskonstante" bezeichnet) $K = 6.9 \times 10^{-10}$ und damit pK = 9.2 erhalten. Außer K wird die „Ionisationskonstante" (die der Ionenpaarbildung entspricht) K_i sowie die „Dissoziationskonstante" (die der Dissoziation der Ionenpaare entspricht) K_d angegeben: $K_i = 0.52 \times 10^2$, $K_d = 1.6 \times 10^{-6}$; K_i und K_d sind bei der Berechnung von K berücksichtigt. Gegenüber K aus spektrophotometrischen Messungen differiert K aus konduktometrischen Messungen um fast 4 Zehnerpotenzen, was auf die Unzulänglichkeit der Methode von Fuoss, Kraus [17] zurückgeführt wird. Eine neu entwickelte Methode zur näherungsweisen Bestimmung von K aus Leitfähigkeitsmessungen in Eisessig als Lösungsmittel bestätigt die Richtigkeit der spektrophotometrischen Ergebnisse [15]. Bei 25°C werden folgende pK-Werte aus Messungen der elektrischen Leitfähigkeiten berechnet:

$HClO_4$	HBr	H_2SO_4	HCl	TeF_5OH	HNO_3	CH_3COOH
4.87	5.6	7.0	8.4	8.8	10.1	13.2

die in guter Übereinstimmung mit direkt gemessenen Werten anderer Autoren sind, Porcham, Engelbrecht [18], s. auch Engelbrecht, Rode [20]. Bestätigt werden diese Werte auch durch ^{1}H-NMR-Messungen; bei diesem Verfahren stehen die pK-Werte in linearer Korrelation zur spezifischen chemischen Verschiebung, s. dazu die graphische Darstellung im Original bei Rode u. a. [19].

Literatur:

[1] A. Engelbrecht, F. Sladky (Angew. Chem. **76** [1964] 379/80; Angew. Chem. Intern. Ed. Engl. **3** [1964] 383). — [2] F. Sladky, H. Kropshofer, O. Leitzke (J. Chem. Soc. Chem. Commun. **1973** 134/5). — [3] P. M. Watkins (J. Chem. Educ. **51** [1974] 520/1). — [4] F. Sladky (Monatsh. Chem. **101** [1970] 1571/7, 1573). — [5] F. Sladky (Monatsh. Chem. **101** [1970] 1559/70, 1561/2, 1568).

[6] K. Seppelt (Z. Anorg. Allgem. Chem. **406** [1974] 287/98, 292). — [7] G. W. Fraser, J. B. Millar (J. Chem. Soc. Chem. Commun. **1972** 1113). — [8] A. Engelbrecht, F. Sladky (Monatsh. Chem. **96** [1965] 159/68). — [9] A. Engelbrecht, W. Loreck, W. Nehoda (Z. Anorg. Allgem. Chem. **360** [1968] 88/96). — [10] K. Seppelt, D. Nöthe (Inorg. Chem. **12** [1973] 2727/30).

[11] P. Bladow, D. H. Brown, K. D. Crosbie, D. W. A. Sharp (Spectrochim. Acta A **26** [1970] 2221/3). — [12] K. Seppelt (Z. Anorg. Allgem. Chem. **399** [1973] 65/72). — [13] H. Bürger (Z. Anorg. Allgem. Chem. **360** [1968] 97/103). — [14] A. Engelbrecht, F. Sladky (Inorg. Nucl. Chem. Letters **1** [1965] 15). — [15] W. Porcham, A. Engelbrecht (Monatsh. Chem. **102** [1971] 333/49).

[16] F. Sladky, H. Kropshofer (Inorg. Nucl. Chem. Letters **8** [1972] 195/7). — [17] R. M. Fuoss, C. A. Kraus (J. Am. Chem. Soc. **55** [1933] 476/88). — [18] W. Porcham, A. Engelbrecht (Z. Physik. Chem. [Leipzig] **248** [1971] 177/84). — [19] B. M. Rode, A. Engelbrecht, J. Schantl (Z. Physik. Chem. [Leipzig] **253** [1973] 17/24). — [20] A. Engelbrecht, B. M. Rode (Monatsh. Chem. **103** [1972] 1315/9).

[21] U. Elgad, H. Selig (Inorg. Chem. **14** [1975] 140/5). — [22] F. Sladky (Angew. Chem. **81** [1969] 536/7; Int. Ed. Engl. **8** [1969] 523). — [23] F. Sladky, H. Kropshofer, O. Leitzke, P. Perkinger (in: E. Mayer, F. Sladky, Inorg. Chem. **14** [1975] 589/92).

TeF_5O Group. The TeF_5O^- Ion

4.12.2.1 TeF_5O-Gruppe, TeF_5O^--Ion

Die TeF_5O-Gruppe ist ein extrem wandelbarer Ligand für viele Hauptgruppenelemente und besitzt die bemerkenswerte Fähigkeit, sich mit einer Vielzahl chemisch verschiedener Gruppierungen zu kombinieren. Infolge der hohen Elektronegativität und Apolarität dieser Gruppe zeigen die verschiedenen Verbindungen mit ihr ein unterschiedliches Verhalten.

Von der Pentafluoro-orthotellursäure TeF_5OH ausgehend, werden beispielsweise die gemischten Säureanhydride F_5TeOSO_2F, F_5TeOSO_2Cl und $(F_5TeO)_2SO_2$ dargestellt. Auch das Anhydrid dieser Säure, $F_5TeOTeF_5$, ist bekannt [1, 2]. Mit XeF_2 reagiert TeF_5OH unter Bildung von $(XeF)TeF_5O$ und $Xe(TeF_5O)_2$ [3, 4]. Mit BCl_3 wird $B(TeF_5O)_3$ erhalten [5]. Mit verschiedenen Alkalichloriden werden Alkali-pentafluoro-orthotellurate $M^+TeF_5O^-$ (M = Alkali, NH_4^+) gebildet [6]. Mit Metallfluoriden, -chloriden und -cyaniden erfolgt Bildung von Salzen, die das TeF_5O^--Anion enthalten [17]. Bei der Reaktion mit HgF_2 entsteht $Hg(TeF_5O)_2$ [7]. Mit Diazoverbindungen werden Verbindungen erhalten, beispielsweise TeF_5OCH_3, die formal als Ester des TeF_5OH angesehen werden können; mit CH_2N_2 in $C_2H_5OC_2H_5$ wird schwerlösliches Alkoxonium-pentafluoro-orthotellurat $[C_2H_5O(CH_3)C_2H_5]^+$ $[TeF_5O]^-$ gebildet [8].

In diesen Verbindungen ist die TeF_5O-Gruppe entweder mehr kovalent oder mehr ionisch gebunden. — ^{19}F-NMR-Spektren ergeben beispielsweise, daß eine Lösung von $Hg(TeF_5O)_2$ in CH_2Cl_2 die Absorption einer kovalent gebundenen TeF_5O-Gruppe zeigt, während eine Lösung von $Hg(TeF_5O)_2$ in CH_3CN das typische Spektrum des TeF_5O^--Ions hat [7, 9]. Auch $(CH_3)_3SnTeF_5O$ zeigt verschiedenes Ligandenverhalten der TeF_5O-Gruppe auf Grund von NMR- und spektroskopischen Untersuchungen. In der Verbindung ist die TeF_5O-Gruppe ein nichtbrückenbildender, kovalent gebundener Ligand. Bei Wechselwirkung mit überschüssigem CH_3CN oder $(CH_3)_2SO$ ist auf Grund von NMR-Spektren eine Differenzierung zwischen zwei Strukturen, $(CH_3)_3Sn(L)TeF_5O$ (I) und $[(CH_3)_3SnL_2]^+ [TeF_5O]^-$ (II), möglich. In Übereinstimmung mit der geringen Donorstärke von L = CH_3CN ist Struktur (I) für das Acetonitriladdukt angezeigt, wogegen die stärkere Base L = $(CH_3)_2SO$ völlige Ionisierung der TeF_5O-Gruppe und Bildung von Struktur (II) fördert [10].

In der TeF_5O-Gruppe sind die 5-F-Atome und der Sauerstoff oktaedrisch um das Te-Zentralatom angeordnet [11], das Oktaeder ist aber sehr wahrscheinlich leicht deformiert [2].

Untersuchungen der ^{19}F-NMR-Spektren von TeF_5O-Verbindungen ergeben ein typisches AB_4-Spektrum, das ein axiales F-Atom (A) und vier äquivalente äquatoriale F-Atome (B) umfaßt. Die Kopplungskonstante J_{AB} variiert in allen Verbindungen nur innerhalb enger Grenzen (von 166 bis 192 Hz). Beim Vergleich mit SeF_5O-Verbindungen ist die Wechselwirkung zwischen axialer und äquatorialer Bindung in der Selengruppe größer als in der Tellurgruppe. Die Spektren der einfacheren Verbindungen TeF_5O-X, SeF_5O-X und SF_5O-X lassen sich nach der Elektronegativität von X gut in eine Reihe einordnen (s. Abbildung im Original). Offensichtlich reagiert das axiale F-Atom viel empfindlicher auf Substitution am Sauerstoff als die äquatorialen F-Atome. Die axiale Bindung wird durch einen elektropositiven Liganden erheblich mehr geschwächt. Abweichungen hiervon treten dann auf, wenn es zu einer Wechselwirkung der Ligandengruppe mit der AB_4-Gruppe kommt (s. dazu Original), Seppelt [9]. Werte der chemischen Verschiebung und Kopplungskonstanten s. bei den einzelnen Verbindungen.

Untersuchungen der IR- und Raman-Spektren von Bürger [12] an Derivaten des TeF_5OH (s. dazu bei den einzelnen Verbindungen) ergeben, daß in allen Molekülen mit der TeF_5O-Gruppe für die inneren Schwingungen der TeF_5-Gruppe leicht gestörte C_{4v}-Symmetrie (ohne Aufhebung der Entartungen) beobachtet wird. Diese Schwingungen sind weitgehend lagekonstant und werden durch die über das O-Atom gebundenen Gruppen nur unwesentlich beeinflußt. Sie liegen bei 625 bis 750 cm^{-1} für ν(TeF) und <330 cm^{-1} für $\delta(TeF_5)$. Die Lage der TeO-Schwingung ist in den einzelnen Verbindungen verschieden. Im TeF_5OH liegt sie im Vergleich mit einigen Derivaten, beispielsweise F_5TeOSO_2H oder F_5TeOSO_2F mit 741 cm^{-1}, verhältnismäßig hoch, was auf erhöhte π-Anteile in der Te-O-Bindung zurückgeführt wird, die im TeF_5O^--Anion noch stärker ausgeprägt sind: im $KTeF_5O$ steigt ν(TeO) auf 875 cm^{-1}, dagegen sinkt ν(TeF)(E) auf 640 cm^{-1} ab. Zu einem Vergleich der Spektren von TeF_5O-Derivaten mit denen des isoelektronischen JOF_5 s. Original [12].

Bei IR- und Raman-Untersuchungen an $CsTeF_5O$ von Mayer, Sladky [16] wird für das TeF_5O^--Anion in Anlehnung an JF_5O und SF_5O^- und auf Grund von ^{19}F-NMR-Untersuchungen (nicht veröffentlicht) C_{4v}-Symmetrie angenommen. Die elf Grundschwingungen verteilen sich auf folgende Rassen (in Klammern Aktivität im IR- und Raman-Spektrum): $4A_1$ (IR, R), $2B_1$ (R), $1B_2$ (R) und 4E (IR, R). Folgende Schwingungen (in cm^{-1}) an festem $CsTeF_5O$ und in dessen gesättigter CH_3CN-Lösung (etwa 0.6 mol/l) werden für das TeF_5O^- beobachtet und wie folgt zugeordnet:

IR		Raman		ν_i	Rasse	Schwingungsform
fest	Lösung	fest	Lösung			
280 sh	280 w	286 w	289 w, dp	ν_{11}	E	$\delta(TeF_5)$
315 vs	330 vs	312 m	328 m, dp	ν_{10}	E	$\delta(TeF_5)$
330 sh	345 sh	331 m	*)	ν_9	E	$\delta(TeF_5)$
≈ 580 sh	585 w	578 m	581 m, p 624 w	ν_3	A_1	$\nu(TeF_{axial})$
635 vs	640 vs			ν_8	E	$\nu_{as}(TeF_4)$
650 sh	650 sh	650 vs	650 vs, p	ν_2	A_1	$\nu_s(TeF_4)$
			663 sh	ν_5	B_1	$\nu_s(TeF_4)$ außer Phase
873 s	861 s	871 s	863 s, p	ν_1	A_1	ν(TeO)
1215 vw				$\nu_3 + \nu_8 =$		1215
1740 vw				$2\nu_1 =$		1746

*) verdeckt durch CH_3CN-Bande

Die Änderung der Schwingungsspektren beim Übergang vom festen in den gelösten Zustand (CH_3CN-Lösung) läßt auf eine gewisse Lösungsmittel-Anionen-Wechselwirkung schließen [16].

Die Berechnung der Valenzkraftkonstanten wird mit einem Näherungsansatz (Trennung der Valenz- von den Deformationsschwingungen) durchgeführt; eine Normalkoordinatenanalyse mit einem allgemeinen Valenzkraftfeld ist nicht möglich, da nur drei der sechs Deformationsschwingungen beobachtet werden. Eine Anpassung zwischen berechneten und beobachteten Frequenzen wird nur erhalten, wenn die zwei Wechselwirkungskonstanten f_{rr} und f'_{rr} berücksichtigt werden. Folgende Valenzkraftkonstanten (in mdyn/Å) werden erhalten: $f_0 = 6.16$; $f_r = 4.16$; $f_R = 3.38$; $f_{rr} = -0.05$; $f'_{rr} = 0.66$; dabei ist: f_0 die Te-O-Dehnung, f_r die Te-$F_{äquat}$-Dehnung, f_R die Te-F_{axial}-Dehnung, f_{rr} und f'_{rr} die Wechselwirkung zwischen benachbarten bzw. gegenüberliegenden Te-$F_{äquat}$-Bindungen [16]. Der Wert der Te-F-Valenzkraftkonstante soll nach Bürger [12] überschlagsmäßig bei 5.0 mdyn/Å liegen.

Im TeF_5O-Anion ist, wie auch im SeF_5O^-, die dem Sauerstoff gegenüberliegende Te-F-Bindung geschwächt, während die Te-O-Bindung in den Bereich der Doppelbindung fällt. Dieser „Trans-Effekt", die Wechselwirkung gegenüberliegender Liganden, wird in den Schwingungsspektren und auch NMR-Spektren deutlich. Offensichtlich muß bei der Beschreibung des Anions folgende Mesomerie angenommen werden (wie beim SeF_5O^-):

```
 F   F          F   F
  \ /            \ /
F—Te—O⁻  ↔  F⁻   Te═O
  / \            / \
 F   F          F   F
```

wobei der zweiten Form das größere Gewicht zukommt [13], s. auch [9] und [16].

Wie IR- und Raman-Spektren und auch ^{19}F-NMR-Spektren beweisen, tritt das TeF_5O-Anion beispielsweise in den festen Alkali-pentafluoro-orthotelluraten auf [6, 16] und in deren Lösungen in CH_3CN [16]. Es existiert z. B. in den Oniumverbindungen, wie Pyridinium- [6, 15] und Alkoxonium-pentafluoro-orthotellurat [8]. Es wird auch im $ClTeF_5O$ nachgewiesen, in dem das Chlor positiv geladen ist [7]. Es findet sich in einer Lösung von $Hg(TeF_5O)_2$ in Acetonitril [7]. In Lösungen von TeF_5OH oder $KTeF_5O$ in wasserfreier Essigsäure entsteht das TeF_5O^--Anion durch Dissoziation und wird auf Grund von Leitfähigkeitsmessungen nachgewiesen. Es besitzt eine größere Äquivalentleitfähigkeit als CH_3COO^- (s. dazu Diagramm im Original). Diese größere Leitfähigkeit wird auf größere Ionenbeweglichkeit, die durch geringere Solvatation verursacht wird, zurückgeführt [14].

Literatur:

[1] A. Engelbrecht, F. Sladky (Monatsh. Chem. **96** [1965] 159/68). — [2] A. Engelbrecht, W. Loreck, W. Nehoda (Z. Anorg. Allgem. Chem. **360** [1968] 88/96). — [3] F. Sladky (Monatsh. Chem. **101** [1970] 1571/8). — [4] F. Sladky (Monatsh. Chem. **101** [1970] 1559/70). — [5] F. Sladky (J. Chem. Soc. Chem. Commun. **1973** 134/5).

[6] A. Engelbrecht, F. Sladky (Inorg. Nucl. Chem. Letters **1** [1965] 15). — [7] K. Seppelt, D. Nöthe (Inorg. Chem. **12** [1973] 2727/30). — [8] F. Sladky, H. Kropshofer (Inorg. Nucl. Chem. Letters **8** [1972] 195/7). — [9] K. Seppelt (Z. Anorg. Allgem. Chem. **399** [1973] 65/72). — [10] F. Sladky, H. Kropshofer (J. Chem. Soc. Chem. Commun. **1973** 600/1).

[11] P. M. Watkins (J. Chem. Educ. **51** [1974] 520/1). — [12] H. Bürger (Z. Anorg. Allgem. Chem. **360** [1968] 97/103). — [13] K. Seppelt (Z. Anorg. Allgem. Chem. **406** [1974] 287/98). — [14] W. Porcham, A. Engelbrecht (Monatsh. Chem. **102** [1971] 333/49, 338/9). — [15] G. W. Fraser, J. B. Millar (J. Chem. Soc. Chem. Commun. **1972** 1113).

[16] E. Mayer, F. Sladky (Inorg. Chem. **14** [1975] 589/92). — [17] F. Sladky, H. Kropshofer, O. Leitzke, P. Peringer (in [16]).

4.12.2.2 Pentafluoro-orthotellurate

Penta-fluoro-ortho-tellurates

(XeF)TeF_5O

(XeF)TeF_5O

Die Verbindung ist bereits in „Edelgasverbindungen", Erg.-Werk, Bd. 1, S. 126, kurz beschrieben.

(XeF)TeF_5O bildet sich bei der Reaktion von TeF_5OH mit XeF_2 als isolierbares Zwischenprodukt, als Endprodukt wird $Xe(TeF_5O)_2$ erhalten. Auch die Umsetzung von äquimolaren Mengen entsprechend $TeF_5OH + XeF_2 \rightarrow (XeF)TeF_5O + HF$ eignet sich nicht zur Reindarstellung, da die gleichzeitige Bildung von $Xe(TeF_5O)_2$ nicht ganz vermieden werden kann. Die Reindarstellung erfolgt aus XeF_2 und $Xe(TeF_5O)_2$ im Verhältnis 1:1, bei Zimmertemperatur verläuft die Reaktion quantitativ entsprechend $XeF_2 + Xe(TeF_5O)_2 \rightarrow 2(XeF)TeF_5O$, Sladky [1].

Die Verbindung ist eine schwach gelblich gefärbte Flüssigkeit, die sich in einer Glasapparatur im Vakuum ohne Zersetzung destillieren läßt; bei Gegenwart von HF-Spuren bildet sich etwas $Xe(OTeF_5)_2$, das im Kühler auskristallisiert. Der Schmelzpunkt wird mit −15°C nur näherungsweise bestimmt, da die Verbindung stark zur Unterkühlung neigt. Der Siedepunkt bei 0.001 Torr ist etwa 53°C [1].

Bei dem aus 2 Hauptteilen bestehenden ^{19}F-NMR-Spektrum (CCl_3F als innerer Standard) liegt das Signal der XeF-Gruppe bei $\delta_{Xe\text{-}F} = 144.9$ ppm, Spin-Spin-Kopplungskonstante $J(^{129}Xe\text{-}F)$ 5700 Hz und das Signal der TeF_5O-Gruppe (AB_4-Spektrum s. S. 55) bei $\delta_A = 38.5$, $\delta_B = 44.7$ ppm, $J_{AB} = 192$ Hz. Die Tellurisotope ^{123}Te und ^{125}Te rufen auch Satellitenpeaks hervor, jedoch sind deren Kopplungskonstanten nicht exakt meßbar, für $J(^{125}Te\text{-}F)$ wird 3590 Hz angegeben. Zu einem Vergleich der Kernresonanzwerte von TeF_5O-Verbindungen, der Aufschluß über die Bindungsverhältnisse gibt, s. Original, Seppelt [2]. Es wird keine Kopplung zwischen den F-Liganden am Xenon und denen am Tellur beobachtet, Meßwerte bezogen auf CF_3COOH als äußeren Standard s. [1] und Erg.-Werk, Bd. 1, S. 126.

Im IR- und Raman-Spektrum des flüssigen (XeF)TeF_5O werden im Bereich 400 bis 4000 cm^{-1} die Schwingungen der TeF_5O-Gruppe (s. dazu S. 55) beobachtet sowie die (XeF)- und (XeO)-Valenzschwingungen, die im Vergleich mit $Xe(TeF_5O)_2$ zugeordnet werden (Wellenzahlen in cm^{-1}) [1]:

IR	Raman	Schwingungsform
	795 w	ν(TeF), ν(TeO)
768 s	771 w	
704 s	690 m	
623 s	642 s	
520 m	520 s	ν(XeF)
470 m	457 vs	ν(Xe)O
	326 w	$\delta(TeF_5)$, $\delta(OTeF_5)$
	303 w	
	173 m	
	153 s	δ(XeOTe)

In vorfluorierten Monelreaktoren beginnt die thermische Zersetzung des (XeF)TeF_5O bei 130°C. Primär wird anscheinend XeF_2 gebildet, das dann fluorierend auf die gebildeten Te-O-F-Verbindungen wirkt. Aus dem resultierenden Substanzgemisch können nur TeF_6 und $F_5TeOTeF_5$ identifiziert werden, obwohl das ^{19}F-NMR-Spektrum das Gemisch mehrerer AB_4-Resonanz-Typen zeigt [1]. Bei Bestrahlung mit UV-Licht bildet sich aus (XeF)TeF_5O das Peroxid $F_5TeOOTeF_5$ und nicht wie erwartet $FTeF_5O$, Seppelt, Nothe [3]. — (XeF)TeF_5O hydrolysiert leichter als $Xe(TeF_5O)_2$. Im Kontakt mit H_2O setzt sofort Gasentwicklung ein: $(XeF)TeF_5O + H_2O \rightarrow HF + TeF_5OH + Xe + {}^1/_2\,O_2$, wobei TeF_5OH mit überschüssigem H_2O zu Orthotellursäure weiterreagiert [1]. — Ebenso wie mit

$Xe(TeF_5O)_2$ werden bei der Reaktion von $(XeF)TeF_5O$ mit CsF keine Xenate(II) isoliert, es werden nur deren Zerfallsprodukte beobachtet. Die Reaktion verläuft in zwei Richtungen [1]:

$$(XeF)TeF_5O + CsF \begin{cases} \xrightarrow{90\%} TeF_6 + (FXeO^-Cs^+) \rightarrow CsF + Xe + {}^1/_2 O_2 \\ \xrightarrow{10\%} XeF_2 + Cs^+TeF_5O^- \end{cases}$$

Mit einem mehrfachen Überschuß an AsF_5 reagiert $(XeF)TeF_5O$ sofort unter mäßiger Erwärmung zu einer hellgelben Festsubstanz, die ein Addukt im molaren Verhältnis 1:1 ist. Auf Grund des Raman-Spektrums ist dieses Addukt als Salz $[XeTeF_5O]^+[AsF_6]^-$ zu formulieren. Mit BF_3, GeF_4, PF_5 und VF_5 kann keine Reaktion festgestellt werden; diese Fluoride lösen sich nur wenig in $(XeF)TeF_5O$, nach Abpumpen der gasförmigen Verbindungen bleibt $(XeF)TeF_5O$ unverändert im Reaktionsgefäß zurück. Ebenso findet keine Reaktion mit JF_5 statt; $(XeF)TeF_5O$ löst sich ohne Reaktion in JF_5 und wird auch hier nach dem Abpumpen des JF_5 unverändert zurückerhalten. $(XeF)TeF_5O$ verhält sich wie XeF_2 als Fluorid-Ionen-Donor. Die Donorstärke von beiden ist vergleichbar. Beide Verbindungen geben unter Bildung von Salzen ein F^--Ion an AsF_5 ab, aber nicht an BF_3, GeF_4, PF_5 und VF_5. XeF_2 kann jedoch $(XeF)TeF_5O$ aus $[XeTeF_5O]^+[AsF_6]^-$ verdrängen, Sladky [4].

Literatur:

[1] F. Sladky (Monatsh. Chem. **101** [1970] 1571/7). — [2] K. Seppelt (Z. Anorg. Allgem. Chem. **399** [1973] 65/72). — [3] K. Seppelt, D. Nöthe (Inorg. Chem. **12** [1973] 2727/30). — [4] F. Sladky (Monatsh. Chem. **101** [1970] 1578/82).

$Xe(TeF_5O)_2$

$Xe(TeF_5O)_2$

Die Verbindung ist bereits in „Edelgasverbindungen", Erg.-Werk, Bd.1, S. 126, kurz beschrieben.

$Xe(TeF_5O)_2$ wird bei der Reaktion von XeF_2 mit einem etwa fünffachen Überschuß TeF_5OH unter HF-Abspaltung erhalten: $XeF_2 + 2TeF_5OH \rightarrow 2HF + Xe(TeF_5O)_2$. Die Umsetzung erfolgt in einem Kel-F-Reaktionsgefäß, wobei TeF_5OH portionsweise auf XeF_2 aufkondensiert wird und das gebildete HF jeweils abgesaugt werden muß. Als Zwischenprodukt tritt $(XeF)TeF_5O$ auf, das isoliert werden kann, s. dazu S. 57, Sladky [1]. Das bei der Reaktion gebildete HF wird durch leichtes Erwärmen und unter Rühren auf einem Wasserbad abdestilliert, bis im Destillat TeF_5OH nachgewiesen wird. Der Überschuß der Säure wird dann bei −30°C abgepumpt. Der Rückstand sublimiert in einer Glasapparatur bei 0.1 Torr und Zimmertemperatur, Seppelt, Nöthe [2]. Einkristalle werden durch Kristallisation aus TeF_5OH-Lösung erhalten [1].

$Xe(TeF_5O)_2$ ist eine farblose [1], gelbe [2], leicht kristallisierende Festsubstanz mit einem unangenehmen, Übelkeit erregenden Geruch, die bei 35 bis 37°C schmilzt [1]; der Schmelzpunkt beträgt 40.5°C [2]. Der Dampfdruck ist bei Zimmertemperatur <1 Torr. Die Verbindung kann jedoch in einem dynamischen Vakuum unter 0.001 Torr bei Zimmertemperatur unzersetzt sublimiert werden [1].

Nach Einkristall- und Pulveraufnahmen ist die Kristallstruktur rhombisch mit den Gitterkonstanten a = 9.83 ± 0.05, b = 8.73 ± 0.05, c = 12.97 ± 0.05 Å; Z = 4; Raumgruppe Cmca-D_{2h}^{18} (Nr. 64). Diese Raumgruppe erfordert bei Z = 4 für die äquivalenten Positionen (000, 0 $^1/_2$ $^1/_2$) die Punktsymmetrie 2/m. $Xe(TeF_5O)_2$ besitzt daher eine Symmetrieebene und eine dazu senkrecht stehende zweizählige Deckachse, woraus die Zentrosymmetrie der Verbindung hervorgeht. Da die O-Xe-O-Einheit als linear angenommen werden muß, sind die TeF_5O-Gruppen in trans-Stellung angeordnet, wobei der Xe-O-Te-Winkel unbekannt ist [1]. — Die Röntgendichte beträgt 3.64 g/cm³ [1].

Untersuchungen der IR- und Raman-Spektren im Bereich 400 bis 4000 cm^{-1} ergeben, daß der Aufbau der Verbindung kompliziert und eine Zuordnung dadurch schwierig ist. Die inneren Schwingungen der TeF_5O-Gruppe (s. dazu S. 55) erweisen sich im Vergleich mit anderen TeF_5O-Verbindungen als weitgehend lagekonstant. Die (XeO)-Valenzschwingung liegt im Bereich der (XeF)-Schwingung im XeF_2. Die Xe-O-Bindungsenergie ist demgemäß vergleichbar mit der Bindungsenergie Xe-F in Xenonfluoriden. Schwingungen (in cm^{-1}) des $Xe(TeF_5O)_2$ und vorgeschlagene Zuordnung [1]:

IR (CCl_4-Lösung)	Raman (mikrokristallines Pulver)	Schwingungsform
780 s	794 vw	ν(TeF), ν(TeO)
705 vs	703 sh	
628 s	692 s	
	647 m	
475 m	434 s	ν(XeO)
	324 w	$\delta(TeF_5)$, $\delta(OTeF_5)$
	302 w	
	231 m	
	195 vw	
	131 vs	δ(OXeO)

Das ^{19}F-NMR-Spektrum ist ein typisches AB_4-Spektrum, dessen Werte im Bereich der bei anderen TeF_5O-Verbindungen gefundenen Werten liegen und auf die TeF_5O-Gruppe zurückgehen (s. dazu S. 55). Die chemische Verschiebung δ(CCl_3F als innerer Standard) beträgt $\delta_A = 41.8$, $\delta_B = 43.3$ ppm und die Kopplungskonstante $J_{AB} = 183$ Hz. Das Verhältnis von J_{AB} zu δ_{AB} ist R = 1.262. Es werden keine Angaben über Xe-F-Kopplungen gemacht. Die Tellurisotope ^{123}Te und ^{125}Te rufen auch Satellitenpeaks hervor, doch sind die Kopplungskonstanten nicht exakt meßbar, für J(^{125}Te-F) wird 3600 Hz und für J(^{123}Te-F) 2980 Hz angegeben. Zu einem Vergleich der Kernresonanzwerte von verschiedenen TeF_5O-Verbindungen, der Aufschluß über die Bindungsverhältnisse gibt, s. Original, Seppelt [3]. Werte bezogen auf CF_3COOH als äußeren Standard s. [1] und Erg.-Werk, Bd. 1, S. 126.

Das Massenspektrum von $Xe(TeF_5O)_2$ ist relativ komplex wegen der Vielzahl der möglichen Bruchstücke und der großen Anzahl natürlich vorkommender Xenon- und Tellurisotope. Die wichtigsten der gefundenen Ionen sind: $XeTeF_5O^+$, $XeTe_2F_9O_2^+$, $XeTe_2F_7O_2^+$, $Te_2F_{10}O^+$, $Te_2F_9O^+$, $Te_2F_9O_2^+$, $Te_3F_{13}O_2^+$ und $Te_4F_{17}O_3^+$. Offensichtlich zerfällt $Xe(TeF_5O)_2$ entweder im Hochvakuum oder in der Ionisationskammer entsprechend [1]:

$$Xe(TeF_5O)_2 \rightarrow Xe + F_5TeOOTeF_5 \ (Te_2F_{10}O_2)$$

oder $$2\,Xe(TeF_5O)_2 \rightarrow 2\,Xe + F_5TeOTeF_4OTeF_5 \ (Te_3F_{14}O_2) + TeF_6 + O_2$$

oder $$3\,Xe(TeF_5O)_2 \rightarrow 3\,Xe + F_5TeOTeF_4OTeF_4OTeF_5 \ (Te_4F_{18}O_3) + 2\,TeF_6 + {}^3/_2\,O_2$$

In vorfluorierten Monelgefäßen ist $Xe(TeF_5O)_2$ bis 130°C thermisch stabil; oberhalb dieser Temperatur tritt langsame Zersetzung zu $F_5TeOTeF_5$ ein [1, 2] neben Xe und O_2; oberhalb 200°C werden außerdem TeF_6 und eine gelbe Festsubstanz, wahrscheinlich das noch unbekannte (TeF_4O) oder Polymere davon beobachtet [1]. Das erwartete Peroxid $F_5TeOOTeF_5$ wird bei der thermischen Zersetzung nicht erhalten, obwohl es massenspektroskopisch beobachtet wird; offensichtlich ist es bei der Zersetzungstemperatur des $Xe(TeF_5O)_2 > 130$°C nicht mehr stabil [1]. Als intermediäres Produkt wird das TeF_5O-Radikal angenommen, das durch ESR-Untersuchungen bei tiefen Temperaturen nachgewiesen werden kann [2]. — Durch UV-Bestrahlung der Verbindung bei Zimmertemperatur wird quantitativ das Peroxid gebildet, dessen Zersetzungsprodukte denen der thermischen Zersetzung von $Xe(TeF_5O)_2$ entsprechen. Es wird daher angenommen, daß der Reaktionsverlauf sowohl für die thermische als auch optisch-induzierte Zersetzung im wesentlichen derselbe ist [2]. — Eine Lösung von $Xe(TeF_5O)_2$ in einem großen Überschuß von SeF_4 (Molverhältnis 1:20) zeigt nach UV-Bestrahlung nur die Bildung des Peroxides, weitere Reaktionsprodukte werden nicht nachgewiesen [2].

Beim Zusammenschmelzen von $Xe(TeF_5O)_2$ mit $Xe(SeF_5O)_2$ wird $F_5TeOXeOSeF_5$ erhalten [2]. — $Xe(TeF_5O)_2$ reagiert mit XeF_2 im Verhältnis 1:1 bei Zimmertemperatur quantitativ zu $(XeF)TeF_5O$ [4]. — Reaktionen mit F_2, BrF_5 und XeF_6, bei denen Xe^{II} zu Xe^{IV} oder Xe^{VI} auffluoriert werden soll, verlaufen diesbezüglich negativ, es bildet sich TeF_6. Mit $HOSO_2F$ und CF_3COOH werden $Xe(OSO_2F)_2$ bzw. $Xe(OOCCF_3)_2$ und TeF_5OH erhalten [1]. — Mit AsF_5 findet auch oberhalb des

Schmelzpunktes von $Xe(TeF_5O)_2$ keine Reaktion statt [5]. — Bei der Reaktion von $Xe(TeF_5O)_2$ mit CsF werden keine Xenate(II) isoliert, es werden nur TeF_6 und $F_5TeOTeF_5$, Xe und O_2 erhalten. Der nucleophile Angriff des F^--Ions erfolgt zum Großteil am Tellur, es wird aber auch etwas XeF_2 und $CsTeF_5O$ gebildet [1].

Die Verbindung reagiert sehr langsam in H_2O, in dem sie wenig löslich ist. In alkalischen Medien erfolgt Zersetzung unter stürmischer Entwicklung von Xe und O_2; TeF_5OH kann dabei als Hydrolyseprodukt nur beobachtet werden, wenn ein Unterschuß von H_2O verwendet wird, da TeF_5OH rasch mit H_2O zu Orthotellursäure als Endprodukt reagiert. In CH_3CN und CCl_4 ist $Xe(TeF_5O)_2$ gut löslich und in letzterem beständig. Heftige bzw. explosionsartige Reaktionen treten in Äthanol, Aceton und Benzol ein. An der Luft ist die Verbindung für kurze Zeit beständig; entstehende Hydrolyseprodukte können durch Abpumpen entfernt werden [1].

Literatur:

[1] F. Sladky (Monatsh. Chem. **101** [1970] 1559/70). — [2] K. Seppelt, D. Nöthe (Inorg. Chem. **12** [1973] 2727/30). — [3] K. Seppelt (Z. Anorg. Allgem. Chem. **399** [1973] 65/72). — [4] F. Sladky (Monatsh. Chem. **101** [1970] 1571/7). — [5] F. Sladky (Monatsh. Chem. **101** [1970] 1578/82).

$FTeF_5O$

$FTeF_5O$

Versuche zur Herstellung des Fluor-pentafluoro-orthotellurats beispielsweise durch UV-Bestrahlung von $XeTeF_5O$ oder durch Fluorierung von $Hg(TeF_5O)_2$ entsprechend der Darstellung von $FSeF_5O$ sind ohne Erfolg geblieben, Seppelt, Nöthe (Inorg. Chem. **12** [1973] 2727/30).

$ClTeF_5O$

$ClTeF_5O$

Zur Darstellung wird ClF im Autoklaven auf $Hg(TeF_5O)_2$ aufkondensiert. Nach Erwärmen des Gemisches auf Normaltemperatur und Schütteln während 24 h werden die flüchtigen Bestandteile bei −196°C kondensiert und das überschüssige ClF bei −100°C entfernt. Die verbleibende Flüssigkeit wird in einem Glassystem destilliert. Der Siedepunkt der gelben Flüssigkeit liegt bei 38.1°C, der Schmelzpunkt beträgt −121°C.

Im $ClTeF_5O$ ist Cl positiv geladen, wie die Hydrolyse ergibt, bei der sich Cl_2O und TeF_5OH bilden, was durch IR- und UV-Spektroskopie nachgewiesen werden kann.

Von den 18 Molekülschwingungen lassen sich die inneren Schwingungen der TeF_5-Gruppe gemäß der lokalen Symmetrie C_{4v} zuordnen. Folgende Wellenzahlen in cm^{-1} ergeben sich aus Raman-Messungen (Ra) in der Flüssigkeit und IR-Messungen im Gas (F_{ax} = F(axial), $F_{äq}$ = F(äquatorial); p = polarisiert, dp = depolarisiert):

Ra	736(dp)	661(p)	656(dp)	711(p)	811(dp)	552(p)
IR	735			708	812	551
Zuordnung . .	$\nu(TeF_{äq})$, E	$\nu(TeF_{äq})$, A_1	$\nu(TeF_{äq})$, B_1	$\nu(TeF_{ax})$, A_1	ν(TeOCl)	ν(TeOCl)
Ra	329(dp)	307(dp)	278(p)	316(dp)	216(p)	140(p)
IR	327		288	315		
Zuordnung . .	$\delta(TeF_{äq})$, E	$\delta(TeF_{äq})$, B_2	$\delta(TeF_{äq})$, A_1	$\delta(F_4TeF_{ax})$	δ(TeOCl)	$\delta(F_4TeO)$

Das ^{19}F-NMR-Spektrum ist ein typisches AB_4-Spektrum, s. S. 55, dessen Werte (etwas hoch) im Bereich der bei anderen TeF_5O-Verbindungen gefundenen Werte liegen und auf die TeF_5O-Gruppe zurückgehen. Die chemische Verschiebung δ, bezogen auf CCl_3F als inneren Standard, beträgt $\delta_A = 51.7$, $\delta_B = 55.1$ ppm und die Kopplungskonstante $J_{AB} = 183$ Hz. Der Faktor R, das Verhältnis von J_{AB} zu δ_{AB}, ist R = 0.940. Die Tellurisotope ^{123}Te und ^{125}Te rufen auch Satellitenpeaks hervor, doch sind die Kopplungskonstanten nicht exakt meßbar, für $J(^{125}Te\text{-}F)$ wird 3755 Hz angegeben. Zu einem Vergleich der Kernresonanzwerte von verschiedenen TeF_5O-Verbindungen, der Aufschluß über die Bindungsverhältnisse gibt, s. Original.

Im Massenspektrum werden folgende Ionen nachgewiesen: $ClTeF_5O^+$, TeF_5^+, TeF_4O^+, TeF_3^+, TeF_2^+, TeF^+ und Te^+.

Bei der Umsetzung mit Br_2 oder JCl entstehen die entsprechenden Br- oder J-Verbindungen, mit JCl_3 das Jod-trispentafluoro-orthotellurat.

Literatur:

K. Seppelt (Chem. Ber. **106** [1973] 1920/6; Z. Anorg. Allgem. Chem. **399** [1973] 65/72, 87/96, 92). — K. Seppelt, D. Nöthe (Inorg. Chem. **12** [1973] 2727/30).

$BrTeF_5O$, $Br(TeF_5O)_3$ (?)

$BrTeF_5O$, $Br(TeF_5O)_3$ (?)

$BrTeF_5O$ wird durch Einwirkung von Br_2 auf $ClTeF_5O$ erhalten. Dazu werden die Substanzen im Molverhältnis $ClTeF_5O:Br_2=2:1$ in einen Stahlautoklaven einkondensiert und bei Normaltemperatur 24 h gerührt. Nach Entfernen des dabei gebildeten Cl_2 durch Kondensation bei −78°C wird $BrTeF_5O$ durch anschließendes Destillieren als rubinrote Flüssigkeit erhalten. Der Siedepunkt liegt bei 76.5°C, der Schmelzpunkt bei −75°C. Im IR-Spektrum (NaCl, Polyäthylen) werden folgende Schwingungen (in cm^{-1}) beobachtet: 774(s), 745(s), 720(vs,b), 518(m), 329(vs), 290(w); im Raman-Spektrum der Flüssigkeit: 768(d), 755(dp), 722(dp), 703(p), 655(p), 649(dp), 517(p), 434(p), 335(dp?), 315(p), 307(dp), 289(dp), 256(p), 253(dp), 181(p), 121(p). Im Massenspektrum treten folgende Ionen auf: $BrTeF_5O^+$ (11%), $BrTeF_4O^+$ (9%), TeF_5^+ (85%), TeF_3O^+ (63%), TeF_3^+ (100%), $TeFO^+$ (48%), Br_2^+ (96%).

Versuche zur Darstellung von **$Br(TeF_5O)_3$** durch Reaktion von BrF_3 und TeF_5OH verlaufen offensichtlich negativ, da die Fluorierungskraft des BrF_3 zu groß ist. Bei der heftigen Reaktion bei −78°C entweichen vermutlich O_2 und TeF_6, nach beendeter Reaktion wird eine rotgefärbte Lösung erhalten, in der neben TeF_6 auch HF, überschüssiges TeF_5OH und Br_2 nachgewiesen werden. Die Bildung von $BrTeF_5O$ in kleinen Mengen kann nicht ausgeschlossen werden.

Literatur:

K. Seppelt (Chem. Ber. **106** [1973] 1920/6).

$JTeF_5O$, $J(TeF_5O)_3$

$ITeF_5O$, $I(TeF_5O)_3$

Bei dem Versuch der Darstellung von **$JTeF_5O$** aus $J(TeF_5O)_3$ und J_2 in CCl_3F wird eine dunkelbraune Lösung erhalten, aus der beim langsamen Abkühlen ein schwarzer Festkörper auskristallisiert, der bei gewöhnlicher Temperatur unter Zersetzung schmilzt. $JTeF_5O$ ist offenbar ein dunkelbrauner Festkörper, der leicht in die dreiwertige Jodverbindung und elementares Jod zerfällt und deshalb nicht weiter charakterisiert werden kann. Folgendes Gleichgewicht liegt vor: $J(TeF_5O)_3+J_2 \rightleftharpoons 3\,JTeF_5O$. Die Verbindung bildet sich im Gemisch mit anderen Substanzen bei folgenden Reaktionen in CCl_3F: $JCl + ClTeF_5O \rightarrow J(TeF_5O)_3$, $JTeF_5O$, JCl_3, Cl_2 und $J_2 + BrTeF_5O \rightarrow J(TeF_5O)_3$, $JTeF_5O$, JBr, Br_2.

Zur Darstellung von **$J(TeF_5O)_3$** wird eine Lösung von $ClTeF_5O$ in CCl_3F langsam in eine Lösung von JCl_3 in CCl_3F eingetropft. Die Reaktion ist schwach exotherm. Nach mehrstündigem Erhitzen unter Rückfluß und anschließendem Abkühlen der Lösung auf −92°C fällt ein orangefarbener, kristalliner Festkörper aus. Nach dem Entfernen des Lösungsmittels wird der Kristallbrei im Hochvakuum bei langsam ansteigender Temperatur von −92 auf −10°C trocken gesaugt. Das sehr reine Produkt siedet unter 0.05 Torr bei 55°C, der Schmelzpunkt liegt bei 43 bis 45°C. $J(TeF_5O)_3$ ist bis 180°C stabil.

Das IR-Spektrum (CsJ, Polyäthylenbeschichtung) ist von schlechter Qualität wegen der Aggressivität der Substanz; Banden (in cm^{-1}): 775(s), 740(vs,b), 625(m), 434(m), 428(m), 330(s), 315(vs). Die Verbindung zeigt im Raman-Spektrum beträchtliche Änderungen beim Übergang vom festen zum flüssigen Zustand, deshalb ist eine Koordinationsänderung am J-Atom nicht ausgeschlossen. An der kristallinen Substanz werden folgende Schwingungen (in cm^{-1}) beobachtet: 807, 757, 738, 717, 704, 690, 665, 651, 640, 598, 479, 461, 444, 426, 387, 342, 324, 300, 253, 232, 189, 167. Im flüssigen Zustand in CCl_3F: 793(p), 737(S,dp), 717(p), 701(p), 673(p), 661(p), 632(p), 607(p), 464(p), 438(p), 385(p), 337(dp), 304(dp), 213(dp), 174(p), 134(p), 100(p).

Im Massenspektrum werden folgende Ionen nachgewiesen: $J(TeF_5O)_3^+$ (2.5%), $J(TeF_5O)_2TeF_4O^+$ (4%), $JO(TeF_5O)_2^+$ (8.5%), $J(TeF_5O)_2^+$ (100%), $JOF(TeF_5O)^+$ (27%), $JF(TeF_5O)^+$ (80%), $JTeF_5O^+$ (60%), TeF_5^+ (39%), TeF_3O^+ (25%), TeF_3^+ (50%), JOF_2^+ (23%), JF_2^+ (13%), JFO^+ (27%), JF^+ (8%), JO^+ (35%), J^+ (30%).

Die Verbindung ist so aggressiv, daß CCl_4 angegriffen wird. An der Luft tritt unter Hydrolyse Braunfärbung ein.

Literatur:

K. Seppelt (Chem. Ber. **106** [1973] 1920/6).

Sulfur-containing Compounds of TeF_5O Group

Schwefel enthaltende Verbindungen der TeF_5O-Gruppe

Siehe hierzu die in „Tellur" Erg.-Bd. B 3 behandelten Verbindungen F_5TeOSO_2OH, F_5TeOSO_2F, $(F_5TeO)_2SO_2$ und F_5TeOSO_2Cl.

$LiTeF_5O$

$LiTeF_5O$

Eine Darstellung entsprechend dem Na-Salz (s. unten) ist ohne Erfolg, da zwischen $(CH_3)_3SiTeF_5O$ und $LiOSi(CH_3)_3$ keine Reaktion stattfindet. Das Li-Salz wird durch Reaktion von $LiOCH_3$ mit TeF_5OH erhalten entsprechend: $TeF_5OH + LiOCH_3 \rightarrow Li^+TeF_5O^- + CH_3OH$. Zur Darstellung wird in CCl_3F gelöstes TeF_5OH in eine Aufschlämmung von $LiOCH_3$ in CCl_3F schnell eingetropft. Während mehrstündigem Rühren löst sich das oben schwimmende $LiOCH_3$ auf, gleichzeitig setzt sich $LiTeF_5O$ als schwerer weißer Niederschlag ab. Er wird abzentrifugiert und anschließend bei 50°C im Vakuum getrocknet. Ein großer Rest des Li-Salzes kristallisiert methanolhaltig beim Abkühlen der Lösung noch aus. Diese Fraktion wird aber verworfen, da das Salz beim Erhitzen nur unter Zersetzung CH_3OH abgibt. Im IR-Spektrum des reinen Salzes werden folgende Banden (in cm^{-1}) beobachtet: 875 s; 672 vs, b; 602 m, b. $LiTeF_5O$ ist sehr hygroskopisch. Es zersetzt sich bei der Vakuumpyrolyse ab 150°C. Die flüchtigen Produkte bestehen zu 60% aus $Te_2F_8O_2$, der Rest sind polymere Te-F-O-Verbindungen unbekannter Struktur und TeF_5OH, das in wechselnden Mengen erhalten wird und von der Hydrolyse des hygroskopischen Salzes herrührt. Der Rückstand ist LiF. Massenspektroskopische Untersuchungen (75 eV) während der Pyrolyse bei 100°C weisen folgende Ionen nach: $Te_4F_{15}O_4^+$, $Te_3F_{12}O_3^+$, $Te_3F_{11}O_3^+$, $Te_2F_8O_2^+$, $Te_2F_7O_2^+$, $Te_2F_7O^+$, TeF_3O^+, TeF_3^+, K. Seppelt (Z. Anorg. Allgem. Chem. **406** [1974] 287/98).

$NaTeF_5O$

$NaTeF_5O$

Eine Darstellung entsprechend dem K-Salz (s. unten) ist erfolglos. $NaTeF_5O$ wird analog dem $NaSeF_5O$ erhalten entsprechend der Gleichung: $(CH_3)_3SiTeF_5O + NaOSi(CH_3)_3 \rightarrow Na^+TeF_5O^- + (CH_3)_3SiOSi(CH_3)_3$. Zur Darstellung wird zu 0.1 mol frisch sublimiertem $NaOSi(CH_3)_3$, das in 100 ml CCl_3F gelöst ist, unter Rühren 0.1 mol $(CH_3)_3SiTeF_5O$ eingetropft. Die Reaktion ist schwach exotherm. Das Salz fällt sofort aus, wird abzentrifugiert und im Vakuum bei langsam steigender Temperatur (bis unter 100°C) getrocknet. $NaTeF_5O$ wird als weißes Pulver erhalten. Es ist in seinen Eigenschaften dem $NaSeF_5O$ sehr ähnlich, nur die Vakuumpyrolyse nimmt einen anderen Verlauf. Im IR-Spektrum werden folgende Banden (in cm^{-1}) beobachtet: 877 s; 675 vs, b; 607 m. Bei der Vakuumpyrolyse entwickelt sich bereits ab 100°C ein kondensierbares Gas, die Reaktion endet aber erst bei längerem Erhitzen auf 300°C. Als flüchtige Bestandteile werden TeF_6 und TeF_5OH durch ihre charakteristischen IR-Spektren nachgewiesen. Der Rückstand ist ein weißer Festkörper, der laut Analyse die Formel $Na_2TeF_4O_2$ hat und somit wahrscheinlich ein Salz der Tetrafluoro-orthotellursäure $TeF_4(OH)_2$ ist, K. Seppelt (Z. Anorg. Allgem. Chem. **406** [1974] 287/98). Zu $Na_2TeF_4O_2$ s. S. 51.

$KTeF_6O$

$KTeF_5O$

Die Verbindung bildet sich beim Aufkondensieren von TeF_5OH auf KCl, KF oder K_2CO_3 unter Aufschäumen und Entwicklung von HCl, HF bzw. CO_2, Engelbrecht, Sladky [1, 2]. Sie entsteht in Lösung durch Zugabe von CH_3COOK zu einer Lösung von TeF_5OH in wasserfreier Essigsäure, Porcham, Engelbrecht [4]. Die Darstellung erfolgt durch Aufkondensieren von TeF_5OH auf fein gepulvertes KCl. Unter HCl-Entwicklung wird $KTeF_5O$ als festes weißes Produkt erhalten, das durch

Umkristallisieren aus Äthanol gereinigt wird. Das Salz ist stark doppelbrechend. Das IR-Spektrum zeigt, wie für das TeF_5O^--Anion erwartet, zwei starke Absorptionsbanden, eine bei 640 bis 650 cm^{-1} (ν(TeF)) und eine bei 850 bis 880 cm^{-1} (ν(TeO)), Engelbrecht, Sladky [3]. ν(TeF) (E) wird bei 640 cm^{-1} beobachtet und ν(TeO) bei 875 cm^{-1}, Bürger [5]; s. dazu S. 55. — $KTeF_5O$ ist nicht hygroskopisch. Die Löslichkeit in H_2O ist sehr gut und in C_2H_5OH gut. In H_2O tritt Hydrolyse zu Fluorohydroxosäuren des Te^{VI} ein [3]. In wasserfreier Essigsäure dissoziiert $KTeF_5O$ in K^+- und TeF_5O^--Ionen. Leitfähigkeitsmessungen zeigen, daß die Dissoziation stärker als bei TeF_5OH ist [4]. Die Berechnung der Dissoziationskonstante K aus diesen Leitfähigkeitsmessungen nach der Methode von Fuoss, Kraus [6] ergibt pK = 5.79 gegenüber pK = 5.89 für TeF_5OH [4], s. dazu S. 53. Äquivalentleitfähigkeit Λ_c (korrigiert, nach Abzug der Eigenleitfähigkeit des verwendeten CH_3COOH) verschiedener Kaliumsalze, darunter $KTeF_5O$, in Abhängigkeit von der Wurzel aus der Konzentration $\sqrt{c}$ s. Figur im Original, Engelbrecht, Rode [8], s. auch [4]. — Beim Erhitzen bis 350°C zersetzt sich die Verbindung nicht und schmilzt auch nicht [3]. Mit $(TeF_5O)_2SO_2$ reagiert $KTeF_5O$ zu $F_5TeOTeF_5$ und $KOSO_3TeF_5$, Engelbrecht u. a. [7].

Literatur:

[1] A. Engelbrecht, F. Sladky (Angew. Chem. **76** [1964] 379/80; Angew. Chem. Intern. Ed. Engl. **3** [1964] 383). — [2] A. Engelbrecht, F. Sladky (Monatsh. Chem. **96** [1965] 159/68, 167). — [3] A. Engelbrecht, F. Sladky (Inorg. Nucl. Chem. Letters **1** [1965] 15). — [4] W. Porcham, A. Engelbrecht (Monatsh. Chem. **102** [1971] 333/49). — [5] H. Bürger (Z. Anorg. Allgem. Chem. **360** [1968] 97/103).

[6] R. M. Fuoss, C. A. Kraus (J. Am. Chem. Soc. **55** [1933] 476/88). — [7] A. Engelbrecht W. Loreck, W. Nehoda (Z. Anorg. Allgem. Chem. **360** [1968] 88/96, 90). — [8] A. Engelbrecht, B. M. Rode (Monatsh. Chem. **103** [1972] 1315/9).

NH_4TeF_5O

NH_4TeF_5O

Die Verbindung bildet sich als weißes Salz neben $(CH_3)_3SiTeF_5O$ bei der Reaktion von TeF_5OH mit $[(CH_3)_3Si]_3N$, beide gelöst in $C_2Cl_2F_4$, K. Seppelt (Z. Anorg. Allgem. Chem. **406** [1974] 287/98, 296). — Die Darstellung erfolgt durch Hinzufügen einer äquivalenten Lösung von NH_3 in CCl_4 zu einer Lösung von TeF_5OH in CCl_4. NH_4TeF_5O fällt sofort in sehr reinem Zustand als festes weißes Produkt aus. Es sublimiert bei 140°C unter geringer Zersetzung und bildet dabei stark doppelbrechende Kristalle. Im IR-Spektrum werden, wie für das TeF_5O^--Anion erwartet, zwei starke Absorptionsbanden beobachtet, eine bei 640 bis 650 cm^{-1}, die ν(TeF), und eine bei 850 bis 880 cm^{-1}, die ν(TeO) zugeordnet werden. NH_4TeF_5O ist leicht hygroskopisch. Die Löslichkeit in H_2O und in Äthanol ist sehr gut. In H_2O tritt Hydrolyse zu den Fluorohydroxosäuren des Te^{VI} ein, A. Engelbrecht, F. Sladky (Inorg. Nucl. Chem. Letters **1** [1965] 15).

$[C_5H_5NH]TeF_5O$

(C_5H_5NH)-TeF_5O

Das Pyridiniumsalz bildet sich als gelbliches festes Produkt aus TeF_5OH, gelöst in CCl_4 und Pyridin, Engelbrecht, Sladky [1]. Es wird bei tiefen Temperaturen bei der Reaktion von TeF_6 mit R_3SiOH ($R = CH_3$, C_6H_5) in Gegenwart von C_5H_5N als festes weißes Produkt nach dem Entfernen des flüchtigen Materials erhalten, Fraser, Millar [2]. — Im IR-Spektrum werden, wie für das TeF_5O^--Anion erwartet, zwei starke Absorptionsbanden beobachtet, eine bei 640 bis 650 cm^{-1}, die ν(TeF) entspricht, und eine bei 850 bis 880 cm^{-1}, die ν(TeO) zugeordnet wird [1]. — Das ^{19}F-NMR-Spektrum einer methanolischen Lösung des $[C_5H_5NH]TeF_5O$ ist ein typisches AB_4-Spektrum, das in Übereinstimmung mit dem TeF_5O^--Anion ist. Die chemische Verschiebung beträgt $\delta_A = 28.9$, $\delta_B = 43.3$ ppm relativ zu $CFCl_3$ und die Kopplungskonstante $J_{AB} = 175$ Hz [2], s. auch [3]. — Das Salz sublimiert bei 170°C. Es ist nicht hygroskopisch. Die Löslichkeit in H_2O und C_2H_5OH ist gut. In H_2O tritt Hydrolyse zu Fluorohydroxosäuren des Te^{VI} ein [1].

Literatur:

[1] A. Engelbrecht, F. Sladky (Inorg. Nucl. Chem. Letters **1** [1965] 15). — [2] G. W. Fraser, J. B. Millar (J. Chem. Soc. Chem. Commun. **1972** 1113). — [3] K. Seppelt (Z. Anorg. Allgem. Chem. **399** [1973] 65/72).

RbTeF₅O

$RbTeF_5O$

Die Darstellung des weißen, kristallinen Produktes erfolgt entsprechend dem Cs-Salz (s. unten) durch Aufkondensieren von TeF_5OH auf trocknes gepulvertes RbCl. Die Verbindung schmilzt und zersetzt sich nicht bis 300°C; in feuchter Luft hydrolysiert sie langsam, E. Mayer, F. Sladky (Inorg. Chem. **14** [1975] 589/92).

$CsTeF_5O$

$CsTeF_5O$

Die Verbindung bildet sich in geringer Menge neben anderen Reaktionsprodukten bei der Reaktion von $(XeF)TeF_5O$ mit CsF, Sladky [1]. Sie entsteht ebenfalls in kleinen Mengen neben anderen Reaktionsprodukten bei der Reaktion von F_5TeOSO_2F mit CsF, Sladky [2].

Zur Darstellung wird ein annähernd zehnfacher Überschuß von TeF_5OH auf trocknes gepulvertes CsCl aufkondensiert. Beim Erwärmen auf Zimmertemperatur entweicht HCl; dabei bildet sich eine klare Lösung. Durch Sublimation des überschüssigen TeF_5OH wird $CsTeF_5O$ als weißes kristallines Produkt erhalten, Mayer, Sladky [4], s. auch Engelbrecht, Sladky [3]. — Im IR- und Raman-Spektrum der festen Verbindung und deren Lösung in CH_3CN werden die Schwingungsfrequenzen des TeF_5O^--Anions beobachtet [4], s. auch [3]. Frequenzen und Zuordnung s. beim TeF_5O^--Ion, S. 55. Graphische Darstellung des Raman-Spektrums s. Figur bei [4]. — Das Salz ist hygroskopisch [3]; in feuchter Luft hydrolysiert es langsam [4]; es löst sich gut in Äthanol und sehr gut in H_2O, in dem es zu Fluorohydroxosäuren des Te^{VI} hydrolysiert [3]. Beim Erhitzen bis 300°C [4], auf 350°C schmilzt und zersetzt sich $CsTeF_5O$ nicht [3].

Literatur:

[1] F. Sladky (Monatsh. Chem. **101** [1970] 1571/7, 1575). — [2] F. Sladky (Monatsh. Chem. **101** [1970] 1559/70, 1567). — [3] A. Engelbrecht, F. Sladky (Inorg. Nucl. Chem. Letters **1** [1965] 15). — [4] E. Mayer, F. Sladky (Inorg. Chem. **14** [1975] 589/92).

Tellurium(VI) Amide Fluorides

4.13 Tellur(VI)-amidfluoride

In diesen Verbindungen sind ein oder mehr Fluoratome von TeF_6 durch NH_2 oder NR_2 ersetzt.

Zur Darstellung von **Tellur(VI)-amidfluorid H_2NTeF_5** wird zu eisgekühltem Tellur(VI)-trimethylsilylamidfluorid $(CH_3)_3SiNHTeF_5$ (Darstellung s. Original) langsam wasserfreies HF in geringem Überschuß zugefügt. Die Reaktion verläuft unter starker Wärmeentwicklung entsprechend $(CH_3)_3SiNHTeF_5 + HF = (CH_3)_3SiF + H_2NTeF_5$. Bei −78°C wird $(CH_3)_3SiF$ unter Vakuum aus dem Produkt abgesaugt. Der feste Rückstand wird unter Vakuum bei −30°C umsublimiert. Das hierbei quantitativ erhaltene H_2NTeF_5 ist eine farblose, kristallisierte Substanz, die bei 82.5°C schmilzt und bei 121°C siedet, Seppelt [1].

Im IR-Spektrum (CH_2Cl_2-Lösung) treten Banden auf bei 839, 692 und 624 cm^{-1} (ν(TeF) und ν(TeN)), 322 cm^{-1} (δ(TeF)), 3380 und 3295 cm^{-1} (ν(NH)) sowie 1514 cm^{-1} (δ(NH)). Im Raman-Spektrum (CH_2Cl_2-Lösung) werden außer den ν(TeF)- und ν(TeN)-Banden bei 684, 631 und 600 cm^{-1} noch starke und polarisierte Banden bei 333, 283, 250 und 193 cm^{-1} beobachtet. Die hohe Frequenzlage und die Linienform der ν(NH)-Schwingungen zeigen, daß keine N-H-F-Brückenbindungen vorliegen. — Das ^{19}F-Kernresonanzspektrum zeigt die Eigenschaften eines AB_4-Spinsystems (A = ^{19}F (axial), B = ^{19}F (äquatorial)) mit den chemischen Verschiebungen $\delta_A = 37.2$, $\delta_B = 43.2$ ppm, bezogen auf $CFCl_3$ als inneren Standard, und den Spin-Spin-Kopplungskonstanten J(A···B) = 176 Hz, J(^{125}Te···A) = 3290 Hz, J(^{125}Te···B) = 3565 Hz. Das Protonenresonanzspektrum in CH_2Cl_2-Lösung hat eine Verschiebung $\tau = 5.20$ ppm [1].

Die Verbindung zersetzt sich bei 150°C. Im Massenspektrum (70 eV) treten $H_2NTeF_5^+$, TeF_5^+, $H_2NTeF_4^+$, TeF_4^+, $H_2NTeF_3^+$, TeF_3^+, TeF_2^+, TeF^+ und Te^+ auf. — H_2NTeF_5 reagiert bei der Umsetzung mit AsF_5 und mit BF_3 in Lösung von CH_2Cl_2 bei −78°C als Base. Die dabei entstehenden Addukte zersetzen sich bei 130 bzw. bei −60°C. Durch die Existenz der Salze $Cs^+NHTeF_5^-$ (s. S. 66) und [-HgN(TeF_5)-] tritt aber auch der Säure-Charakter der Verbindung in Erscheinung [1].

Ein Versuch zur Darstellung von **$HN(TeF_5)_2$** aus $R_3SiNHTeF_5$ und TeF_6 ist nicht gelungen, Seppelt [1].

Bei der Reaktion von TeF_6 mit Dimethylaminotrimethylsilan bildet sich je nach den Versuchsbedingungen Tellur(VI)-dimethylamidpentafluorid **$(CH_3)_2NTeF_5$** oder Tellur(VI)-bis-dimethylamidtetrafluorid **$[(CH_3)_2N]_2TeF_4$** und Trimethylfluorsilan. Äthyl- und Methyl- + Äthyl-Gruppen enthaltende Tellur(VI)-amidfluoride, von denen das gemischte Tetrafluorid instabil ist, lassen sich durch analoge Reaktionen herstellen. Die Tellur(VI)-dialkylamidpentafluoride sind blaßgelbe Flüssigkeiten, die sich entweder bei Normaltemperatur langsam zersetzen und dabei gelbe Feststoffe bilden oder bei 35°C rasch in solche Festkörper übergehen. Bei −80°C sind sie stabil. Durch H_2O, schneller durch Alkali, hydrolysieren sie in Tellurat und Fluorid. Als Zwischenprodukt tritt dabei $TeF_4O_2^{2-}$ auf, wie durch NMR-Spektroskopie nachweisbar ist, Fraser u.a. [3, 4].

Zur Darstellung des $(CH_3)_2NTeF_5$ werden TeF_6, $(CH_3)_2NSi(CH_3)_3$ und CCl_3F im U-Rohr bei −196°C kondensiert; das Gemisch wird nach Zuschmelzen des U-Rohrs auf −78°C erwärmt, 12 Stunden bei dieser Temperatur gehalten und zur Vervollständigung der Reaktion geschüttelt. Das gelbliche flüssige Reaktionsprodukt wird unter vermindertem Druck destilliert und bei −196°C der Anteil der leichtflüchtigen Substanzen abgetrennt. $(CH_3)_2NTeF_5$ wird bei −78°C kondensiert [4].

Die Verbindung hat einen Dampfdruck von 3 Torr bei 20°C [4].

Im IR-Spektrum des Gases treten eine starke ν(TeF)-Bande bei 698 cm^{-1} sowie eine mittelstarke ν(TeN)-Bande bei 629 cm^{-1} auf. Im Raman-Spektrum der Flüssigkeit finden sich außer diesen noch δ(TeF)-Banden bei 326, 295 und 144 cm^{-1}. Innere Schwingungen der $N(CH_3)_2$-Gruppe ($\nu > 1000$ cm^{-1}) s. Original [3, 4]. Das ^{19}F-Kernresonanzspektrum zeigt die Eigenschaften eines AB_4-Spinsystems ($A = {}^{19}F$ (axial), $B = {}^{19}F$ (äquatorial)) mit den Verschiebungen $\delta_A = 37.4$, $\delta_B = 59.6$ ppm, bezogen auf CCl_3F, und der Spin-Spin-Kopplungskonstante $J(A \cdots B) = 168$ Hz; Kopplungen $^{125,123}Te \cdots {}^{19}F$ werden beobachtet. Das Protonenresonanzspektrum zeigt eine Verschiebung $\delta = -3.1$ ppm, bezogen auf $Si(CH_3)_4$, und eine Kopplungskonstante $J(H \cdots F) = 3.5$ Hz, Fraser u.a. [3, 4].

Im Massenspektrum treten folgende Ionen auf (relative Intensitäten in Klammern): $TeF_5N(CH_3)_2^+$ (100), $TeF_5NCH_3CH_2^+$ (96), TeF_5^+ (10), TeF_3^+ (41), TeF_2^+ (8.3), TeF^+ (6.6), TeH^+ (32), Te^+ (6). $(CH_3)_2NTeF_5$ ist oberhalb 35°C instabil. Mit HCl-Gas wird nicht — wie erwartet — $TeClF_5$ gebildet, sondern eine nicht identifizierte Substanz mit variablem Cl-Gehalt. Mit CH_3J entsteht kein Addukt [4].

$[(CH_3)_2N]_2TeF_4$ wird beim Kondensieren von TeF_6 bei −196°C mit überschüssigem $(CH_3)_2NSi(CH_3)_3$ und anschließender Reaktion bei −78°C in Form von gelben nadelartigen Kristallen erhalten, die bei 57°C schmelzen und unter Hochvakuum bei 25°C durch Sublimation gereinigt werden können. Im ^{19}F-Kernresonanzspektrum werden zwei Tripletts beobachtet, was die cis-Anordnung der beiden Amido-Liganden zeigt. Chemische Verschiebungen $\delta_A = 47.5$, $\delta_B = 78.4$ ppm, bezogen auf CCl_3F, Spin-Spin-Kopplungskonstante $J(A \cdots B) = 135$ Hz. Das Protonenresonanzspektrum zeigt die chemische Verschiebung $\delta = -3.0$ ppm, bezogen auf $Si(CH_3)_4$, und die Spin-Spin-Kopplungskonstante $J(H \cdots F) = 2.3$ Hz. Im IR-Absorptionsspektrum der kristallinen Substanz treten zwei ν(TeF)-Banden bei 643 und 613 cm^{-1} und eine schwache ν(TeN)-Bande bei 588 cm^{-1} auf; innere Schwingungen der $N(CH_3)_2$-Gruppen ($\nu > 1000$ cm^{-1}) s. Original [3, 4].

$(C_2H_5)_2NTeF_5$ läßt sich in analoger Weise wie die Methylverbindung, aber in geringer Ausbeute darstellen. Die Umsetzung von $(CH_3)_2NTeF_5$ mit $(C_2H_5)_2NSi(CH_3)_3$ verläuft bei −10°C sehr heftig und gibt einen gelben Niederschlag, der sich beim Abpumpen der leichter flüchtigen Stoffe zersetzt [4].

Im IR-Spektrum des Gases werden ν(TeF)-Banden bei 754 und 695 cm^{-1} sowie eine ν(TeN)-Bande bei 618 cm^{-1} beobachtet; innere Schwingungen der $N(C_2H_5)_2$-Gruppe ($\nu > 1000$ cm^{-1}) s. Original [4]. — Das ^{19}F-Kernresonanzspektrum zeigt die Eigenschaften eines AB_4-Spinsystems ($A = {}^{19}F$ (axial), $B = {}^{19}F$ (äquatorial)) mit den chemischen Verschiebungen $\delta_A = 33.9$, $\delta_B = 55.9$ ppm, bezogen auf $CFCl_3$ [4], und den Spin-Spin-Kopplungskonstanten $J(B \cdots {}^{125}Te) = +3970 \pm 10$ Hz, $J(A \cdots {}^{125}Te) = +3060 \pm 10$ Hz, $J(A \cdots B) = -165 \pm 1$ Hz, Fraser u.a. [2]. Im Protonenresonanzspektrum werden die Verschiebungen $\delta(H_A) = -3.5$, $\delta(H_B) = -1.3$ ppm, bezogen auf $Si(CH_3)_4$ (H_A in CH_3-, H_B in CH_2-Gruppe) [4], und die Spin-Spin-Kopplungskonstanten $^3J(H \cdots H) = +7.1 \pm 0.2$ Hz, $^4J({}^{19}F_{äq} \cdots H_B) = +3.5 \pm 0.3$ Hz, $|{}^5J({}^{19}F_{äq} \cdots H_A)| = 0.8 \pm 0.1$ Hz, $|{}^4J({}^{19}F_{ax} \cdots H_B)| < 0.5$ Hz, $^3J({}^{125}Te \cdots H_B) = -186 \pm 1$ Hz gemessen (ax = axial, äq = äquatorial). Kopplungskonstanten teilweise aus Doppelresonanzexperimenten unter Einstrahlung der ^{125}Te- oder $^{19}F_{äq}$-Resonanzfrequenz erhalten; relative Vorzeichen beruhen auf der Annahme $^3J(H \cdots H) > 0$ [2].

Im Massenspektrum treten folgende Ionen auf (relative Intensitäten in Klammern): $TeF_5N(C_2H_5)_2^+$ (28.5), $TeF_5NC_2H_5CH_2^+$ (97), $TeF_5NCH_3CH_2^+$ (4.3), $TeF_5NC_2H_5^+$ (4.3), $TeF_5NCH_2H^+$ (100), $TeF_5NCH_3^+$ (100), $TeF_4NCH_2^+$ (11.4), TeF_5^+ (4.3), TeF_3^+ (21.3), TeF^+ (39) [4].

$(C_2H_5)_2NTeF_5$ reagiert weder mit Hexafluoraceton noch mit Äthylen. Mit $(CH_3)_2NSi(CH_3)_3$ unter Zusatz von CCl_3F wird bei tiefen Temperaturen $(CH_3)_2N(C_2H_5)_2NTeF_4$ gebildet [4].

$(CH_3)_2N(C_2H_5)_2NTeF_4$ bildet sich aus $(C_2H_5)_2NTeF_5$ und $(CH_3)_2NSi(CH_3)_3$ unter Zusatz von CCl_3F bei −196°C und anschließendem Erwärmen der Mischung auf −78°C. Die trübe gelbe Lösung dunkelt rasch bei weiterer Temperaturerhöhung. Die Verbindung wird bei −10°C durch ^{19}F-NMR-Untersuchungen identifiziert.

Das ^{19}F-Kernresonanzspektrum besteht feldaufwärts aus zwei Dubletts, feldabwärts aus zwei Tripletts, teilweise mit Überlappungen. In Analogie zu $[(CH_3)_2N]_2TeF_4$ (s. S. 65) wird das Spektrum unter Annahme der cis-Anordnung der Amido-Liganden gedeutet und ergibt die chemische Verschiebung $\delta_{AB} = 32.6$ ppm, bezogen auf CCl_3F, und die Spin-Spin-Kopplungskonstante $J(A \cdots B) = 142$ Hz, Fraser u. a. [4].

Die Darstellung von **Caesiumtellur(VI)-pentafluoridimid $Cs[NHTeF_5]$** erfolgt durch Reaktion von CsF mit $(CH_3)_3SiNHTeF_5$ entsprechend: $(CH_3)_3SiNHTeF_5 + CsF \rightarrow (CH_3)_3SiF + Cs^+[NHTeF_5]^-$. Hierzu wird zu CsF in trockner Atmosphäre CH_2Cl_2 und dann in geringem Überschuß tropfenweise $(CH_3)_3SiNHTeF_5$ unter Rühren zugefügt. Das farblose Produkt wird abfiltriert und im Vakuum getrocknet. Es darf nicht erhitzt werden, da es leicht explodiert. Aus diesem Grunde kann kein Raman-Spektrum aufgenommen werden. Im IR-Spektrum werden folgende Banden (Wellenzahlen in cm^{-1}) und Intensitäten beobachtet: 3360 m, 3280 m, 935 m, 835 s, 630 vs, 478 s, 330 vs. Die Verbindung ist sehr hygroskopisch. Ein Lösungsmittel für das Salz ist bis jetzt nicht bekannt, Seppelt [1].

Literatur:

[1] K. Seppelt (Inorg. Chem. **12** [1973] 2837/9). — [2] G. W. Fraser, R. D. Peacock, W. Mc Farlane (Mol. Phys. **17** [1969] 291/6). — [3] G. W. Fraser, R. D. Peacock, P. M. Watkins (Chem. Commun. **1967** 1248). — [4] G. W. Fraser, R. D. Peacock, P. M. Watkins (J. Chem. Soc. A **1971** 1125/8).

5 Tellur und Chlor

Tellurium and Chlorine

Allgemeine Literatur:

K. W. Bagnall, Selenium, Tellurium and Polonium, in: J. C. Bailar, H. J. Emeléus, R. Nyholm, A. F. Trotman-Dickenson, Comprehensive Inorganic Chemistry, New York 1973, Neudruck 1975, S. 935/1008.

D. M. Chizikhov, V. P. Shchastlivyi, Tellurium and the Tellurides, London – Wellingborough 1970, S. 1/279, 249 (Übersetzung aus dem Russischen).

W. A. Dutton, Inorganic Chemistry of Tellurium, in: W. C. Cooper, Tellurium, New York 1971, S. 1/437, 137/40, 145.

Übersicht

Review

Unter den ausschließlich aus Te und Cl bestehenden Verbindungen ist $TeCl_4$ die am meisten beschriebene, s. ab S. 77. Vom sechswertigen Te leitet sich kein dem TeF_6 analoges Chlorid ab. Dagegen existieren Subchloride Te_2Cl, Te_3Cl_2 und — nur im Gaszustand — TeCl, s. S. 69. Während $TeCl_2$ auch nur gasförmig vorhanden zu sein scheint, s. S. 71, sind Alkalifluorotellurate und Komplexe bekannt, die sich vom zweiwertigen Te ableiten, vgl. S. 71. $TeCl_4$ ist eine reaktionsfähige Verbindung, die unter anderem zur Adduktbildung neigt und in der organischen Chemie als Ausgangsprodukt für zahlreiche Te-Derivate dient.

Eine größere Gruppe von Cl-Verbindungen des vierwertigen Tellurs stellen die komplexen Ionen des Typs $[TeCl_n]^{(4-n)+}$, s. ab S. 107, und die davon abgeleiteten Salze dar, s. ab S. 132. Die Existenz von $TeCl_3^+$ ist sowohl im festen $TeCl_4$ wie auch als Kation in einigen Salzen nachgewiesen. $TeCl_5^-$ tritt vor allem in nichtwäßrigen Lösungen mit anorganischen und organischen Chloriden als Lösungsmitteln sowie in einigen festen Chloropentatelluraten(IV) auf. In wäßriger, salzsaurer oder chloridhaltiger Lösung von $TeCl_4$ liegt meist das Ion $TeCl_6^{2-}$ vor, aber auch in gewissen organischen Lösungsmitteln, z. B. Alkoholen, und in festen Metallsalzen. Die Existenz einer Säure H_2TeCl_6 ist zweifelhaft, s. S. 126. Dagegen gibt es die mehrkernigen Ionen $Te_2Cl_{10}^{2-}$ und $Te_3Cl_{13}^-$ sowie davon abgeleitete Oniumverbindungen, vgl. S. 143.

Weniger interessant als bei den F-Verbindungen sind die Chloridoxide des Te, vermutlich, weil es ein Cl-Analogon zur TeF_5O-Gruppe nicht gibt. Auch die Chlorooxo- und -hydroxotellurat(IV)-Ionen erreichen bei weitem nicht die Fülle der entsprechenden F-Verbindungen, s. S. 148.

Durch Substitution eines oder mehrerer Cl im $TeCl_4$ durch Azidreste entstehen Tellurazidchloride, vgl. S. 151, durch Substitution von einem F im TeF_6 das $TeClF_5$, s. S. 152, und durch Ersatz des H in der Pentafluoroorthotellursäure die Verbindung $ClTeF_5O$, s. S. 60, 152. Schließlich gibt es noch ein gleichzeitig Cl und F enthaltendes Anion und entsprechende Salze, die im Anschluß an die Te-J-Verbindungen im „Tellur" Erg.-Bd. B 3 beschrieben sind.

5.1 Das System Te-$TeCl_4$

The Te-$TeCl_4$ System

Ältere Angaben s. „Tellur" S. 323.

Nach differentialthermoanalytischen Untersuchungen von Rabenau, Rau [1] handelt es sich hier um ein pseudobinäres peritektisches System. Das Phasendiagramm, s. **Fig. 5**, S. 68, zeigt ein Eutektikum bei 200°C und ein Peritektikum bei 239°C. Die Zusammensetzung der peritektischen Verbindung ist Te_3Cl_2; sie wird analytisch und röntgenographisch identifiziert. Die von Ivashin, Petrov [2] durchgeführten differentialthermoanalytischen und tensimetrischen Untersuchungen (s. auch Fig. 5) stimmen mit obigen überein bis auf die Zusammensetzung der peritektischen Verbindung, die hier die Zusammensetzung TeCl hat; das Eutektikum liegt bei 200°C, das Peritektikum bei 238°C [2]. Wie Fig. 5 zeigt, setzt sich aber die Gerade über die von den Autoren angegebene Zusammensetzung TeCl hinaus fort bis etwa 40 Atom-% Cl (Te_3Cl_2) [1]. Die beiden Untersuchungen stehen im Gegensatz zu den früheren Arbeiten von Damiens [4], s. auch „Tellur" S. 323, in dessen Phasendiagramm neben $TeCl_4$ ein Gebiet fester Lösungen von Te und $TeCl_4$ (52 bis 60 Atom-% Cl) auftritt mit variablem Schmelzpunkt. Nach Rabenau, Rau [1] sind die Effekte, die eine feste Lösung vortäuschen, möglicherweise auf verunreinigte Präparate oder beginnende Zersetzung zurückzuführen. — In weiteren Arbeiten über das System schließen Prince u.a. [5] aus DTA- und Röntgenuntersuchungen auf ein einfaches Eutektikum ohne Verbindungsbildung. Afinogenov, Khaustova [6] beobachten keine Temperatureffekte im Bereich bis 70 Atom-% Te, die auf eine Verbindung hindeuten. Nach ihren Angaben ist die Schmelze in Gegenwart von Te schwarz und viskos, und es sollen sich in ihr Te-Ionen niedriger Wertigkeit bilden, vermutlich nach $TeCl_4 + Te = 2TeCl_2$ [6]. Eine thermodynamische Analyse der Schmelze (Bestimmung der Abhängigkeit der Aktivität der Komponenten von ihrer Zusammensetzung) mit Hilfe der Ergebnisse von tensimetrischen Untersuchungen [2] zeigt, daß sich in der Schmelze $TeCl_2$ bildet; die Bildung ist von einem positiven Wärmeeffekt begleitet. $TeCl_2$ reagiert aber weiter, und beim Abkühlen der Schmelze werden in der festen Phase Te, $TeCl_4$ und TeCl gefunden, Ivashin u.a. [3]. Nach Rabenau, Rau [1] ist $TeCl_2$ als feste kristallisierte Phase nicht Bestandteil des Systems, es wird aber nicht ausgeschlossen, daß es unter besonderen Versuchsbedingungen kondensiert metastabil erhalten werden kann. An der Existenz des $TeCl_2$ in der Gasphase scheint kein Zweifel zu bestehen [1]. Dampfdruckmessungen von Ivashin, Petrov [2] über der Te-$TeCl_4$-Schmelze weisen in der Gasphase zwei Verbindungen nach: $TeCl_4$ und $TeCl_2$, das leichter flüchtig als $TeCl_4$ ist.

Fig. 5

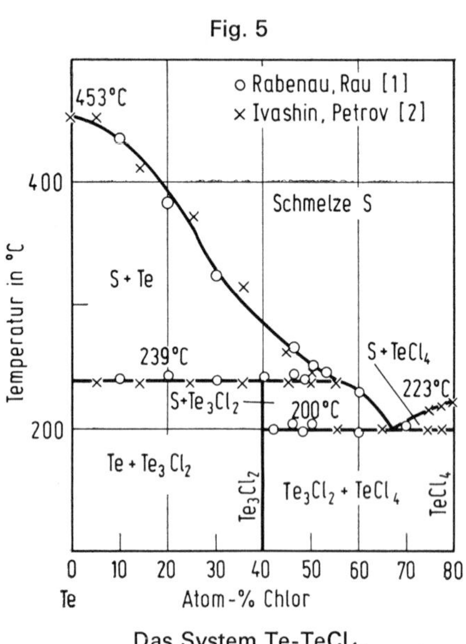

Das System Te-$TeCl_4$.

Literatur:

[1] A. Rabenau, H. Rau (Z. Anorg. Allgem. Chem. **395** [1973] 273/9). — [2] S. A. Ivashin, E. S. Petrov (Izv. Sibirsk. Otd. Akad. Nauk SSSR Ser. Khim. Nauk **1970** Nr. 5, S. 48/54; Sib. Chem. J. **1970** 609/14; C.A. **74** [1971] Nr. 57890). — [3] S. A. Ivashin, A. N. Kanev, E. S. Petrov (Izv. Sibirsk. Otd. Akad. Nauk SSSR Ser. Khim. Nauk **1971** Nr. 3, S. 28/34; C.A. **76** [1972] Nr. 145518). — [4] A. Damiens (Ann. Chim. [Paris] [9] **19** [1923] 44/119). — [5] D. J. Prince, J. D. Corbett, B. Garbisch (Inorg. Chem. **9** [1970] 2731/5).

[6] Yu. P. Afinogenov, Z. M. Khaustova (Zh. Neorgan. Khim. **15** [1970] 587/9; Russ. J. Inorg. Chem. **15** [1970] 305/6).

5.2 Tellursubchloride

Tellurium Subchlorides

Zur Darstellung von $\mathbf{Te_2Cl}$ läßt man die Elemente Tellur und Chlor im Molverhältnis 1:1 bei 300°C reagieren und kühlt das Reaktionsprodukt mit 3°C je min auf Normaltemperatur ab. Die Oberfläche des Schmelzkuchens, der aus Te_3Cl_2 und $TeCl_4$ besteht, ist teilweise mit Te_2Cl-Kristallen von dunkelmetallischem Glanz bedeckt. Offenbar kondensieren diese metastabilen, tafeligen Te_2Cl-Kristalle aus der Dampfphase; ein Verfahren zur Darstellung größerer Mengen wurde bisher nicht gefunden, Kniep u.a. [2]. — Die Substanz tritt im System Te-$TeCl_4$ nicht auf, s. S. 68.

Te_2Cl kristallisiert in der rhombischen Raumgruppe Pnam-$D_{2h}^{16} = V_h^{16}$ (Pnma, Nr. 62) mit den Gitterkonstanten a = 14.82, b = 12.81, c = 4.00 Å; Z = 8. Strukturuntersuchungen an den isotypen Verbindungen Te_2Br und Te_2J ergeben als Bauelement der Te_2X-Struktur (X = Cl, Br, J) ein parallel der c-Achse verlaufendes polymeres Band von Te_6-Ringen mit bootförmiger Winkelung und zweibindigen Halogenatomen an den Rändern, Kniep u.a. [1]; Figur hierzu und weitere Angaben bei Te_2Br, „Tellur" Erg.-Bd. B 3. Die berechnete Dichte beträgt D = 5.08 g/cm³, Kniep u.a. [2].

Zum Auftreten der Verbindung $\mathbf{Te_3Cl_2}$ im System Te-$TeCl_4$ s. S. 68. Zur Darstellung von Te_3Cl_2 wird gepulvertes Tellur mit getrocknetem Chlor im Molverhältnis 1:2 in einem besonderen Reaktionsgefäß (Figur s. Original) langsam umgesetzt. Nach Beendigung der Reaktion bei 200 bis 220°C wird das Reaktionsprodukt bei 300 bis 350°C geschüttelt und anschließend die homogene Schmelze abgeschreckt. Zur Einstellung des Festkörpergleichgewichts wird das Reaktionsprodukt zwei bis drei Wochen bei 180°C getempert, danach ist die Umsetzung in Te_3Cl_2 und $TeCl_4$ vollständig. Dabei setzen sich an den Wänden des Reaktionsgefäßes silbergraue kompakte Kristalle von Te_3Cl_2 ab, die für röntgenographische Einkristallaufnahmen geeignet sind. Aus dem Reaktionsgemisch wird $TeCl_4$ durch Lösen in einem Gemisch von Toluol und Benzin (1:1) entfernt. Dabei ist wegen der im Lösungsmittel möglichen Reaktion $2\,Te_3Cl_{2\,fest} \rightarrow 5\,Te_{fest} + TeCl_{4\,gelöst}$ Vorsicht geboten, Rabenau u.a. [3], Rabenau, Rau [4], Kniep u.a. [2].

Te_3Cl_2 schmilzt peritektisch bei 238°C [3], bei 239°C [4].

Te_3Cl_2 kristallisiert in der monoklinen Raumgruppe $P2_1/n$ ($P2_{1/c}$)-C_{2h}^5 (Nr. 14) mit a = 10.136, b = 8.635, c = 7.039 Å, β = 100.74°, Kniep u.a. [2]; geringfügig abweichende Gitterkonstanten s. bei Kniep u.a. [1]. Bei ersten Untersuchungen werden von Rabenau u.a. [3] für die übliche Aufstellung a = 7.069, b = 8.652, c = 11.26 Å, β = 117.51° und Z = 4 gefunden. — Die Atomparameter aus der Strukturuntersuchung an 2610 unabhängigen Reflexen (MoKα-Strahlung) nach anisotroper Verfeinerung ohne Korrektur auf Absorption und Extinktion bis R = 9.6% sind bei Kniep u.a. [2] aufgeführt. Bauelement dieser Struktur ist eine unendliche Te-Schraube parallel der zweizähligen Achse. Jedes dritte Te-Atom bindet axial zwei Cl-Atome. Die Koordination dieses Te-Atoms ist unter Berücksichtigung des einsamen Elektronenpaares trigonal-bipyramidal. Bindungsabstände und Winkel in der Schraube sind in **Fig. 6a**, S. 70, eingetragen. Demnach ist der Bindungsabstand zwischen einem substituierten und einem nicht substituierten Te-Atom (ähnlich wie innerhalb der Tellurschrauben in der Elementstruktur) etwas länger als aus der Summe der kovalenten Einfachbindungsradien von Tellur bestimmt werden kann (2.74 Å). Der kurze Abstand zwischen nicht substituierten Te-Atomen (2.76 Å) zeigt hingegen partiellen Doppelbindungscharakter (Summe der kovalenten Doppelbindungsradien von Tellur: 2.54 Å). Die kürzesten Abstände zwischen benachbarten Te-Schrauben betragen 3.41 Å. Die Anordnung der Bauelemente im Strukturverband, s. **Fig. 6b**, S. 70, bewirkt, daß (101) die bevorzugte Spaltebene ist, Kniep u.a. [2]. Die Dichte ergibt sich aus den Gitterkonstanten zu D = 4.98 g/cm³ [2], pyknometrisch wird D = 4.90 g/cm³ gemessen, Rabenau u.a. [3].

Parallel zur kristallographischen b-Achse hat Te_3Cl_2 die höchste spezifische Leitfähigkeit $\varkappa$ von allen Te-Subhalogeniden, s. **Fig. 7**, S. 70, senkrecht dazu ist $\varkappa$ etwa 100mal geringer. Unterhalb 300 K sind beide fast unabhängig von der Temperatur. Die Breite der verbotenen Zone wird aus optischen Messungen zu 1 eV bestimmt. Der Anisotropiefaktor ist 10, d.h dreimal größer als für Te, v. Alpen, Kniep [5].

Te_3Cl_2 ist an der Luft beständig und löst sich in heißen Säuren und Laugen, Rabenau u.a. [3].

Zum Auftreten von **TeCl** im System Te-$TeCl_4$ s. S. 68. TeCl wird nach Blitzlichtphotolyse (1600 J) von $TeCl_2$-Dampf bei 140°C in N_2-Atmosphäre (100 Torr) durch sein UV-Spektrum nachgewiesen.

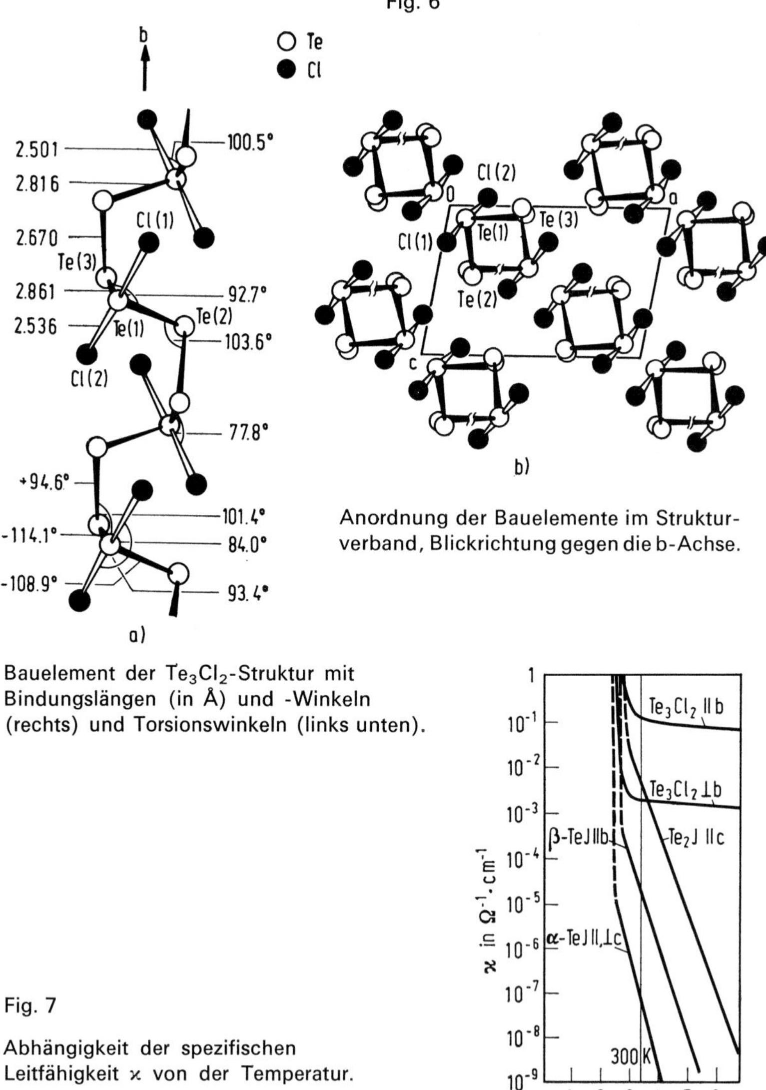

Bauelement der Te_3Cl_2-Struktur mit Bindungslängen (in Å) und -Winkeln (rechts) und Torsionswinkeln (links unten).

Anordnung der Bauelemente im Strukturverband, Blickrichtung gegen die b-Achse.

Fig. 7

Abhängigkeit der spezifischen Leitfähigkeit $\varkappa$ von der Temperatur.

Hier werden zwischen 220 und 240 nm neun violett abschattierte Banden beobachtet, die in zwei Teilsysteme mit ν_{00}-Werten von 42624 und 44298 cm^{-1} eingeordnet werden. Die Analyse der Schwingungsstruktur ergibt $\Delta G''_{1/2} = 386$ und $\Delta G'_{1/2} = 455$ cm^{-1}. Die Teilsysteme werden gedeutet als Übergänge von den beiden Spin-Bahn-Komponenten $^2\Pi_{3/2}$ und $^2\Pi_{1/2}$ des Grundzustands $^2\Pi_i$ mit der vermuteten Elektronenkonfiguration $\cdots (w\pi)^4(x\sigma)^2(v\pi)^3$ zu einem Zustand B mit erheblich kleinerer Spin-Bahn-Aufspaltung als im Grundzustand. Wahrscheinlich handelt es sich um die Anregung eines Elektrons aus einem $v\pi$-Orbital in ein weniger antibindendes Orbital, Oldershaw, Robinson [6].

Literatur:

[1] R. Kniep, D. Mootz, A. Rabenau (Angew. Chem. **85** [1973] 504/5; Angew. Chem. Intern. Ed. Engl. **12** [1973] 499/500). — [2] R. Kniep, D. Mootz, A. Rabenau (Z. Anorg. Allgem. Chem. **422** [1976] 17/38). — [3] A. Rabenau, H. Rau, G. Rosenstein (Angew. Chem. **82** [1970] 811/2; Angew. Chem. Intern. Ed. Engl. **9** [1970] 802/3). — [4] A. Rabenau, H. Rau (Z. Anorg. Allgem. Chem. **395** [1973] 273/9). — [5] U. v. Alpen, R. Kniep (Solid State Commun. **14** [1972] 1033/6).

[6] G. A. Oldershaw, K. Robinson (J. Mol. Spectry. **37** [1971] 314/20; Chem. Commun. **1970** 540).

5.3 Tellur(II)-chlorid, $TeCl_2$

Tellurium(II) Chloride

Ältere Angaben s. „Tellur" S. 325.

Allgemeines

General

$TeCl_2$ existiert im gasförmigen Zustand, wie Untersuchungen von Ivashin, Petrov [1] in der Dampfphase über einer Te-$TeCl_4$-Schmelze ergeben haben. Es bildet sich auch im flüssigen Zustand in der Te-$TeCl_4$-Schmelze, reagiert aber weiter und wird beim Abkühlen in der Schmelze nicht vorgefunden, Ivashin u. a. [2]. Die Existenz im festen Zustand ist nicht geklärt. $TeCl_2$ ist nach Ivashin, Petrov [1] und Rabenau, Rau [3] im festen Zustand im System Te-$TeCl_4$ nicht zu beobachten. Es wird aber nicht ausgeschlossen, daß es unter besonderen Versuchsbedingungen kondensiert metastabil erhalten werden kann [3]. Zu dem Ergebnis, daß $TeCl_2$ im festen Zustand nicht existiert, kommen auch Christensen, Alstadt [4] auf Grund ihrer Untersuchungen (Raman-, IR-, Röntgen- und gravimetrische Untersuchungen sowie Neutronenaktivierungsanalyse) an im Handel erhältlichen und nach Angaben von Aynsley [5] hergestellten Präparaten, s. dazu Original [4]. Nach diesen Untersuchungen handelt es sich bei festem $TeCl_2$ um Gemische von $TeCl_4$ und Te oder um Mischkristalle; diese Ansicht wurde bereits früher geäußert, s. „Tellur" S. 325. Dagegen existiert aber $TeCl_2$ in festem Zustand in Form seiner Komplexe $Te(L_n)Cl_2$, z. B. mit Schwefel-Donoren wie Thioharnstoff und dessen N-substituierten Derivaten (L), s. dazu in „Tellur" Erg.-Bd. B 3.

Literatur:

[1] S. A. Ivashin, E. S. Petrov (Izv. Sibirsk. Otd. Akad. Nauk SSSR Ser. Khim. Nauk **1970** Nr. 5, S. 48/54; Sib. Chem. J. **1970** 609/14; C. A. **74** [1971] Nr. 57890). — [2] S. A. Ivashin, A. N. Kanev, E. S. Petrov (Izv. Sibirsk. Otd. Akad. Nauk SSSR Ser. Khim. Nauk **1971** Nr. 3, S. 28/34; C.A. **76** [1972] Nr. 145518). — [3] A. Rabenau, H. Rau (Z. Anorg. Allgem. Chem. **395** [1973] 273/9). — [4] G. C. Christensen, J. Alstadt (Radiochem. Radioanal. Letters **13** [1973] 227/34). — [5] E. E. Aynsley (J. Chem. Soc. **1953** 3016/9).

5.3.1 Bildung. Darstellung

Formation. Preparation

$TeCl_2$ bildet sich aus Te und SO_2Cl_2 schon bei Normaltemperatur, lebhafter bei 30 bis 40°C entsprechend $SO_2Cl_2 + Te = TeCl_2 + SO_2$; mit überschüssigem SO_2Cl_2 wird $TeCl_4$ gebildet, Masaguer [2]. — Nach Montignie [3] tritt $TeCl_2$ (oder $TeCl_4$) bei der Reaktion von Te mit überschüssigem PCl_5 auf (ohne weitere Angaben). — $TeCl_2$ wird beim Erhitzen von Te mit CCl_4, S_2Cl_2, $HgCl_2$, $NiCl_2$, AgCl, K_2PtCl_6 erhalten, Anderson, Steinbrecher [4]. — Es bildet sich in gasförmigem Zustand bei der thermischen Zersetzung von $TeCl_4$ bei >420°C, Ivashin, Petrov [5], >500°C, Oppermann u. a. [22], in N_2-Atmosphäre schon bei 190°C, disproportioniert aber sofort, Allakhverdov u. a. [6], s. dazu S. 90. Bei der Reaktion von $TeCl_4$-Dampf mit atomarem H tritt $TeCl_2$ im elektronisch angeregten Zustand auf, Marteel u. a. [19], s. dazu S. 74. — Nach Aynsley, Watson [7] wird $TeCl_2$ bei der Einwirkung von Chlorgas auf $TeBr_2$ unter leichtem Erhitzen als Zwischenprodukt erhalten, das dann sofort zu $TeCl_4$ weiterreagiert. — Auch bei elektrochemischen Reaktionen wird die Bildung von $TeCl_2$ beobachtet, beispielsweise bei Strom-Potential-Messungen für Te in LiCl-KCl-Schmelzen [8] oder bei der anodischen Auflösung von Te (z. B. in HCl-Lösungen) [9] oder in $TeCl_4$-CH_3COOH-

Lösungen [10] und auch bei der kathodischen Abscheidung von Te (z.B. aus $TeCl_4$-Lösung in CH_3COOH) [11] oder aus Lösungen von TeO_2 in HCl [12, 13]. Das gebildete $TeCl_2$ entweicht als flüchtige Substanz [8] oder disproportioniert in Te und $TeCl_4$ [9, 10, 11].

Zur Darstellung von festem $TeCl_2$ wird von Aynsley [14] die Umsetzung von Te mit CCl_2F_2 verwendet. Mit dieser Methode soll die Verbindung in reinem Zustand und guter Ausbeute erhalten werden im Gegensatz zu den früheren Verfahren, s. Original und „Tellur" S. 325, bei denen Mischungen mit $TeCl_4$ und/oder Te entstehen, aus denen reines $TeCl_2$ nur schwer frei von $TeCl_4$-Resten herzustellen ist. Zur Darstellung wird CCl_2F_2, getrocknet mit konzentrierter Schwefelsäure und P_2O_5, über geschmolzenes Te geleitet, das sich in einem Pyrex-Glasrohr mit mehreren Verengungen befindet. Das gebildete $TeCl_2$ wird mit dem Gasstrom von einem Abteil zum anderen transportiert und in einem zusätzlichen Behälter frei von Verunreinigungen kondensiert. $TeCl_2$ wird durch Analyse identifiziert [14]. Über Nebenprodukte bei der Reaktion und den wahrscheinlichen Reaktionsmechanismus s. Aynsley, Watson [15]. — Die Darstellung des $TeCl_2$ nach dieser Methode wird von Prince u.a. [16] bezweifelt, da das Produkt nicht eindeutig unterschieden wird von der entweder glasigen oder feinkristallinen Mischung von Te und $TeCl_4$, die offenbar bei der Abkühlung der einphasigen Schmelze der Zusammensetzung $TeCl_2$ erhalten wird. Von Christensen, Alstadt [17] durchgeführte Untersuchungen (Raman-, IR-, Röntgen- und gravimetrische Untersuchungen, Neutronenaktivierungsanalyse) an $TeCl_2$, dargestellt nach Aynsley [14] und an im Handel erhältlichem $TeCl_2$ zeigen, daß es sich bei den festen Substanzen nicht um $TeCl_2$ handelt, sondern um Mischungen von Te mit $TeCl_4$. Sie kommen zu dem Ergebnis, daß $TeCl_2$ im festen Zustand nicht existiert; s. dazu auch S. 71.

Von Safonov u.a. [18] wird $TeCl_2$ durch Reduktion von $TeCl_4$ mit pulverförmigem Te hergestellt entsprechend $TeCl_4 + Te = 2TeCl_2$ oder durch Reduktion von $TeCl_4$ mit $SnCl_2$ nach $TeCl_4 + SnCl_2 = SnCl_4 + TeCl_2$, wobei das gebildete $SnCl_4$ im Vakuum abdestilliert wird. Ergebnisse der chemischen und Röntgenanalyse des Reaktionsproduktes s. Original [18].

Thermodynamic Data of Formation

Thermodynamische Daten der Bildung

Die Bildungsenthalpie ΔH und die freie Bildungsenthalpie ΔG in kcal/mol für die Bildung von festem $TeCl_2$ unter Standardbedingungen betragen $\Delta H^\circ_{298} = -55$ und $\Delta G^\circ_{298} = -44$, berechnet aus Literaturdaten; ΔG-Werte bis 2500 K s. Original, Glassner [20]. $\Delta H^\circ_{298} = -47 \pm 10$ geschätzt entsprechend dem Wert $\Delta H^\circ_{298} = -77.4$ für festes $TeCl_4$, Mills [21].

Für gasförmiges $TeCl_2$ ergibt sich $\Delta H_{298} = -27 \pm 10$ aus dem geschätzten ΔH-Wert für festes $TeCl_2$ und Dampfdruckdaten, Mills [21].

Für die Bildung von flüssigem $TeCl_2$ in einer Te-$TeCl_4$-Schmelze wird $\Delta H = 16.0 \pm 1.4$ und $\Delta S = 18.6 \pm 3.8$ cal · mol^{-1} · K^{-1} von Ivashin u.a. [1] aus thermodynamischen Berechnungen angegeben.

Literatur:

[1] S. A. Ivashin, A. N. Kanev, E. S. Petrov (Izv. Sibirsk. Otd. Akad. Nauk SSSR Ser. Khim. Nauk **1971** Nr. 3, S. 28/34; C.A. **76** [1972] Nr. 145518). — [2] J. R. Masaguer (Anales Real Soc. Espan. Fis. Quim. [Madrid] B **53** [1957] 509/17, 515). — [3] E. Montignie (Bull. Soc. Chim. France **1948** 180/1). — [4] H. H. Anderson, L. Steinbrecher (NYO-8511 [1958] 1/20, 17; N.S.A. **12** [1958] Nr. 15326). — [5] S. A. Ivashin, E. S. Petrov (Izv. Sibirsk. Otd. Akad. Nauk SSSR Ser. Khim. Nauk **1971** Nr. 2, S. 28/33; C.A. **76** [1972] Nr. 104075).

[6] G. R. Allakhverdov, G. M. Serebrennikova, B. D. Stepin (Zh. Neorgan. Khim. **15** [1970] 77/80; Russ. J. Inorg. Chem. **15** [1970] 39/41). — [7] E. E. Aynsley, R. H. Watson (J. Chem. Soc. **1955** 2603/6). — [8] F. G. Bodewig, J. A. Plambeck (J. Electrochem. Soc. **117** [1970] 618/21). — [9] A. I. Alekperov, F. S. Novruzova, M. A. Babaeva (Azerb. Khim. Zh. **1971** Nr. 2, S. 129/32; C.A. **76** [1972] Nr. 79979). — [10] A. I. Alekperov, A. A. Mirzoeva (Nov. Poluprov. Mater. **1972** 139/41 nach C.A. **79** [1973] Nr. 99793).

[11] A. I. Alekperov (Elektrokhimiya **4** [1969] 847/51; Soviet Electrochem. **4** [1968] 764/7). — [12] A. I. Alekperov, F. S. Novruzova (Elektrokhimiya **5** [1969] 97/9; Soviet Electrochem. **5** [1969] 86/8). — [13] A. I. Alekperov, M. A. Babaeva (Dokl. Akad. Nauk Azerb.SSR **24** [1968] Nr. 9, S. 16/9;

C.A. **70** [1969] Nr. 102428). — [14] E. E. Aynsley (J. Chem. Soc. **1953** 3016/9). — [15] E. E. Aynsley, R. H. Watson (J. Chem. Soc. **1955** 576/7).

[16] D. J. Prince, J. D. Corbett, B. Garbisch (Inorg. Chem. **9** [1970] 2731/5). — [17] G. C. Christensen, J. Alstadt (Radiochem. Radioanal. Letters **13** [1973] 227/34). — [18] V. V. Safonov, B. G. Korshunov, V. V. Pervushkin (Izv. Vysshikh Uchebn. Zavedenii Tsvetn. Met. **13** [1970] 97/100; C.A. **74** [1971] Nr. 103645). — [19] J. P. Marteel, B. Vidal, P. Goudmand (Compt. Rend. C **276** [1973] 731/4). — [20] A. Glassner (ANL-5750 [1958] 1/71, 48, 70; C.A. **1958** 4303).

[21] K. C. Mills (Thermodynamic Data for Inorganic Sulphides, Selenides, and Tellurides, London 1974, S. 1/845, 221/2). — [22] H. Oppermann, G. Stöver, E. Wolf (Z. Anorg. Allgem. Chem. **410** [1974] 179/94).

5.3.2 Molekül

The Molecule

Punktgruppe, Terme, Mössbauer-Effekt, Polarisierbarkeit: $TeCl_2$ ist gewinkelt (Punktgruppe C_{2v}), wie sich aus der Schwingungsstruktur des Elektronenbandenspektrums, Spinnler [1], und aus dem Raman-Spektrum, Beattie, Perry [10], ergibt. Die gewinkelte Struktur liegt auch im elektronisch angeregten Zustand mit $T_0 = 17142\ cm^{-1}$ vor [1]. Der Grundterm ist $^1A_1$, Herzberg [2].

Das Mössbauer-Spektrum mit der 35.6 keV-Strahlung von ^{125}Te zeigt eine Isomerieverschiebung $\delta = 0.48 \pm 0.2$ mm/s, bezogen auf eine Quelle von ^{125}J in Cu und eine Quadrupolaufspaltung $\Delta = 6.5 \pm 0.4$ ($^1/_4\ e^2qQ = 3.25$ mm/s); Quelle und Absorber bei 77 K, Jung, Triftshäuser [3]. Bezogen auf Te-Metall wird $\delta = 0.50 \pm 0.30$ mm/s bei 77 K gemessen, Unland [5]. Innerhalb der Meßfehler übereinstimmende Ergebnisse für δ (bezogen auf ^{125}J in Cu) s. Ruby, Shenoy [4], für ε s. [5].

Für die Polarisierbarkeit wird mit dem δ-Funktion-Modell der chemischen Bindung $98.09 \times 10^{-25}\ cm^3$ berechnet, Lippincott u. a. [6].

Bindungswinkel α, Kernabstand r(Te-Cl): $\alpha = 72°$ ergibt sich für den Grundzustand und den elektronisch angeregten Zustand aus der Schwingungsanalyse eines Elektronenbandenspektrums [1]. Ergebnisse einer älteren Elektronenbeugungsmessung s. „Tellur" S. 326; es wird neuerdings bezweifelt, ob die dort untersuchte Substanz tatsächlich $TeCl_2$ war, Dutton [7]. — Berechnete Werte: r = 2.33 Å unter Verwendung von Atomradien und Elektronegativitäten. r als Summe der atomaren Kovalenzradien ist 2.36 Å, Huggins [8]. Im elektronisch angeregten Zustand ist r vermutlich wesentlich größer als im Grundzustand, Wehrli, Spinnler [9].

Molekülschwingungen, Kraftkonstanten. Für die Frequenzen (in cm^{-1}) der totalsymmetrischen Streckschwingung (ν_1) und Biegeschwingung (ν_2) ergibt die Schwingungsanalyse des Elektronenbandenspektrums von $Te^{35}Cl_2$ die Werte $\omega_1'' = 391$, $\omega_1 x_1'' = 2.5$, $\omega_2'' = 71$ im Grundzustand und $\omega_1' = 314$, $\omega_1 x_1' = 0.5$, $\omega_2' = 58$ im elektronisch angeregten Zustand. Daraus werden die Kraftkonstanten (in mdyn/Å) $f_r'' = 2.18$ und $f_\alpha'' = 0.0455$ sowie $f_r' = 1.45$ und $f_\alpha' = 0.0154$ bestimmt (bei Vernachlässigung der Wechselwirkungskonstanten f_{rr} und $f_{r\alpha}$). Die Frequenzen der antisymmetrischen Streckschwingung (ν_3) werden zu $\omega_3'' = 360$ und $\omega_3' = 290\ cm^{-1}$ berechnet, Spinnler [1].

Im Raman-Spektrum (mit Fluoreszenzemission überlagert) werden zwei Banden bei 377 und 125 cm^{-1} den Schwingungen ν_1 und ν_2 zugeordnet, Beattie, Perry [10].

Literatur:

[1] W. Spinnler (Helv. Phys. Acta **18** [1945] 297/316). — [2] G. Herzberg (Molecular Spectra and Molecular Structure, Bd. 3, Electronic Spectra and Electronic Structure of Polyatomic Molecules, New York 1966, S. 608). — [3] P. Jung, W. Triftshäuser (Phys. Rev. [2] **175** [1968] 512/21). — [4] S. L. Ruby, G. K. Shenoy (Phys. Rev. [2] **186** [1969] 326/31). — [5] M. L. Unland (J. Chem. Phys. **49** [1968] 4514/20).

[6] E. R. Lippincott, G. Nagarajan, J. M. Stutman (J. Phys. Chem. **70** [1966] 78/84). — [7] W. A. Dutton (in: W. C. Cooper, Tellurium, New York 1971, S. 110/83, 138). — [8] M. L. Huggins (J. Am. Chem. Soc. **75** [1953] 4126/33). — [9] M. Wehrli, W. Spinnler (Helv. Phys. Acta **17** [1944] 240/2). — [10] I. R. Beattie, R. O. Perry (J. Chem. Soc. A **1970** 2429/32).

Physical Properties

5.3.3 Physikalische Eigenschaften

Der früher gemessene Schmelzpunkt $t_f = 209°C$ (s. „Tellur" S. 325) wurde bei neueren Messungen von Aynsley [1] praktisch genau bestätigt: $t_f = 208°C$. Der Dampfdruck p nimmt nach Messungen im Bourdon-Rohr aus Pyrex-Glas folgendermaßen zu:

t in °C	204	207.5	226	231	241	244.5	264
p in Torr	30	34	62	72	100	109	186
t in °C	266	270	285.5	286.5	287.5	298	304
p in Torr	195	215	338	346	358	490	546

Diese Werte lassen sich mit der Formel $\lg p = 8.52 - 3359.67/T$ erfassen, aus der sich der Siedepunkt $T_v = 595$ K und die Verdampfungsenthalpie zu $\Delta H_v = 15.3$ kcal, Wehrli, Gutzwiller [2], und die Verdampfungsentropie zu $\Delta S = 25.8\ cal \cdot mol^{-1} \cdot K^{-1}$ ergeben, Mills [5]. Dagegen beobachtet Aynsley [1] $T_v = 601$ K. Einen Siedepunkt von 600 K nennen Bodewig, Plambeck [4]. Nach Berechnungen von Mills [5] beträgt die Standardentropie von gasförmigem $TeCl_2$ auf Grund von optischen Daten und strukturellen Vergleichen mit SCl_2 und $SeCl_2$ $S^\circ_{298} = 73.029\ cal \cdot mol^{-1} \cdot K^{-1}$. Für die Wärmekapazität der gasförmigen Substanz gilt im Bereich von 298 bis 2000 K die Gleichung $C_p = [13.869 + 0.0219 \times 10^{-3}\,T - 0.788 \times 10^5\,T^{-2}]\ cal \cdot mol^{-1} \cdot K^{-1}$ [5].

Die spezifische Suszeptibilität, nach der Methode von Gouy gemessen, beträgt $\chi = -0.4760 \times 10^{-6}$ cm^3/g, die Molsuszeptibilität somit $\chi_{mol} = -94.45 \times 10^{-6}$ cm^3/mol, Dharmatti [3].

Bei der Anregung von gasförmigem $TeCl_2$ mit der 514.5 nm-Linie eines Ar^+-Lasers bei 400°C werden neben zwei polarisierten Raman-Banden bei 377 (ν_1) und 125 (ν_2) cm^{-1} auch Resonanzfluoreszenz-Linien beobachtet, deren Abstand etwa der ν_2-Schwingung entspricht, Beattie, Perry [6]. — Das von Spinnler [7] und Wehrli, Spinnler [8] untersuchte Absorptionsspektrum zwischen 470 und 640 nm besteht aus ≈110 nach Rot abschattierten, an den Kanten mehr oder weniger diffusen Banden. Durch Anreicherung mit ^{37}Cl können die Bandenkanten von $Te^{35}Cl_2$, $Te^{37}Cl_2$ und $Te^{35}Cl^{37}Cl$ gemessen werden. Bei der Reaktion von atomarem Wasserstoff mit $TeCl_4$-Dampf (s. S. 71) tritt ein Chemolumineszenzspektrum auf, das zusätzlich zu den in Absorption gemessenen Banden weitere 32 zeigt, Marteel u.a. [9]. — Aus der Isotopieaufspaltung folgt, daß für alle beobachteten Banden $v_3' = 1$ und $v_3'' = 0$ gilt [7, 9]. Auf Grund dieser Zuordnung, die von Herzberg [10] angezweifelt wird, sollte es sich um einen verbotenen Übergang handeln [7, 10]. — Im Absorptionsspektrum zwischen 168 und 184 nm erscheinen 13 und zwischen 205 und 220 nm 25 Banden, violett abschattiert und zum Teil diffus. Sie sind nicht näher klassifiziert, Müller, Wehrli [11].

Literatur:

[1] E. E. Aynsley (J. Chem. Soc. **1953** 3016/9). — [2] M. Wehrli, N. Gutzwiller (Helv. Phys. Acta **14** [1941] 307/9). — [3] S. S. Dharmatti (Proc. Indian Acad. Sci. A **12** [1941] 212/22, 215). — [4] F. G. Bodewig, J. A. Plambeck (J. Electrochem. Soc. **117** [1970] 618/21, 621). — [5] K. C. Mills (Thermodynamic Data for Inorganic Sulphides, Selenides, and Tellurides, London 1974, S. 1/845, 222).

[6] I. R. Beattie, R. O. Perry (J. Chem. Soc. A **1970** 2429/32). — [7] W. Spinnler (Helv. Phys. Acta **18** [1945] 297/316). — [8] M. Wehrli, W. Spinnler (Helv. Phys. Acta **17** [1944] 240/2). — [9] J.-P. Marteel, B. Vidal, P. Goudmand (Compt. Rend. C **276** [1973] 731/4). — [10] G. Herzberg (Molecular Spectra and Molecular Structure, Bd. 3, Electronic Spectra and Electronic Structure of Polyatomic Molecules, New York 1966, S. 608).

[11] P. Müller, M. Wehrli (Helv. Phys. Acta **15** [1942] 307/10).

Chemical Reactions

5.3.4 Chemisches Verhalten

Der β-Faktor für den Isotopenaustausch (Definition s. S. 28) wird mit Hilfe der Korrelationsmethode aus Molekelschwingungen bei 300 K unter Zugrundelegung des Modells des verallgemeinerten Valenzkraftfeldes zu $\beta_{Te} = 1.000490$ erhalten; die Fehlergrenze für β-1 wird auf höchstens 5% geschätzt, Knyazev u.a. [1].

Bei der Blitzlichtphotolyse (flash-Energie 1600 J) von gasförmigem $TeCl_2$, gemischt mit N_2, wird bei 140°C UV-spektroskopisch TeCl nachgewiesen, Oldershaw, Robinson [2].

$TeCl_2$ wird beim Erwärmen in Fluor (verdünnt mit N_2) zu TeF_4 umgewandelt. Beim Erhitzen in Chlor wird es zum Tetrachlorid oxidiert. Mit flüssigem Brom bildet sich $TeBr_2Cl_2$ im Verlauf einer stark exothermen Reaktion, Aynsley [3].

Die Hydrolyse des $TeCl_2$ ist von Disproportionierung begleitet und ergibt die Produkte Te, H_2TeO_3 und HCl, George [4].

$TeCl_2$ absorbiert gasförmiges NH_3 bei −20°C schnell unter starker Volumenvergrößerung; nach Entfernen des NH_3 verbleibt eine schwarze, pulverförmige Substanz, die neben anderem auch NH_4Cl enthält. Flüssiges NH_3 wird bei −50°C auch erst unter Volumenvergrößerung absorbiert, reagiert dann aber mit $TeCl_2$ unter Bildung von Te nach $3TeCl_2 + 8NH_3 \rightarrow 3Te + 6NH_4Cl + N_2$ [3]. — Von flüssigem N_2O_4 wird $TeCl_2$ zu TeO_2 oxidiert; dabei bildet sich NOCl entsprechend $TeCl_2 + N_2O_4 \rightarrow TeO_2 + 2NOCl$; mit gasförmigem N_2O_4 findet keine Reaktion statt [3]. — In flüssigem HCl löst sich $TeCl_2$ nur wenig, die gesättigte Lösung hat bei −95°C eine spezifische elektrische Leitfähigkeit von 0.86 $\Omega^{-1} \cdot cm^{-1}$, Peach [8]. — $TeCl_2$ reagiert weder mit gasförmigem noch mit flüssigem SO_2 [3]. Von S_2Cl_2 wird es zu $TeCl_4$ oxidiert, Fortunatov u.a. [5], ebenso von Se_2Cl_2, Bagnall [6].

$TeCl_2$ reagiert mit Alkalichloriden in der Schmelze unter Bildung von $MTeCl_3$ (M = K, Rb, Cs), Safonov u.a. [7], s. dazu auch die entsprechenden Systeme und Verbindungen unten. — Zum Verhalten gegen $SnCl_4$ s. beim Verhalten von $TeCl_4$ gegen $SnCl_2$, S. 96.

In organischen Lösungsmitteln wie Diäthyl-, Dibutyläther und Dioxan disproportioniert $TeCl_2$ schnell in Te und $TeCl_4$. In Pyridin tritt mit einem der Produkte Komplexbildung ein, Te und $(C_5H_5N)_2TeCl_4$ werden erhalten. In Lösungsmitteln wie CCl_4 ist $TeCl_2$ unlöslich [3]. — Die von Hellwinkel, Fahrbach [9] angegebene Reaktion von $TeCl_2$ mit Dilithiumbiphenyl, die zur Bildung von Biphenylentellurid(IV) führt, ist durch die Disproportionierung von $TeCl_2$ in Ätherlösung eine Reaktion des Gemisches von Te und $TeCl_4$, Irgolic, Zingaro [10].

Literatur:

[1] D. A. Knyazev, A. A. Ivlev, I. B. Popov (Zh. Fiz. Khim. **43** [1969] 1269/78; Russ. J. Phys. Chem. **43** [1969] 704/8). — [2] G. A. Oldershaw, K. Robinson (J. Mol. Spectr. **37** [1971] 314/20). — [3] E. E. Aynsley (J. Chem. Soc. **1953** 3016/9). — [4] J. W. George (Progr. Inorg. Chem. **2** [1960] 33/107, 92). — [5] N. S. Fortunatov, N. I. Timoshchenko, Z. A. Fokina (Ukr. Khim. Zh. **37** [1971] 6/12; C.A. **74** [1971] Nr. 146840).

[6] K. W. Bagnall (The Chemistry of Selenium, Tellurium and Polonium, Amsterdam – London – New York 1966, S. 1/200, 110). — [7] V. V. Safonov, B. G. Korshunov, V. V. Pervushkin (Izv. Vysshikh Uchebn. Zavedenii Tsvetn. Met. **13** [1970] 97/100; C.A. **74** [1971] Nr. 103645). — [8] M. E. Peach (Can. J. Chem. **47** [1969] 1675/80). — [9] D. Hellwinkel, G. Fahrbach (Tetrahedron Letters **23** [1965] 1823/7). — [10] K. J. Irgolic, R. A. Zingaro (Organometal. Reactions **2** [1971] 117/334, 177/80).

5.4 Das System $TeCl_2$-MCl (M = Na, K, Rb, Cs)

The $TeCl_2$-MCl System

Die Wechselwirkung des $TeCl_2$ mit den Chloriden des Na, K, Rb und Cs wird differentialthermoanalytisch untersucht.

Das Schmelzdiagramm des Systems **$TeCl_2$-NaCl** ist von eutektischem Typ. Das Eutektikum liegt bei 95 Mol-% $TeCl_2$ und schmilzt bei 183°C.

Im binären System **$TeCl_2$-KCl**, Zustandsdiagramm s. **Fig. 8**, S. 76, tritt die bei 508°C kongruent schmelzende Verbindung $KTeCl_3$ auf. Die beiden Eutektika, die zwischen KCl und $KTeCl_3$ sowie zwischen $KTeCl_3$ und $TeCl_2$ gebildet werden, liegen bei 422°C und 34.5 Mol-% $TeCl_2$ sowie bei 186°C und 82 Mol-% $TeCl_2$.

Die Komponenten des Systems **$TeCl_2$-RbCl** reagieren unter Bildung der bei 554°C kongruent schmelzenden Verbindung $RbTeCl_3$. Die zwei Eutektika, die zwischen RbCl und $RbTeCl_3$ sowie zwischen $RbTeCl_3$ und $TeCl_2$ gebildet werden, liegen bei 35 und 90 Mol-% $TeCl_2$ und schmelzen bei 526 und 191 °C. Auf dem Zustandsdiagramm, s. **Fig. 9**, sind thermische Effekte bei 430 °C angegeben, deren Natur nicht geklärt ist, die aber wahrscheinlich auf polymorphe Umwandlung des $RbTeCl_3$ hindeuten.

Fig. 8

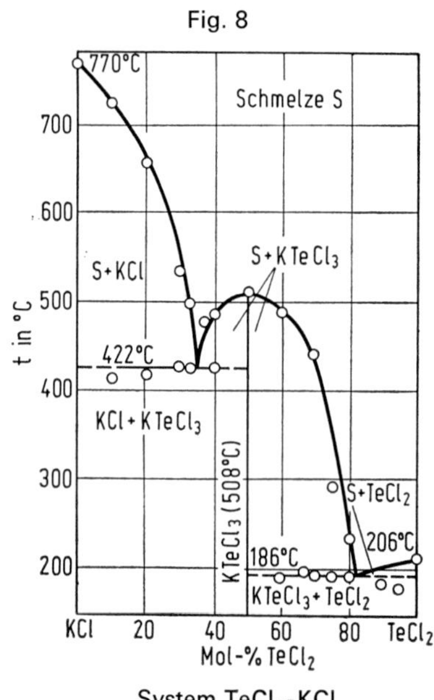

System $TeCl_2$-KCl.

Fig. 9

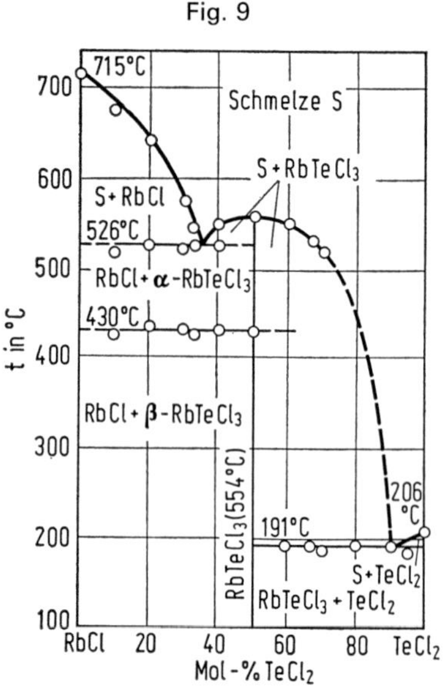

System $TeCl_2$-RbCl.

Die Wechselwirkung der beiden Komponenten im System **$TeCl_2$-CsCl** führt zur Bildung der bei 594 °C kongruent schmelzenden Verbindung $CsTeCl_3$. Das durch CsCl und $CsTeCl_3$ gebildete Eutektikum liegt bei 32 Mol-% $TeCl_2$ und 486 °C und das durch $CsTeCl_3$ und $TeCl_2$ gebildete bei 95 Mol-% $TeCl_2$ und 198 °C. Auf dem Zustandsdiagramm, s. **Fig. 10**, ist bei 452 °C die polymorphe Umwandlung des CsCl angemerkt.

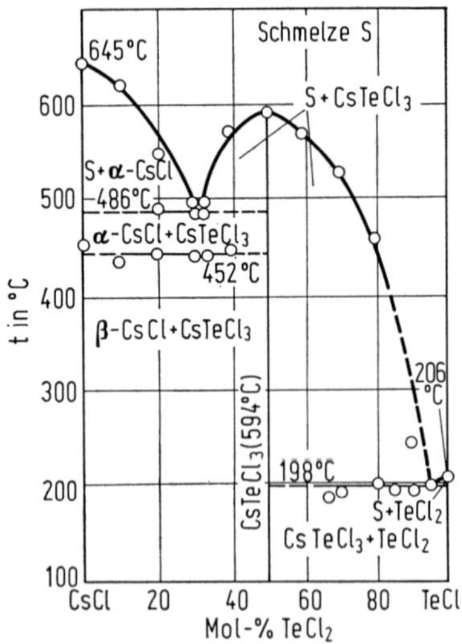

Fig. 10

System $TeCl_2$-CsCl.

Die in den binären Systemen nachgewiesenen Verbindungen $MTeCl_3$ werden durch Röntgenphasenanalyse bestätigt. Es wird ein Ansteigen der Komplexbildung in diesen Systemen in der Reihe Na, K, Rb, Cs beobachtet, auf Grund des komplizierter werdenden Verlaufes der Liquiduskurven und der Erhöhung der Schmelztemperatur der Verbindungen.

Literatur:

V. V. Safonov, B. G. Korshunov, V. V. Pervushkin (Izv. Vysshikh Uchebn. Zavedenii Tsvetn. Met. **13** [1970] 97/100; C. A. **74** [1971] Nr. 103645).

5.5 Alkalitrichlorotellurate(II)

Alkali Trichlorotellurates (II)

$KTeCl_3$

$KTeCl_3$

Die bei 508°C kongruent schmelzende Verbindung tritt im System $TeCl_2$-KCl auf, s. S. 75. Sie wird durch Röntgenanalyse identifiziert, eine schematische Darstellung des Pulverdiagramms s. Original.

$RbTeCl_3$

$RbTeCl_3$

Die Verbindung bildet sich im System $TeCl_2$-RbCl, s. S. 75. Sie schmilzt kongruent bei 554°C und wird durch Röntgenanalyse bestätigt, eine schematische Darstellung des Pulverdiagramms s. Original. Die bei 430°C im Zustandsdiagramm auftretenden thermischen Effekte sind nicht geklärt, deuten aber auf eine polymorphe Umwandlung zwischen α- und β-$RbTeCl_3$ hin.

$CsTeCl_3$

$CsTeCl_3$

Zum Auftreten der Verbindung im System $TeCl_2$-CsCl s. S. 76. Der Schmelzpunkt des kongruent schmelzenden $CsTeCl_3$ liegt bei 594°C. Durch Röntgenanalyse wird die Bildung der Verbindung festgestellt, eine schematische Darstellung des Pulverdiagramms s. Original.

Literatur:

V. V. Safonov, B. G. Korshunov, V. V. Pervushkin (Izv. Vysshikh Uchebn. Zavedenii Tsvetn. Met. **13** [1970] 97/100; C. A. **74** [1971] Nr. 103645).

5.6 Tellur(IV)-chlorid, $TeCl_4$

Tellurium(IV) Chloride

5.6.1 Bildung. Darstellung

Formation. Preparation

Ältere Angaben s. „Tellur" S. 328.

$TeCl_4$ bildet sich bei der Umsetzung von Te mit $CHCl_3$, CCl_4 oder C_2Cl_4 im geschlossenen Rohr bei 250°C. Bei der Reaktion von Te mit überschüssigem PCl_5 wird $TeCl_4$ (oder $TeCl_2$, s. S. 71) erhalten (ohne nähere Angaben), Montignie [1]. Es entsteht bei 600°C aus Te und Hg_2Cl_2, Anderson, Steinbrecher [2]. — Die Reaktion von TeO_2 mit Cl_2, gelöst in CCl_4, bei 100°C in einem zugeschmolzenen Rohr führt zur Bildung von $TeCl_4$. Auch mit $FeCl_3$ reagiert das Dioxid zu $TeCl_4$. Es entsteht aus NH_4Cl und TeO_2 beim Erhitzen, Montignie [3]. — $TeCl_4$ bildet sich beim Erhitzen von $TeCl_2$ in Cl_2, Aynsley [4], und beim langsamen Erwärmen von $TeBr_2$ in Cl_2, Aynsley, Watson [5]. Es entsteht neben Te bei der Disproportionierung von $TeCl_2$ in verschiedenen organischen Lösungsmitteln [4], s. dazu S. 75. — $TeCl_4$ tritt bei der thermischen Zersetzung der Hexachlorotellurate(IV) M_2TeCl_6 (M = Alkalimetall) in inertem Gas auf, entsprechend $M_2TeCl_6 \rightarrow TeCl_4 + 2\,MCl$, wird aber in Gegenwart von O_2 und Feuchtigkeit zu TeO_2 oxidiert, Allakhverdov u. a. [6], s. dazu bei den einzelnen Alkalihexachlorotelluraten(IV) ab S. 134. Auch bei der thermischen Zersetzung der entsprechenden Diazoniumsalze bildet es sich, Korewa [7]. — $TeCl_4$ scheidet sich in Form kleiner farbloser Kristalle ab beim Erhitzen von Certellurid CeTe in einem Cl_2-Strom, Montignie [8]. Es entsteht als flüchtiger Bestandteil neben CeClO bei der Reaktion von Ce_2O_2Te mit Cl_2 bei 150°C, Domange u. a. [9].

Die seit langem bekannte und immer noch übliche Darstellungsmethode ist die direkte Vereinigung der Elemente unter leichtem Erwärmen, vgl. dazu „Tellur" S. 328. Da $TeCl_4$ leicht hydrolysiert, muß die Synthese unter Feuchtigkeitsausschluß in besonderen Glasapparaturen durchgeführt werden; deren Beschreibung s. Brauer [10], Suttle u. a. [11, 12]. In einer solchen Apparatur wird über reines Te-Pulver langsam ein O_2-freier Cl_2-Strom geleitet unter gleichzeitigem vorsichtigem Erwärmen, um die Reaktion in Gang zu bringen. Sobald die Reaktion angelaufen ist, ist Wärmezufuhr nicht mehr nötig. Das Reaktionsprodukt verflüssigt sich nach einiger Zeit und färbt sich dabei schwarz. Durch überschüssiges Cl_2 wird die Umwandlung des Te in $TeCl_4$ vollständig und die Farbe der Flüssigkeit wechselt über dunkelrot nach gelb. Nach beendeter Reaktion wird unter schwachem Erwärmen ein trocknes Cl_2-HCl-Gemisch eingeleitet, um eventuell gebildetes Chloridoxid zu zersetzen. Das gebildete $TeCl_4$ wird mit einem langsamen Cl_2-Strom in Ampullen hineindestilliert. In den zugeschmolzenen Ampullen ist das feinkristalline $TeCl_4$ bei Normaltemperatur stabil [10, 11, 12]. — Houtgraaf u. a. [13] verwenden granuliertes Te anstelle von gepulvertem und erwärmen zu Anfang der Reaktion auf 175°C; während der Umsetzung steigt die Temperatur dann auf 195°C. Nochmaliges Erwärmen bis auf 256°C vervollständigt die Reaktion. Das $TeCl_4$ wird bei >390°C destilliert; bei dieser Temperatur sublimiert es hauptsächlich. Es ist in flüssigem Zustand bernsteinfarben und in gepulverter Form gelblich weiß [13]. — Von Oppermann u. a. [14] wird $TeCl_4$ durch Chlorierung von reinem Te im Cl_2-Strom bei 400°C dargestellt. Das Kondensat wird in einer Ampulle unter 1 atm Chlor umsublimiert. — Prince u. a. [15] verwenden reines Te (99.999%) und Cl_2, verdünnt mit Ar, zur $TeCl_4$-Darstellung (keine weiteren Angaben).

Die Chlorierung von Te mit Cl_2 zur Darstellung von $TeCl_4$ wird von Alekperov, Babaeva [16] in organischen Lösungen (CH_3OH, C_2H_5OH, C_3H_7OH, $(CH_3)_2CO$, CH_3COOH) vorgenommen. Diese Methode soll die Chlorierungszeit um fast $^1/_5$ verkürzen im Vergleich mit der trocknen Chlorierung. Hierzu wird Te in der Flüssigkeit suspendiert und dann Cl_2 hindurchgeleitet. Die Reaktion erfolgt unter Wärmeentwicklung, die Reaktionstemperatur wird aber durch Kühlung auf 25 bis 30°C gehalten. Nach Beendigung der Reaktion wird das Lösungsmittel abdestilliert, $TeCl_4$ verbleibt als feste Masse. Untersuchungen der Reaktionsbedingungen haben folgende Optima für die Chlorierung der Te-Suspensionen ergeben: Verwendung von CH_3COOH oder C_2H_5OH als Flüssigkeit beim Verhältnis fest:flüssig = 1:5, Reaktionstemperatur 25 bis 30°C, Mischungsgeschwindigkeit 600 bis 800 U/min [16]. Diese Chlorierungsmethode kann auch zur Herstellung von $TeCl_4$ aus Abfallprodukten, die Telluride oder TeO_2 enthalten, verwendet werden. Die Suspendierungsmittel sind CH_3OH, C_2H_5OH oder CH_3COOH, Alekperov u. a. [17].

Für präparative Zwecke ist nach Gutmann [18] die Reaktion von Te mit JCl verwertbar: $Te + 4JCl = TeCl_4 + 2J_2$. Zu feingepulvertem Te wird geschmolzenes JCl (Schmelzpunkt 27.2°C) tropfenweise hinzugefügt. Die Reaktion ist sehr lebhaft und verläuft quantitativ. Das überschüssige JCl und J_2 werden mit CCl_4 extrahiert [18]. — Paul, Singh [19] verwenden die Reaktion von Te mit SCl_2, die augenblicklich unter Bildung von kristallinem $TeCl_4$ nach $Te + 4SCl_2 = TeCl_4 + 2S_2Cl_2$ abläuft. Die Reaktion ist stark exotherm. $TeCl_4$ wird durch Filtrieren abgetrennt [19].

Sehr reines $TeCl_4$ wird aus TeO_2 und CCl_4 bei 500°C erhalten. Hierzu wird CCl_4 von einem CO_2-Strom bei 40 bis 50°C mit einer Geschwindigkeit von 1.5 l/h über TeO_2 geleitet, das sich in einem Pyrexglasrohr bei 500°C befindet. In einem anschließenden kälteren Abschnitt des Rohres wird das gebildete $TeCl_4$ bei 150°C gesammelt; das durch die Reaktion von $TeCl_4$ mit TeO_2 mitgebildete $Te_6Cl_2O_{11}$ wird bereits vorher in einem anderen Abschnitt des Rohres bei 280°C aufgefangen, Khodadad [20 bis 22].

Durch anodische Auflösung von Te in HCl bei 25 bis 50°C in einem Dreikammerelektrolyseur (s. Original) läßt sich $TeCl_4$ mit hohem Reinheitsgrad herstellen. Die Anode besteht aus Graphit, auf dem Te-Pulver angebracht ist; als Anodenflüssigkeit dient 6n HCl, als Kathodenflüssigkeit 10n HCl, Ryazanov u. a. [23].

Purification

Reinigung. Die Reinigung von $TeCl_4$ erfolgt durch Destillation; Beschreibung einer Apparatur s. Alekperov, Novruzova [24], durch Destillation mit einem Cl_2- oder Ar-Gasstrom, Alstadt u. a. [25]. Als Reinigungsmethode dient auch das Durchleiten von Ar oder Cl_2-Gas durch geschmolzenes $TeCl_4$. Das Material wird durch das Gas in einen wassergekühlten Kondensationsbehälter transportiert und verfestigt sich in Form von losem Pulver. Das anhaftende Transportgas wird durch Abpumpen im Vakuum entfernt, Christensen, Alstadt [26].

Die Reinigung des $TeCl_4$ von $SeCl_4$ erfolgt durch Destillation bei Atmosphärendruck. Ein anfänglicher $SeCl_4$-Gehalt von 10^{-1} Gew.-% wird auf 10^{-4} Gew.-% verringert durch Verwendung einer Destillierkolonne mit wenigstens fünf Böden und einem Rückflußverhältnis von 10, Krapukhin u.a. [27]. — Al-, Bi-, Fe- und Si-Verunreinigungen werden durch Zonenschmelzen entfernt. Nach zehn Passagen mit einer Geschwindigkeit von 3 cm/h liegt der Gehalt der Verunreinigungen an der Grenze des Spektralnachweises (bei 80 bis 90% der Länge des Kristallbarrens), Krapukhin u.a. [28].

Thermodynamische Daten der Bildung

Thermodynamic Data of Formation

Bildungsenthalpie ΔH und freie Bildungsenthalpie ΔG in kcal · mol^{-1} für die Bildung von festem $TeCl_4$ aus den Elementen unter Standardbedingungen: von Mills [29] wird der von Thomsen [30] aus kalorimetrischen Messungen angegebene Wert $\Delta H^\circ_{298} = -77.4$ übernommen; der Wert findet sich auch bei Glassner [31]. Von Wagman u.a. [32] wird $\Delta H^\circ_{298} = -78.0$ neu berechnet aus bekannten Literaturdaten. — $\Delta G^\circ_{298} = -57.6$, Werte bis 2500 K s. Original [31].

Für die Bildung von gasförmigem $TeCl_4$ beträgt $\Delta H^\circ_{298} = -49.2 \pm 5$, berechnet mit Hilfe der Bildungsenthalpie und Sublimationswärme des festen $TeCl_4$ [29].

Literatur:

[1] E. Montignie (Bull. Soc. Chim. France **1948** 180/1). — [2] H. H. Anderson, L. Steinbrecher (NYO-8511 [1958] 1/20, 17; N.S.A. **12** [1958] Nr. 15326). — [3] E. Montignie (Bull. Soc. Chim. France **1946** 175/6). — [4] E. E. Aynsley (J. Chem. Soc. **1953** 3016/9). — [5] E. E. Aynsley, R. H. Watson (J. Chem. Soc. **1955** 2603/6).

[6] G. R. Allakhverdov, G. M. Serebrennikova, B. D. Stepin (Zh. Neorgan. Khim. **15** [1970] 77/80; Russ. J. Inorg. Chem. **15** [1970] 39/41). — [7] R. Korewa (Roczniki Chem. **37** [1963] 1565/70; C.A. **1964** 14368). — [8] E. Montignie (Bull. Soc. Chim. France **1947** 748/9). — [9] L. Domange, J. Flahaut, A. N. Chirazi (Bull. Soc. Chim. France **1959** 150/2). — [10] G. Brauer (Handbuch der Präparativen Anorganischen Chemie, Bd. 1, Stuttgart 1960, S. 400/1).

[11] J. F. Suttle, R. P. Geckler (J. Chem. Educ. **23** [1946] 135/6). — [12] J. F. Suttle, C. R. F. Smith (Inorg. Syn. **3** [1950] 140/2). — [13] H. Houtgraaf, H. J. Rang, L. Vollbracht (Rec. Trav. Chim. **72** [1953] 978/88, 985). — [14] H. Oppermann, G. Stöver, E. Wolf (Z. Anorg. Allgem. Chem. **410** [1974] 179/94, 180). — [15] D. J. Prince, J. D. Corbett, B. Garbisch (Inorg. Chem. **9** [1970] 2731/5).

[16] A. I. Alekperov, M. A. Babaeva (Azerb. Khim. Zh. **1967** Nr. 5, S. 170/4; C.A. **69** [1968] Nr. 46380). — [17] A. I. Alekperov, S. D. Dadasheva, M. A. Babaeva (Issled. Obl. Neorgan. Fiz. Khim. **1970** 331/7 nach C.A. **77** [1972] Nr. 64092). — [18] V. Gutmann (Z. Anorg. Allgem. Chem. **264** [1951] 169/73). — [19] R. C. Paul, G. D. Singh (J. Indian Chem. Soc. **35** [1958] 909/10). — [20] P. Khodadad (Ann. Chim. [Paris] [13] **10** [1965] 83/103, 84/5).

[21] P. Khodadad (Compt. Rend. **256** [1963] 3480/1). — [22] P. Khodadad (Bull. Soc. Chim. France **1965** 468/70). — [13] A. I. Ryazanov, A. I. Volfson, G. D. Chigrinova (UdSSR P. 138922 [1961] nach Ref. Zh. Khim. **1962** Nr. 6 K 231; C.A. **56** [1962] 5766). — [24] A. I. Alekperov, F. S. Novruzova (Nov. Poluprov. Mater. **1972** 134/8 nach C.A. **79** [1973] Nr. 99743). — [25] J. Alstadt, B. Bergensen, T. Jahnsen, A. C. Pappas, T. Tunaal (CERN 70-3 [1970] 109/22).

[26] G. C. Christensen, J. Alstadt (Radiochem. Radioanal. Letters **13** [1973] 235/44, 236). — [27] V. V. Krapukhin, L. V. Kozhitov, A. A. Efremov, S. V. Bodyachevski (Izv. Vysshikh Uchebn. Zavedenii Tsvetn. Met. **13** Nr. 5 [1970] 101/3 nach C.A. **74** [1971] Nr. 46107). — [28] V. V. Krapukhin, I. S. Tsokov, Yu. O. Mamaev (Izv. Akad. Nauk SSSR Neorgan. Materialy **4** [1968] 1794/5; Inorg. Materials **4** [1968], S. 1564/5; Fiz. Khim. Osn. Krist. Protzessov Glubokoi Ochistki Metal. Mater. Soveshch., Moscow 1967 [1970] 70/3 nach C.A. **74** [1971] Nr. 25786). — [29] K. C. Mills (Thermodynamic Data for Inorganic Sulphides, Selenides and Tellurides, London 1974, S. 1/845, 221). — [30] J. Thomsen (Thermochemische Untersuchungen Bd. 2, Leipzig 1882, S. 320).

[31] A. Glassner (ANL-5750 [1958] 1/71, 48, 70; C.A. **1958** 4303). — [32] D. D. Wagman, W. H. Evans, V. B. Parker, I. Halow, S. M. Bailey, R. H. Schumm (Natl. Bur. Std. [U.S.] Tech. Note 270-3 [1968] 59).

The Molecule

5.6.2 Molekül

Structure. Point Group. Type of Bond

5.6.2.1 Struktur, Punktgruppe, Bindungsart

$TeCl_4$ im Gaszustand wird auf Grund von Elektronenbeugungsmessungen, Stevenson, Schomaker [1], und von IR- und Raman-Messungen, Beattie u. a. [2, 3], die Struktur einer trigonalen Bipyramide zugeschrieben, bei der eine äquatoriale Position durch ein einsames Elektronenpaar eingenommen wird; die Punktgruppe ist C_{2v}. Eine Röntgenstrukturanalyse, Buss, Krebs [4], zeigt, daß im kristallinen $TeCl_4$ Einheiten von $[TeCl_4]_4$ auftreten mit einer ionischen Struktur $[TeCl_3^+Cl^-]$ (s. S. 83), die auch durch IR- und Raman- [5, 6, 7] sowie ^{35}Cl-NQR-Spektren [8] bestätigt wird.

Die Struktur von $TeCl_4$ in Lösungen ist noch nicht zweifelsfrei geklärt. Dipolmomentmessungen in C_6H_6, IR- und Raman-Spektren, Molekulargewichts- und Leitfähigkeitsmessungen in C_6H_6, $C_6H_5CH_3$, $C_6H_5NO_2$ und CH_3CN werden einerseits als konsistent mit der monomeren C_{2v}-Struktur betrachtet [2, 9 bis 12], schließen jedoch andererseits assoziierte Spezies (vor allem Trimere) nicht aus [10, 12].

Die trigonal-bipyramidale Struktur des $TeCl_4$-Moleküls beruht auf einer $5sp^3d$-Hybridisierung des Te-Atoms; vier Hybrid-Orbitale stehen für die Te-Cl-Bindungen zur Verfügung, während das fünfte durch das einsame Elektronenpaar besetzt wird, Gillespie, Nyholm [13]. Das einsame Elektronenpaar befindet sich in einem von drei sp^2-Hybridorbitalen für die äquatorialen Bindungen, wobei äquatoriale und axiale Bindungen nicht äquivalent sind; mit dieser Annahme wird eine Deutung des ^{35}Cl-Quadrupolresonanz-Spektrums (s. unten) versucht, Schmitt, Zeil [14]. — Nach Dyatkina und Syrkin [15, 16] liegt C_{2v}-Symmetrie auf Grund einer p^3d-, d^2sp-, dp^3- oder d^4-Hybridisierung vor, wobei zusätzlich eine starke π-Bindung möglich ist. Demgegenüber vertritt Senent [17] die Ansicht, daß eine Hybridisierung von 5s-, 5p- und 5d- oder 6s-, 5p- und 5d-Orbitalen aus energetischen Gründen unmöglich ist und daher die vier Valenzen des Te aus drei 5p-Hybriden und einer reinen 6s-Funktion gebildet sein sollten. — Bei Annahme von p^3d-Hybridisierung ergibt eine Abschätzung unter Verwendung von Slaterfunktionen, daß die Bindungsstärke bei C_{2v}-Symmetrie größer ist als bei C_{3v}- oder C_{4v}-Symmetrie (verzerrtes Tetraeder oder quadratische Pyramide), Lesnick [18]. Nach dem Kriterium der maximalen Überlappung erweist sich jedoch die Anordnung mit C_{3v}-Symmetrie als etwas stabiler, sofern nur σ-Bindungen berücksichtigt werden; die C_{2v}-Symmetrie erscheint demnach nur deshalb günstiger, weil hierbei π-Bindungen möglich sind, Volkov, Dyatkina [19]. — Die bipyramidale Struktur mit dem einsamen Elektronenpaar in einer äquatorialen Position ist nach Gillespie, Nyholm [13] durch das Pauli-Prinzip begünstigt. Diese Struktur ist nach einer modellmäßigen Berechnung der gegenseitigen Abstoßung von bindenden und nichtbindenden Elektronenpaaren nur geringfügig stabiler als diejenige, bei der das einsame Elektronenpaar eine axiale Position einnimmt, Searcy [20]. — Über den Ionencharakter der Te-Cl-Bindungen s. [8, 21].

Nuclear Quadrupole Resonance Spectrum of ^{35}Cl. Mössbauer Spectrum of ^{125}Te

5.6.2.2 Kernquadrupol-Resonanzspektrum von ^{35}Cl, Mössbauer-Spektrum von ^{125}Te

Das ^{35}Cl-Quadrupol-Resonanzspektrum bei 77 K zeigt sechs Linien gleicher Intensität, die in zwei Gruppen von je drei auftreten (in MHz):

27.304	27.370	27.471	27.926	28.110	28.461	[14, 8]
26.77	26.95	27.0	27.47	27.69	27.96	[22]

(Frequenzen bei Gol'dshtein u. a. [22] offenbar entgegen den Angaben des Originals bei Raumtemperatur gemessen, wie ein Vergleich mit den entsprechenden Werten bei Okuda u. a. [8] zeigt.)

Zeemaneffekt-Messungen an Einkristallen bei 299 K ergeben für die Feldgradienten am Kernort der sechs nichtäquivalenten Cl-Atome folgende Asymmetrieparameter in %: 2.4 ± 0.2, $\leqq 5$, 3.0 ± 0.2, 2.8 ± 1.0, 1.9 ± 0.2, 2.5 ± 0.5 (in der Reihenfolge der Resonanzlinien) [8]. Gol'dshtein u.a. [22] zufolge können die zwei Gruppen von Linien den kovalent gebundenen Cl-Atomen der paarweise äquivalenten vier $TeCl_3^+$-Einheiten in der kristallographischen Elementarzelle (s. S. 83) zugeordnet werden. Zwei weitere von den Cl^--Ionen zu erwartende Resonanzfrequenzen liegen außerhalb des Meßbereichs der verwendeten Apparatur. Schmitt, Zeil [14] deuten das Spektrum unter Annahme einer sp^2-pd-Hybridisierung am Te-Atom mit daraus sich ergebenden zwei unterschiedlichen Te-Cl-Bindungen.

Das Mössbauer-Spektrum mit der 35.6 keV-Strahlung von ^{125}Te bei 77 K zeigt eine Isomerieverschiebung $\delta = 1.2 \pm 0.1$ mm/s, Jung, Triftshäuser [23] bzw. 1.1 ± 0.1 mm/s, Ruby, Shenoy [24], bezogen auf eine Quelle von ^{125}J in Cu, und eine Quadrupolaufspaltung $\Delta = 4.0 \pm 1.6$ mm/s [23]. $\delta = 1.9 \pm 0.4$ mm/s, bezogen auf Te-Metall, und $\varepsilon = 5.4 \pm 0.8$ mm/s, Unland [25].

5.6.2.3 Dipolmoment μ, Bindungsdipolmoment in D

Dipole Moment. Bond Moment

$\mu = 2.46$, Gol'dshtein u.a. [22], 2.54, Smyth u.a. [11], und 2.57, Jensen [26], wird bei 25°C aus der Messung der Dielektrizitätskonstanten von Lösungen in C_6H_6 erhalten. In Mesitylen wird $\mu = 3.01$ bestimmt [22]. Die unterschiedlichen Dipolmomente in C_6H_6 und Mesitylen sind möglicherweise auf die Bildung verschieden polarer π-Komplexe von $TeCl_4$ mit diesen Lösungsmitteln zurückzuführen [22]. — Das Bindungsdipolmoment μ(Te-Cl) = 0.9, das sich aus der Differenz der Elektronegativitäten ergibt (aus einer inzwischen überholten linearen Beziehung, s. Pauling [27]), ist erheblich zu klein, um das gemessene Gesamtmoment zu erklären. Durch Vergleich mit dem Moment der Sb-Cl-Bindung wird μ(Te-Cl) = 2.3 geschätzt [11].

5.6.2.4 Kernabstände r in Å, Bindungswinkel α

Internuclear Distances. Bond Angles

Aus Elektronenbeugungsuntersuchungen an $TeCl_4$-Dampf (250 bis 350°C) erhalten Stevenson, Schomaker [1] den mittleren Wert r(Te-Cl) = 2.33 ± 0.02 und r(Cl···Cl) = 3.37 ± 0.06. Möglicherweise liegt auch eine Struktur mit zwei verschiedenen Te-Cl-Abständen von 2.27 und 2.40 vor. Mit $\alpha(Cl_{ax}\text{-Te-}Cl_{ax}) = 170°$ und $\alpha(Cl_{äq}\text{-Te-}Cl_{äq}) = 102°$ (ax = axial, äq = äquatorial) ergibt sich Konsistenz mit dem gemessenen Dipolmoment und dem abgeschätzten Bindungsdipolmoment. Der Winkel zwischen axialen und äquatorialen Bindungen ist nach der Elektronenbeugungsmessung $93° \pm 3°$.

Berechnete Werte: $r(Te\text{-}Cl_{ax}) = 3.04$ und $r(Te\text{-}Cl_{äq}) = 2.15$ als Summe der Bindungsradien von Te und Cl bei Annahme einer p^3d-Hybridisierung der Te-Valenzorbitale und unter Verwendung von Slater-Atomfunktionen, Lesnik [18]. Eine modellmäßige Berechnung der elektrostatischen Abstoßungsenergie von bindenden und nichtbindenden Elektronen ergibt ein Energieminimum für einen Winkel $\alpha(Cl_{ax}\text{-Te-}Cl_{äq}) = 83°$, Searcy [20].

5.6.2.5 Molekülschwingungen, Kraftkonstanten

Molecular Vibrations. Force Constants

Symmetrierassen und Zählung s. S. 4.

Nach IR- und Raman-Spektren im Gaszustand wird folgende versuchsweise Zuordnung getroffen (Wellenzahlen in cm^{-1}):

$\nu_1(A_1) = 382$ (symmetrische Streckschwingung, äquatoriale Bindungen)

$\nu_2(A_1) = 290$ (symmetrische Streckschwingung, axiale Bindungen)

$\nu_3(A_1) = 158$ (Biegeschwingung, äquatoriale Bindungen)

$\nu_4(A_1) = 72$ (Biegeschwingung, axiale Bindungen)

$\nu_6(B_1) = 314$ (antisymmetrische Streckschwingung, axiale Bindungen)

$\nu_8(B_2) = 382$ (antisymmetrische Streckschwingung, äquatoriale Bindungen)

Die Identifizierung der zufällig miteinander entarteten ν_1- und ν_8-Schwingungen ergibt sich aus dem Vergleich der IR- und Raman-Spektren von gasförmigen und matrixisolierten Proben, Beattie u. a. [3].

Berechnete Frequenzen einer früheren Arbeit, Ozin, Vander Voet [28] (verwendetes Valenzkraftfeld s. unten) sind mit diesen Messungen [3] in befriedigender Übereinstimmung; die experimentell nicht bekannten Frequenzen ergeben sich danach zu $\nu_5(A_2) = 152\ cm^{-1}$, $\nu_7(B_1) = 175\ cm^{-1}$, $\nu_9(B_2) = 111\ cm^{-1}$ [28].

Unter der Annahme, daß sich die Kraftkonstanten von $SnCl_4$ auf die äquatorialen und die von $SbCl_6^-$ auf die axialen Bindungen von $TeCl_4$ übertragen lassen (Zuordnungsschema s. Beattie u. a. [29]), geben Ozin, Vander Voet [28] das folgende Valenzkraftfeld an: $f_R = 1.700$, $f_r = 2.350$, $f_{RR} = 0.050$, $f_{Rr} = 0.100$, $f_{rr} = 0.120$ mdyn/Å, $f_\alpha = 0.166$, $f_\beta = 0.129$, $f_{\alpha\alpha} = 0.017$, $f_{\alpha\beta} = 0.018$ mdyn Å/rad², $f_{R\alpha} = 0.086$, $f_{r\alpha} = 0.028$, $f_{r\beta} = 0.028$ mdyn/rad, wobei R und r axialer bzw. äquatorialer Abstand, α Winkel zwischen axialen und äquatorialen, β Winkel zwischen äquatorialen Bindungen sind.

Literatur:

[1] D. P. Stevenson, V. Schomaker (J. Am. Chem. Soc. **62** [1940] 1267/70). — [2] I. R. Beattie, J. R. Horder, P. J. Jones (J. Chem. Soc. A **1970** 329/30). — [3] I. R. Beattie, O. Bizri, H. E. Blayden, S. B. Brumbach, A. Bukovszky, T. R. Gilson, R. Moss, B. A. Phillips (J. Chem. Soc. Dalton Trans. **1974** 1747/8). — [4] B. Buss, B. Krebs (Inorg. Chem. **10** [1971] 2795/800). — [5] H. Gerding, H. Houtgraaf (Rec. Trav. Chim. **73** [1954] 737/47).

[6] J. W. George, N. Katsaros, K. J. Wynne (Inorg. Chem. **6** [1967] 903/6). — [7] R. Ponsioen, D. J. Stufkens (Rec. Trav. Chim. **90** [1971] 521/8). — [8] T. Okuda, K. Yamada, Y. Furukawa, H. Negita (Bull. Chem. Soc. Japan **48** [1975] 392/5). — [9] I. R. Beattie, H. Chudzynska (J. Chem. Soc. A **1967** 984/90). — [10] D. M. Adams, P. J. Lock (J. Chem. Soc. A **1967** 145/7).

[11] C. P. Smyth, A. J. Grossman, S. R. Ginsburg (J. Am. Chem. Soc. **62** [1940] 192/6). — [12] N. N. Greenwood, B. P. Straughan, A. E. Wilson (J. Chem. Soc. A **1968** 2209/12). — [13] R. J. Gillespie, R. S. Nyholm (Quart. Rev. [London] **11** [1957] 339/80, 372). — [14] A. Schmitt, W. Zeil (Z. Naturforsch. **18a** [1963] 428). — [15] M. Dyatkina (Acta Physicochim. URSS **20** [1945] 407/10; Zh. Fiz. Khim. **20** [1946] 363/4).

[16] Y. K. Syrkin, M. E. Dyatkina (The Structure of Molecules and the Chemical Bond, New York – London 1950, S. 348). — [17] F. Senent (Anales Real Soc. Espan. Fis. Quim. [Madrid] B **47** [1951] 665/8). — [18] A. G. Lesnik (Zh. Fiz. Khim. **22** [1948] 541/8). — [19] V. M. Volkov, M. E. Dyatkina (Zh. Strukt. Khim. **4** [1963] 728/33; J. Struct. Chem. [USSR] **4** [1963] 668/73). — [20] A. W. Searcy (J. Chem. Phys. **31** [1959] 1/4).

[21] B. Lakatos (Z. Elektrochem. **61** [1957] 944/9). — [22] I. P. Gol'dshtein, E. N. Gur'yanova, A. F. Volkov, M. E. Peisakhova (Zh. Obshch. Khim. **43** [1973] 1669/73; J. Gen. Chem. USSR **43** [1973] 1655/9). — [23] P. Jung, W. Triftshäuser (Phys. Rev. [2] **175** [1968] 512/21). — [24] S. L. Ruby, G. K. Shenoy (Phys. Rev. [2] **186** [1969] 326/31). — [25] M. L. Unland (J. Chem. Phys. **49** [1968] 4514/20).

[26] K. A. Jensen (Z. Anorg. Allgem. Chem. **250** [1943] 245/56). — [27] L. Pauling (The Nature of the Chemical Bond, 2. Aufl., Ithaca, N.Y., 1948, S. 68). — [28] G. A. Ozin, A. Vander Voet (J. Mol. Struct. **10** [1971] 397/403). — [29] I. R. Beattie, T. Gilson, K. Livingstone, V. Fawcett, G. A. Ozin (J. Chem. Soc. A **1967** 712/8, 718).

Crystallographic Properties

5.6.3 Kristallographische Eigenschaften

Kristallform. Zwillingsbildung

An den gestreckten Kristallen sind die Prismenflächen (100) und (010) gut ausgebildet, Buss, Krebs [1]. Einzelindividuen werden jedoch nicht beobachtet, sondern ausschließlich Zwillinge nach (100), s. [1], Cordes u.a. [2], Khodadad u.a. [3], welche rhombische Symmetrie vortäuschen [4]. Wahrscheinlich liegt sogar polysynthetische Verzwilligung vor [1].

Gitterkonstanten

Die Werte a = 17.076 (8), b = 10.404 (5), c = 15.252 (8) Å und β = 116.82 (5)° (Standardabweichung in Klammern), welche Buss, Krebs [5, 1] bei 20°C ermitteln, stimmen mit früheren Angaben von Khodadad u.a. [3] gut überein; a = 16.91 ± 0.05, b = 10.36 ± 0.03, c = 15.25 ± 0.05 Å, β = 117 ± 0.5° finden Shoemaker, Abrahams [4]. Die bei ersten Untersuchungen von Cordes u.a. [2] angegebenen Werte a = 15.0, b = 10.0, c = 15.3 Å, β = 117° weichen in a und b sehr von den voranstehenden Werten ab, wobei a/sin $\beta \approx$ 16.98 Å [1] ist. Die Elementarzelle enthält 16 Formeleinheiten.

Struktur

$TeCl_4$ ist isotyp mit $SeCl_4$ und $TeBr_4$, Shoemaker, Abrahams [4]. Von den möglichen Raumgruppen C2/c-C^6_{2h} (Nr. 15) und Cc-C^4_s (Nr. 9), s. Cordes u.a. [2], Khodadad u.a. [3], ergibt sich auf Grund der Intensitätsverteilung und durch die Strukturbestimmung C2/c als wahrscheinliche, Buss, Krebs [5].

Zur Strukturbestimmung wurden etwa 3000, an einem Zwillingskristall vermessene und auf ein Kristallindividuum reduzierte unabhängige Reflexe verwendet. Die anisotrope Verfeinerung, bis zu einem R-Faktor von 0.066 durchgeführt, liefert folgende Atomparameter (Standardabweichung in Klammern):

	x	y	z
Te (1)	0.35786 (3)	0.52737 (5)	0.18100 (4)
Te (2)	0.49736 (3)	0.23303 (5)	0.10886 (4)
Cl (1)	0.25487 (17)	0.52549 (30)	0.01738 (20)
Cl (2)	0.25735 (17)	0.51449 (28)	0.24339 (22)
Cl (3)	0.36607 (21)	0.74968 (26)	0.18933 (24)
Cl (4)	0.36655 (14)	0.24820 (23)	0.18444 (17)
Cl (5)	0.49963 (15)	0.51275 (22)	0.12160 (17)
Cl (6)	0.49911 (20)	0.01150 (24)	0.12263 (21)
Cl (7)	0.60643 (17)	0.24076 (25)	0.05850 (20)
Cl (8)	0.38345 (16)	0.23841 (26)	0.95284 (18)

Die Struktur besteht aus einer Anordnung isolierter Te_4Cl_{16}-Einheiten mit würfelähnlichem Aufbau. Jedes Te-Atom ist einseitig im mittleren Abstand von 2.311 Å von drei endständigen Cl-Atomen umgeben und bildet mit diesen eine gleichseitige trigonale Pyramide mit Te an der Spitze (C_{3v}-Symmetrie). Die Koordination um das Te-Atom wird durch drei Brücken-Cl-Atome im mittleren Abstand von 2.929 Å zu einem Oktaeder ergänzt, in dem Te parallel zur C_3-Achse aus dem Zentrum verschoben ist.

Atomabstände und mittlere Bindungswinkel sind **Fig. 11**, S. 84, zu entnehmen, welche eine Te_4Cl_{16}-Baueinheit darstellt, Buss, Krebs [1]. Etwas größere Winkel ergeben sich aus Untersuchungen der Kernquadrupolresonanzen (NQR) nach Okuda u.a. [6]. Die Te_4Cl_{16}-Einheit hat die exakte Symmetrie C_2 (und fast T_d-Symmetrie). Die Anordnung der Tetramere in der Elementarzelle ist in **Fig. 12**, S. 84, nach Buss, Krebs [1] gezeigt.

Bindung

Zwischen den tetrameren Baueinheiten wirken nur van der Waals-Kräfte über die endständigen Cl-Atome. Zwischen einem Te-Atom und den endständigen Cl-Atomen bestehen vorwiegend kovalente Einfachbindungen, Buss, Krebs [1]; der ideale Abstand berechnet sich nach Pauling [7] zu 2.34 Å. NQR-Untersuchungen ergeben für diese Te-Cl-Endbindungen einen Ionencharakter von 40 bis 42.6%, Okuda u.a. [6]. Die Te-Cl-Brückenbindung ist hingegen vorwiegend ionischer Natur. Buss, Krebs [1], welche eine zumindest teilweise Delokalisierung des nichtbindenden Elektronenpaares am Te-Atom erwägen, ziehen die tetramere Molekülschreibweise Te_4Cl_{16} vor. Okuda u.a. [6] verwenden die ionische Formulierung $(TeCl_3^+Cl^-)_4$, mit welcher sich auch die Raman- und IR-Spektren interpretieren lassen, s. S. 88.

Fig. 11

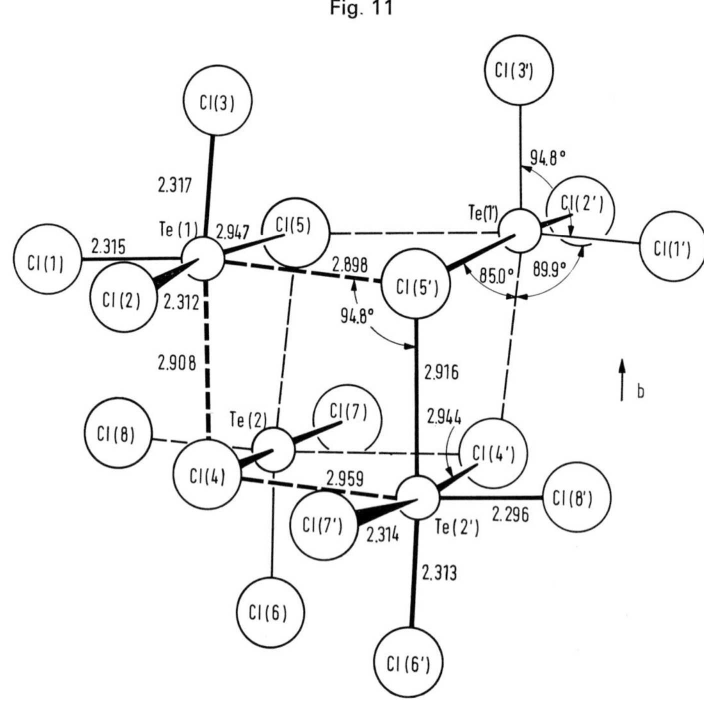

Te_4Cl_{16}-Bauelement der $TeCl_4$-Struktur mit Bindungsabständen (in Å) und -winkeln.

Fig. 12

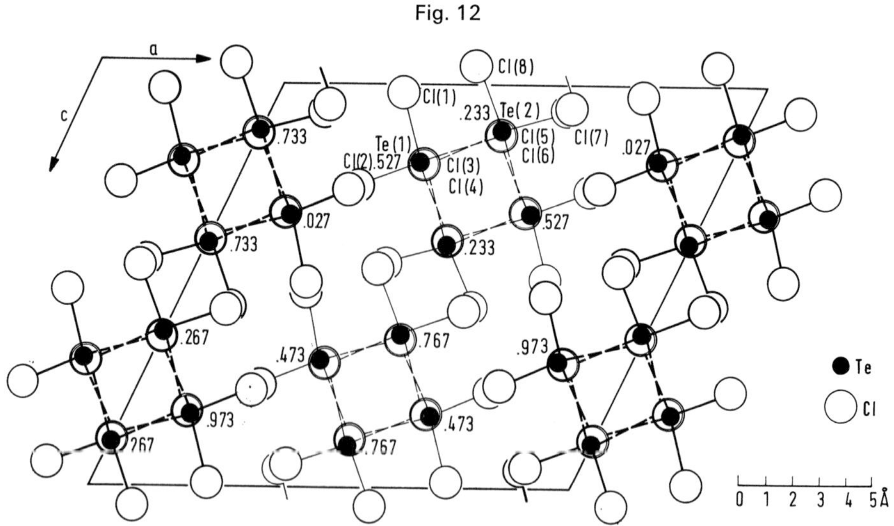

$TeCl_4$-Struktur in Projektion parallel [010]; Zahlen bedeuten den y-Parameter.

Literatur:

[1] B. Buss, B. Krebs (Inorg. Chem. **10** [1971] 2795/800). — [2] A. W. Cordes, R. F. Kruh, E. K. Gordon, M. K. Kemp (Acta Cryst. **17** [1964] 756). — [3] P. Khodadad, P. Larnelle, J. Flahaut (Compt. Rend. **259** [1964] 794/5). — [4] C. B. Shoemaker, S. C. Abrahams (Acta Cryst. **18** [1965] 296). — [5] B. Buss, B. Krebs (Angew. Chem. **82** [1970] 446/7).

[6] T. Okuda, K. Yamada, Y. Furukawa, H. Negita (Bull. Soc. Chem. Japan **48** [1975] 392/5). — [7] L. Pauling (The Nature of Chemical Bond and the Structure of Molecules and Crystals, 3. Aufl., Ithaca, N.Y., 1960, S. 112, 224/5).

5.6.4 Mechanische und thermische Eigenschaften

Mechanical and Thermal Properties

Dichte D in g/cm³

Aus den Gitterkonstanten (s. S. 83) ergibt sich D = 2.959, Buss, Krebs [1], 2.95, Khodadad u.a. [2]. Pyknometrisch wird D = 2.96 ± 0.02 [1] sowie bei 0°C D = 3.01 [2] gemessen.

Oberhalb des Schmelzpunktes fällt D von 2.559 bei 232°C auf 2.260 bei 427°C, Simons [3]. Neuere Messungen ergeben zwischen 235.0 und 381.8°C (Siedepunkt) eine Abnahme von 2.5404 auf 2.328 gemäß der Formel $D = 2.8695 - 0.0013\ t - 0.31 \times 10^{-6}\ t^2$, s. **Fig. 13**, Nisel'son u.a. [4].

Fig. 13

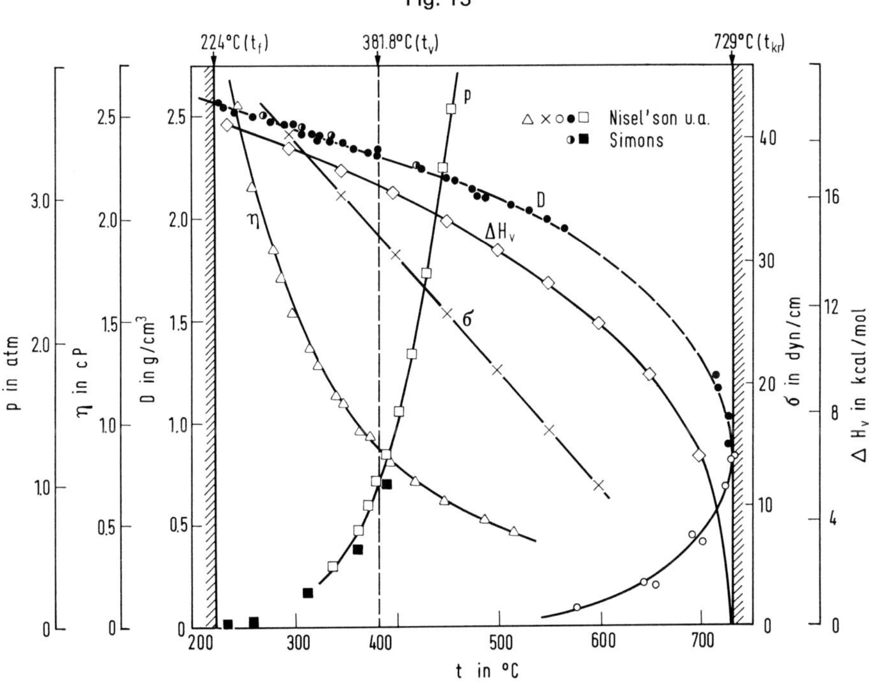

Temperaturabhängigkeit von Dichte D, Oberflächenspannung σ, Viskosität η, Sättigungsdampfdruck p und Verdampfungswärme ΔH_v von $TeCl_4$-Schmelze und -Dampf.

Oberflächenspannung σ in dyn/cm

Aus der kapillaren Erhebung werden unter Vernachlässigung des Meniskus die in **Fig. 14**, S. 86, dargestellten σ-Werte bestimmt, Nisel'son u.a. [4], die mit älteren Daten von Simons [3] — s. „Tellur", S. 329 — gut übereinstimmen. Da Silicatgläser und SiO_2 von $TeCl_4$ nicht benetzt (visuell beobachtet) werden, versuchen Nisel'son u.a. [4], die wahre Oberflächenspannung aus dem Parachor, aus den beobachteten Werten und der ebenfalls gemessenen Temperaturabhängigkeit der Dichte von Flüssigkeit und Dampf zu berechnen. Diese Werte liegen oberhalb der experimentellen, s. Fig. 14. Hieraus kann der Kontaktwinkel ϑ bestimmt werden, dessen Temperaturverlauf ebenfalls in Fig. 14 eingezeichnet ist. Danach wird $\vartheta = 0°$ bei 600°C, d.h., vollständige Benetzung findet erst oberhalb 600°C statt. Für $t_v = 382°C$ wird aus empirischen Formeln $\sigma = 32.4$ dyn/cm berechnet, während aus der Kurve 3 in Fig. 14 $\sigma \approx 33$ dyn/cm entnommen wird, Nisel'son u.a. [4].

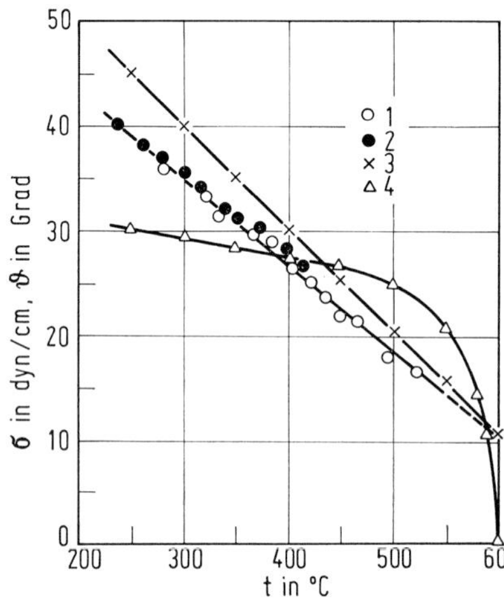

Fig. 14

Oberflächenspannung σ (1 und 2 Messungen von Nisel'son u.a. [4] bzw. Simons [3], 3 berechnete Werte) und Benetzungswinkel ϑ (4) als Funktion der Temperatur t.

Viskosität η

Im Kapillarviskosimeter bei verschiedenen Temperaturen gemessene Werte (in Auswahl):

t in °C.	251.1	282.7	302.6	325.0	348.4	375.0	399.5	445.5	486.3	516.8
η in cP	2.540	1.861	1.550	1.298	1.049	0.936	0.817	0.622	0.521	0.457

Im Bereich von 250 bis 420°C gilt die Interpolationsformel $\lg \eta = -1.842 + 1169.9/T$ oder $\eta = 14.744 - 85 \times 10^{-3} t + 174 \times 10^{-6} t^2 - 122 \times 10^{-6} t^3$; Abweichungen für t_{kr} werden mit $\Delta \lg \eta_{kr} = 0.009$ bzw. $\Delta \eta = 0.03$ angegeben. Für den Siedepunkt ergibt sich $\eta = 0.875$ cP, Nisel'son u.a. [4].

Schmelzpunkt t_f, Schmelzenthalpie ΔH_f in kcal/mol

Für t_f stimmen die neueren Meßwerte 223.5 ± 0.5°C, Khodadad [5], und 223°C, Ivashin, Petrov [6], befriedigend mit dem älteren Wert $t_f = 224°C$ (s. „Tellur", S. 330) überein. Dagegen bestätigen Ivashin, Petrov [6] den älteren Wert für die Schmelzenthalpie $\Delta H_f = 4.5$ (den Oppermann u.a. [7] auf 4.2 ± 0.1 bei T = 298 K umrechnen) nicht, sondern gelangen am Schmelzpunkt zu dem wesentlich höheren Wert $\Delta H_f = 14$.

Dampfdruck p, Siedepunkt t_v, Verdampfungsenthalpie ΔH_v und Sublimationsenthalpie ΔH_s in kcal/mol

Über festem $TeCl_4$ gilt nach Messungen zwischen 190°C und dem Schmelzpunkt für p (in Torr) die Gleichung $\lg p = A - B/T$ mit A = 14.8898, B = 6960 K, Ivashin, Petrov [6]. Aus älteren Dampfdruckmessungen von Simons [3] berechnet Kelley [8] $\Delta H_s = 27.5 \pm 1.6$ bei 298 K und 24.3 ± 1.5 am Schmelzpunkt. DTA-Messungen führen zu $\Delta H_s = 32 \pm 5$ [6]. Oppermann u.a. [7] berechnen $\Delta H_s = 25.2 \pm 0.6$ bei 298 K und 23.7 ± 0.5 am Schmelzpunkt.

Über flüssigem $TeCl_4$ steigt p zwischen 362.9 und 461.0°C gemäß der Formel $\lg p = 8.3886 - 3607.6/T$ von 511.5 auf 3011.5 Torr; der Wert p = 760 Torr wird bei $t_v = 381.8°C$ erreicht; s. Fig. 13, S. 85. Aus dem Verlauf von p ergibt sich am Siedepunkt $\Delta H_v = 16.5$, Nisel'son u.a. [4], dicht bei dem älteren Wert $\Delta H_v = 16.8$, den Kelley [8] aus p-Werten von Simons [3] berechnet.

Bei anderen Dampfdruckmessungen bleibt p (möglicherweise wegen geringerer Reinheit) bis 390°C, Ivashin, Petrov [6], oder 380°C, Oppermann u.a. [7], unterhalb 760 Torr, so daß t_v aus den Formeln lg p = 8.8530 − 3976/T bzw. 8.791 − 3941/T auf 392.6°C [6] bzw. 394°C [7] extrapoliert wird. Auch aus älteren p-Werten, Simons [3], wird t_v = 392°C extrapoliert, Kelley [8]. Diese Messungen ergeben $\Delta H_v = 21.0 \pm 0.5$ bei 25°C [7] und 18.2 ± 0.1 am Siedepunkt [6]. Zwischen 240 und 700°C fällt ΔH_v von 18.77 auf 6.42, s. Fig. 13, S. 85, Nisel'son u.a. [4].

Kritische Konstanten

Aus den orthobaren Dichtekurven (s. Fig. 13, S. 85) ergibt sich die kritische Temperatur t_{kr} = 729°C, die kritische Dichte D_{kr} = 0.87 g/cm³, das kritische Molvolumen V_{kr} = 309.8 cm³/mol. Aus der Dampfdruckgleichung (s. oben) wird der kritische Druck p_{kr} = 80.9 atm abgeleitet, Nisel'son u.a. [4].

Thermodynamische Funktionen

Aus den Meßdaten von Frederick, Hildebrand [9] — s. „Tellur" S. 330 — berechnet Kelley [10] für die Enthalpie- und Entropiedifferenzen $\Delta H = H - H_{298.15}$ bzw. $\Delta S = S - S_{298.15}$ folgende Werte:

T in K	350	400	450	497*)	497**)	500	550	600	650
ΔH in cal/mol	1720	3380	5040	6600	11100	11260	13920	16580	19240
ΔS in cal · mol⁻¹ · K⁻¹	5.33	9.76	13.67	16.97	26.02	26.34	31.41	36.04	40.29

*) fest; **) flüssig.

Unterhalb und oberhalb des Schmelzpunktes (T_f = 497 K) gelten die Interpolationsformeln $\Delta H = 33.20\,T - 9899$ bzw. $53.20\,T - 15340$, aus denen sich die Wärmekapazität C_p = 33.20 cal · mol^{-1} · K^{-1} im festen bzw. 53.20 cal · mol^{-1} · K^{-1} im flüssigen Zustand ergibt, Kelley [10].

Literatur:

[1] B. Buss, B. Krebs (Inorg. Chem. **10** [1971] 2795/800). — [2] P. Khodadad, P. Larnelle, J. Flahaut (Compt. Rend. **259** [1964] 794/5). — [3] J. H. Simons (J. Am. Chem. Soc. **52** [1930] 3488/93). — [4] L. A. Nisel'son, V. P. Borisova, K. V. Tret'yakova (Izv. Akad. Nauk SSSR Neorgan. Materialy **6** [1970] 2143/5; Inorg. Materials [USSR] **6** [1970] 1880/3). — [5] P. Khodadad (Compt. Rend. **256** [1963] 3480/1).

[6] S. A. Ivashin, E. S. Petrov (Izv. Sibirsk. Otd. Akad. Nauk SSSR Ser. Khim. Nauk **1970** Nr. 5, S. 48/54; Sib. Chem. J. **1970** 609/14). — [7] H. Oppermann, G. Stöver, E. Wolf (Z. Anorg. Allgem. Chem. **410** [1974] 179/94). — [8] K. K. Kelley (U.S. Bur. Mines Bull. Nr. 383 [1935] 1/132, 102). — [9] K. J. Frederick, J. H. Hildebrand (J. Am. Chem. Soc. **60** [1938] 2522/3). — [10] K. K. Kelley (U.S. Bur. Mines Bull. Nr. 476 [1949] 1/241, 182, Nr. 584 [1960] 1/232, 186).

5.6.5 Elektrische Eigenschaften

Electrical Properties

Zur elektrischen Leitfähigkeit von $TeCl_4$ in verschiedenen anorganischen und organischen Lösungsmitteln s. beim chemischen Verhalten ab S. 89, bei der wäßrig-salzsauren Lösung S. 101 bzw. bei der nichtwäßrigen Lösung von $TeCl_4$ ab S. 102.

5.6.6 Spektren

Spectra

IR- und Raman-Banden von gasförmigem $TeCl_4$ werden den neun Grundschwingungen des Moleküls zugeordnet (s. S. 81), Beattie u.a. [1], ältere Messungen ohne Zuordnung s. Beattie u.a. [2].

In Lösungen sind folgende starke Banden gefunden worden (Ra = Raman; p = polarisiert; sh = Schulter).

Lösungsmittel . . .	C_6H_6	C_6H_6	C_6H_6	CH_3CN	CH_3CN	CH_3CN	C_2H_5CN	$C_6H_5NO_2$
Methode	Ra	IR	IR, Ra	Ra	IR	IR	Ra	IR
Wellenzahlen in cm^{-1}	278 p 344 sh 372 p	181, 280 347 362	≈280 ≈330 361, 371, 372*) p	280 p 357 sh	≈280 354	279 354 367	280 sh 371 p	275 371
Lit.	[2]	[3]	[4]	[2]	[4]	[5]	[4]	[5]

*) Raman-Linie

In Lösungen von $(CH_3)_2SO$, C_2H_5OH, $(CH_3)_2CO$ und CH_3CN tritt eine breite IR-Absorption ($\Delta\nu_{1/2} \approx 40\ cm^{-1}$) bei etwa 250 cm^{-1} auf, die einem Te-Komplex mit Fünfer-Koordination zugeschrieben wird: Es wird die Struktur $[L_2TeCl_3]^+Cl^-$ (L = Lösungsmittelmolekül) angenommen. Wegen der Vielzahl der IR-Banden in Lösungen von C_6H_6 und $C_6H_5CH_3$ zwischen 100 und 400 cm^{-1} wird auf die Bildung von Assoziaten (vorzugsweise Trimeren) geschlossen, Greenwood u.a. [6].

Die Spektren von matrixisoliertem $TeCl_4$ (Ar- und N_2-Matrizen, 15 K) zeigen komplizierte Isotopiestrukturen, ihre Analyse steht noch aus [1].

Die Faktorgruppenanalyse der IR- und Raman-Spektren von kristallinem $TeCl_4$ unter Verwendung der experimentell bestimmten Kristallstruktur (s. S. 83) ergibt folgende Zuordnungen von Te-Cl-Streckschwingungen in cm^{-1} (Punktgruppe C_2 der Te_4Cl_{16}-Einheit), Ponsioen, Stufkens [14]:

Methode	Symmetrietyp A				Symmetrietyp B					
Raman	374	349	342	338	363	360	—	—	330	—
IR	374	—	343	—	363	—	357	351	335	328

Zwischen 200 und 130 cm^{-1} überlagern sich Biegeschwingungen und Schwingungen der Te···Cl-Brücken (s. S. 83). Die zwischen 100 und 20 cm^{-1} auftretenden Raman-Banden sind Gitterschwingungen, deren genauere Zuordnung nicht möglich ist, Ponsioen, Stufkens [14].

Bereits vor der röntgenographischen Strukturbestimmung wird auf Grund von IR- und Raman-Spektren eine ionische Struktur $TeCl_3^+Cl^-$ im festen Zustand vermutet. So werden vier Linien bei etwa 150, 190, 350 und 370 cm^{-1} mehrfach als Schwingungen des $TeCl_3^+$-Ions gedeutet [3, 4, 7 bis 10]. Die hier auftretenden Frequenzen der Te-Cl-Streckschwingungen sind jedoch deutlich kleiner als die von $TeCl_3^+$ in den Additionsverbindungen $TeCl_4 \cdot AlCl_3$ und $TeCl_3^+ \cdot AsF_6^-$ (s. S. 112); dies deutet darauf hin, daß im festen $TeCl_4$ zwischen $TeCl_3^+$ und Cl^- kovalente Bindungsanteile vorhanden sind, Gerding [8], Greenwood u. a. [9]. Unter Hinweis auf den Frequenzunterschied lehnen Robinson, Ciruna [11] jedoch die ionische Struktur ab und schlagen als Struktureinheit ein $TeCl_4$-Molekül mit C_{2v}-Punktsymmetrie vor. In diesem Fall müssen vier Raman- und IR-aktive Te-Cl-Streckschwingungen auftreten. Nach Auffassung von Hayward, Hendra [12], die sich auf eigene IR- und Raman-Untersuchungen stützt, liegen die Frequenzen dieser Schwingungen zwischen 340 und 380 cm^{-1}; von diesen treten jedoch im IR-Spektrum nur zwei und im Raman-Spektrum nur drei auf. — Versuch einer Deutung des IR-Spektrums bei Annahme von Tetraedersymmetrie T_d s. Hadni u. a. [13].

Eine schwache IR-Bande bei etwa 237 cm^{-1}, von der mehrmals berichtet wird [3, 4, 9], wird einmal als $TeCl_3^+$-Cl^--Streckschwingung angesehen, Adams, Lock [3], sie könnte jedoch auch von einer $TeCl_5^-$-Verunreinigung herrühren, Creighton, Green [15].

Literatur:

[1] I. R. Beattie, O. Bizri, H. E. Blayden, S. B. Brumbach, A. Bukovszky, T. R. Gilson, R. Moss, B. A. Phillips (J. Chem. Soc. Dalton Trans. **1974** 1747/8). — [2] I. R. Beattie, J. R. Horder, P. J. Jones (J. Chem. Soc. A **1970** 329/30). — [3] D. M. Adams, P. J. Lock (J. Chem. Soc. A **1967** 145/7). — [4] I. R. Beattie, H. Chudzynska (J. Chem. Soc. A **1967** 984/90). — [5] N. Katsaros, J. W. George (Inorg. Chim. Acta **3** [1969] 165/8).

[6] N. N. Greenwood, B. P. Straughan, A. E. Wilson (J. Chem. Soc. A **1968** 2209/12). — [7] H. Gerding, H. Houtgraaf (Rec. Trav. Chim. **73** [1954] 737/47). — [8] H. Gerding (Rec. Trav. Chim. **75** [1956] 589/93). — [9] N. N. Greenwood, B. P. Straughan, A. E. Wilson (J. Chem. Soc. A **1966** 1479/80). — [10] J. W. George, N. Katsaros, K. J. Wynne (Inorg. Chem. **6** [1967] 903/6; N. Katsaros, J. W. George (Chem. Commun. **1965** 613/4).

[11] E. A. Robinson, J. A. Ciruna (Can. J. Chem. **46** [1968] 3197/200). — [12] G. C. Hayward, P. J. Hendra (J. Chem. Soc. A **1967** 643/5). — [13] A. Hadni, E. Décamps, J.-P. Herbeuval (J. Chim. Phys. **65** [1968] 959/61). — [14] R. Ponsioen, D. J. Stufkens (Rec. Trav. Chim. **90** [1971] 521/8). — [15] J. A. Creighton, J. H. S. Green (J. Chem. Soc. A **1968** 808/13).

5.6.7 Chemisches Verhalten

Chemical Reactions

5.6.7.1 Isotopenaustausch

Isotope Exchange

Der Austausch zwischen $TeCl_4$ und $^{36}Cl_2$ ist in der Gasphase in 5 min vollständig. In C_6H_6-Lösungen wird bei Normaltemperatur eine Halbzeit des Austauschs von 3 s oder weniger gefunden, Johnson [1]. — In reinem C_6H_6 tritt zwischen $TeCl_4$ und ^{131}Te völliger Austausch ein, Kenesha, Kahn [2]. — Der Isotopenaustausch zwischen $TeCl_4$ und metallischem Te in 0.1 n HCl-Lösung erhöht sich mit steigender Temperatur (Untersuchungen bei 19 und 91°C). Die Aktivierungsenergie des Austauschs beträgt 3.2 kcal · mol^{-1}, Haissinski u. a. [3].

Literatur:

[1] R. E. Johnson (ORO-61 [1952] 1/9 nach N.S.A. **6** [1952] Nr. 331). — [2] J. F. Kenesha, M. Kahn (J. Am. Chem. Soc. **74** [1952] 5254/5). — [3] M. Haissinski, M. Cottin, B. Varjabedian (J. Chim. Phys. **45** [1948] 212/23, 221).

5.6.7.2 Gegen Elementarteilchen und Strahlung

With Elemental Particles and Radiation

Beim Beschuß mit 70 eV-Elektronen werden im Massenspektrum die Fragmentionen Te^+(112), $TeCl^+$(604), $TeCl_2^+$(566), $TeCl_3^+$(1000), $Te_2Cl_2^+$(3.1), $Te_2Cl_7^+$(<0.004) gefunden (in Klammern relative Intensitäten), Schäfer, Binnewies [1]. Beattie u. a. [2] beobachten das Auftreten von $TeCl^+$(6), $TeCl_2^+$(27) und $TeCl_3^+$(100).

Bei Bestrahlung mit 600 MeV-Protonen zersetzt sich $TeCl_4$. Ein Vergleich mit unbestrahltem $TeCl_4$ zeigt aber, daß der Hauptteil der Zersetzung bei Bestrahlung nicht durch Radiolyse verursacht wird, sondern auf anderen Einwirkungen beruht, z. B. der thermischen Zersetzung. Zu einem möglichen Ablauf der reinen radiolytischen Zersetzung s. Original, Christensen, Alstadt [3], vgl. auch Alstadt u. a. [4].

Literatur:

[1] H. Schäfer, M. Binnewies (Z. Anorg. Allgem. Chem. **410** [1974] 251/68, 259). — [2] I. R. Beattie, O. Bizri, H. E. Blayden, S. B. Brumbach, A. Bukovszky, T. R. Gilson, R. Moss, B. A. Phillips (J. Chem. Soc. Dalton Trans. **1974** 1747/8). — [3] G. C. Christensen, J. Alstadt (Radiochem. Radioanal. Letters **13** [1973] 235/44). — [4] J. Alstadt, B. Bergersen, T. Jahnsen, A. C. Pappas, T. Tunaal (CERN 70-3 [1970] 109/22, 112/3).

On Heating

5.6.7.3 Beim Erhitzen

Beim Erhitzen in trockner und O_2-freier N_2-Atmosphäre zersetzt sich das sublimierende $TeCl_4$ in der Gasphase bei 190 ± 5 °C unter Bildung von Cl_2 (das entweicht) und $TeCl_2$, das anschließend zu $TeCl_4$ und Te disproportioniert. In fester Phase verlaufen diese Reaktionen offenbar nicht. Die bei 190 °C gebildete Menge Te ist sehr gering (0.05 bis 0.1% des ursprünglichen Gewichts). Bei 210 °C tritt stärkere Sublimation des $TeCl_4$ ein, bei 222 bis 225 °C schmilzt $TeCl_4$ und sublimiert äußerst stark. Die abgekühlte Schmelze ist frei von Te. In Gegenwart von Sauerstoff und Feuchtigkeit ist bereits unter 30 °C eine Gewichtsverringerung festzustellen, die von Oxidation des festen $TeCl_4$ begleitet wird. Analysenwerte des festen Rückstands bei 222 bis 250 °C deuten an, daß die Oxidation ungefähr wie folgt verläuft: $12\,TeCl_4 + 7\,O_2 \rightarrow 5\,TeCl_4 \cdot 7\,TeO_2 + 14\,Cl_2$. Die Zusammensetzung der Oxidationsprodukte $n\,TeCl_4 \cdot m\,TeO_2$ hängt von den Reaktionsbedingungen ab. Die Oxidation des $TeCl_4$ zu Chloridoxiden wird auch bei der thermischen Zersetzung der Alkalihexachlorotellurate(IV), M_2TeCl_6, die sich in MCl und $TeCl_4$ zersetzen, beobachtet, s. dazu S. 135, Allakhverdov u. a. [1]. — Nach tensimetrischen Untersuchungen zersetzt sich $TeCl_4$ bei >420 °C [2], oberhalb 500 °C [3] entsprechend $TeCl_{4\,gas} = TeCl_{2\,gas} + Cl_{2\,gas}$. Aus der Temperaturabhängigkeit der Gleichgewichtskonstante der Zersetzungsreaktion berechnet sich die Zersetzungsenthalpie $\Delta H = 31.4 \pm 0.3$ kcal · mol^{-1}, die Zersetzungsentropie $\Delta S = 30 \pm 3$ cal · $mol^{-1} \cdot K^{-1}$, Ivashin, Petrov [2]. Von Oppermann u. a. [3] wird für $\Delta H^\circ_{298} = 33.6 \pm 0.5$ kcal · mol^{-1} und für $\Delta S^\circ_{298} = 30.2 \pm 1$ cal · $mol^{-1} \cdot K^{-1}$ berechnet aus Werten, die für T = 973 K von ihnen bestimmt wurden.

Literatur:

[1] G. R. Allakhverdov, G. M. Serebrennikova, B. D. Stepin (Zh. Neorgan. Khim. **15** [1970] 77/80; Russ. J. Inorg. Chem. **15** [1970] 39/41). — [2] S. A. Ivashin, E. S. Petrov (Izv. Sibirsk. Otd. Akad. Nauk SSSR Ser. Khim. Nauk **1971** Nr. 4, S. 28/33; C. A. **76** [1972] Nr. 104075). — [3] H. Oppermann, G. Stöver, E. Wolf (Z. Anorg. Allgem. Chem. **410** [1974] 179/94, 186).

With Elements

5.6.7.4 Gegen Elemente

$TeCl_4$ wird im H_2-Strom reduziert; bei 430 °C werden nadelartige Te-Kristalle definierter Orientierung erhalten, Syrbe [1]. — Zur Reaktion mit Sauerstoff in Gegenwart von Feuchtigkeit beim Erhitzen s. oben. — Bei der Einwirkung von aktivem Stickstoff auf $TeCl_4$-Dampf bei 325 K bildet sich intermediär elektronisch angeregtes TeN, wie das Emissionsspektrum zeigt, Vidal u. a. [2], vgl. „Tellur" Erg.-Bd. B 1, S. 150. — $TeCl_4$ reagiert mit N_2-verdünntem F_2 bei 25 °C unter Bildung von $TeClF_5$, TeF_6 und Cl_2, Fraser u. a. [3]. — $TeCl_4$ ist in geschmolzenem Jod (Schmelzpunkt 113.4 °C) löslich. Schmelzpunktserniedrigungen an Lösungen von $TeCl_4$ in Jod zwischen 113.4 und 134.0 °C mit 0 bis 32.83 Mol-% $TeCl_4$ ergeben, daß die feste Phase Jod ist, solange der $TeCl_4$-Gehalt bei oder unterhalb 2.0 Mol-% liegt, und oberhalb 2.82 Mol-% $TeCl_4$ als feste Phase vorliegt; die Untersuchungen weisen auf Abweichungen vom idealen Lösungszustand hin, Hildebrand [4]. — In verdünnten Lösungen wird $TeCl_4$ von festem Te reduziert, dabei bilden sich polynukleare Te-Ionen mit der formalen Oxidationsstufe zwischen $^1/_2$ und 0. Als Lösungsmittel werden zwei Schmelzen verwendet, eine eutektische aus 63 Mol-% $AlCl_3$ und 37 Mol-% NaCl und eine zweite aus $KAlCl_4$, gepuffert mit einem KCl-$ZnCl_2$-Gemisch oder gesättigt mit KCl. In der eutektischen Schmelze tritt folgende Reaktion ein: $7\,Te + Te^{4+} \rightleftharpoons 2\,Te_4^{2+}$. Spektrophotometrische Untersuchungen ergeben, daß das Gleichgewicht vollkommen nach rechts verschoben ist. Es wird aber angenommen, daß bei höheren Te-Gesamtkonzentrationen neben Te_4^{2+} wenigstens zwei weitere Te-Spezies gebildet werden, Bjerrum [5, 6]. Beim Zusammenschmelzen reagiert $TeCl_4$ mit Te unter Bildung von Te_3Cl_2, Rabenau, Rau [7], s. hierzu „Das System Te-$TeCl_4$", S. 67. — Gasförmiges $TeCl_4$ wird von Ge, Si und Ti bei hohen Temperaturen zu Te reduziert, dabei bilden sich $GeCl_4$, $SiCl_4$ bzw. $TiCl_4$, Anderson, Steinbrecher [8]. Zur Reduktion durch einige Metalle in methanolischer Lösung s. S. 104. Beim Zusammenschmelzen von $TeCl_4$ mit Thallium im Molverhältnis 1:4 verläuft die Reaktion $TeCl_4 + 4\,Tl = 4\,TlCl + Te$ explosionsartig, Afinogenov, Khaustova [9].

Literatur:

[1] G. Syrbe (Ann. Physik [7] **4** [1959] 132/9, 133). — [2] B. Vidal, M. P. Bassez, P. Goudmand (J. Chim. Phys. **70** [1973] 1278/84; Chem. Phys. Letters. **5** [1970] 398/400) — [3] G. W. Fraser, R. D. Peacock, P. M. Watkins (Chem. Commun. **1968** 1257). — [4] J. H. Hildebrand (J. Phys. Chem. **43** [1939] 109/17, 115/7). — [5] N. J. Bjerrum (Inorg. Chem. **9** [1970] 1965/9).

[6] N. J. Bjerrum, G. P. Smith (J. Am. Chem. Soc. **90** [1968] 4472/3). — [7] A. Rabenau, H. Rau (Z. Anorg. Allgem. Chem. **395** [1973] 273/9). — [8] H. H. Anderson, L. Steinbrecher (NYO-8511 [1958] 1/20, 11/3; N.S.A. **12** [1958] Nr. 15326). — [9] Yu. P. Afinogenov, Z. M. Khaustova (Zh. Neorgan. Khim. **15** [1970] 587/9; Russ. J. Inorg. Chem. **15** [1970] 305/6).

5.6.7.5 Gegen anorganische Verbindungen

With Inorganic Compounds

Stickstoffverbindungen

Nitrogen Compounds

$TeCl_4$ reagiert mit trocknem gasförmigem NH_3 bei 6 bis 8 atm unter Bildung von Komplexen $TeCl_4 \cdot nNH_3$ (n=4 oder 6); diese Reaktion verläuft auch in H_2O-freien organischen Lösungsmitteln, Tronev, Grigorovich [1], s. hierzu bei Komplexverbindungen in „Tellur" Erg.-Bd. B 3. Mit flüssigem NH_3 findet Ammonolyse statt, Fowles [2]. — Zur Reaktion mit N_2H_4 in Alkohol s. S. 104.

Literatur:

[1] V. G. Tronev, A. N. Grigorovich (Zh. Neorgan. Khim. **2** [1957] 2400/5; Russ. J. Inorg. Chem. **2** Nr. 10 [1957] 190/9). — [2] G. W. A. Fowles (Proc. Symp. Chem. Coord. Compounds, Agra, India 1959 [1960], Bd. 2, S. 41/7, 45/6; C.A. **1961** 11166).

Halogenverbindungen

Halogen Compounds

$TeCl_4$ ist in flüssigem HCl wenig löslich. Es zeigt in diesen Lösungen weder saure noch basische Eigenschaften; mit BCl_3 findet in diesen Lösungen keine Reaktion statt (s. S. 93). Die spezifische Leitfähigkeit der gesättigten Lösung von $TeCl_4$ in HCl beträgt 0.22 $\mu\Omega^{-1} \cdot cm^{-1}$ bei −95°C, Peach [1]. — Zur Reaktion von $TeCl_4$ mit wäßriger HCl-Lösung verschiedener Konzentrationen s. bei „Wäßrige und wäßrig-salzsaure Lösung" ab S. 99 und bei „Komplexe Ionen $TeCl_n^{(4-n)+}$" ab S. 107 sowie bei „H_2TeCl_6" S. 126.

Beim Zusammenschmelzen mit NOCl bildet sich eine sehr instabile schwarze Substanz, die leicht in ihre Komponenten zerfällt. Die Zusammensetzung soll $TeCl_4 \cdot nNOCl$ mit $n \geqq 1$ sein, Groeneveld [2, 3].

$TeCl_4$ reagiert mit ClF unter Bildung von $TeClF_5$, Lau, Passmore [4], s. auch S. 152.

Mit JCl findet keine Reaktion statt. Im System tritt ein Eutektikum bei 80 Mol-% JCl und 10°C auf, Safonov u.a. [5].

Literatur:

[1] M. E. Peach (Can. J. Chem. **47** [1969] 1675/80). — [2] W. L. Groeneveld (Chem. Weekblad **52** [1956] 198/203). — [3] W. L. Groeneveld (Diss. Leiden 1953, S. 1/170, 112). — [4] C. Lau, J. Passmore (Inorg. Chem. **13** [1974] 2278/9). — [5] V. V. Safonov, E. A. Abramova, B. G. Korshunov (Zh. Neorgan. Khim. **18** [1973] 568/9; Russ. J. Inorg. Chem. **18** [1973] 300/1).

Schwefelverbindungen

Sulfur Compounds

Zur Reaktion mit SO_3 in CCl_4 s. S. 93.

In $H_2S_2O_7$ ist $TeCl_4$ vollkommen löslich, die Lösungen sind stabil. Nach Leitfähigkeitsmessungen und kryoskopischen Untersuchungen bildet sich in diesen Lösungen das $TeCl_3^+$-Ion entsprechend $TeCl_4 + 3H_2S_2O_7 \rightarrow TeCl_3^+ + HSO_3Cl + HS_3O_{10}^- + 2H_2SO_4$, Paul u.a. [1, 2]. $TeCl_4$ fungiert hier als Cl^--Donor, obgleich ein freies Elektronenpaar in dem hochacidischen Medium veranlaßt sein könnte, ein Proton zu übernehmen [2].

Beim Lösen von $TeCl_4$ in HSO_3F wird folgende Reaktion angenommen: $TeCl_4 + HSO_3F \rightarrow TeCl_3^+ + SO_3F^- + HCl$. Die Anwesenheit des $TeCl_3^+$ wird durch IR-Spektren bestätigt, Paul u.a. [3]. Schwingungsfrequenzen des $TeCl_3^+$ in diesen Lösungen s. S. 112. — Konduktometrische Titrationen von $TeCl_4$ mit einer Mischung aus SbF_5, SO_3 und HSO_3F („Supersäure") lassen auch auf Bildung von $TeCl_3^+$ schließen; es wird keine feste Verbindung im Laufe der Titration isoliert [3].

$TeCl_4$ löst sich in HSO_3Cl. Leitfähigkeitsmessungen und Raman-Spektren ergeben, daß $TeCl_4$ in diesen Lösungen vollkommen dissoziiert ist: $TeCl_4 + HSO_3Cl \rightarrow TeCl_3^+ + SO_3Cl^- + HCl$, Robinson, Ciruna [4]. Raman-Spektren s. S. 112. Die spezifische Leitfähigkeit $\varkappa$ in $\Omega^{-1} \cdot cm^{-1}$ der Lösung von $TeCl_4$ in HSO_3Cl bei verschiedenen Konzentrationen C in mol $TeCl_4$/kg Lösung beträgt:

C	0	0.0127	0.0159	0.0303	0.0343	0.0486	0.0557
$\varkappa \cdot 10^2$	0.0368	0.2070	0.2509	0.4407	0.4925	0.6640	0.7485
C	0.0719	0.0762	0.0955	0.0964	0.1125	0.1132	0.1374
$\varkappa \cdot 10^2$	0.9259	0.9739	1.1693	1.1760	1.3296	1.3318	1.5435
C	0.1415	0.1617	0.1691	0.1870	0.1905		
$\varkappa \cdot 10^2$	1.5818	1.7355	1.7973	1.9187	1.9500		

Eine graphische Darstellung obiger Werte im Vergleich zu $SeCl_4$, HCl, KCl und KSO_3Cl im gleichen Lösungsmittel — s. im Original — zeigt, daß sich $TeCl_4$ wie eine starke Base verhält [4].

$TeCl_4$ reagiert mit S_4N_4 in benzolischer Lösung unter Komplexbildung, s. dazu „Tellur" Erg.-Bd. B 3.

Mit überschüssigem $NOSO_2F$ in flüssigem SO_2 bildet sich $(NO)_2TeF_6$ bei < -10°C, Seel, Massat [5], s. auch S. 18.

Bei gewöhnlicher Temperatur ist $TeCl_4$ in S_2Cl_2 fast unlöslich, bei 144°C werden 7.7% gelöst. Im System tritt ein Eutektikum bei −83.5°C auf, das nahe beim Schmelzpunkt des S_2Cl_2 liegt. Da die Schmelzwärme des $TeCl_4$ in S_2Cl_2 mit 13.5 kcal · mol^{-1} das Dreifache der normalen beträgt (berechnet unter Verwendung der Schroeder-Gleichung), wird angenommen, daß $TeCl_4$ in diesen Lösungen trimer vorliegt, Fortunatov u.a. [6]. Nach Groeneveld [7, S. 112] ist $TeCl_4$ in warmem S_2Cl_2 und auch SCl_2 gut löslich.

In $SOCl_2$ löst sich $TeCl_4$, es findet aber keine Reaktion statt, Marganian u.a. [8]. — Die Löslichkeit in SO_2Cl_2 ist gering, und die Leitfähigkeit der Lösung ist nur wenig von der Konzentration abhängig. $TeCl_4$ fungiert in dieser Lösung als Solvobase: $TeCl_4 \rightleftharpoons TCl_3^+ + Cl^-$, Gutman [9]. Bei der Reaktion mit $TiCl_4$ bzw. VCl_4 (Solvosäuren) in SO_2Cl_2-Lösung bilden sich $2TeCl_4 \cdot TiCl_4$ bzw. $2TeCl_4 \cdot VCl_4$, die auf Grund der Solvoneutralisation als $(TeCl_3)_2TiCl_6$ bzw. $(TeCl_3)_2VCl_6$ formuliert werden. Ein kaum merkbarer Knick im Leitfähigkeitsdiagramm (s. Original) läßt die Bildung von $TeCl_4 \cdot TiCl_4$ bzw. $TeCl_4 \cdot VCl_4$ vermuten, Gutman [10]. — Aus äquimolaren Lösungen von $TeCl_4$ und $SbCl_5$ in $SOCl_2$ oder SO_2Cl_2 setzen sich beim Abkühlen weiße Kristalle von $TeCl_4 \cdot SbCl_5$ ab. Auch mit $AlCl_3$ werden in SO_2Cl_2 oder $SOCl_2$ nach Erwärmen beim Abkühlen lichtgelbe Kristalle von $TeCl_4 \cdot AlCl_3$ gebildet, Groeneveld [7, S. 77, 80].

Literatur:

[1] R. C. Paul, K. K. Paul, K. C. Malhotra (Chem. Ind. [London] **36** [1968] 1227/8). — [2] R. C. Paul, V. Kapila, J. K. Puri, K. C. Malhotra (J. Chem. Soc. A **1971** 2132/7). — [3] R. C. Paul, K. K. Paul, K. C. Malhotra (J. Inorg. Nucl. Chem. **34** [1972] 2523/33, 2530/1). — [4] E. A. Robinson, J. A. Ciruna (Can. J. Chem. **46** [1968] 3197/200). — [5] F. Seel, H. Massat (Z. Anorg. Allgem. Chem. **280** [1955] 186/96, 192/3).

[6] N. S. Fortunatov, N. I. Timoshenko, Z. A. Fokina (Ukr. Khim. Zh. **37** [1971] 6/12; C.A. **74** [1971] Nr. 146840). — [7] W. L. Groeneveld (Diss. Leiden 1953, S. 1/170). — [8] V. M. Marganian, J. E. Whisenhunt, J. C. Fanning (J. Inorg. Nucl. Chem. **31** [1969] 3775/81, 3776). — [9] V. Gutmann (Monatsh. Chem. **85** [1954] 393/403, 402/3). — [10] V. Gutmann (Monatsh. Chem. **85** [1954] 404/16, 409).

Selen- und Tellurverbindungen

Selenium and Tellurium Compounds

$TeCl_4$ reagiert mit $SeCl_4$ unter Bildung einer kontinuierlichen Reihe von Mischkristallen, Safonov, Korshunov [1]. — In $SeOCl_2$ ist $TeCl_4$ unlöslich; in CH_3CN wird mit $SeOCl_2$ kein festes Reaktionsprodukt erhalten, Marganian [2].

Beim Zusammenschmelzen mit TeO_2 in bestimmten Konzentrationen findet Reaktion unter Bildung von $Te_6Cl_2O_{11}$ statt, s. das System $TeCl_4$-TeO_2, S. 145. Die Reaktion erfolgt bei etwa 400°C, Khodadad [3], s. S. 147. — Mit $TeBr_4$ und TeJ_4 werden kontinuierliche Mischkristallreihen gebildet, s. dazu die Systeme $TeCl_4$-$TeBr_4$ und $TeCl_4$-TeJ_4; zur gemeinsamen Reaktion mit $TeBr_4$ und TeJ_4 sowie $TeBr_4$ und TeO_2 bzw. TeJ_4 und TeO_2 s. die entsprechenden Systeme $TeCl_4$-$TeBr_4$-TeJ_4 sowie $TeCl_4$-$TeBr_4$-TeO_2 und $TeCl_4$-TeJ_4-TeO_2, alle im „Tellur" Erg.-Bd. B 3.

Literatur:

[1] V. V. Safonov, G. B. Korshunov (Izv. Vysshikh Uchebn. Zavedenii Tsvetn. Met. **11** Nr. 6 [1968] 81/3; C.A. **70** [1969 Nr. 109668). — [2] V. M. Marganian (Diss. Clemson Univ. 1966, S. 1/117, 35; Diss. Abstr. B **28** [1967] 84/5). — [3] P. Khodadad (Bull. Soc. Chim. France **1965** 468/70).

Bor-, Kohlenstoff- und Siliciumverbindungen

Boron, Carbon, and Silicon Compounds

Bei Einwirkung von gasförmigem BF_3 auf $TeCl_4$ bei −75°C innerhalb 24 h entsteht weißes $TeCl_4 \cdot BF_3$. Die Verbindung hat vermutlich ionische Struktur. Es wird angenommen, daß $TeCl_4$ als Lewis-Base gegenüber BF_3 wirkt, wobei ein Cl^--Ion zur Lewis-Säure BF_3 übertragen wird: $TeCl_3^+BF_3Cl^-$, Marganian [1]. — Mit BCl_3 reagiert $TeCl_4$ nicht, auch nicht in flüssigem HCl, Peach [2]. Bei 100°C findet keine Verbindungsbildung statt, Groeneveld [3]. Zur Reaktion in Benzol s. S. 102.

Mit CCl_4 findet keine Reaktion statt. Im System besteht ein Eutektikum sehr dicht an der Seite des niedrig schmelzenden CCl_4 bei −29°C. Bei 200°C beträgt die Löslichkeit von $TeCl_4$ in der flüssigen Phase <1 Mol-%. Zwischen 10 und 70 Mol-% $TeCl_4$ besteht eine breite Mischungslücke; die monotektische Temperatur ist 216°C, Safonov, Konov [4]. — $TeCl_4$, gelöst in CCl_4, reagiert mit SO_3 unter Bildung einer kristallinen Verbindung der Zusammensetzung $TeCl_4 \cdot SO_3$, die in verdünnten Lösungen in die Ionen $TeCl_3^+$ und SO_3Cl^- dissoziiert, Paul u.a. [5, 6], vgl. „Tellur" Erg.-Bd. B 3.

In CS_2 ist $TeCl_4$ bei längerer Einwirkung des Lösungsmittels löslich, Jander, Swart [7].

$TeCl_4$ reagiert mit $SiCl_4$ nicht. Im System liegt das Eutektikum ganz auf der Seite des $SiCl_4$ bei <1 Mol-% $TeCl_4$ und −68°C (ungefährer Schmelzpunkt des $SiCl_4$). Zwischen 5 und 79 Mol-% $TeCl_4$ besteht in der flüssigen Phase eine breite Mischungslücke; die monotektische Temperatur beträgt 222°C. Die Löslichkeit des $SiCl_4$ in $TeCl_4$ (nahe seinem Schmelzpunkt) ist gering. Die beiden Komponenten können durch Tieftemperatur-Kristallisation getrennt werden, Konov, Safonov [8]. Zur Reaktion zwischen $TeCl_4$, $SiCl_4$ und $GeCl_4$ s. S. 96.

Literatur:

[1] V. M. Marganian (Diss. Clemson Univ. 1966, S. 1/117, 99, 105; Diss. Abstr. B **28** [1967] 84/5). — [2] M. E. Peach (Can. J. Chem. **47** [1969] 1675/80). — [3] W. L. Groeneveld (Diss. Leiden 1953, S. 1/170, 83). — [4] V. V. Safonov, A. V. Konov (Zh. Neorgan. Khim. **17** [1972] 3363; Russ. J. Inorg. Chem. **17** [1972] 1766/7). — [5] R. C. Paul, K. K. Paul, K. C. Malhotra (Australian J. Chem. **22** [1969] 847/52).

[6] R. C. Paul, K. K. Paul, K. C. Malhotra (Chem. Ind. [London] **36** [1968] 1227/8). — [7] G. Jander, K. H. Swart (Z. Anorg. Allgem. Chem. **301** [1959] 54/79, 77). — [8] A. V. Konov, V. V. Safonov (Zh. Neorgan. Khim. **20** [1975] 2293/4; Russ. J. Inorg. Chem. **20** [1975] 1274).

Phosphorverbindungen

Phosphorus Compounds

Zum Auftreten der inkongruent schmelzenden Verbindung $TeCl_4 \cdot POCl_3$ (92 bis 94°C) im System $TeCl_4$-$POCl_3$ s. Groeneveld [1, S. 137]. $TeCl_4$ löst sich in $POCl_3$ unter Bildung einer hellgelben, wenig dissoziierten Lösung. Nach Abpumpen des Lösungsmittels bleibt $TeCl_4 \cdot POCl_3$ als weißes hygroskopisches Pulver zurück. Die Abnahme der spezifischen Leitfähigkeit einer frisch hergestellten Lösung bei 20°C innerhalb 12 h (s. Figur im Original) läßt auf chemische Veränderung schließen, Gutmann [2], vgl. auch „Phosphor" C, S. 609. Nach potentiometrischen Untersuchungen nimmt die auf $[(C_2H_5)_4N]Cl$ in $POCl_3$ bezogene Acidität verschiedener Chloride, darunter $TeCl_4$, in folgender Reihenfolge ab: $FeCl_3$, $SbCl_5$, $NbCl_5$, $TaCl_5$, $SnCl_4$, $AuCl_3$, $AlCl_3$, $TeCl_4$, $TiCl_4$, Gutmann, Mairinger [3].

Die Umsetzung von $TeCl_4$ mit PCl_5 in $POCl_3$ bei 70°C führt bei entsprechenden Molverhältnissen zur Bildung von festem $TeCl_4 \cdot PCl_5$ und $TeCl_4 \cdot 2PCl_5$. Die Zusammensetzung der beiden Verbindungen wird durch Leitfähigkeitstitration bei 61°C bestätigt, Groeneveld, Zuur [4]. Nicht erhalten wird die in der älteren Literatur angegebene Verbindung $2TeCl_4 \cdot PCl_5$, Groeneveld [5]. — Gegenüber VCl_4 verhält sich $TeCl_4$ in $POCl_3$ als Solvobase; es bildet $2TeCl_4 \cdot VCl_4$, das als $(TeCl_3)_2VCl_6$ formuliert wird, Gutmann [6], gegenüber $[(C_2H_5)_4N]Cl$ fungiert es aber als Solvosäure, es wird Hexachlorotellurat(IV) gebildet [3]. — Mit $AuCl_3$ und $PtCl_4$ bildet $TeCl_4$ in $POCl_3$ keine Verbindungen [1, S. 82].

Zur Reaktion von $TeCl_4$ mit PCl_5 in $AsCl_3$ s. unten und in $C_6H_5NO_2$ s. S. 103.

$TeCl_4$ ist in $PSCl_3$ schwach löslich, es findet keine Solvatbildung statt, Paul u.a. [7].

Literatur:

[1] W. L. Groeneveld (Diss. Leiden 1953, S. 1/170). — [2] V. Gutmann (Z. Anorg. Allgem. Chem. **269** [1952] 279/91, 286/7). — [3] V. Gutmann, F. Mairinger (Monatsh. Chem. **89** [1958] 724/30). — [4] W. L. Groeneveld, A. P. Zuur (Rec. Trav. Chim. **72** [1953] 617/24). — [5] W. L. Groeneveld (Chem. Weekblad **52** [1956] 198/203).

[6] V. Gutmann (Monatsh. Chem. **85** [1954] 286/301, 301). — [7] R. C. Paul, K. C. Malhotra, G. Singh (J. Indian Chem. Soc. **37** [1960] 105/10, 106).

Arsenic Compounds

Arsenverbindungen

$TeCl_4$ ist in wasserfreiem $AsCl_3$ leicht löslich. Eine Verbindung wird nach Entfernen des Lösungsmittels nicht festgestellt, es verbleibt reines $TeCl_4$. Die Leitfähigkeit der Lösung nimmt mit steigendem $TeCl_4$-Gehalt zu; eine 0.05 molare Lösung erhöht die spezifische Leitfähigkeit des reinen $AsCl_3$ bei 24°C von etwa 10^{-7} auf $10^{-4}\ \Omega^{-1} \cdot cm^{-1}$, Gutmann [1].

In der $AsCl_3$-Lösung reagiert $TeCl_4$ mit AsF_3, das in der mit Cl_2 gesättigten Lösung als $[AsCl_4][AsF_6]$ vorliegt, unter Bildung von $[TeCl_3][AsF_6]$, Kolditz, Schäfer [2].

$TeCl_4$ verhält sich im Solvosystem $AsCl_3$ amphoter. Es reagiert nicht nur mit Solvobasen, wie $[(CH_3)_4N]Cl$, sondern auch mit Solvosäuren, wie $SbCl_5$, $SnCl_4$ oder VCl_4, wobei als Zwischenprodukte solvosaure bzw. solvobasische Salze gebildet werden. Im ersten Fall verhält sich $TeCl_4$ selbst als Solvosäure (Chloridionenacceptor), im zweiten Fall als Solvobase (Chloridionendonor), Gutmann [3]. — Bei der konduktometrischen Titration von $TeCl_4$ mit $[(CH_3)_4N]Cl$, das in $AsCl_3$-Lösung $[(CH_3)_4N]AsCl_4$ bildet und als Solvobase fungiert, entsteht in erster Stufe der Solvoneutralisation das solvosaure Salz $[(CH_3)_4N][AsCl_2]TeCl_6$ und in zweiter Stufe das Solvosalz $[(CH_3)_4N]_2TeCl_6$ [1]. Auch als Solvosäure fungiert $TeCl_4$ bei der Reaktion mit PCl_5. Bei Leitfähigkeitstitrationen in $AsCl_3$ entstehen bei 20°C die drei Verbindungen $2TeCl_4 \cdot PCl_5$, $TeCl_4 \cdot PCl_5 = PCl_4 \cdot TeCl_5$ und $TeCl_4 \cdot 2PCl_5 = (PCl_4)_2TeCl_6$; Reaktionsablauf der Solvoneutralisation s. Original [3], vgl. auch „Phosphor" C, S. 450, 609. — Bei der Umsetzung mit $SbCl_5$ in $AsCl_3$ fungiert $TeCl_4$ als Solvobase, es entsteht zunächst das neutrale, lösliche Solvosalz $TeCl_3SbCl_6$, das im Überschuß der Solvobase $TeCl_3AsCl_4$ in das unlösliche solvobasische Salz $(TeCl_3)_2(AsCl_4)SbCl_6$ übergeht, Leitfähigkeitsverlauf s. Figur im Original [3]. — Bei der konduktometrischen Titration von $SnCl_4$ in $AsCl_3$ mit $TeCl_4$ erfolgt die Reaktion in drei Stufen, wie die Knickpunkte auf der Leitfähigkeitskurve zeigen, die bei den Molverhältnissen $TeCl_4:SnCl_4 = 1:2$, 1:1, 2:1 auftreten. Beim Molverhältnis 0.5 erfolgt Bildung des löslichen 3fach solvosauren Salzes $(TeCl_3)(AsCl_2)_3(SnCl_6)_2$. Bei weiterer $TeCl_4$-Zugabe bildet sich dann das schwerlösliche, einfach solvosaure Salz $(TeCl_3)(AsCl_2)SnCl_6$. Dieses löst sich in weiterem $TeCl_4$ und geht in das neutrale Solvosalz $(TeCl_3)_2SnCl_6$ über, Gutmann [3], vgl. auch „Zinn" C 1, S. 329 und C 2, S. 284. — Mit dem solvosauren VCl_4 verläuft die Umsetzung auf Grund von Leitfähigkeitstitrationen ebenfalls über mehrere Zwischenstufen, die $TeCl_4$ und VCl_4 in folgenden Molverhältnissen enthalten: 2:1, 1:1, 1:2 und 1:3; Leitfähigkeitsverlauf s. Figuri m Original, Gutmann [4], s. auch [3]. — Mit $FeCl_3$ reagiert $TeCl_4$ in $AsCl_3$ beim Kochen unter Rückfluß, beim Abkühlen wird $TeCl_4 \cdot FeCl_3$ erhalten, Groeneveld [5].

Literatur:

[1] V. Gutmann (Monatsh. Chem. **83** [1952] 159/63). — [2] L. Kolditz, W. Schäfer (Z. Anorg. Allgem. Chem. **315** [1962] 35/45, 38). — [3] V. Gutmann (Monatsh. Chem. **84** [1953] 1191/6). — [4] V. Gutmann (Monatsh. Chem. **85** [1954] 286/301, 300). — [5] W. L. Groeneveld (Diss. Leiden 1953, S. 1/170, 78).

Antimonverbindungen

Antimony Compounds

$TeCl_4$ reagiert mit $SbCl_3$ in der Schmelze nicht. Im System tritt ein Eutektikum bei 72°C ganz an der Seite des niedrig schmelzenden $SbCl_3$ (73°C) auf, Safonov, Korshunov [1]. Die Löslichkeit in geschmolzenem $SbCl_3$ beträgt 0.83 mol $TeCl_4$/l $SbCl_3$ bei 100°C, spezifische Leitfähigkeit dieser Lösung s. Diagramm im Original (etwa $12 \times 10^{-4}\ \Omega^{-1} \cdot cm^{-1}$), Jander, Swart [2]. $TeCl_4$ verhält sich in $SbCl_3$ amphoter, Jander, Swart [3]. Im Solvens $SbCl_3$ selbst ist es als Ansolvosäure zu betrachten, die Reaktion verläuft nach $TeCl_4 + 2\,SbCl_3 \rightleftharpoons (SbCl_2)_2TeCl_6 \rightleftharpoons 2\,(SbCl_2)^+ + TeCl_6^{2-}$ [2]. Im Gegensatz dazu verhält es sich als basenanaloge Verbindung bei der Reaktion mit $AlCl_3$ in $SbCl_3$. Bei der konduktometrischen Titration tritt beim Molverhältnis $TeCl_4 : AlCl_3 = 1:2$ ein Knickpunkt auf; der Kurvenverlauf zeigt den Ablauf einer neutralisationsanalogen Umsetzung: $2\,(SbCl_2)\,[AlCl_4] + TeCl_4 \rightarrow TeCl_2\,[AlCl_4]_2 + 2\,SbCl_3$. Da die Verbindung keinen Ionencharakter hat, wie Löslichkeitsuntersuchungen zeigen, wird sie als Anlagerungsverbindung formuliert: $TeCl_4 \cdot 2\,AlCl_3$ [3].

Die Reaktion von $TeCl_4$ mit $SbCl_5$ verläuft unter Verbindungsbildung: $2\,SbCl_5 \cdot TeCl_4$, Schmelzpunkt 144°C, Safonov u.a. [4]. Zur Reaktion von $TeCl_4$ mit $SbCl_5$ in $SOCl_2$ oder SO_2Cl_2 s. S. 92, in $AsCl_3$ s. S. 94.

Literatur:

[1] V. V. Safonov, B. G. Korshunov (Zh. Neorgan. Khim. **13** [1968] 2804/6; Russ. J. Inorg. Chem. **13** [1968] 1443/5). — [2] G. Jander, K. H. Swart (Z. Anorg. Allgem. Chem. **299** [1959] 252/70, 263). — [3] G. Jander, K. H. Swart (Z. Anorg. Allgem. Chem. **301** [1959] 54/79). — [4] V. V. Safonov, A. V. Konov, B. G. Korshunov (Zh. Neorgan. Khim. **14** [1969] 3147/50; Russ. J. Inorg. Chem. **14** [1969] 1658/60).

Metallchloride

Metal Chlorides

Die Untersuchung der Wechselwirkung von $TeCl_4$ mit Metallchloriden (vor allem denen der Nichteisenmetalle) ist von Interesse für den technischen Aufschluß der Te enthaltenden Rohmaterialien durch die Chlorierungsmethode und in neuerer Zeit immer mehr für die Behandlung von Fabrikationsabfällen der Halbleiter-Industrie, Safonov, Korshunov [1], Fes'kova u.a. [2].

Mit **$BiCl_3$** reagiert $TeCl_4$ in der Schmelze nicht. Das Eutektikum liegt bei 54 Mol-% $TeCl_4$ und 171°C [1], s. auch Groeneveld [3, S. 83].

Zur Reaktion mit **Alkalichloriden** MCl (M = Li, Na, K, NH_4, Rb, Cs) in der Schmelze s. die entsprechenden Systeme ab S. 127; in HCl-Lösung erfolgt Bildung von Hexachlorotelluraten(IV), s. dazu bei den entsprechenden Verbindungen ab S. 134. Reaktionen in den ternären Systemen $TeCl_4$-CsCl-KCl und $TeCl_4$-CsCl-RbCl s. ab S. 130. Mit **substituierten Ammoniumchloriden** R_4NCl (beispielsweise R = CH_3, C_2H_5) reagiert $TeCl_4$ in geeigneten Lösungsmitteln unter Bildung von $TeCl_4 \cdot 2\,R_4NCl = [R_4N]_2TeCl_6$, s. S. 137. Zur Reaktion in $AsCl_3$ und in $POCl_3$ s. S. 94.

In HCl-Lösungen bilden sich mit den **Erdalkalichloriden** die entsprechenden Hexachlorotellurate(IV), Angoso y Catalina [4].

Mit **$ZnCl_2$** findet in der Schmelze keine Reaktion statt. Das Eutektikum liegt bei 60 Mol-% $TeCl_4$ und 180°C, Safonov u.a. [5].

$TeCl_4$ reagiert mit **$HgCl_2$** in der Schmelze nicht. Im System tritt ein Eutektikum bei 72 Mol-% $TeCl_4$ und 200°C auf, Safonov u.a. [5].

$TeCl_4$ und **$AlCl_3$** reagieren in der Schmelze unter Bildung von $TeCl_4 \cdot AlCl_3$, das kongruent bei 149.3°C schmilzt, Safonov u.a. [6], Houtgraaf u.a. [7]. Zur Reaktion und Bildung s. auch Gerding, Houtgraaf [8], Beattie, Chudzynska [9]. Im Konzentrationsbereich 2.5 bis 25 Mol-% $TeCl_4$ besteht eine Mischungslücke in der flüssigen Phase; die monotektische Temperatur ist 185°C [6]. — Zu den Reaktionen im ternären System $TeCl_4$-$AlCl_3$-NaCl s. Original [6]. — Beim Zusammenschmelzen von Te, $TeCl_4$ und $AlCl_3$ im Verhältnis 7:1:4 reagieren die Komponenten unter Bildung von Te_2AlCl_4, das Te_{2n}^{n+} enthält, Bjerrum, Smith [10]; nach Prince u.a. [11] erfolgt Bildung von $TeAlCl_{3.5}$, Te_2AlCl_4 und Te_3AlCl_4. — Zur Reaktion mit $AlCl_3$ in geschmolzenem $SbCl_3$ s. S. 95, in SO_2Cl_2 s. S. 92.

Die Reaktion mit **$GaCl_3$** führt in der Schmelze zur Bildung von $TeCl_4 \cdot GaCl_3$ und $TeCl_4 \cdot 2\,GaCl_3$, die kongruent bei 158°C bzw. inkongruent bei 57°C schmelzen, Fedorov, Khagleeva [12]. — Zur Reaktion mit $GaCl_3$ und **$GaBr_3$** in Benzol s. S. 102.

Im System $TeCl_4$-**$InCl_3$** liegt das Eutektikum bei 85 Mol-% $TeCl_4$ und 216°C. Die Löslichkeit des $TeCl_4$ in $InCl_3$ im festen Zustand beträgt etwa 15 Mol-% bei der eutektischen Temperatur. Offenbar bestehen in einem gewissen Bereich auch an der $TeCl_4$-reichen Seite Mischkristalle, Fedorov, Idvina [13].

Mit **TlCl** reagiert $TeCl_4$ unter Bildung der bei 488°C kongruent schmelzenden Verbindung $TeCl_4 \cdot 2\,TlCl$, Afinogenov, Khaustova [14].

In HCl-Lösungen ($D = 1.04\ g/cm^3$) bilden sich aus $TeCl_4$ und den Chloriden des **Yttriums, Lanthans** und **Cers** die entsprechenden Hexachlorotellurate(IV), Angoso y Catalina [4].

Zwischen $TeCl_4$ und **$TiCl_4$** findet keine Reaktion statt. Das Eutektikum liegt bei −24°C ganz an der Seite des $TiCl_4$ (Schmelzpunkt −23°C), Safonov u.a. [15]. — $TeCl_4$ löst sich in $TiCl_4$. Die Löslichkeit nimmt mit ansteigender Temperatur zu, von 0.03 Mol-% bei 25°C auf 1.33 Mol-% bei 125°C, s. dazu Diagramm im Original. Die Lösungswärme beträgt etwa 9 $kcal \cdot mol^{-1}$, wie ein Vergleich mit den Kurven der Sättigungskonzentrationen anderer Halogenide, beispielsweise $SeCl_4$, $NbCl_5$, ergibt, Ehrlich, Dietz [16]. Zur Reaktion von $TiCl_4$ mit $TeCl_4$ in Lösung von SO_2Cl_2 s. S. 92.

Mit **$GeCl_4$** reagiert $TeCl_4$ nicht. Im System tritt ein Eutektikum ganz nahe an der Seite des niedrig schmelzenden $GeCl_4$ bei −52°C auf. Bei 200°C löst sich etwa 1 Mol-% $TeCl_4$ in der flüssigen Phase. Über 217°C und im Bereich 10 bis 80 Mol-% $TeCl_4$ besteht eine Mischungslücke, Safonov, Konov [17]. — Im ternären System $TeCl_4$-$GeCl_4$-$SiCl_4$ existiert eine große Mischungslücke (81.9% des Schmelzdiagramms) zwischen $TeCl_4$ und den $GeCl_4$-$SiCl_4$-Mischkristallen, Fes'kova u.a. [2].

Zwischen $TeCl_4$ und **$SnCl_2$** findet eine Gleichgewichtsreaktion statt, die Reduktion bzw. Oxidation der Ausgangskomponenten einschließt: $TeCl_4 + SnCl_2 \rightleftharpoons SnCl_4 + TeCl_2$, Safonov u.a. [5], s. dazu auch „Zinn" C 2, S. 210. Zur Reaktion in Alkohol s. S. 104. — $TeCl_4$ löst sich in **$SnCl_4$**. Die Löslichkeit steigt mit der Temperatur an, von 0.30 auf 1.97 Mol-% $TeCl_4$ bei 18 bis 140°C, Fes'kova u.a. [19]. Es gibt keinen Hinweis auf Verbindungsbildung zwischen den Komponenten. Im System tritt ein Eutektikum auf, dessen Schmelzpunkt −32°C mit dem des $SnCl_4$ zusammenfällt. Im Bereich 25 bis 75 Mol-% besteht eine Mischungslücke im flüssigen Zustand; die monotektische Temperatur liegt bei 206°C, Safonov u.a. [5], s. auch „Zinn" C 2, S. 210. Zur Reaktion in $AsCl_3$ s. S. 94. — In der Schmelze des ternären Systems $TeCl_4$-$SnCl_4$-$GeCl_4$ existiert eine große Mischungslücke (70.9% des Schmelzdiagramms) zwischen $TeCl_4$ und den $SnCl_4$-$GeCl_4$-Mischkristallen, Fes'kova u.a. [2].

$TeCl_4$ ist mit **$PbCl_2$** im flüssigen Zustand nicht mischbar. Das Eutektikum liegt ganz auf der Seite des $TeCl_4$ bei 224°C (dem Schmelzpunkt des $TeCl_4$), Safonov u.a. [5].

Zur Reaktion mit **VCl_4** in SO_2Cl_2, in $PbCl_3$ und in $AsCl_3$ s. S. 92, 94.

Mit **$NbCl_5$** bzw. **$TaCl_5$** reagiert $TeCl_4$ in der Schmelze unter Bildung der kongruent schmelzenden Verbindungen $TeCl_4 \cdot NbCl_5$ (189°C) bzw. $TeCl_4 \cdot TaCl_5$ (182°C), Safonov, Korshunov [20], der inkongruent schmelzenden Verbindungen $TeCl_4 \cdot NbCl_5$ (168°C) bzw. $TeCl_4 \cdot TaCl_5$ (172°C), Chikanov [21].

Mit **$MoCl_6$** bzw. **WCl_6** keine Reaktion in der Schmelze. Das Eutektikum liegt bei 42 Mol-% $MoCl_5$ und 132°C bzw. 45 Mol-% WCl_6 und 182°C, Safonov, Korshunov [1].

$TeCl_4$ bildet mit **$FeCl_3$** in der Schmelze die bei 155 °C kongruent schmelzende Verbindung $TeCl_4 \cdot FeCl_3$, Safonov, Korshunov [20]. Zur Reaktion in $AsCl_3$ s. S. 95. — In den ternären Systemen $TeCl_4$-$FeCl_3$-$GeCl_4$ und $TeCl_4$-$FeCl_3$-$SnCl_4$ treten große Mischungslücken in den flüssigen Phasen auf, Fes'kova u.a. [18].

Mit **Cu_2Cl_2** reagiert $TeCl_4$ in der Schmelze nicht. Das Eutektikum liegt bei 91 Mol-% $TeCl_4$ und 202 °C, Safonov u.a. [5].

Nickel- und **Kobalt**chloride reagieren mit $TeCl_4$ in HCl-Lösungen (D = 1.04 g/cm^3) unter Bildung von Hexachlorotelluraten(IV), Angoso y Catalina [4].

Zur Reaktion von **$AuCl_3$** und **$PtCl_4$** mit $TeCl_4$ in $POCl_3$ s. S. 94.

Literatur:

[1] V. V. Safonov, B. G. Korshunov (Zh. Neorgan. Khim. **13** [1968] 2804/6; Russ. J. Inorg. Chem. **13** [1968] 1443/5). — [2] Z. K. Fes'kova, V. V. Safonov, N. M. Grigor'eva, G. B. Korshunov, V. I. Ksenzenko (Zh. Neorgan. Khim. **19** [1974] 1395/8; Russ. J. Inorg. Chem. **19** [1974] 759/60). — [3] W. L. Groeneveld (Diss. Leiden 1953, S. 1/170). — [4] A. Angoso y Catalina (Acta Salmanticensia Ser. Cienc. [2] **3** Nr. 1 [1961] 77/103, 83/8). — [5] V. V. Safonov, A. V. Konov, B. G. Korshunov (Izv. Vysshikh Uchebn. Zavedenii Tsvetn. Met. **12** Nr. 5 [1969] 83/5; C.A. **72** [1970] Nr. 48221).

[6] V. V. Safonov, A. V. Konov, L. N. Myl'nikova, G. B. Korshunov (Zh. Neorgan. Khim. **19** [1974] 819/22; Russ. J. Inorg. Chem. **19** [1974] 446/8). — [7] H. Houtgraaf, H. J. Rang, L. Vollbracht (Rec. Trav. Chim. **72** [1953] 978/88, 986/7). — [8] H. Gerding, H. Houtgraaf (Rec. Trav. Chim. **73** [1954] 759/70, 762). — [9] I. R. Beattie, H. Chudzynska (J. Chem. Soc. A **1967** 984/90, 987/9). — [10] N. J. Bjerrum, G. P. Smith (J. Am. Chem. Soc. **90** [1968] 4472/3).

[11] D. J. Prince, J. D. Corbett, B. Garbisch (Inorg. Chem. **9** [1970] 2731/5). — [12] P. I. Fedorov, L. P. Khagleeva (Zh. Neorgan. Khim. **11** [1966] 2174/6; Russ. J. Inorg. Chem. **11** [1966] 1166/7). — [13] P. I. Fedorov, N. I. Idvina (Zh. Neorgan. Khim. **14** [1969] 1432/4; Russ. J. Inorg. Chem. **14** [1969] 751/2). — [14] Yu. P. Afinogenov, Z. M. Khaustova (Zh. Neorgan. Khim. **15** [1970] 587/9; Russ. J. Inorg. Chem. **15** [1970] 305/6). — [15] V. V. Safonov, A. V. Konov, B. G. Korshunov (Zh. Neorgan. Khim. **14** [1969] 3147/50; Russ. J. Inorg. Chem. **14** [1969] 1658/60).

[16] P. Ehrlich, G. Dietz (Z. Anorg. Allgem. Chem. **305** [1960] 158/68, 165). — [17] V. V. Safonov, A. V. Konov (Zh. Neorgan. Khim. **17** [1972] 3363; Russ. J. Inorg. Chem. **17** [1972] 1766/7). — [18] Z. K. Fes'kova, V. V. Safonov, G. B. Korshunov, V. I. Ksenzenko (Zh. Neorgan. Khim. **19** [1974] 517/20; Russ. J. Inorg. Chem. **19** [1974] 280/2). — [19] Z. K. Fes'kova, V. V. Safonov, V. I. Ksenzenko (Zh. Neorgan. Khim. **19** [1974] 1976/7; Russ. J. Inorg. Chem. **19** [1974] 1083). — [20] V. V. Safonov, G. B. Korshunov (Izv. Vysshikh Uchebn. Zavedenii Tsvetn. Met. **11** Nr. 6 [1968] 81/3; C.A. **70** [1969] Nr. 109668).

[21] N. D. Chikanov (Zh. Neorgan. Khim. **13** [1968] 2884/6; Russ. J. Inorg. Chem. **13** [1968] 1483/5).

5.6.7.6 Gegen organische Verbindungen

With Organic Compounds

$TeCl_4$ vermag wegen seines Elektronenzustandes in Abhängigkeit von den Reaktionsbedingungen und Reaktionspartnern sowohl als Elektronenakzeptor wie auch als Elektronendonor zu reagieren.

Reaktionen, die zur Bildung von Koordinations- und Innerkomplexverbindungen führen, s. in „Tellur" Erg.-Bd. B 3. Zur Löslichkeit in organischen Lösungsmitteln sowie Reaktionen in diesen s. ab S. 102.

$TeCl_4$ reagiert mit einer großen Anzahl von organischen Substanzen unter Anlagerung und/oder HCl-Abspaltung zu Te-organischen Verbindungen. Im Vergleich mit $TeBr_4$ und TeJ_4 wird $TeCl_4$ fast ausschließlich für die Herstellung solcher Verbindungen verwendet. Bei diesen Reaktionen werden hauptsächlich Diorganyltellurdichloride und Organyltellurtrichloride gebildet; es entstehen aber auch Diorganyl- und Tetraorganyltellur. So reagiert beispielsweise

1) $TeCl_4$ mit 1,3-Diketonen zu cyclischen und linearen Kondensationsprodukten, z. B. zu 1,1-Dichlor-1-tellura-cyclohexan-3,5-dion bzw. Bis(acetylacetonyl)tellurdichlorid und Acetylacetonyltellurtrichlorid.

2) Mit aliphatischen und aromatischen Monoketonen bildet es Diorganyltellurdichloride oder Organyltellurtrichlorid, z. B. Bis(acetonyl)tellurdichlorid bzw. (1-Benzoyläthyl)tellurtrichlorid.

3) $TeCl_4$ verbindet sich mit Carbonsäureanhydriden je nach Molverhältnissen zu Diorganyltellurdichlorid oder Organyltellurtrichlorid, z. B. Bis(carboxymethyl)tellurdichlorid oder Methylenbis(tellurtrichlorid).

4) Aromatische Verbindungen reagieren mit $TeCl_4$ unter HCl-Entwicklung, wenn ein H-Atom am Ring durch eine RO-, HO-, R_2N-, RS-, R-CONH-, 2-Chinolyl- oder 9-Acridinyl-Gruppe aktiviert wird; dabei werden Organyltellurtrichlorid oder Diorganyltellurdichlorid gebildet.

5) $TeCl_4$ bildet durch Additionsreaktionen mit Olefinen Diorganyltellurdichloride und Organyltellurtrichloride, z. B. Bis(2-chlorcyclohexyl)tellurdichlorid bzw. 2-Chlor-2-phenyl-vinyltellurtrichlorid. Zu diesen Reaktionen s. S. 99.

6) Mit Biphenyl und Diphenyläther werden heterocyclische Verbindungen mit einem Te-Atom im Ring erhalten, z. B. Phenoxatellurin-10,10-dichlorid bzw. 2-Chlor-8-methyl-phenoxatellurin-10,10-dichlorid.

7) Mit Grignard-Reagenzien RMgBr werden Triorganyltellurchlorid und Diorganyltellur gebildet. Mit anderen metallorganischen Reagenzien, wie z. B. Organylquecksilberchlorid, werden vor allem Organyltellurtrichlorid und in einigen Fällen Diorganyltellurdichlorid erhalten, mit aromatischen und aliphatischen Lithiumverbindungen Organyltellurtrichlorid und Tetraorganyltellur; weitere Reaktionen s. S. 99.

8) Mit Diarylditellurid werden Diorganyltellurdichlorid und elementares Te erhalten, Irgolio, Zingaro [1].

Eine schematische Darstellung dieser Reaktionen ist in **Fig. 15** wiedergegeben.

Fig. 15

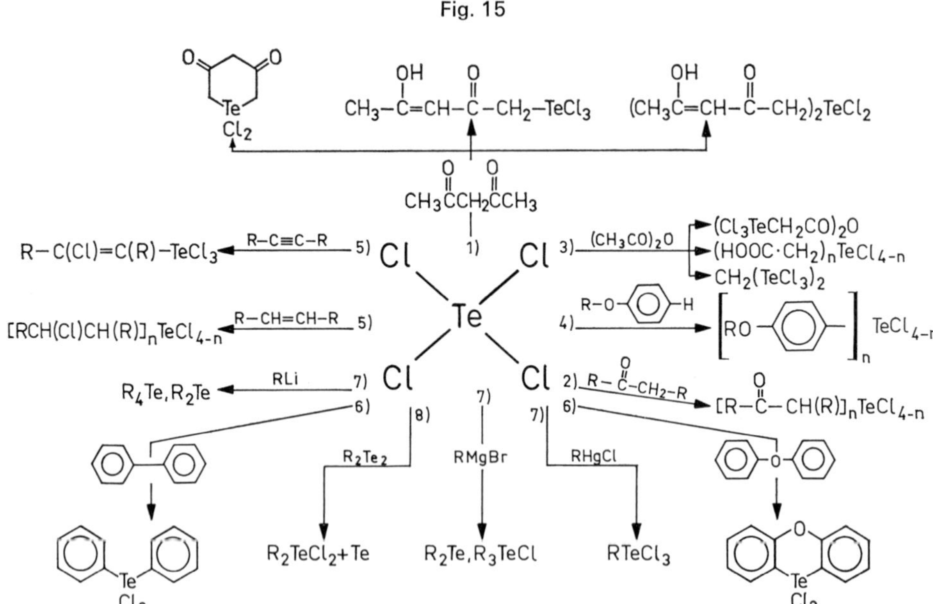

Schematische Darstellung der Reaktionen von $TeCl_4$ mit organischen Substanzen. R = Alkyl, Aryl.

Die Reaktion 5) von $TeCl_4$ mit Olefinen ist von Bedeutung für die Chlorierung und Oxichlorierung der Olefine. Dabei ist die besonders glatt verlaufende Allylchloridbildung aus Propen die bemerkenswerteste Reaktion. Aus dem mit Propen gebildeten 2-Chlorpropyltellurtrichlorid bzw. Bis(2-chlorpropyl)tellurdichlorid wird bei der Pyrolyse vor allem Allylchlorid erhalten, außerdem Isopropylchlorid und 1,2-Dichlorpropan, Arpe, Kuckerts [2], Ogawa, Ishioka [3]; entsprechende Reaktionen mit Äthylen und Butadien [2]. Ein weiteres Beispiel der Allylchlorierung von Olefinen mit $TeCl_4$ ist die Reaktion mit Cyclohexan bzw. 1-Buten, Ogawa [4].

Bei Reaktionen von $TeCl_4$ mit metallorganischen Reagenzien werden auch Pb^{IV}-Arylverbindungen verwendet. Die Reaktionen führen zu $(Aryl)_nTeCl_{4-n}$, Pant [5].

Mit Aryldiazoniumfluoroboraten reagiert $TeCl_4$ unter Zusatz von Zn-Staub und anschließend Br_2 zu aromatischen Te-Verbindungen, z.B. mit $C_6H_5N_2BF_4$ zu $(C_6H_5)_2TeBr_2$, Nesmeyanov u.a. [6].

Von $(C_2H_5)_3SiH$ wird $TeCl_4$ zu Te reduziert, dabei bildet sich $(C_2H_5)_3SiCl$, Anderson [7]. Reduktion zu $TeCl_2$ erfolgt bei der Reaktion mit $(CH_3)_3Si\text{-}Si(CH_3)_3$, Paul u.a. [8]. Mit $(CH_3)_3SiN_3$ reagiert $TeCl_4$ im Molverhältnis 1:1 bzw. 1:2 zu $Te(N_3)_nCl_{4-n}$, s. hierzu S. 151, und $(CH_3)_3SiCl$, Wiberg u.a. [9].

Bei der Reaktion mit Alkoxiden werden Te-Alkoxide, $Te(OR)_4$ erhalten; z.B. bilden sich $Te(OCH_3)_4$ und $Te(OC_2H_5)_4$ bei der Reaktion von $TeCl_4$ mit den entpsrechenden Na-Alkoxiden, Meerwein, Bersin [10]. Mit Na-Isopropoxid wird $Te[OCH(CH_3)_2]_4$ gebildet, welches das Ausgangsprodukt für weitere Te-Alkoxide ist, Mehrotra, Mathur [11].

Literatur:

[1] K. J. Irgolic, R. A. Zingaro (Organometal. Reactions **2** [1971] 117/334, 145/76). — [2] H. J. Arpe, H. Kuckerts (Angew. Chem. **83** [1971] 81). — [3] M. Ogawa, R. Ishioka (Bull. Chem. Soc. Japan **43** [1970] 496/500). — [4] M. Ogawa (Bull. Chem. Soc. Japan **41** [1968] 3031). — [5] B. C. Pant (J. Organometal. Chem. **54** [1973] 191/4).

[6] A. N. Nesmeyanov, L. G. Makarova, V. N. Vinogradova (Izv. Akad. Nauk SSSR Ser. Khim. **1972** 983; Bull. Acad. Sci. USSR Div. Chem. Sci. **1972** 949). — [7] H. H. Anderson (J. Am. Chem. Soc. **80** [1958] 5083/5). — [8] R. C. Paul, A. Arneja, S. P. Narula (Inorg. Nucl. Chem. Letters **5** [1969] 1013/5). — [9] N. Wiberg, G. Schwenk, K. H. Schmid (Chem. Ber. **105** [1972] 1209/15). — [10] H. Meerwein, T. Bersin (Liebigs Ann. Chem. **476** [1929] 113/50, 147).

[11] R. C. Mehrotra, S. N. Mathur (J. Indian Chem. Soc. **42** [1965] 1/4).

5.6.8 Wäßrige und wäßrig-salzsaure Lösung von Tellur(IV)-chlorid

Aqueous and Aqueous-Hydrochloric Acid Solutions of Tellurium (IV) Chloride

Ältere Angaben s. „Tellur" S. 333.

In wäßrigen $TeCl_4$-Lösungen werden zwei Vorgänge beobachtet, die sich überlagern; es tritt Hydrolyse ein, und es bilden sich Chlorokomplexe. Die Komplexbildung spielt vor allem in Gegenwart von HCl eine große Rolle, während die Hydrolyse durch HCl zurückgedrängt wird.

Die Hydrolyse verläuft unter Bildung von HCl entsprechend der Gleichung $TeCl_4 + 2H_2O \rightleftharpoons TeO_2 + 4HCl$, Khodadad [1].

Die Lösungswärme von $TeCl_4$ in 0.93 molarer HCl-Lösung beträgt $\Delta H = -17.3 \pm 0.3$ kcal · mol^{-1} bei 25°C nach kalorimetrischen Messungen, Webster, Collins [27].

In Lösungen mit unterschiedlichen HCl-Konzentrationen (0 bis 12 mol/l) sind verschiedene komplexe Te^{IV}-Chloro- und Chlorohydroxo- bzw. Chloroaquo-Spezies vorhanden, wie spektrophotometrische Untersuchungen, z.B. [2 bis 6], Mössbauer-Spektren, z.B. [7], Löslichkeits- [4], Ionenaustausch-, z.B. [8 bis 11], und Extraktionsuntersuchungen, z.B. [3, 4, 12, 13], zeigen. — Die Angaben stimmen oft nicht überein.

Nach den Ergebnissen einer Extraktions-Verteilungs-Methode existieren laut Shitareva, Nazarenko [12] in der salzsauren Lösung in Abhängigkeit von der Cl^--Konzentration folgende Chlorotellurat-Ionen: $TeCl^{3+}$, $TeCl_2^{2+}$, $TeCl_3^+$, $TeCl_4^\circ$, $TeCl_5^-$ und $TeCl_6^{2-}$. Zur Verteilung dieser $[TeCl_n]^{(4-n)+}$-

Spezies in Abhängigkeit von der Cl^--Konzentration s. Fig. 16 auf S. 107. — Ionenaustausch-Untersuchungen von Ripan, Marc [9] zeigen, daß in 0.8- bis 12molaren HCl-Lösungen mit 10^{-5} bis 10^{-4} mol/l Te^{IV} drei Chlorokomplexe vorhanden sind: $TeCl_3^+$ bis zu 0.8 mol/l HCl, $TeCl_4^\circ$ in 1 mol/l HCl und $TeCl_6^{2-}$ bei HCl-Konzentrationen von 0.8 bis 12 mol/l. Unter 0.007 mol/l HCl in der Lösung kommen Hydrolyseprodukte mit negativen Ladungen vor. — Spektrophotometrische Untersuchungen von Shikheeva [6] ergeben, daß bei einer Te^{IV}-Konzentration von etwa 10^{-4} mol/l in 10- bis 8.5molaren HCl-Lösungen das $TeCl_6^{2-}$-Ion gemeinsam mit dem $[TeCl_5(H_2O)]^-$-Ion existiert: $TeCl_6^{2-} + H_2O \rightleftharpoons [TeCl_5(H_2O)]^- + Cl^-$. Mit abnehmender HCl-Konzentration von 8.5 bis 7.5 mol/l wird die Anwesenheit eines Tetrachlorokomplexes angenommen: $[TeCl_5(H_2O)]^- + H_2O \rightleftharpoons [TeCl_4(H_2O)_2] + Cl^-$, bei 7.0 bis 5.5 mol/l HCl entstehen nacheinander aus $[TeCl_4(H_2O)_2]$ wahrscheinlich $[Te(OH)Cl_4(H_2O)]^-$, $[Te(OH)_2Cl_4]^{2-}$ und $TeOCl_4^{2-}$. Mit weiterer Verringerung der HCl-Konzentration von 5.0 auf 2.0 mol/l wird ein Trichlorokomplex $[TeO(OH)Cl_3]^{2-}$ angenommen. Nochmalige Verringerung der HCl-Konzentration führt zur Bildung von $[TeO(OH)_2Cl_2]^{2-}$, $[TeO(OH)_2Cl]^-$ und $[TeO(OH)_2]$. Auch Iofa u.a. [3] schließen aus UV-Absorptionsspektren, daß sich in 12- bis 3.5molaren HCl-Lösungen außer $TeCl_6^{2-}$ nacheinander $[TeCl_5(H_2O)]^-$ und $[TeCl_4(H_2O)_2]$ bilden. Mössbauer-Spektren von Lösungen des Te^{IV} bestätigen die Bildung der gemischten Chloroaquo-Ionen des Te^{IV} bei der Verringerung der HCl-Konzentration, wobei die Cl^--Ionen durch H_2O-Moleküle ersetzt werden: $TeCl_6^{2-} + i\,H_2O \rightleftharpoons [TeCl_{6-n}(H_2O)_i]^{(2-i)-} + i\,Cl^-$; Mössbauer-Daten s. S. 149, Iofa u.a. [7].

Nach Nabivanets, Kapantsyan [4] ist in salzsauren Te^{IV}-Lösungen die Zusammensetzung der Chlorokomplexe nicht nur von der Cl^--Ionenkonzentration abhängig, sondern auch von der Acidität des Mediums. Auf Grund von Löslichkeits-, spektrophotometrischen und Ionenaustausch-Untersuchungen dominiert TeO(OH)Cl bei 18°C in einer Lösung mit etwa 10^{-3} bis 10^{-4} mol/l Te^{IV}, 0.5 mol/l HCl und 0.5 mol/l LiCl und H^+-Konzentration von 0.5 mol/l. Bei konstantem $H^+ = 0.5$ mol/l werden in Lösungen mit 1 bis 5 mol/l HCl folgende Spezies angetroffen: $TeOCl_2$, $TeOCl_3^-$ und $TeOCl_4^{2-}$. Bei weiterem Ansteigen der HCl-Konzentration auf 6 bis 9 mol/l ist $TeCl_6^{2-}$ anwesend. In Lösung mit 7 mol/l HCl besteht ein Gleichgewicht, in dem $[TeOCl_4^{2-}] \cong [TeCl_6^{2-}]$ ist. Zur Verteilung des Te^{IV} zwischen den verschiedenen Spezies in HCl-Lösung bei konstantem $[H^+] = 0.5$ mol/l s. Fig. 27, S. 148.

In allen angeführten Untersuchungen sind stets nur komplexe Ionen mit einem Te-Atom gefunden worden. Nabivanets, Kapantsyan [4] geben sogar an, daß in 1- bis 10molarer HCl-Lösung mit 10^{-6} bis 10^{-3} mol/l Te^{IV} keine Polymerisation des Te erfolgt. Nach Coryell, Irvine [14] soll aber Te in monomerer und dimerer Form in Lösungen von 4 bis 11.4 mol/l HCl und etwa 10^{-9} mol/l Te^{IV} gegenwärtig sein.

Aus Messungen des Reduktionspotentials von Tellur ($[Te^{IV}] = 0.0315$ mol/l) in HCl-Lösungen (2 bis 11 mol/l) folgern Nevskii u.a. [15], daß in 2- bis 3molaren HCl-Lösungen $TeCl_4$ völlig dissoziiert ist; mit zunehmender HCl-Konzentration verringert sich aber der Dissoziationsgrad, s. dazu Original [15].

Die Absorptionsspektren einer Lösung mit 10^{-2} bis 10^{-5} mol/l Te^{IV} in 3.0- bis 12molarer HCl-Lösung zeigen Absorptionsmaxima bei $\lambda = 372 \pm 4$, 294 bis 296, 268 ± 2 und 250 bis 252 nm. $\lambda = 372 \pm 4$ nm entspricht dem $TeCl_6^{2-}$, wie aus Vergleich mit dem Absorptionsmaximum $\lambda = 370$ bis 372 nm einer ätherischen Lösung von $TeCl_6^{2-}$ und $\lambda = 380 \pm 3$ des festen $(NH_4)_2TeCl_6$ hervorgeht. Die drei weiteren Maxima werden in Analogie zu den komplexen Ionen des Sb^V und Sn^{IV} wie folgt zugeordnet: $\lambda = 268 \pm 2$ nm zu $[TeF_5(H_2O)]^-$; $\lambda = 294$ bis 296 nm zu $[TeCl_4(OH)_2]^{2-}$ oder $[TeCl_4(OH)(H_2O)]^-$ und $\lambda = 250$ bis 252 nm zu $[TeCl_4(H_2O)_2]$, Iofa u.a. [3, 7]. Nach Shikheeva [6] liegen die Absorptionsmaxima des $TeCl_6^{2-}$ und $[TeCl_5(H_2O)]^-$ in 8.5- bis 10molaren HCl-Lösungen mit etwa 10^{-4} mol/l Te^{IV} bei $\lambda = 375 \pm 2$ und $\lambda = 381 \pm 2$ nm. Untersuchungen der Absorptionsspektren von Belyi, Kushnirenko [16] an Lösungen von $TeCl_4$ in konzentrierten wäßrigen HCl- und LiCl-Lösungen zeigen, daß sich mit Ansteigen der Cl^--Konzentration (0 bis 12.2 mol/l) die Absorptionsspektren in den langwelligeren Bereich verschieben, bei hohen Cl^--Konzentrationen zeichnen sich drei Maxima ab. Der Austausch von LiCl gegen HCl führt zu keiner merklichen Veränderung der Spektren. Eine Verringerung der Temperatur auf 104 K zeigt keine wesentliche Deformation des Spektrums, nur die beobachteten Maxima bei 245, 302 und 378 nm werden deutlicher, s. dazu Figur im Original. Bei gewöhnlicher Temperatur wird keine Lumineszenz beobachtet. Nach Bestrahlung mit UV-Licht bei 104 K zeigen diese Lösungen eine helle gelb-rote Lumineszenz;

das Spektrum hat komplexen Charakter. Die Farbe der Lumineszenz wechselt mit der Wellenlänge des anregenden Lichts (240 bis 408 nm). Ein Vergleich der Abhängigkeit der Lumineszenzspektren von der Wellenlänge des anregenden Lichtes mit den Absorptionsspektren zeigt, daß für jede Lumineszenzbande eine entsprechende Absorptionsbande vorhanden ist. Die Absorptions- und Emissionsspektren werden als Elektronenübergänge zwischen den Energieniveaus des Te^{IV}, das als Chlorokomplex vorliegt, gedeutet; s. auch [17, 18].

Zur Zeitabhängigkeit der spezifischen Leitfähigkeit von $TeCl_4$-Lösungen bei 18°C im elektrischen Feld hoher Spannungen (100 bis 1200 kV/cm) s. Figur bei Vorob'ev u.a. [19].

Aus wäßrigen HCl-Lösungen (0- bis 12molar) erfolgt Extraktion des Te^{IV} durch verschiedene Alkohole, Äther und Ketone in Form der verschiedenen Chlorospezies, beispielsweise $TeCl_6^{2-}$, $[TeCl_5(H_2O)]^-$, $[TeCl_4(H_2O)_2]$ usw. Über den Einfluß der HCl-Konzentration auf den Verteilungskoeffizienten von Te^{IV} bei der Extraktion mit diesen organischen Lösungsmitteln s. Original, Iofa u.a. [3], s. auch beispielsweise Abramov, Iofa [20], Shitareva, Nazarenko [12], Stronski [21], Havezov u.a. [22], Tanaka [24]. Zur Extraktion durch Dioxan und Tetrahydrofuran s. Dobrowolski [23]. Bei der Extraktion aus konzentrierten HCl-Lösungen durch Tributylphosphat (TBP) wird $TeCl_4 \cdot 3TBP$ erhalten, Belyaev, Ptitsyn [13], s. auch Shikheeva [25]. Shikheeva, Chel'tsov [26]. — Zur Sorption von Te^{IV} an den Ionenaustauschharzen Amberlit IR-120 und Dowex 1×1 in kationischer Form ($TeCl_3^+$), neutraler Form ($TeCl_4$) und anionischer Form ($TeCl_6^{2-}$) aus 0.8 bis 12molarer HCl-Lösung s. Ripan, Marc [9], an Wofatit SWB s. Vasilev, Kunev [11], an AN-1, EDE-10p und AV-18 s. Gaibakyan, Darbinyan [10].

Literatur:

[1] P. Khodadad (Compt. Rend. **256** [1963] 3480/1). — [2] R. Ripan, M. Marc (Rev. Roumaine Chim. **11** [1966] 1063/7). — [3] B. Z. Iofa, Wan-Hsing Wang, M. Ridvan (Radiokhimiya **8** [1966] 14/20). — [4] B. I. Nabivanets, E. E. Kapantsyan (Zh. Neorgan. Khim. **13** [1968] 1817/22; Russ. J. Inorg. Chem. **13** [1968] 946/9). — [5] E. Petkova, K. Vasilev (Dokl. Bolg. Akad. Nauk **21** [1968] 1173/6; C.A. **70** [1969] Nr. 72434).

[6] L. V. Shikheeva (Zh. Neorgan. Khim. **13** [1968] 2967/73; Russ. J. Inorg. Chem. **13** [1968] 1528/31). — [7] B. Z. Iofa, M. Ridvan, V. A. Bryukhanov (Vestn. Mosk. Univ. Khim. **24** [1969] 47/51; Moscow Univ. Chem. Bull. **24** Nr. 6 [1969] 32/5). — [8] K. Mizumachi (Nippon Kagaku Zasshi **83** [1962] 73/6 nach C.A. **58** [1963] 7399). — [9] R. Ripan, M. Marc (Studii Cercetari Chim. **14** [1963] 41/7; C.A. **61** [1964] 15411). — [10] D. S. Gaibakyan, M. V. Darbinyan (Izv. Akad. Nauk Arm.SSR Khim. Nauki **16** [1963] 211/9 nach C.A. **59** [1963] 14863).

[11] K. Vasilev, D. Kunev (Khim. Ind. [Sofia] **1968** Nr. 3, S. 103/6 nach C.A. **69** [1968] Nr. 70540). — [12] G. G. Shitareva, V. A. Nazarenko (Zh. Neorgan. Khim. **13** [1968] 1808/10; Russ. J. Inorg. Chem. **13** [1968] 941/3). — [13] A. V. Belyaev, B. V. Ptitsyn (Izv. Sibirsk. Otd. Akad. Nauk SSSR Ser. Khim. Nauk **1965** Nr. 3, S. 144/7; C.A. **64** [1966] 18497). — [14] C. D. Coryell, J. W. Irvine (NP-4119 [1952] 28/46, 28/30; N.S.A. **6** [1952] Nr. 6531). — [15] O. B. Nevskii, A. D. Gerasimov, N. N. D'yachkova (Elektrokhimiya **4** [1968] 624/9; Soviet Electrochem. **4** [1968] 555/60).

[16] M. U. Belyi, I. Ya. Kushnirenko (Fiz. Shchelochnogaloidnykh Kristallov Latv. Gos. Univ. Tr. 2-go Vses. Soveshch., Riga 1961 [1962], S. 164/7; C.A. **60** [1964] 15313). — [17] M. U. Belyi (Proc. Intern. Conf. Lumin., Budapest 1966 [1968], Bd. 1, S. 807/11; C.A. **70** [1969] Nr. 33034). — [18] M. U. Belyi, I. Ya. Kushnirenko (Ukr. Fiz. Zh. **9** [1964] 1248/55; C.A. **62** [1965] 9950). — [19] A. A. Vorob'ev, V. V. Ryumin, B. V. Semkin, O. P. Semkina, V. Ya. Ushakov (Elektron. Obrab. Mater. **1971** Nr. 3, S. 37/44; Appl. Elec. Phenomena [USSR] **1971** Nr. 3, S. 28/32; C.A. **76** [1972] Nr. 38717). — [20] A. A. Abramov, B. Z. Iofa (Vestn. Mosk. Univ. Khim. **25** [1970] 324/9; Moscow Univ. Chem. Bull. **25** Nr. 3 [1970] 36/9; C.A. **73** [1970] Nr. 102552).

[21] I. Stronski (Z. Physik. Chem. **231** [1966] 329/38). — [22] I. Havezov, H. W. Nürnberg, M. Stoeppler, N. Jordanov (Z. Anal. Chem. **262** [1972] 179/83). — [23] J. Dobrowolski (Zeszyty Nauk. Politech. Gdansk. Chem. **1966** Nr. 11, S. 3/85, 82/4; C.A. **68** [1968] Nr. 45817). — [24] K. Tanaka (Nagoya Kogyo Gijutsu Shikensho Hokoku **8** [1959] 799/803 nach C.A. **1960** 4113). — [25] L. V. Shikheeva (Zh. Neorgan. Khim. **12** [1967] 1937/40, **13** [1968] 3323/7; Russ. J. Inorg. Chem. **12** [1967] 1020/3, **13** [1968] 1713/5).

[26] L. Shikheeva, I. P. Chel'tsov (Zh. Neorgan. Khim. **16** [1971] 1677/82; Russ. J. Inorg. Chem. **16** [1971] 886/90). — [27] M. Webster, P. H. Collins (J. Chem. Soc. Dalton Trans. **1973** 588/94).

Nonaqueous Solutions of Tellurium (IV)-Chloride

5.6.9 Nichtwäßrige Lösung von Tellur(IV)-chlorid

Soweit als Lösungsmittel anorganische Substanzen auftreten, s. beim chemischen Verhalten von $TeCl_4$ ab S. 91.

In Benzene, Toluene, Nitrobenzene

5.6.9.1 In Benzol, Toluol, Nitrobenzol

In Benzol liegt $TeCl_4$ hauptsächlich in monomerer Form vor, es ist nicht ionisiert und hat die Struktur einer trigonalen Bipyramide, wie Untersuchungen des Dipolmomentes und der Leitfähigkeit ergeben, Gol'dshtein u.a. [1]. Dieses ist in Übereinstimmung mit anderen Untersuchungen, z.B. der IR-Spektren, Adams, Lock [2], Katsaros, George [3], des Dipolmoments, Jensen [4], Smyth u.a. [5]. Kryoskopische Molekulargewichtsbestimmungen im Konzentrationsbereich 0.02 bis 0.07 mol/l zeigen, daß $TeCl_4$ bei niedriger Konzentration monomer vorliegt, bei höheren Konzentrationen aber geringe Assoziation auftritt, Peisakhova u.a. [6, 7], Beattie, Chudzynska [8], s. hierzu Figuren in den Originalen [6] und [8]. Auch das IR-Spektrum ist bis zu einem bestimmten Grad konzentrationsabhängig, bei geringer Konzentration ist aber monomeres $TeCl_4$ anwesend [8]. Aus kryoskopischen Untersuchungen wird von Yakovleva, Troitskii [9] angenommen, daß $TeCl_4$ als Trimeres vorliegt. Dieses wird von Greenwood u.a. [10] für die allgemein verwendeten Konzentrationen bestätigt. Die Werte sind aber konzentrationsabhängig, und für höhere Konzentrationen (≈2.9194 g $TeCl_4$/100 g Benzol) entspricht das Molekulargewicht dem Tetrameren, s. Original. Das IR-Spektrum deutet nicht auf eine monomere C_{2v}-Spezies, es wird im Hinblick auf Molekulargewichtswerte für eine assoziierte, durch Brücken verbundene Spezies interpretiert [10]. Die Molekulargewichtsbestimmungen [8, 10] lassen nach Ansicht von Krebs, Paulat [11] Gleichgewichte zwischen $(TeCl_4)_4$ und niedrigermolekularen Spezies erwarten. Durch Isolierung von Abbauprodukten, die bei der Reaktion von $TeCl_4$ mit großen Kationen, wie z.B. $(C_6H_5)_3C^+$ in diesen Lösungen auftreten und isoliert werden, wird die Existenz des Tetrameren bestätigt [11], vgl. S. 143.

An stark verdünnten Lösungen in Benzol werden bei 25°C für die relative Dichte D (bezogen auf die Dichte von H_2O bei 4°C), den auf $\lambda \to \infty$ extrapolierten Brechungsindex n_∞ (aus Meßdaten für drei Linien von He) und die Dielektrizitätskonstante ε bei 1.503 MHz folgende Werte gemessen:

x in Mol-%	0	0.1809	0.3133	0.4581
D in g/cm³	0.8738	0.8776	0.8803	0.8832
n_∞	1.4737	—	1.4748	1.4752
ε	2.2725	2.2924	2.3055	2.3191

Aus den hieraus berechneten Werten für die Molpolarisation P ergibt sich das Dipolmoment von $TeCl_4$ zu $\mu = 2.57$ D, Jensen [4]. Bei höheren Konzentrationen steigen D und ε folgendermaßen an:

x in Mol-%	0.761	0.981	1.189
D in g/cm³	0.8903	0.8947	0.8991
ε	2.352	2.372	2.389

Wird P aus diesen Daten berechnet, so wird $\mu = 2.54$ D erhalten, Smyth u.a. [5]. — Bei neueren Messungen an 0.02- bis 0.05 molaren Lösungen erhalten Gol'dshtein u.a. [1] die auf unendliche Verdünnung extrapolierte Polarisation $P_\infty = 1634$ und das Dipolmoment $\mu = 2.46$ D, ferner die Molrefraktion $R = 38.3\ cm^3/mol$ (für die Na-D-Linie). — Die molare Leitfähigkeit einer Lösung mit 0.08 mol/l $TeCl_4$ beträgt $2.6 \times 10^{-5}\ \Omega^{-1} \cdot cm^2 \cdot mol^{-1}$ [1].

In benzolischer Lösung verhält sich $TeCl_4$ gegenüber organischen Sulfiden, Äthern, Ketonen usw. als Elektronenakzeptor, es werden 1:1-Komplexe gebildet, s. dazu bei den Komplexverbindungen des $TeCl_4$ in „Tellur" Erg.-Bd. B 3. Gegenüber $AlBr_3$, $GaBr_3$ und $GaCl_3$ fungiert es aber als Elektronendonor. Die intermolekulare Bindung in den 1:1-Verbindungen wird durch Abgabe des freien Elektronenpaares des Te an die leeren Orbitale der Metalle gebildet, Peisakhova u.a. [7]. — Mit BCl_3 setzt sich $TeCl_4$ zu kristallinem $TeCl_4 \cdot BCl_3$ um. Nach Leitfähigkeitsmessungen ist die Struktur ionisch: $TeCl_3^+ \cdot BCl_4^-$; die Gegenwart des BCl_4^- wird durch IR-Spektren bewiesen, Paul u.a. [12]. — Mit BBr_3 wird $TeCl_4$ quantitativ zu $TeBr_4$ umgewandelt, Chen, George [13]. — Auf Grund der katalytischen Wirkung einiger Lewis-Säuren, darunter $TeCl_4$, bei der Zersetzung von Benzazid in Benzol, wird für die Stärke der Lewis-Säuren folgende Reihe aufgestellt: $GaCl_3$ > $AlBr_3$ > $AlCl_3$ > $FeCl_3$ > $SbCl_5$ > $TiCl_4$ > $SnCl_4$ > $TeCl_4$ > $SbCl_3$, die auch für Nitrobenzol gilt, Coleman u.a. [14].

Die Löslichkeit von $^{132}TeCl_4$ in Benzol beträgt 40 mg/ml (ohne Temperaturangabe), Llabador, Adloff [15].

Molekulargewichtsbestimmungen von $TeCl_4$ in Toluol sind in Übereinstimmung mit denen in Benzol, Greenwood u.a. [10].

In Nitrobenzol verhält sich $TeCl_4$ wie eine monomolekulare Spezies, die nur gering ionisiert ist; dies ergeben IR-Spektren, Leitfähigkeitsmessungen und Molekulargewichtsbestimmungen. Die molare Leitfähigkeit in $\Omega^{-1} \cdot cm^2 \cdot mol^{-1}$ beträgt 0.58 bzw. 0.21 bei den $TeCl_4$-Konzentrationen 1.4 bzw. 6.7×10^{-3} mol/l und 25°C, Katsaros, George [3]. Von Couch u.a. [16] wird ein höherer Wert angegeben: 19.2 bei 25°C. Nach Leitfähigkeitsmessungen von Paul u.a. [17] (keine Angabe von Werten) soll sich $TeCl_4$ in $C_6H_5NO_2$ wie ein 1:1-Elektrolyt verhalten. — Konduktometrische Titrationen in diesem Lösungsmittel zwischen $TeCl_4$ und PCl_5, $SbCl_5$, $AlCl_3$ und $FeCl_3$ zeigen die Bildung von 1:1-Verbindungen. Es wird folgender Reaktionsablauf angenommen: $XCl_5 + TeCl_4 \rightarrow TeCl_4 \cdot XCl_5 \rightarrow TeCl_3^+XCl_6^-$ (X = P, Sb) bzw. $YCl_3 + TeCl_4 \rightarrow TeCl_4 \cdot YCl_3 \rightarrow TeCl_3^+YCl_4^-$ (Y = Al, Fe). Da diese Metallhalogenide fähig sind, das Cl^--Ion von $TeCl_4$ aufzunehmen, sind sie stärkere Lewis-Säuren als $TeCl_4$, Paul u.a. [12]. — Zur relativen Säurestärke einiger Lewis-Säuren, darunter $TeCl_4$, in Nitrobenzol, die dieselbe wie in Benzol ist, s. oben.

Literatur:

[1] I. P. Gol'dshtein, E. N. Gur'yanov, A. F. Volkov, M. E. Peisakhova (Zh. Obshch. Khim. **43** [1973] 1669/73; J. Gen. Chem. USSR **43** [1973] 1655/9). — [2] D. M. Adams, P. J. Lock (J. Chem. Soc. A **1967** 145). — [3] N. Katsaros, J. W. George (Inorg. Chim. Acta **3** [1969] 165/8). — [4] K. A. Jensen (Z. Anorg. Allgem. Chem. **250** [1943] 245/56, 255). — [5] C. P. Smyth, A. J. Grossman, S. R. Ginsburg (J. Am. Chem. Soc. **62** [1940] 192/5).

[6] M. E. Peisakhova, I. P. Gol'dshtein, E. N. Gur'yanova, E. S. Shcherbakova (Zh. Obshch. Khim. **43** [1973] 159/66; J. Gen. Chem. USSR **43** [1973] 157/63, 157/8). — [7] M. E. Peisakhova, I. P. Gol'dshtein, E. N. Gur'yanova, K. A. Kocheshkov (Dokl. Akad. Nauk SSSR **203** [1972] 1316/9; Dokl. Chem. Proc. Acad. Sci. USSR **202/207** [1972] 372/4). — [8] I. R. Beattie, H. Chudzynska (J. Chem. Soc. A **1967** 984/90). — [9] V. S. Yakovleva, B. P. Troitskii (Uch. Zap. Leningr. Gos. Ped. Inst. im. A. I. Gertsena **140** [1957] 79 nach C.A. **1960** 11799). — [10] N. N. Greenwood, B. P. Straughan, A. E. Wilson (J. Chem. Soc. A **1968** 2209/12).

[11] B. Krebs, B. Paulat (Angew. Chem. **85** [1973] 662/3). — [12] R. C. Paul, K. K. Paul, K. C. Malhotra (Australian J. Chem. **22** [1969] 847/52). — [13] M. T. Chen, J. W. George (J. Inorg. Nucl. Chem. **34** [1972] 3261/2). — [14] R. A. Coleman, M. S. Newman, A. B. Garret (J. Am. Chem. Soc. **76** [1954] 4534/8). — [15] Y. Llabador, J. P. Adloff (Radiochim. Acta **6** [1966] 49/50).

[16] D. A. Couch, P. S. Elmes, J. E. Fergusson, M. L. Greenfield, C. J. Wilkins (J. Chem. Soc. A **1967** 1813/7). — [17] R. C. Paul, K. K. Paul, K. C. Malhotra (Chem. Ind. [London] **36** [1968] 1227/8).

5.6.9.2 In Alkoholen ROH mit R = CH_3, C_2H_5, C_3H_7

In Alcohols

$TeCl_4$ ist in Methanol und Äthanol sehr gut löslich. Die Auflösung ist exotherm. Der pH-Wert der stark gelb gefärbten Lösung beträgt 2.5. In der Lösung wird das $TeCl_6^{2-}$-Ion gebildet: $2\,TeCl_4 + 2\,ROH = 2\,H^+ + TeCl_6^{2-} + TeCl_2(OR)_2$. Beim Zufügen von C_5H_5N wird gelbes $[C_5H_5NH]_2TeCl_6$ in kristalliner Form ausgefällt, Khodadad [1]. Nach Alekperov [2] reagiert $TeCl_4$ mit ROH nach $TeCl_4 + n\,ROH = TeCl_{4-n}(OR)_n + n\,HCl$. Die Lösungen sind sehr hygroskopisch und hydrolysieren leicht. Sie haben auf Grund der H^+- und Cl^--Ionen eine hohe elektrische Leitfähigkeit [2]. Die molare Leitfähigkeit einer äthanolischen Lösung mit 10^{-3} mol/l $TeCl_4$ beträgt 110 $\Omega^{-1} \cdot cm^2 \cdot mol^{-1}$ bei 25°C. Die Leitfähigkeit ist vermutlich eher auf Zersetzung als auf Ionisation zurückzuführen. Abhängigkeit der Leitfähigkeit von der Konzentration s. Figur im Original, Greenwood u.a. [3]. In methanolischer Lösung entsteht mit $(CH_3)_4NCl$ hellgelbes kristallines $[(CH_3)_4N]_2TeCl_6$, ohne daß

Methanolyse eintritt. Der Niederschlag löst sich bei Zugabe von Methylat (CH_3O^-) auf, offensichtlich unter Ligandenaustausch von Chlorid und Methylat. Es bildet sich $Te(OR)_3^+$ und bei weiterer CH_3O^--Zugabe $Te(OR)_4$, $Te(OR)_5^-$ sowie $Te_2(OR)_3^-$, Gut u. a. [4]. In wasserfreiem Methanol reagiert $TeCl_4$ mit den Metallen Cu, Hg, Zn, Cd, Al, Sn bzw. Pb unter Reduktion, beispielsweise: $4Al + 3TeCl_4 \rightarrow 4AlCl_3 + 3Te$. Mit Hg dagegen verläuft die Reaktion nach $2TeCl_4 + Hg \rightarrow Hg_3Te_2Cl_2$ ($= 2HgTe \cdot HgCl_2$) $+ 3HgCl_2$ [1]. In Methanol, Äthanol bzw. Propanol wird $TeCl_4$ von KJ, $SnCl_2$, NH_2OH oder N_2H_4 zu Te reduziert, Gut u. a. [4].

Literatur:

[1] P. Khodadad (Ann. Chim. [Paris] [13] **10** [1965] 83/103, 89). — [2] A. I. Alekperov (Uch. Zap. Azerb. Gos. Univ. Ser. Khim. Nauk **1968** Nr. 2, S. 7/21 nach C. A. **72** [1970] Nr. 59786). — [3] N. N. Greenwood, B. P. Straughan, A. E. Wilson (J. Chem. Soc. A **1968** 2209/12). — [4] R. Gut, E. Schmid, J. Serrallach (Helv. Chim. Acta **54** [1971] 593/609, 602).

In Acetonitrile, Propionitrile

5.6.9.3 In Acetonitril, Propionitril

$TeCl_4$ ist in Acetonitril mäßig bis gut löslich, Baaz u. a. [1]. Nach Leitfähigkeitsmessungen und Molekulargewichtsbestimmungen verhält sich die Lösung wie ein 1:1-Elektrolyt. Die auftretenden Spezies haben ionische Struktur $[L_2TeCl_3]^+Cl^-$ ($L = CH_3CN$). Die molare Leitfähigkeit einer Lösung mit 10^{-3} mol/l $TeCl_4$ ist 133.5 $\Omega^{-1} \cdot cm^2 \cdot mol^{-1}$ bei 25°C, Greenwood u. a. [2]. Nach Couch u. a. [3] beträgt sie 95 $\Omega^{-1} \cdot cm^2 \cdot mol^{-1}$. Abhängigkeit der Leitfähigkeit von der Konzentration s. Figur im Original [2]. Leitfähigkeitsmessungen von Beattie u. a. [4] unter wasserfreien Bedingungen ergeben jedoch Werte, die merkbar niedriger sind, s. Figur im Original. Es wird angenommen, daß $TeCl_4$ wahrscheinlich als Nichtelektrolyt in CH_3CN vorliegt [4]. Die Raman-Spektren der Lösungen sind denen der benzolischen Lösungen ähnlich und deuten darauf, daß $TeCl_4$ in CH_3CN (wie in C_6H_6) monomer vorliegt, Beattie u. a. [5]. Auch die Tatsache, daß solche Lösungen mit $AgClO_4$ keinen AgCl-Niederschlag geben, ist ein Hinweis auf die molekulare Form des $TeCl_4$ in CH_3CN, Beattie, Chudzynska [6]. Leitfähigkeitsmessungen, IR-Spektren und Molekulargewichtsbestimmungen von Katsaros, George [7] zeigen, daß hauptsächlich monomolekulare Spezies mit schwachem elektrolytischem Verhalten in der Lösung vorliegen. Die molare Leitfähigkeit bei 25°C verringert sich von 18.3 auf 1.0 $\Omega^{-1} \cdot cm^2 \cdot mol^{-1}$ bei steigender $TeCl_4$-Konzentration von 1.1 auf 77.6×10^{-3} mol/l [7]. Auf Grund der Akzeptoreigenschaften des $TeCl_4$ bildet sich mit $(C_6H_5)_3CCl$ in dieser Lösung eine 1:1-Koordinationsverbindung, die die Ionen $(C_6H_5)_3C^+$ und $TeCl_5^-$ enthält, Baaz u. a. [1]. Bei der Umsetzung mit $[C_5H_5NH]Cl$ wird bei bestimmten Konzentrationen mit geringem Cl^--Überschuß das $TeCl_5^-$-Ion in Form von $[C_5H_5NH]TeCl_5$ gebildet, bei großem Cl^--Überschuß (durch Wahl anderer Konzentrationen) aber Hexachlorotellurat(IV), Korewa, Smagowski [9]. Mit $(n\text{-}C_4H_9)_4NCl$ kristallisiert beim Abkühlen der erwärmten Lösung $[(n\text{-}C_4H_9)_4N]_2TeCl_6$ aus, Ware [10].

In Propionitril wird für $TeCl_4$ wie in CH_3CN monomolekulare Form angenommen. Auch in dieser Lösung wird mit $AgClO_4$ kein AgCl-Niederschlag gebildet [6]. Die molare Leitfähigkeit ist gering; bei 4.81×10^{-3} mol/l $TeCl_4$ beträgt sie 4.5 $\Omega^{-1} \cdot cm^2 \cdot mol^{-1}$, Chudzynska [8]. Bei der Reaktion von $TeCl_4$ mit $(C_5H_5NH)_2TeCl_6$ bildet sich in der Lösung $TeCl_5^-$; es wird das Gleichgewicht $TeCl_6^{2-} + TeCl_4 \rightleftharpoons 2TeCl_5^-$ angenommen [6].

Literatur:

[1] M. Baaz, V. Gutmann, O. Kunze (Monatsh. Chem. **93** [1962] 1142/61, 1156, 1158). — [2] N. N. Greenwood, B. P. Straughan, A. E. Wilson (J. Chem. Soc. A **1968** 2209/12). — [3] D. A. Couch, P. S. Elmes, J. E. Fergusson, M. L. Greenfield, C. J. Wilkins (J. Chem. Soc. A **1967** 1813/7). — [4] I. R. Beattie, P. J. Jones, M. Webster (J. Chem. Soc. A **1969** 218/9). — [5] I. R. Beattie, J. R. Horder, P. J. Jones (J. Chem. Soc. A **1970** 329/30).

[6] I. R. Beattie, H. Chudzynska (J. Chem. Soc. A **1967** 984/90, 986/8). — [7] N. Katsaros, J. W. George (Inorg. Chim. Acta **3** [1969] 165/8). — [8] H. Chudzynska (Thesis London 1966, zitiert in [4]). — [9] R. Korewa, H. Smagowski (Roczniki Chem. **39** [1965] 1561/6). — [10] M. Ware (Thesis Oxford 1965, S. 1/256, 181).

5.6.9.4 In Essigsäure, Essigsäureäthylester

In Acetic Acid, Ethyl Acetate

$TeCl_4$ ist in Essigsäure sehr gut löslich. Die Lösungen haben eine hohe elektrische Leitfähigkeit, Alekperov [1].

In Essigsäureäthylester löst sich $TeCl_4$ unter Wärmeentwicklung und Bildung einer gefärbten Lösung, Paul u. a. [2]. Die spezifische Leitfähigkeit $\varkappa$ bei 28°C steigt mit zunehmender $TeCl_4$-Konzentration stark an, bis die Ausscheidung einer festen Verbindung beim Molverhältnis $TeCl_4$: Ester = 1 : 1 beginnt. Die Leitfähigkeit bei dieser Zusammensetzung beträgt $\varkappa = 1.482 \times 10^{-4}\ \Omega^{-1} \cdot cm^{-1}$; danach verringert sie sich langsam, Paul, Malhotra [3]. Beim Erhitzen der Lösung während 24 h am Rückflußkühler erfolgt Solvolyse zu Äthoxychlorid. Nach Entfernen des gebildeten CH_3COCl und des überschüssigen Lösungsmittels wird unter Vakuum eine gelbe, kristalline Substanz erhalten, $TeCl_3OC_2H_5 \cdot CH_3CO_2C_2H_5$, aus der beim Erhitzen unter vermindertem Druck unter Abgabe des einen Estermoleküls $TeCl_3OC_2H_5$ als gelbes Pulver erhalten wird, Paul, Malhotra [4].

Literatur:

[1] A. I. Alekperov (Uch. Zap. Azerb. Gos. Univ. Ser. Khim. Nauk **1968** Nr. 2, S. 7/21 nach C. A. **72** [1970] Nr. 59782). — [2] R. C. Paul, D. Singh, K. C. Malhotra (J. Indian Chem. Soc. **41** [1964] 541/5). — [3] R. C. Paul, K. C. Malhotra (Z. Anorg. Allgem. Chem. **321** [1963] 56/69). — [4] R. C. Paul, K. C. Malhotra (Z. Anorg. Allgem. Chem. **325** [1963] 302/14).

5.6.9.5 In Acetylchlorid, Benzoylchlorid

In Acetyl Chloride, Benzoyl Chloride

$TeCl_4$ löst sich in Acetylchlorid unter geringer Wärmeentwicklung. Bei 30 ± 0.1°C lösen sich 8.57 g $TeCl_4$ in 100 g CH_3COCl. Die Lösung ist dunkelrot und läßt auf Komplexbildung schließen, Paul u. a. [1]. Zu Reaktionen von $TeCl_4$ mit den Ansolvobasen Benzyltrimethyl- und Dimethylphenylbenzylammoniumchlorid und der Solvobase Chinolin in CH_3COCl, die zur Bildung neutraler und saurer Salze führen, s. Goyal u. a. [2].

Die Löslichkeit von $TeCl_4$ in 100 g Benzoylchlorid beträgt 2.96 g bei 30 ± 0.1°C. Nach qualitativer Bestimmung steigt sie mit der Temperatur an. Die Lösung ist schwach gelb gefärbt, Solvate werden nicht gebildet, Paul u. a. [3]. Bei großer Verdünnung ist die Lösung gelb, sonst schwarzbraun. Die spezifische elektrische Leitfähigkeit einer Lösung mit 0.05 mol/l $TeCl_4$ beträgt $9.10 \times 10^{-6}\ \Omega^{-1} \cdot cm^{-1}$ bei 20°C. $TeCl_4$ fungiert in C_6H_5COCl als Ansolvosäure, indem es vom Solvens Cl^--Ionen aufnimmt. Über die relative Cl^--Akzeptorstärke des $TeCl_4$ innerhalb einer Reihe von Chloriden in C_6H_5COCl s. Original, Gutmann, Tannenberger [4]. $TeCl_4$ verhält sich in diesem Solvosystem als zweibasige Säure. Bei der konduktometrischen und potentiometrischen Titration von $TeCl_4$ mit $(C_2H_5)_4NCl$ bei 20°C treten Knickpunkte auf der Leitfähigkeitskurve bzw. Potentialsprünge bei den Molverhältnissen $(C_2H_5)_4NCl : TeCl_4$ bei 1 : 1 und 2 : 1 auf, entsprechend der Bildung von Pentachlorotellurat oder eines sauren Salzes von Hexachlorotellurat bzw. von Hexachlorotellurat, Gutmann, Tannenberger [5]. Neutralisationsreaktionen von $TeCl_4$ mit den Solvobasen Chinolin, α-Picolin und Dimethylanilin sowie der Ansolvobase Dimethylphenylbenzylammoniumchlorid, die zur Bildung von neutralen und sauren Salzen führen, s. Original bei Paul u. a. [6 bis 8].

Literatur:

[1] R. C. Paul, D. Singh, S. S. Sandhu (J. Chem. Soc. **1959** 315/9). — [2] K. Goyal, R. C. Paul, S. S. Sandhu (J. Chem. Soc. **1959** 322/5). — [3] R. C. Paul, M. S. Bains, G. Singh (J. Indian Chem. Soc. **35** [1958] 489/92). — [4] V. Gutmann, H. Tannenberger (Monatsh. Chem. **88** [1957] 216/27). — [5] V. Gutmann, H. Tannenberger (Monatsh. Chem. **88** [1957] 292/7).

[6] R. C. Paul, G. Singh (Current Sci. [India] **26** [1957] 391/2). — [7] R. C. Paul, K. Chander, G. Singh (J. Indian Chem. Soc. **35** [1958] 869/73). — [8] R. C. Paul, J. S. Johar, G. Singh (J. Indian Chem. Soc. **37** [1960] 195/205, 202).

In Dimethyl Formamide, Acetamide

5.6.9.6 In Dimethylformamid (DMF), Acetamid

$TeCl_4$ löst sich in Dimethylformamid und liegt in der Lösung als Disolvat vor. Die Lösungswärme verringert sich von 20.12 auf 17.78 kcal · mol^{-1} mit steigenden $TeCl_4$-Konzentrationen von 0.1436 bis 0.5546 g $TeCl_4$/25 ml DMF. Ein Vergleich der Lösungswärmen verschiedener Lewis-Säuren ergibt bezüglich der Stärke als Lewis-Säure die Reihe: $SO_3 > SbCl_5 > TiBr_4 > SnCl_4 > TiCl_4 > TeBr_4 > TeCl_4 > AsCl_3 > SbCl_3 > AlCl_3 > CdCl_2$, Paul u.a. [1]. Auf Grund von Leitfähigkeitsmessungen verhält sich die Lösung von $TeCl_4$ in DMF ähnlich einem 1:1-Elektrolyten, die auftretenden Spezies haben ionische Struktur $[L_2TeCl_3]^+Cl^-$ (L = DMF), Couch u.a. [2], Greenwood u.a. [3]. Die molare elektrische Leitfähigkeit bei 25°C verringert sich von 38 auf 8 $\Omega^{-1} \cdot cm^2 \cdot mol^{-1}$ bei ansteigender $TeCl_4$-Konzentration von 3.3 auf 72.0×10^{-3} mol/l, Katsaros, George [4]. Da die Abhängigkeit der Leitfähigkeit von der Konzentration nicht linear ist, s. Figur im Original, werden weitere Spezies in der Lösung angenommen, wie $[L_3TeCl]^{3+}3Cl^-$, die verschiedene Stufen der Solvolyse anzeigen [3]. — Bei der Reaktion von $TeCl_4$ mit $[C_5H_5NH]Cl$ in DMF wird wie in CH_3CN bei bestimmten Konzentrationen das $TeCl_5^-$- bzw. $TeCl_6^{2-}$-Ion in Form der entsprechenden Verbindungen gebildet, Korewa, Smagowski [5].

In geschmolzenem Acetamid bildet $TeCl_4$ ein Disolvat, Paul, Dev [6].

Literatur:

[1] R. C. Paul, S. C. Ahluwalia, S. S. Pahil (Indian J. Chem. **3** [1965] 300/4). — [2] D. A. Couch, P. S. Elmes, J. E. Fergusson, M. L. Greenfield, C. J. Wilkins (J. Chem. Soc. A **1967** 1813/7). — [3] N. N. Greenwood, B. P. Straughan, A. E. Wilson (J. Chem. Soc. A **1968** 2209/12). — [4] N. Katsaros, J. W. George (Inorg. Chim. Acta **3** [1969] 165/8). — [5] R. Korewa, H. Smagowski (Roczniki Chem. **39** [1965] 1561/6).

[6] R. C. Paul, R. Dev (Indian J. Chem. **3** [1965] 315/6).

In Other Solvents

5.6.9.7 In weiteren Lösungsmitteln

In Aceton gelöst verhält sich $TeCl_4$ wie ein 1:1-Elektrolyt; Leitfähigkeitsmessungen und Molekulargewichtsbestimmungen bestätigen dieses. Die in der Lösung auftretenden Spezies haben die Struktur $[L_2TeCl_3]^+Cl^-$ ($L = CH_3COCH_3$). Die molare elektrische Leitfähigkeit einer Lösung mit 10^{-3} mol/l $TeCl_4$ beträgt 109 $\Omega^{-1} \cdot cm^2 \cdot mol^{-1}$ bei 25°C, Greenwood u.a. [1]. In guter Übereinstimmung ist der von Couch u.a. [2] gemessene Wert von 104 $\Omega^{-1} \cdot cm^2 \cdot mol^{-1}$.

Das in Methylenchlorid gelöste $TeCl_4$ liegt in monomerer Form vor, Katsaros [3]. Die molare elektrische Leitfähigkeit der Lösung beträgt 0.6, 0.4 bzw. 0.2 $\Omega^{-1} \cdot cm^2 \cdot mol^{-1}$ bei den $TeCl_4$-Konzentrationen von (0.4, 0.7 und 1.4) $\times 10^{-3}$ mol/l, Katsaros, George [4].

Die molare elektrische Leitfähigkeit von $TeCl_4$ in Nitromethan liegt nahe bei Werten für einen 1:1-Elektrolyten. Sie beträgt 78 $\Omega^{-1} \cdot cm^2 \cdot mol^{-1}$ bei 25°C [2]. Bei der Umsetzung von $TeCl_4$ mit $[C_5H_5NH]Cl$ in diesem Lösungsmittel wird je nach Konzentration des Cl^- das $TeCl_5^-$-Ion oder das $TeCl_6^{2-}$-Ion in Form der entsprechenden Verbindungen gebildet, Korewa, Smagowski [5].

$TeCl_4$ löst sich in Dimethylsulfoxid. Leitfähigkeitsmessungen deuten auf ionische Struktur $[L_2TeCl_3]^+Cl^-$ ($L = (CH_3)_2SO$). Die molare elektrische Leitfähigkeit einer 10^{-3} molaren $TeCl_4$-Lösung beträgt 58.5 $\Omega^{-1} \cdot cm^2 \cdot mol^{-1}$. Da die Abhängigkeit der Leitfähigkeit von der Konzentration nicht linear ist, s. Figur im Original, werden in der Lösung weitere Spezies, wie $[L_3TeCl]^{3+}3Cl^-$, angenommen, Greenwood u.a. [1]. Die molare elektrische Leitfähigkeit einer Lösung mit 0.02 mol/l $TeCl_4$ beträgt 17.6 $\Omega^{-1} \cdot cm^2 \cdot mol^{-1}$, Gol'dshtein u.a. [6]. — $TeCl_4$ reagiert nach Marganian u.a. [7] mit Alkylsulfoxiden unter Bildung von $TeCl_4 \cdot 3R_2SO$. Mit $(CH_3)_2SO$ ist die Reaktion stärker als mit anderen Sulfoxiden. In Gegenwart von etwas H_2O wird $H_2TeCl_6 \cdot 4(CH_3)_2SO$ gebildet. Bei der Reaktion mit frisch destilliertem $(CH_3)_2SO$ werden Te, TeO_2 und organische Sulfide erhalten [7]. — Bei der Reaktion von $TeCl_4$ mit $[C_5H_5NH]Cl$ wird wie in CH_3CN bei bestimmten Konzentrationen das $TeCl_5^-$- bzw. das $TeCl_6^{2-}$-Ion in der Form der entsprechenden Verbindungen gebildet [5].

Literatur:

[1] N. N. Greenwood, B. P. Straughan, A. E. Wilson (J. Chem. Soc. A **1968** 2209/12). — [2] D. A. Couch, P. S. Elmes, J. E. Fergusson, M. L. Greenfield, C. J. Wilkins (J. Chem. Soc. A **1967** 1813/7). — [3] N. Katsaros (Diss. Univ. of Massachusetts 1969, S. 1/186 nach Diss. Abstr. Intern. B **30** [1969] 104). — [4] N. Katsaros, J. W. George (Inorg. Chim. Acta **3** [1969] 165/8). — [5] R. Korewa, H. Smagowski (Roczniki Chem. **39** [1965] 1561/6).

[6] I. P. Gol'dshtein, E. N. Gur'yanova, A. F. Volkov, M. E. Peisakhova (Zh. Obshch. Khim. **43** [1973] 1669/73; J. Gen. Chem. USSR **43** [1973] 1655/9).— [7] V. M. Marganian, J. E. Whisenhunt, J. C. Fanning (J. Inorg. Nucl. Chem. **31** [1969] 3775/81).

5.7 Komplexe Ionen $[TeCl_n]^{(4-n)+}$ (n = 1 bis 6)

$[TeCl_n]^{(4-n)+}$ Complex Ions

5.7.1 Bildung, Existenz

Formation, Existence

Zum Auftreten im Massenspektrum von $TeCl_4$ s. S. 89. — Die Existenz folgender Chlorokomplexe des Te^{IV} in wäßriger chloridhaltiger Lösung wird von Shitareva, Nazarenko [1] auf Grund einer Extraktions-Verteilungs-Methode angenommen: $TeCl^{3+}$, $TeCl_2^{2+}$, $TeCl_3^+$, $TeCl_4$, $TeCl_5^-$, $TeCl_6^{2-}$. **Fig. 16** zeigt die aus dieser Untersuchung ermittelte Verteilung der $[TeCl_n]^{(4-n)+}$-Spezies bei Ionenstärke 7 in Abhängigkeit von der Cl^--Konzentration.

Fig. 16

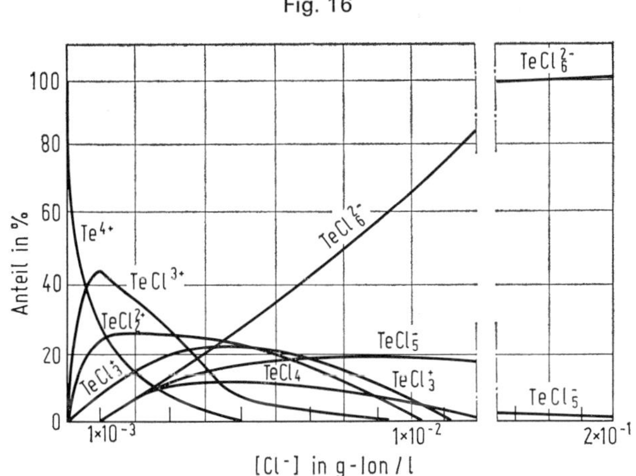

Verteilung der $[TeCl_n]^{(4-n)+}$-Ionen in Abhängigkeit von der Cl^--Konzentration.

In Lösungen von $TeCl_4$ in Dimethylsulfoxid (D) wird auf Grund von Leitfähigkeitsmessungen die Existenz einer kleinen Menge $[TeCl \cdot 3D]^{3+}3Cl^-$ (neben $[TeCl_3 \cdot 2D]^+Cl^-$) und damit die Gegenwart des $\mathbf{TeCl^{3+}}$ vermutet, Greenwood u.a. [17].

Die Existenz des $\mathbf{TeCl_2^{2+}}$ wird neben $TeCl_6^{2-}$ in der Additionsverbindung $2\,TeCl_4 \cdot 2,2':6',2''$-Terpyridyl angenommen, die als $[TeCl_2 \cdot Terpy]^{2+}TeCl_6^{2-}$ formuliert wird, auf Grund von Leitfähigkeitsmessungen in Dimethylformamid und Nitrobenzol, Couch u. a. [2].

Über die Existenz des $\mathbf{TeCl_3^+}$ im kristallinen $TeCl_4$ werden in der Literatur unterschiedliche Angaben gemacht, s. dazu S. 111. — Das $TeCl_3^+$-Ion liegt in der festen Verbindung $[(C_2H_5)_4N]Te_3Cl_{13}$ vor, deren korrekte Formulierung $[(C_2H_5)_4N^+](TeCl_3^+)_3(Cl^-)_4$ sein soll, wie Creighton, Green [3] durch IR-Untersuchungen dieses Salzes beweisen, s. dazu S. 145. — Das $TeCl_3^+$-Ion ist in verschiedenen Additionsverbindungen vorhanden, beispielsweise im $TeCl_4 \cdot BCl_3$, $TeCl_4 \cdot SbCl_5$, $TeCl_4 \cdot AlCl_3$,

$TeCl_3 \cdot AsF_6$. Im $TeCl_4 \cdot BCl_3$ wird in nichtwäßrigen Lösungen, wie Nitrobenzol und Acetonitril, von Paul u. a. [4] mit Hilfe der molaren Leitfähigkeit und IR-Spektren die Existenz des $TeCl_3^+$ nachgewiesen; konduktometrische Titrationen in Nitrobenzol zeigen die Bildung des $TeCl_3^+$ neben MCl_6^- durch Reaktion von $TeCl_4$ mit MCl_5 (M = Sb, P) und $TeCl_3^+$ neben $M'Cl_4^-$ durch Reaktion von $TeCl_4$ mit $M'Cl_3$ (M' = Fe, Al). Von Beattie, Chudzynska [5] wird $TeCl_3^+$ in $TeCl_4 \cdot SbCl_5$ und $TeCl_3 \cdot AsF_6$ im festen Zustand sowie in Lösungen angenommen auf Grund von IR- und Raman-Spektren und des Vergleichs mit Spektren von Verbindungen, die MCl_3^+-Ionen (M = Se, S) enthalten, sowie denen von PCl_3, $AsCl_3$ und $SbCl_3$. Die Raman-Spektren von $TeCl_4 \cdot AlCl_3$ im festen wie im geschmolzenen Zustand weisen nach Gerding, Houtgraaf [6] auf ionische Struktur dieser Verbindung und damit auf das $TeCl_3^+$-Ion hin. Die Kristallstrukturbestimmung dieser Verbindung von Krebs u. a. [7] bestätigt das $TeCl_3^+$, und die von Okuda u. a. [8] gemessenen NQR-Parameter des $TeCl_4 \cdot AlCl_3$ werden dem $TeCl_3^+$-Ion zugeordnet. Die Existenz des $TeCl_3^+$ im $TeCl_3^+AsF_6^-$ wird von Kolditz, Schäfer [9] durch Leitfähigkeitsmessungen in Acetonitril und Molekulargewichtsbestimmungen in Nitrobenzol und von Sawodny, Dehnicke [10] auf Grund der Raman-Spektren und Kraftkonstanten der kristallinen Verbindung bewiesen. — Das $TeCl_3^+$-Ion ist in HCl-Lösungen des Te^{IV} bei sehr geringer HCl-Konzentration (< 0.8 mol/l) gegenwärtig, Ripan, Marc [11], s. auch [1]. Es existiert in Lösungen von $TeCl_4$ in HSO_3Cl und HSO_3F, wie Leitfähigkeitsmessungen, IR- und Raman-Spektren ergeben, Robinson, Ciruna [12], Paul u. a. [13]. Auch konduktometrische Titration zwischen $TeCl_4$ und einer Mischung von SbF_5, SO_3 und HSO_3F lassen auf die Bildung von $TeCl_3^+$ schließen [13]. $TeCl_3^+$ liegt im $TeCl_4 \cdot SO_3$ vor [14], wie IR-Spektren zeigen [15] und kryoskopische sowie konduktometrische Untersuchungen der Verbindung in $H_2S_2O_7$ und HSO_3Cl bestätigen [4]. — $TeCl_3^+$ bildet sich in SO_2Cl_2 und auch in $AsCl_3$ und $POCl_3$ beim Lösen von $TeCl_4$, das sich in diesen Lösungsmitteln als Solvobase verhält oder verhalten kann. Es existiert auch in den neutralen löslichen Solvosalzen $(TeCl_3)_2SnCl_6$, $(TeCl_3)_2TiCl_6$ und $(TeCl_3)_2VCl_6$, die sich bei der Reaktion von $TeCl_4$ mit $SnCl_4$, $TiCl_4$ oder VCl_4 in einem dieser Lösungsmittel bilden, wie Leitfähigkeitsmessungen zeigen, Gutmann [16]. — In organischen Lösungsmitteln (D) mit Donor-Eigenschaften, wie beispielsweise Methylcyanid, Aceton u. a., wird auf Grund von Leitfähigkeitsmessungen, IR-Untersuchungen und Molekulargewichtsbestimmungen für $TeCl_4$ in diesen Lösungen die ionische Struktur $[TeCl_3 \cdot 2\,D]^+Cl^-$ und damit die Gegenwart des $TeCl_3^+$ angenommen, Greenwood u. a. [17]. — $TeCl_3^+$ existiert auch in den Komplexen $TeCl_4 \cdot 2\,L$ (L = Pyridin, Chinolin, Pyridin-N-oxid, Tetramethylthioharnstoff, Dimethylsulfoxid u. a.) und $TeCl_4 \cdot L'$ (L' = 2,2'-Bipyridyl, 2,2':6'2''-Terpyridyl u. a.) sowohl in festem Zustand wie auch in deren Lösungen mit Acetonitril, Nitrobenzol, Dimethylformamid, Tetramethylsulfon u. a. Diese Komplexe haben auf Grund von Leitfähigkeitsmessungen, Molekulargewichtsbestimmungen und spektroskopischen sowie NQR-Untersuchungen die ionische Konstitution $[TeCl_3 \cdot 2\,L]^+Cl^-$ und $[TeCl_3 \cdot L']^+Cl^-$ [2, 4, 15, 18, 19]. $TeCl_3^+$ bildet sich neben HL, $HS_3O_{10}^-$, HSO_3Cl und H_2SO_4 beim Lösen dieser Komplexe $TeCl_4 \cdot 2\,L$ (z. B. L = Pyridin) in $H_2S_2O_7$ [4].

Das **$TeCl_5^-$**-Ion bildet sich vor allem in nichtwäßrigen Lösungsmitteln bei der Reaktion von $TeCl_4$ mit anorganischen oder organischen Chloriden, die leichter Chlor abgeben als $TeCl_4$, und bei geringem Cl^--Überschuß (bei hohem Cl^--Überschuß wird $TeCl_6^{2-}$ gebildet). Seine Stabilität steigt in dem Maße wie die Donor-Eigenschaften der Lösungsmittel sich verringern. — Spektrophotometrische Untersuchungen von Korewa, Smagowski [20] ergeben, daß bei der Umsetzung von $TeCl_4$ mit $[C_5H_5NH]Cl$, beide Substanzen in Dimethylsulfoxid, Dimethylformamid, Acetonitril oder Nitromethan gelöst, sich bei bestimmten Konzentrationen mit geringem Cl^--Überschuß $[C_5H_5NH]TeCl_5$ bildet, bei Cl^--Überschuß (durch Wahl anderer Konzentrationen der Substanzen) aber das Hexachlorotellurat(IV) entsteht; beide Ionen, $TeCl_5^-$ und $TeCl_6^{2-}$ bilden sich in diesen Lösungsmitteln nicht nebeneinander. Aus $TeCl_4$ und $(C_6H_5)_3CCl$ in CH_3CN entsteht nach Baaz u. a. [32] $[(C_6H_5)_3C]TeCl_5$, das kaum dissoziiert ist. Durch IR-Spektren wird das $TeCl_5^-$ von Creighton, Green [3] in dem Tetraäthylammoniumsalz, das sich bei der Reaktion von $TeCl_4$ mit $[(C_2H_5)_4N]Cl$ in CH_2Cl_2-C_6H_6-Lösung bildet, nachgewiesen. Auch durch IR- und Raman-Untersuchungen beweisen Ozin, Vander Voet [21] die Existenz des $TeCl_5^-$ im festen $[(C_2H_5)_4N]TeCl_5$, das aus stöchiometrischen Mengen $TeCl_4$ und $[(C_2H_5)_4N]Cl$, beide in kleinen Mengen CH_2Cl_2 oder CH_3CN gelöst, erhalten wird. Bei der Neutralisationsreaktion von äquimolaren Mengen $TeCl_4$ (Solvosäure) mit Chinolin (Solvobase) im polaren Lösungsmittel Benzylchlorid wird $TeCl_5^-$ von Paul u. a. [22] in Form des weißen Benzoylchinoliniumsalzes isoliert, in Acetylchlorid wird gelbes Acetylchinolinium-pentachlorotellurat(IV) gebildet, Goyal u. a. [23]. $TeCl_5^-$ bildet sich auch aus $TeCl_4$ und HCl in Dimethylsulfoxid bei nicht sehr großem Cl^--Überschuß, Dobrowolski [24]. Auf Grund von UV-Spektren wird $TeCl_5^-$ in Lösungen eines Gemisches aus $TeCl_4$ und $[C_5H_5NH]_2TeCl_6$ in Propionitril oder Acetonitril von Beattie, Chudzynska [5] angenommen; folgendes Gleichgewicht soll in den Lösungen vorliegen: $TeCl_6^{2-} + TeCl_4 \rightleftharpoons 2\,TeCl_5^-$. Aus der Konzentrationsabhängigkeit des Elektronenspektrums von $[(n\text{-}C_4H_9)_4N]_2TeCl_6$ in CH_2Cl_2 wird von Stufkens [25] gefolgert, daß $TeCl_6^{2-}$ bei niedrigen Konzentrationen dissoziiert entsprechend $TeCl_6^{2-} \rightleftharpoons TeCl_5^- + Cl^-$, da bei niedrigen Konzentrationen das Spektrum vollkommen dem des $[(n\text{-}C_4H_9)_4N]TeCl_5$ in CH_2Cl_2 gleicht; Lage und Struktur der Absorptionsbanden wechseln bei Verwendung eines anderen polaren Lösungsmittels nicht. — In dem festen 1:1-Addukt $PCl_5 \cdot TeCl_4$, das als $PCl_4^+ \cdot TeCl_5^-$ formuliert wird, soll nach IR- und Raman-Untersuchungen von Beattie, Chudzynska [5] das $TeCl_5^-$-Ion vorliegen; in den Spektren wird aber auch Polymerisation angedeutet. Unabhängig voneinander finden Krebs u. a. [26] sowie Collins, Webster [27] bei Strukturuntersuchungen keine diskreten $TeCl_5^-$-Ionen, sondern kettenförmige polymere Anionen $(TeCl_5^-)_n$. — Von Safonov u. a. [28] wird der Beweis für die Bildung und Existenz des $TeCl_5^-$ in Schmelzen von $TeCl_4$ mit RbCl und mit CsCl durch differential-thermoanalytische Untersuchungen dieser Schmelzen erbracht, s. dazu die entsprechenden Systeme und Verbindungen.

Das **$TeCl_6^{2-}$**-Ion liegt im beträchtlichen Ausmaß in wäßriger, salzsaurer oder chloridhaltiger $TeCl_4$-Lösung vor. Es existiert beispielsweise in 0.8 bis 12 molarem HCl mit 10^{-3} bis 10^{-5} mol/l Te^{IV}. In diesen Lösungen sind bei niedriger HCl-Konzentration auch Te^{IV}-Spezies mit kleinerem Cl^--Anteil ($TeCl_3^+$, $TeOCl_4^{2-}$, $TeCl_5^-$) gegenwärtig, bei hoher Cl^--Konzentration ist aber $TeCl_6^{2-}$ in diesen Lösungen allein vorhanden. Es bildet sich in zunehmendem Maße bei ansteigender Cl^--Konzentration aus diesen Spezies mit kleinerem Cl^--Anteil. Mit ansteigender H^+-Konzentration verschiebt sich der Bereich, in dem $TeCl_6^{2-}$ vorherrscht, zu niedrigeren Cl^--Konzentrationen, s. dazu S. 100. — $TeCl_6^{2-}$ entsteht aus $TeCl_4$ und HCl in Dioxan oder Tetrahydrofuran bei geringerem Konzentrationsverhältnis $[Cl^-]/[Te^{4+}]$ und kleinerer H^+-Konzentration, als für die Bildung in wäßriger Lösung notwendig ist, Dobrowolski [24]. Es bildet sich beim Lösen von $TeCl_4$ in CH_3OH oder C_2H_5OH durch Dissoziation des $TeCl_4$ in $TeCl_6^{2-}$ und $Cl_2Te(OR)_2$, Khodadad [29]. Nach Alekperov, Novruzova [30] entsteht $TeCl_6^{2-}$ in Lösungen von $TeCl_4$ in CH_3OH, die überschüssiges Cl^- enthalten. — Das Ion bildet sich in geschmolzenem $SbCl_3$ beim Lösen von $TeCl_4$, Jander, Swart [31]. — $TeCl_6^{2-}$ existiert in den festen Hexachlorotelluraten(IV) und wird in den Schmelzsystemen $TeCl_4$-MCl (M = K, Rb, Cs) in Form der Hexachlorotellurate(IV) nachgewiesen, ebenso in den Systemen $TeCl_4$-M'Cl-H_2O (M' = Rb, Cs), s. dazu die entsprechenden Systeme und Darstellung der festen Hexachlorotellurate(IV) ab S. 127. — Bei der Reaktion von $TeCl_4$ mit Ammoniumchlorid (auch substituiertem) oder anderen Oniumchloriden bildet sich $TeCl_6^{2-}$ in konzentriertem HCl oder in polaren Lösungsmitteln in Form der entsprechenden Salze, s. dazu die Darstellung dieser festen Hexachlorotellurate(IV) ab S. 135.

Literatur:

[1] G. G. Shitareva, V. A. Nazarenko (Zh. Neorgan. Khim. **13** [1968] 1808/10; Russ. J. Inorg. Chem. **13** [1968] 941/3). — [2] D. A. Couch, P. S. Elmes, J. E. Fergusson, M. L. Greenfield, C. J. Wilkins (J. Chem. Soc. A **1967** 1813/7). — [3] J. A. Creighton, J. H. S. Green (J. Chem. Soc. A **1968** 808/13). — [4] R. C. Paul, K. K. Paul, K. C. Malhotra (Australian J. Chem. **22** [1969] 847/52). — [5] I. R. Beattie, H. Chudzynska (J. Chem. Soc. A **1967** 984/90).

[6] H. Gerding, H. Houtgraaf (Rec. Trav. Chim. **73** [1954] 759/70). — [7] B. Krebs, B. Buss, D. Altena (Z. Anorg. Allgem. Chem. **386** [1971] 257/69). — [8] T. Okuda, K. Yamada, Y. Furukawa, H. Negita (Bull. Chem. Soc. Japan **48** [1975] 392/5). — [9] L. Kolditz, W. Schäfer (Z. Anorg. Allgem. Chem. **315** [1962] 35/45). — [10] W. Sawodny, K. Dehnicke (Z. Anorg. Allgem. Chem. **349** [1967] 169/74).

[11] R. Ripan, M. Marc (Studii Cercetari Chim. **14** [1963] 41/7; C.A. **61** [1964] 15411). — [12] E. A. Robinson, J. A. Ciruna (Can. J. Chem. **46** [1968] 3197/200). — [13] R. C. Paul, K. K. Paul, K. C. Malhotra (J. Inorg. Nucl. Chem. **34** [1972] 2523/33). — [14] H. Gerding (Rec. Trav. Chim. **75** [1956] 589/93). — [15] R. C. Paul, K. K. Paul, K. C. Malhotra (Chem. Ind. [London] **1968** 1227/8).

[16] V. Gutmann (Monatsh. Chem. **84** [1953] 1191/6, **85** [1954] 286/301, 393/403, 404/16). — [17] N. N. Greenwood, B. P. Straughan, A. E. Wilson (J. Chem. Soc. A **1968** 2209/12). — [18] I. P. Gold'shtein, E. N. Gur'yanova, A. F. Volkov, M. E. Peisakhova (Zh. Obshch. Khim. **43** [1973] 1669/73; J. Gen. Chem. USSR **43** [1973] 1655/9). — [19] N. Katsaros, J. N. George (J. Inorg. Nucl. Chem. **31** [1961] 3503/8). — [20] R. Korewa, H. Smagowski (Roczniki Chem. **39** [1965] 1561/6).

[21] G. A. Ozin, A. Vander Voet (J. Mol. Struct. **13** [1972] 435/57). — [22] R. C. Paul, K. Chander, G. Singh (J. Indian Chem. Soc. **35** [1958] 869/73). — [23] K. Goyal, R. C. Paul, S. S. Sandhu (J. Chem. Soc. **1959** 322/5). — [24] J. Dobrowolski (Zeszyty Nauk. Politech. Gdansk. Chem. **1966** Nr. 11, S. 3/85, 82/4; C.A. **68** [1968] Nr. 45817). — [25] D. J. Stufkens (Rec. Trav. Chem. **89** [1970] 1185/201).

[26] B. Krebs, B. Buss, W. Berger (Z. Anorg. Allgem. Chem. **397** [1973] 1/15). — [27] P. Collins, M. Webster (Acta Cryst. B **28** [1972] 1260/4). — [28] V. V. Safonov, A. V. Konov, B. G. Korshunov (Zh. Neorgan. Khim. **14** [1969] 2880/4; Russ. J. Inorg. Chem. **14** [1969] 1518/21). — [29] P. Khodadad (Ann. Chim. [Paris] [13] **10** [1965] 83/103, 89/90). — [30] A. I. Alekperov, F. S. Novruzova (Azerb. Khim. Zh. **1969** 114/7 nach C.A. **71** [1969] Nr. 76776).

[31] G. Jander, K.-H. Swart (Z. Anorg. Allgem. Chem. **299** [1959] 252/70). — [32] M. Baaz, V. Gutmann, O. Kunze (Monatsh. Chem. **93** [1962] 1142/61).

Stability Constants. Formation Data

5.7.2 Stabilitätskonstanten, Bildungsgrößen

Die Chlorokomplexe des Tellurs, $TeCl_6^{2-}$ und $TeCl_5^-$, sind weniger stabil als die entsprechenden Bromokomplexe, Korewa, Smagowski [1], Dobrowolski [2], Ripan, Marc [3]. Die Stabilität des TeX_6^{2-}-Anions mit X = F, Cl, Br, J steigt nach Aynsley, Hetherington [4] vom Fluorid zum Jodid an, s. dazu S. 8. Zu einem Vergleich der Stabilität der TeX_5^--Ionen (X = Cl, Br, J) untereinander s. bei TeJ_5^- in „Tellur" Erg.-Bd. B 3.

Für die in chloridhaltigen Lösungen des Te^{IV} angenommenen $[TeCl_n]^{(4-n)+}$-Spezies (s. Fig. 16, S. 107) berechnen Shitarewa, Nazarenko [5] bei Ionenstärke 7 nach der Methode von Fomin, Maiorova die kumulativen Stabilitätskonstanten $\beta_n = [TeCl_n^{(4-n)+}]/[Te^{4+}] \cdot [Cl^-]^n$ bei 25°C und erhalten für $TeCl^{3+}$, $TeCl_2^{2+}$, $TeCl_3^+$, $TeCl_4$, $TeCl_5^-$ und $TeCl_6^{2-}$ folgende Werte: lg K_1 = 3.24, lg β_2 = 6.0, lg β_3 = 8.34, lg β_4 = 10.18, lg β_5 = 12.76, lg β_6 = 15.30 (relativer Fehler ≈12%).

Die Gleichgewichtskonstante für die Bildung von 1 mol $TeCl_6^{2-}$ aus Elementen wird aus Messungen des Reduktionspotentials von Te^{4+} in HCl-Lösungen verschiedener Konzentrationen (2 bis 11 mol/l HCl) zu lg K = −3.06 von Nevskii u. a. [6] berechnet. — Die Bildung des $TeCl_6^{2-}$ erfolgt aus $TeCl_4$ in 7 bis 9 mol/l HCl in einem Schritt: $TeCl_4 + 2HCl \rightleftharpoons TeCl_6^{2-} + 2H^+$ mit lg K = 4, wie spektrophotometrische Untersuchungen von Coryell, Irvine [7] ergeben. — Mit Hilfe der optischen Dichte (der Methode der Gleichgewichtsverdrängung) wird für die konsekutive Stabilitätskonstante $K = [TeCl_6^{2-}]/[TeCl_4] \cdot [Cl^-]^2$ der Wert lg K = 1.55 bei Ionenstärke I = 8 und lg K = 0.25 bei I = 6 berechnet (die Ionenstärke wird mit $HClO_4$ konstant gehalten). Bei I = 4 wird kein Wert erhalten, in diesem Bereich scheinen ungünstige Bedingungen für die Bildung des $TeCl_6^{2-}$ vorzuliegen. Die Stabilität des $TeCl_6^{2-}$ wächst mit I, ist aber bei gleichem I bedeutend kleiner als für $TeBr_6^{2-}$ (lg K = 3.55 bei I = 6), Ripan, Marc [3]. — Beim Ansteigen der HCl-Konzentration von 6 auf 9 mol/l ($[H^+]$ = 0.5 mol/l, $[Te^{IV}] \approx 10^{-4}$ bis 10^{-3} mol/l) bildet sich $TeCl_6^{2-}$ aus $TeOCl_4^{2-}$ entsprechend: $TeOCl_4^{2-} + 2Cl^- + 2H^+ \rightleftharpoons TeCl_6^{2-} + H_2O$. Für die Gleichgewichtskonstante $\beta = [TeCl_6^{2-}] \cdot [H_2O]/[TeOCl_4^{2-}] \cdot [Cl^-]^2 \cdot [H^+]^2$ wird spektrophotometrisch lg β = −1.7 ermittelt. Der Wert zeigt, daß bei einer Konzentration von etwa 7 mol/l HCl das Gleichgewicht $[TeOCl_4^{2-}] \cong [TeCl_6^{2-}]$ vorhanden ist, Nabivanets, Kapantsyan [8], s. dazu S. 148. — Nach Shikheeva [9] liegen in Lösungen mit 10 bis 8 mol/l HCl und Te-Konzentration etwa 10^{-4} mol/l unter Berücksichtigung der Mitwirkung von H_2O folgende Gleichgewichte vor: $TeCl_6^{2-} + H_2O \rightleftharpoons [TeCl_5(H_2O)]^- + Cl^-$ und $[TeCl_5(H_2O)]^- + H_2O \rightleftharpoons [TeCl_4(H_2O)_2] + Cl^-$, für die die konsekutiven Stabilitätskonstanten $K_6 = [TeCl_6^{2-}] \cdot [H_2O]/[TeCl_5(H_2O)^-] \cdot [Cl^-]$ zu lg K_6 = −2.19 und $K_5 = [TeCl_5(H_2O)^-] \cdot [H_2O]/[TeCl_4(H_2O)_2] \cdot [Cl^-]$ zu lg K_5 = −1.83 mit Hilfe der optischen Dichte und der mittleren molaren Absorptionsfähigkeit berechnet werden, s. dazu auch S. 148. — Die Stabilitätskonstante $K = [TeCl_6^{2-}]/[TeCl_4] \cdot [Cl^-]^2$ des sich aus $TeCl_4$ und HCl in Lösungen von 50% Dioxan oder 50% Tetrahydrofuran und jeweils 50% H_2O bildenden $TeCl_6^{2-}$ hat die Größenordnung lg K = −1, berechnet spektrophotometrisch mit der Jobschen Methode der kontinuierlichen Verdrängung. Die Stabilität ist in dioxanhaltigen Lösungen infolge der niedrigeren Dielektrizitätskonstante und besserer Donor-Eigenschaften des Lösungsmittels stets etwas größer als in Lösungen mit Tetrahydrofuran. Die Stabilitätskonstante $K = [TeCl_5^-]/[TeCl_4] \cdot [Cl^-]$ des aus $TeCl_4$ und nicht sehr großem Cl^--Überschuß in Dimethylsulfoxid überwiegend gebildeten $TeCl_5^-$ hat den ungefähren Wert lg K = 2, Dobrowolski [2]. — Spektrophotometrische Untersuchungen des Gleichgewichts der $TeCl_5^-$-Bildung bei der Reaktion von $TeCl_4$ mit $[C_5H_5NH]Cl$ in Dimethylsulfoxid (I), Dimethylformamid (II), Acetonitril (III) und Nitromethan (IV) ergeben, daß sich die Werte für $K_5 = [TeCl_5^-]/[TeCl_4] \cdot [Cl^-]$ mit den Lösungsmitteln ändern. Die Stabilität des $TeCl_5^-$ vergrößert sich mit Verringerung der Donor-Eigenschaften der einzelnen Lösungsmittel. Ein Vergleich mit $TeBr_5^-$ ergibt, daß sich dessen Stabilität in analoger Weise ändert, aber im allgemeinen größer ist als die des $TeCl_5^-$. Die nach der Methode von Benesi, Hildebrand berechneten Stabilitätskonstanten des $TeCl_5^-$ betragen: lg $K_5 = 0.77$ in (I); lg $K_5 = 0.7$ in (II); lg $K_5 = 1.62$ in (III) und lg $K_5 = 2.05$ in (IV), Korewa, Smagowskii [1]. — Bei der Untersuchung des Gleichgewichts $TeCl_4 + Cl[C(C_6H_5)_3] \rightleftharpoons [C(C_6H_5)_3]TeCl_5$ in Acetonitril wird von Baaz u. a. [10] spektrophotometrisch nach der Jobschen Methode lg $K_5 = 4.67$ abgeschätzt bei 25°C.

Die Bildungsenthalpie des gasförmigen $TeCl_6^{2-}$ unter Standardbedingungen beträgt $\Delta H° = -192.2 \pm 17$ kcal/mol, berechnet mit Hilfe der Gitterenergie und $\Delta H°$ des kristallinen Rb_2TeCl_6 sowie der Sublimationsenthalpie und der Ionisierungsenergie des Rb. Für die Bildung des gasförmigen $TeCl_6^{2-}$ aus gasförmigem Cl^- und gasförmigem $TeCl_4$ wird $\Delta H = -21.8 \pm 17$ kcal/mol erhalten mit Hilfe von $\Delta H°$ des $TeCl_6^{2-}$ und Cl^- (beide gasförmig) und des festen $TeCl_4$ sowie der Sublimationsenthalpie des $TeCl_4$. Die große Ungenauigkeit (± 17 kcal/mol) für beide Werte wird durch die Ungewißheit über die Ladungsverteilung im Anion eingebracht, s. dazu S. 139, Webster, Collins [11]. — Die freie Bildungsenthalpie des $TeCl_6^{2-}$ wird von Nevskii u. a. [6] ohne nähere Erklärungen mit $\Delta G = -129.3$ kcal/mol angegeben.

Literatur:

[1] R. Korewa, H. Smagowski (Roczniki Chem. **39** [1965] 1561/6). — [2] J. Dobrowolski (Zeszyty Nauk. Politech. Gdansk. Chem. **1966** Nr. 11, S. 3/85, 82/4; C. A. **68** [1968] Nr. 45817). — [3] R. Ripan, M. Marc (Rev. Roumaine Chim. **11** [1966] 1063/7). — [4] E. E. Aynsley, G. Hetherington (J. Chem. Soc. **1953** 2802/3). — [5] G. G. Shitareva, V. A. Nazarenko (Zh. Neorgan. Khim. **13** [1968] 1808/10; Russ. J. Inorg. Chem. **13** [1968] 941/3).

[6] O. B. Nevskii, A. D. Gerasimov, N. N. D'yachkova (Elektrokhimiya **4** [1968] 624/9; Soviet Electrochem. **4** [1968] 555/60). — [7] C. D. Coryell, J. W. Irvine (NP-4119 [1952] 28/46, 28/30; N.S.A. **6** [1952] Nr. 6531). — [8] B. I. Nabivanets, E. E. Kapantsyan (Zh. Neorgan. Khim. **13** [1968] 1817/22; Russ. J. Inorg. Chem. **13** [1968] 946/9). — [9] L. K. Shikheeva (Zh. Neorgan. Khim. **13** [1968] 2967/73; Russ. J. Inorg. Chem. **13** [1968] 1528/31). — [10] M. Baaz, V. Gutmann, O. Kunze (Monatsh. Chem. **93** [1962] 1142/61).

[11] M. Webster, P. H. Collins (J. Chem. Soc. Dalton Trans. **1973** 588/94).

5.7.3 Trichlorotellurat(IV)-Ion $TeCl_3^+$

Trichlorotellurate (IV) Ion

Die Angaben über die Existenz dieses Ions im kristallinen $TeCl_4$ sind unterschiedlich. — Die Gegenwart des pyramidalen $TeCl_3^+$-Kations im festen $TeCl_4$ wird von George u. a. [1], Adams, Lock [2], Beattie, Chudzynska [3] auf Grund von IR- und Raman-Spektren angenommen, die in Übereinstimmung mit einer $TeCl_3^+Cl^-$-Struktur sind. Diese Untersuchungen bestätigen die bereits früher von Gerding, Houtgraaf [4] gemachte Annahme, daß $TeCl_3^+$ im festen und geschmolzenen Zustand des $TeCl_4$ vorliegt. Diese Annahme erfolgte auf Grund einer Analogie der Raman-Spektren des $TeCl_4$ in beiden Phasen mit dem Raman-Spektrum des $SbCl_3$, das mit $TeCl_3^+$ isoelektronisch ist. Auch Greenwood u. a. [5] ordnen die 4 starken Banden des IR-Spektrums des festen $TeCl_4$ auf der Grundlage des pyramidalen $TeCl_3^+$ in einer ionischen $TeCl_3^+Cl^-$-Struktur zu, schließen aber kovalente Wechselwirkungen zwischen Kation und Anion nicht aus, die sich bei Ersatz des Cl^- durch größere Anionen, z. B. $AlCl_4^-$ im $TeCl_4 \cdot AlCl_3$ verringern. Hayward, Hendra [6] stellen die Existenz des $TeCl_3^+$ im festen $TeCl_4$ vorerst in Frage. Sie interpretieren die Raman-Spektren des festen $TeCl_4$ durch eine trigonal-bipyramidale Struktur, die sich durch Charge-Transfer-Wechselwirkung zwischen dem vierten Cl^--Ion und dem Zentralatom Te ergibt und deren Symmetrie von C_{3v} zu C_5 erniedrigt ist. Nach NQR-Untersuchungen von Okuda u. a. [7] existiert das $TeCl_3^+$-Ion im festen $TeCl_4$, das aus Tetrameren besteht, die die ionische Struktur $[TeCl_3^+Cl^-]_4$ haben. Auf Grund röntgenographischer Untersuchungen von Buss, Krebs [8] kann die Struktur des Tellur(IV)-chlorides, die aus isolierten Te_4Cl_{16}-Einheiten besteht, im polaren Grenzfall in guter Annäherung als Anordnung von $TeCl_3^+$-Ionen (mit ungefährer C_{3v}-Symmetrie) und Cl^--Ionen beschrieben werden: $[TeCl_3^+Cl^-]_4$. Nach Gol'dshtein u. a. [9] hat das Te-Atom im $TeCl_3^+$-Kation des $TeCl_4$ ein nichtbindendes Elektronenpaar und ein leeres $5sp^3d$-Orbital, das durch den Transfer eines Elektrons zu einem Cl-Atom bei der Bildung eines Cl^--Ions freigeworden ist. Die Wechselwirkung des nichtbindenden Elektronenpaares eines $TeCl_3^+$-Kations mit dem leeren Orbital eines anderen führt wahrscheinlich zu den intermolekularen Donor-Akzeptor-Bindungen in $[TeCl_3^+Cl^-]_4$. In Übereinstimmung mit dem Wechsel in der Hybridisation des Te bei der Komplexbildung von $5sp^3d$ zu $5sp^3d^2$ hat das $TeCl_3^+$-Kation, wenn der Zustand der Hybridisation des Te-Atoms in ionischen Komplexen derselbe bleibt, in diesem Valenzzustand 2 leere Orbitale, die Elektronen aufnehmen können und bildet deshalb ionische Komplexe der Zusammensetzung 1:2. Das komplexe Ion $[TeCl_3^+ \cdot 2L]^+$ sollte dann oktaedrische Struktur haben, wobei eine der Spitzen des Oktaeders durch das nichtbindende Elektronenpaar des Te-Atoms besetzt ist [9].

Das trigonal-pyramidale $TeCl_3^+$ mit dem Te-Atom an der Spitze hat C_{3v}-Symmetrie [1, 4, 5, 8, 10, 11, 12]. Auf Grund dieser Symmetrie sind 4 Grundschwingungen möglich, die alle IR- und Raman-aktiv sind: die symmetrische und antisymmetrische Valenzschwingung ν_1 (A_1) und ν_3 (E) sowie die symmetrische und antisymmetrische Deformationsschwingung ν_2 (A_1) und ν_4 (E). Folgende Banden (in cm^{-1}) werden an festen Verbindungen und in Lösungen gemessen und den Schwingungen des $TeCl_3^+$-Ions zugeordnet:

	ν_1	ν_2	ν_3	ν_4	Lit.
$TeCl_3 \cdot AsF_6$ (fest)	412 (vs)	170 (w)	385 (s)	150 (ms)	[10]
$TeCl_4 \cdot AlCl_3$ (fest)	391 (s)	185 (ms)	367 (s)	139 (br)	[11]
$TeCl_4$ in HSO_3F	399	170	385	150	[12]
$TeCl_4$ in HSO_3Cl.	404	170	375	148	[12]

Schwingungsfrequenzen im festen $TeCl_4$ s. S. 88.

Die von Gerding, Houtgraaf [11] zugeordneten Frequenzen für $TeCl_3^+$ sind im $TeCl_4 \cdot AlCl_3$ etwas höher als die entsprechenden im festen $TeCl_4$. Dieses macht deutlich, daß die Wechselwirkung von $TeCl_3^+$ mit seinen umgebenden Anionen (Cl^- bzw. $AlCl_4^-$) im $TeCl_4$ stärker ist als im $TeCl_4 \cdot AlCl_3$.

Unter Verwendung der selbst gemessenen Schwingungsfrequenzen berechnen Gerding, Houtgraaf [11] die 4 folgenden Kraftkonstanten (in mdyn/Å) des $TeCl_3^+$ in $TeCl_4 \cdot AlCl_3$ und vergleichen sie mit denen des $TeCl_3^+$ in $TeCl_4$ (diese Werte in Klammern): $f_r = 2.261$ (2.001), $f_{rr} = 0.07$ (0.140), $f_\alpha = 0.207$ (0.217) und $f_{\alpha\alpha} = 0.022$ (0.034); hierbei entspricht f_r der Streckung der Valenzbindung Te-Cl, f_{rr} der Wechselwirkung zwischen Bindungen, f_α der Änderung des Valenzwinkels und $f_{\alpha\alpha}$ der Wechselwirkung zwischen Winkeln. Sawodny, Dehnicke [10] berechnen 6 Kraftkonstanten mit ihren gemessenen Schwingungsfrequenzen am $TeCl_3^+AsF_6^-$ mit Hilfe des Kopplungsstufenverfahrens von Fadini: $f_r = 2.536$, $f_{rr} = 0.217$, $f_\alpha = 0.206$, $f_{\alpha\alpha} = 0.021$, $f_{r\alpha} = 0.006$, $f'_{r\alpha} = 0$, wobei $f_{r\alpha}$ und $f'_{r\alpha}$ der Wechselwirkung zwischen Winkeländerung und Streckung der Bindung entspricht. Zu einer weiteren Kraftkonstantenberechnung mit Schwingungsfrequenzen, die mit denen in der angegebenen Literatur nicht übereinstimmen s. Shanmugasundaram [15]. — Der von Sawodny, Dehnicke [10] nach Siebert berechnete Bindungsgrad der Te-Cl-Bindung beträgt N = 1.88. Da aus diesem Wert auf Mehrfachbindungsanteile geschlossen werden muß, wird er von den Autoren als zu hoch angesehen.

Ein von Krebs u. a. [13, 14] vorgenommener Vergleich von ν(TeCl) beim Übergang vom $TeCl_3^+$-Ion (C_{3v}) im $TeCl_3^+AsF_6^-$ [3, 10] und $TeCl_3^+AlCl_4^-$ [3, 11] zu den terminalen $TeCl_3$-Gruppierungen des festen $TeCl_4$ zeigt eine systematische Abnahme, die auch bei den Valenzkraftkonstanten (von 2.54 [10] über 2.26 nach 2.00 mdyn/Å [11]) sichtbar ist. Für das Paar $TeCl_3^+AlCl_4^-$-$TeCl_4$ entspricht diese Abnahme einer signifikanten Zunahme der Bindungsabstände innerhalb der $TeCl_3$-Gruppe (von 2.276 nach 2.311 Å [8]). Für $TeCl_3^+AsF_6^-$ ist dementsprechend ein noch kürzerer Te-Cl-Abstand zu erwarten; in dieser Verbindung ist die $TeCl_3^+$-Gruppierung dem Grenzfall eines wirklichen Kations am nächsten [14]. Zur Diskussion über die zunehmende sterische Aktivität des inerten Elektronenpaares in der Reihe $TeCl_6^{2-}$–$PCl_4^+TeCl_5^-$–$TeCl_4$–$TeCl_3^+AlCl_4^-$–$TeCl_3^+AsF_6^-$ im Zusammenhang mit schwingungsspektroskopischen Ergebnissen s. Original [13].

Literatur:

[1] J. W. George, N. Katsaros, K. J. Wynne (Inorg. Chem. **6** [1967] 903/6). — [2] D. M. Adams, P. J. Lock (J. Chem. Soc. A **1967** 145). — [3] I. R. Beattie, H. Chudzynska (J. Chem. Soc. A **1967** 984/90). — [4] H. Gerding, H. Houtgraaf (Rec. Trav. Chim. **73** [1954] 737/47). — [5] N. N. Greenwood, B. P. Straughan, A. E. Wilson (J. Chem. Soc. A **1966** 1479/80).

[6] G. C. Hayward, P. J. Hendra (J. Chem. Soc. A **1967** 643/5). — [7] T. Okuda, K. Yamada, Y. Furukawa, H. Negita (Bull. Chem. Soc. Japan **48** [1975] 392/5). — [8] B. Buss, B. Krebs (Angew. Chem. **82** [1970] 446/7; Angew. Chem. Intern. Ed. Engl. **9** [1970] 463; Inorg. Chem. **10** [1971] 2795/800). — [9] I. P. Gol'dshtein, U. N. Gur'yanova, A. F. Volkov, M. E. Peisakhova (Zh. Obshch. Khim. **43** [1973] 1669/73; J. Gen. Chem. USSR **43** [1973] 1655/9). — [10] W. Sawodny, K. Dehnicke (Z. Anorg. Allgem. Chem. **349** [1967] 169/74).

[11] H. Gerding, H. Houtgraaf (Rec. Trav. Chim. **73** [1954] 759/70). — [12] E. A. Robinson, J. A. Ciruna (Can. J. Chem. **46** [1968] 3197/200). — [13] B. Krebs, B. Buss, W. Berger (Z. Anorg. Allgem. Chem. **397** [1973] 1/15). — [14] B. Krebs, B. Buss, D. Altena (Z. Anorg. Allgem. Chem. **386** [1971] 257/69). — [15] G. Shanmugasundaram (Acta Phys. Polon. **36** [1969] 219/21).

5.7.4 Pentachlorotellurat(IV)-Ion $TeCl_5^-$

Pentachlorotellurate(IV) Ion

Aus einem Vergleich der beobachteten Schwingungsfrequenzen des $[(C_2H_5)_4N]TeCl_5$ mit denen des $[(C_2H_5)_4N]SnCl_5$ schließen Creighton, Green [1], daß $TeCl_5^-$ nicht die trigonal-pyramidale Struktur (Punktgruppe D_{3h}) des $SnCl_5^-$-Anions hat. In Anlehnung an das isoelektronische und isostrukturelle $SbCl_5^{2-}$-Ion und an das TeF_5^--Ion (s. S. 8) wird eine tetragonal-pyramidale Struktur (Punktgruppe C_{4v}) angenommen. Die Koordinationssymmetrie um das Te-Atom soll aber wahrscheinlich geringer als C_{4v} sein, da vier IR-Banden (s. unten) bei höheren Wellenzahlen liegen als ν_3 (226 cm^{-1}) des $TeCl_6^{2-}$-Ions und auf terminale Te-Cl-Valenzschwingungen deuten [1]. Nach Ozin, Vander Voet [2] sollte die Struktur des $TeCl_5^-$ entsprechend dem „electron pair repulsion"-Modell eine quadratische Pyramide mit C_{4v}-Symmetrie sein, da im $TeCl_5^-$-Anion um das zentrale Te-Atom ein nichtbindendes und fünf bindende Elektronenpaare angeordnet sind. Für die Normalkoordinaten-Analyse wird als Modell ein Oktaeder gewählt, bei dem eine Position durch das nichtbindende Elektronenpaar besetzt ist. Alle Winkel werden mit 90° und die Te-Cl-Bindungsabstände mit r = 2.51 Å, dem Bindungsabstand im $TeCl_6^{2-}$-Anion, angenommen. Zur Aufstellung des Kraftfeldes für $TeCl_5^-$ werden die Kraftkonstanten des $TeCl_6^{2-}$ (s. S. 124) verwendet und mit einem Faktor, der die Verringerung der negativen Ladung beim Übergang von $TeCl_6^{2-}$ zu $TeCl_5^-$ berücksichtigt, multipliziert. Die berechneten Kraftkonstanten betragen: $f_r = 1.500$, $f'_{rr} = 0.500$, $f_{rr} = 0.045$ mdyn/Å; $f_{r\alpha} = 0.140$ mdyn/rad; $f_\alpha = 0.105$, $f_{\alpha\alpha} = 0.012$ mdyn · Å/rad² (Charakterisierung der Kraftkonstanten s. S. 124). Die mit diesen Kraftkonstanten berechneten Schwingungsfrequenzen stimmen befriedigend mit den beobachteten und der Zuordnung überein [2]. — Von den neun Grundschwingungen (C_{4v}-Symmetrie) liegen drei in der Symmetrieklasse A_1, 2 in B_1, 1 in B_2 und 3 in E. Alle Schwingungen sind Raman-aktiv, aber nur die in A_1 und E sind IR-aktiv. An $[(C_2H_5)_4N]TeCl_5$ beobachtete und berechnete Schwingungen des $TeCl_5^-$ (in cm^{-1}) und deren Zuordnung [2]:

berechnet		beobachtet			
		IR*)	IR a)	Raman	Schwingungsform
335.9	A_1	320 m	320 sh	336 ms	ν TeCl
298.5	B_1	301 m	303 m	295 ms	ν TeCl
272.4	A_1	269 m	265 m	266 ms	ν TeCl
251.9	E	248 s b)	250 s	244 w	ν TeCl
		210 w	221 w	208 w br	
142.0	B_2	161 m	167 m	143 m	δ TeCl
119.4	E	—	—	115 m	δ TeCl
96.0	E	—	—	—	δ TeCl
85.0	A_1	—	—	—	δ TeCl
58.4	B_1	—	—	—	δ TeCl

*) Werte von [1]. — a) Alle Banden sind sehr breit und schwer aufzulösen. — b) Wahrscheinlich eine Aufspaltungsentartung.

Im UV-Absorptionsspektrum des $TeCl_5^-$, untersucht an Lösungen des $[(n\text{-}C_4H_9)_4N]TeCl_5$ in CH_2Cl_2, werden zwei Banden bei 2320 und 2950 Å beobachtet (s. Fig. im Original), eine Zuordnung erfolgt nicht; Lage und Struktur der Banden wechseln bei Verwendung eines anderen polaren Lösungsmittels nicht, Stufkens [3].

In Lösungen eines Gemisches von $TeCl_4$ und $(C_5H_6N)_2TeCl_6$ in Propionitril liegt das Gleichgewicht $TeCl_6^{2-} + TeCl_4 \rightleftharpoons 2\,TeCl_5^-$ vor. Die aus UV-Daten berechneten Gleichgewichtskonstanten deuten an, daß bei Konzentrationen von etwa 10^{-2} mol/l das $TeCl_5^-$-Ion zu 30% dissoziiert ist, Beattie, Chudzynska [4].

Literatur:

[1] J. A. Creighton, J. H. S. Green (J. Chem. Soc. A **1968** 808/13). — [2] G. A. Ozin, A. Vander Voet (J. Mol. Struct. **13** [1972] 435/57, 438/40). — [3] D. J. Stufkens (Rec. Trav. Chim. **89** [1970] 1185/201, 1188). — [4] I. R. Beattie, H. Chudzynska (J. Chem. Soc. A **1967** 984/90, 987, 990).

Hexachlorotellurate (IV) Ion

Structure. Bond

5.7.5 Hexachlorotellurat (IV)-Ion $TeCl_6^{2-}$

5.7.5.1 Struktur, Bindung

In diesem Abschnitt sind auch Aussagen für $TeBr_6^{2-}$ und TeJ_6^{2-} wiedergegeben, wenn es allgemein um TeX_6^{2-} geht.

Das TeX_6^{2-}-Anion hat im festen Zustand und auch in Lösungen die Struktur eines regulären Oktaeders, Punktgruppe O_h, wie physikalisch-chemische Untersuchungen zeigen, s. beispielsweise [1 bis 10].

Der Bindungsabstand der 6 äquivalenten Te-Cl-Bindungen beträgt r = 2.541 Å in $(NH_4)_2TeCl_6$ nach Hazell [1], r = 2.541 Å in Rb_2TeCl_6 nach Webster, Collins [10]. Von Theilacker [11] wird r = 2.51 Å angegeben. Nach Krebs u. a. [12] beträgt die Summe der normalen Kovalenzradien 2.34 Å.

In TeX_6^{2-} ist die Stabilität der Te-Cl-Bindungen größer als die der Te-Br-Bindungen auf Grund der Größe der Valenz-Kraftkonstanten, Srivastava u. a. [13], s. auch Avasthi, Mehta [14].

Mit der regulär-oktaedrischen Struktur gilt TeX_6^{2-} als Ausnahme für die von Gillespie, Nyholm [15, 16] aufgestellte VSEPR-Theorie (valence shell electron-pair repulsion), die eine verzerrte sechsfach koordinierte Struktur für dieses Ion voraussagt auf Grund der 7 Elektronenpaare (einschließlich des freien Elektronenpaares) in der Valenzschale des Te-Atoms. Das freie Elektronenpaar ist aber im TeX_6^{2-} ohne stereochemischen Einfluß. Die oktaedrische Konfiguration wird von Beach [18] durch $5p^35d^26s$-Hybridisation erklärt mit dem freien Elektronenpaar im 5s-Orbital. Die Verwendung des 6s-Orbitals für die Bindung erklärt die Tatsache, daß der Radius des Te bei oktaedrischer Konfiguration größer ist als bei tetraedrischer [17] (s. auch [2, 19]) und daß eine ungewöhnlich große Differenz zwischen beobachteter Bindungslänge (2.54 Å) und der Summe der normalen Kovalenzradien (2.34 Å) besteht [12]. — Semiempirische LCAO-MO-Berechnungen (Wolfsberg-Helmholtz) ergeben, daß das stereochemisch „inerte" freie Elektronenpaar ein Molekülorbital der Symmetrie a_{1g}^* besetzt, das vorwiegend Te(5s)-Charakter hat (selbstkonsistente Ladungen und Orbitalbesetzungen s. Original), Brill u. a. [21], qualitative Betrachtungen hierzu s. auch Urch [20]. — Nach Couch u. a. [22] ist das $5s^2$-Elektronenpaar spektroskopisch jedoch nicht „inert", da im Elektronenbandenspektrum (s. S. 122) relativ niedrig energetische Übergänge beobachtet werden, an denen es beteiligt ist. Der Vergleich mit den entsprechenden Spektren des $TeBr_6^{2-}$ ergibt, daß eine teilweise Delokalisierung der $Te(5s^2)$-Elektronen in Richtung des Halogens stattfindet und damit diese in die Bindungen mit den Halogenen einbezogen sind [22]. Das freie Elektronenpaar beeinflußt ebenfalls die Lage der Valenz- und Deformationsschwingungen im IR- und Raman-Spektrum, obwohl es das Oktaeder des TeX_6^{2-} nicht verzerrt. Die Schwingungen werden im Vergleich mit anderen oktaedrischen Spezies zu niedrigeren Wellenzahlen verschoben, am stärksten bei den Chloriden, bei denen der kovalente Bindungscharakter Te-X am geringsten ist, Greenwood, Straughan [23]. Die außergewöhnliche Breite von ν_3 für TeX_6^{2-} steht nach Adams, Morries [3] mit der räumlichen Verteilung des freien Elektronenpaares im Zusammenhang. ν_3, die einzige antisymmetrische Valenzschwingung, veranlaßt die Schwingung des Zentralatoms, wodurch das a_{1g}^*-Orbital, das das freie Elektronenpaar enthält, die g-Symmetrie verliert und fähig wird, sich mit anderen bindenden Orbitalen zu mischen. Dadurch wird ein kurzlebig gerichteter Effekt erreicht [3]. — Zu einer Diskussion der zunehmenden Aktivität des inerten Elektronenpaares in der Reihe $TeCl_6^{2-}$–$PCl_4^+TeCl_5^-$–$TeCl_4$–$TeCl_3^+AlCl_4^-$–$TeCl_3^+AsF_6^-$ im Zusammenhang mit schwingungsspektroskopischen Ergebnissen s. Original, Krebs u. a. [24].

Fig. 17 gibt ein qualitatives MO-Diagramm für TeX_6^{2-} (X = Cl, Br, J) wieder [22, 25]. Der Grundzustand für diese MX_6^{2-}-Spezies mit einer $d^{10}s^2$-Konfiguration für das Zentralatom M ist $(a_{1g}\sigma^*)^2 \equiv {}^1A_{1g}$. Es werden 2 Arten von Elektronenübergängen erwartet: einer, der von dem s→p-Übergang des freien Ions herstammt und daher mehr am Zentralatom lokalisiert ist, und ein weiterer, der starken Ladungsübergang (Charge Transfer) vom Halogen- zum Zentralatom mit sich bringt. Der s→p-Übergang ($a_{1g}\sigma^* \rightarrow t_{1u}\sigma^*$) führt zu den angeregten Zuständen $^3T_{1u}$ und $^1T_{1u}$. Die zwei erlaubten Ladungsübergänge sind $t_{1g}\pi \rightarrow t_{1u}\sigma^*$ und $t_{2g}\pi \rightarrow t_{1u}\sigma^*$. Außerdem werden bei beträchtlich höherer Energie die Übergänge $e_g\sigma \rightarrow t_{1u}\sigma^*$ und $a_{1g}\sigma \rightarrow t_{2u}\sigma^*$ erwartet, Couch u.a. [22]. Nach Stufkens [25] ist das schwach antibindende $a_{1g}\sigma^*$-Niveau in bezug auf die Stabilität der komplexen Spezies wichtig. Außerdem ist der Abstand zwischen den $a_{1g}\sigma^*$- und $t_{1u}\sigma^*$-Niveaus von Bedeutung, da eine zusätzliche Instabilität durch vibronische Wechselwirkung zwischen dem Grundzustand (Konfiguration $(a_{1g}\sigma^*)^2$) und dem ersten angeregten Zustand (Konfiguration $(a_{1g}\sigma^*)$ $(t_{1u}\sigma^*)$) auftreten kann (Jahn-Teller-Effekt 2. Ordnung). Eine statische Deformation im Grundzustand durch diesen Effekt wird in $TeCl_6^{2-}$ und auch $TeBr_6^{2-}$ nicht gefunden. Dagegen lassen sich Aufspaltungen in den Elektronenbanden-Spektren (s. S. 122) durch den dynamischen Jahn-Teller-Effekt deuten, der starke Wechselwirkung zwischen Elektronen- und Kernbewegungen in entarteten Elektronenzuständen beschreibt. Diese Wechselwirkung führt nicht zu nur einer einzigen deformierten Struktur (statischer Jahn-Teller-Effekt), sondern die Spezies oszilliert zwischen verschiedenen Konfigurationen. Dieser Effekt kann im Grundzustand wie im angeregten Zustand auftreten [25].

Fig. 17

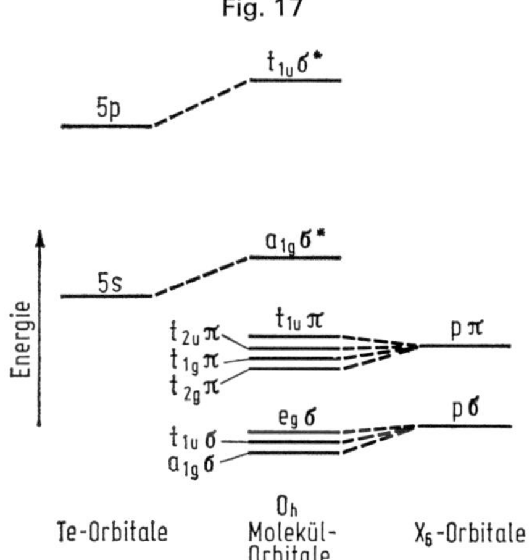

Qualitatives MO-Diagramm für TeX_6^{2-} (X = Cl, Br, J).

Auf Grund der Elektronenstruktur des Zentralatoms werden für die Hexahalogenotellurate(IV) von Nakamura u. a. [6] Resonanzstrukturen mit wenigstens einer positiven Ladung am Zentralatom diskutiert, s. auch [27].

Der Ionencharakter i der Te-Cl-Bindung wird nach der Methode von Townes und Dailey unter Zugrundelegung von 15% s-Hybridisierung der Halogen-σ-Bindungsorbitale aus eigenen Werten für die Kernquadrupolkopplungskonstante eQq (^{35}Cl) für $(NH_4)_2TeCl_6$ zu i = 0.68 berechnet; hieraus wird eine effektive Ladung am zentralen Te-Atom von C = 2.08 e abgeleitet, Nakamura u. a. [6, 28]. Unter Annahme von reinem p-Charakter der Halogenbindungen wird C = 2.38 e von Johnstone u. a. [26] bestimmt. — Zur Abhängigkeit des ionischen Charakters der Metall-Liganden-Bindungen in verschiedenen Hexahalogenokomplexen, darunter TeX_6^{2-}, von der Differenz zwischen den Elektronegativitäten der Liganden und dem Zentralatom s. Diagramm bei Kubo, Nakamura [28].

Literatur:

[1] A. C. Hazell (Acta Chem. Scand. **20** [1966] 165/9). — [2] E. E. Aynsley, A. C. Hazell (Chem. Ind. [London] **1963** 611/2). — [3] D. M. Adams, D. M. Morris (J. Chem. Soc. A **1967** 2067/9). — [4] P. J. Hendra, Z. Jovic (J. Chem. Soc. A **1968** 600/2). — [5] J. A. Creighton, J. H. S. Green (J. Chem. Soc. A **1968** 808/13).

[6] D. Nakamura, K. Ito, M. Kubo (J. Am. Chem. Soc. **84** [1962] 163/6). — [7] T. L. Brown, L. G. Kent (J. Phys. Chem. **74** [1970] 3572/9). — [8] I. R. Beattie, H. Chudzynska (J. Chem. Soc. A **1967** 984/90). — [9] M. Ware (Thesis Oxford 1965, S. 1/256). — [10] M. Webster, P. H. Collins (J. Chem. Soc. Dalton Trans. **1973** 588/94).

[11] W. Theilacker (Z. Naturforsch. **3b** [1948] 231/7). — [12] B. Krebs, B. Buss, D. Altena (Z. Anorg. Allgem. Chem. **386** [1971] 257/69). — [13] B. B. Srivastava, A. K. Dublish, A. N. Pandey (Z. Naturforsch. **29a** [1974] 602/4). — [14] M. N. Avasthi, M. L. Mehta (Z. Naturforsch. **25a** [1970] 566/9). — [15] R. J. Gillespie, R. S. Nyholm (Quart. Rev. [London] **11** [1957] 339/80, 372).

[16] R. J. Gillespie (Angew. Chem. **79** [1967] 885/96, 896). — [17] L. Pauling (Nature of the Chemical Bond, 3. Aufl., Ithaca, N.Y., 1960, S. 251). — [18] J. Y. Beach (laut [17], S. 237). — [19] K. I. Petrov, A. V. Konov, Yu. M. Golovin, V. A. Grin'ko, V. V. Safonov, V. P. Ksenzenko (Zh. Neorgan. Khim. **19** [1974] 82/4; Russ. J. Inorg. Chem. **19** [1974] 45/7). — [20] D. S. Urch (J. Chem. Soc. **1964** 5775/81).

[21] T. B. Brill, Z. Z. Hugus, A. Schreiner (J. Phys. Chem. **74** [1970] 2999/3002). — [22] D. A. Couch, C. J. Wilkins, G. R. Rossman, H. B. Gray (J. Am. Chem. Soc. **92** [1970] 307/10). — [23] N. N. Greenwood, B. P. Straughan (J. Chem. Soc. A **1966** 962/4). — [24] B. Krebs, B. Buss, W. Berger (Z. Anorg. Allgem. Chem. **397** [1973] 1/15). — [25] D. J. Stufkens (Rec. Trav. Chim. **89** [1970] 1185/201).

[26] J. J. Johnstone, C. H. W. Jones, P. Vasudev (Can. J. Chem. **50** [1972] 3037/45). — [27] D. Nakamura, K. Ito, M. Kubo (Inorg. Chem. **2** [1963] 61/4). — [28] M. Kubo, D. Nakamura (Advan. Inorg. Chem. Radiochem. **8** [1966] 257/82).

Nuclear Quadrupole Resonance

5.7.5.2 Kernquadrupolresonanz (NQR)

In einem inhomogenen elektrischen Feld beträgt für die Atomkerne ^{35}Cl und ^{37}Cl mit dem Kernspin $I = ^3/_2$ die Resonanzfrequenz des $^3/_2 \rightarrow ^1/_2$-Überganges $\nu = eQq/2$ (in MHz), wobei eQq die Kernquadrupolkopplungskonstante ist. Hierbei wird (bei idealer Oktaedersymmetrie von $TeCl_6^{2-}$) $\eta = 0$ angenommen, η = Asymmetrieparameter des elektrischen Feldgradienten q am Halogenkern. Diese Bedingung ist jedoch wegen der Wechselwirkung mit Nachbarionen und wegen thermischer Bewegung nicht streng erfüllt. Das Auftreten mehrerer (bis zu drei), dicht beieinander liegender Frequenzen ist auf die Nichtäquivalenz der Cl-Atome im Gitter zurückzuführen, Kubo, Nakamura [1], s. auch Nakamura u. a. [2].

Gemessene Resonanzfrequenzen ν (in MHz) an kristallinen Hexachlorotelluraten(IV):

Verbindung	t in °C	ν (^{35}Cl)	Lit.	Verbindung	t in °C	ν (^{35}Cl)	Lit.
K_2TeCl_6	25	15.13 }a)	[3]	$[CH_3NH_3]_2TeCl_6$	25	15.52	[3]
		14.99 }		$[(CH_3)_4N]_2TeCl_6$	25	16.29 b)	[3]
Rb_2TeCl_6	25	15.14	[3]	$[(C_2H_5)_2NH_2]_2TeCl_6$	25	15.91	[3]
Cs_2TeCl_6	25	15.60	[3]	$[(C_2H_5)_3NH]_2TeCl_6$	25	15.48	[3]
	27	15.566	[4]	$[pyH]_2TeCl_6$	25	16.49 c)	[3]
	27	15.67	[5]	$[2,6\text{-lutH}]_2TeCl_6$	25	16.54	[3]
$(NH_4)_2TeCl_6$	25	14.98	[3]	$[4\text{-picH}]_2TeCl_6$	25	16.68	[3]
	26	14.993 e)	[2]	$[4\text{-ClpyH}]_2TeCl_6$	25	16.66 }	
	27	14.99	[5]			16.37 }	[3]
$[Mg(H_2O)_6]TeCl_6$	25	15.55	[3]			15.56 }	
						35.93 d)	

$[pyH]^+$ = Pyridinium; $[lutH]^+$ = Lutidinium; $[picH]^+$ = Picolinium.

[a] Eine schwache Resonanzlinie nahe 15 MHz wird von [2] erwähnt. — [b] Von [2] untersucht, aber kein Signal gefunden, auch nicht bei der Tetraäthyl-, Tetrapropyl- und Trimethylbenzyl-ammonium-Verbindung. — [c] Die Resonanzlinie ist asymmetrisch; auf Grund der Kristallstruktur von [6] werden 2 kristallographisch nichtäquivalente Cl-Atome erwartet. — [d] Die Aufspaltung deutet auf kristallographisch nichtäquivalente Te-Cl-Bindungen. Ein Cl-Atom im Pyridiniumring; $\nu(^{35}Cl)$ in 4-Chlorpyridiniumchlorid ist 35.32 MHz bei 25°C. — [e] Nach [2] zeigt das Auftreten nur einer Resonanzlinie bei $(NH_4)_2TeCl_6$, daß alle Cl-Atome im $TeCl_6^{2-}$ kristallographisch äquivalent sind.

Die an den kristallinen Hexachlorotelluraten(IV) von Brill, Welsh [3] gemessenen Resonanzfrequenzen zeigen, daß das $TeCl_6^{2-}$-Ion im Gegensatz zu den $SnCl_6^{2-}$- und $PbCl_6^{2-}$-Ionen sehr wenig empfindlich gegen kationische Einflüsse ist.

Den Einfluß der Temperatur zeigen die bei verschiedenen Temperaturen gemessenen Resonanzfrequenzen (in MHz):

$(NH_4)_2TeCl_6$	t(in °C)	26.0 ± 0.3	−68 ± 1	−195
Lit. [2]	$\nu(^{35}Cl)$	14.993 ± 0.015	15.041 ± 0.020	15.137 ± 0.020

Cs_2TeCl_6	t(in °C)	35	15	−12	−40	−75	−121	−153
Lit. [4]	$\nu(^{35}Cl)$	15.566	15.568	15.572	15.580	15.588	15.593	15.594

Rückschlüsse auf polymorphe Umwandlungen s. bei den Verbindungen.

Die Temperaturabhängigkeit von ν bei konstantem Druck im Bereich um 300 K beträgt: $d\nu/dt = -0.21$ kHz/K [4].

Die ^{35}Cl-Kernquadrupolkopplungskonstante für $TeCl_6^{2-}$ in $(NH_4)_2TeCl_6$ bei −195°C beträgt $eQq\,(^{35}Cl) = 30.27$ MHz, berechnet aus der beobachteten Frequenz unter Annahme $\eta = 0$, Nakamura u.a. [2]. Von Brill u.a. [7] wird nach eigener Methode unter Verwendung von selbstberechneten Werten der Orbitalbesetzung $eQq\,(^{35}Cl) = 26.90$ MHz erhalten.

Literatur:

[1] M. Kubo, D. Nakamura (Advan. Inorg. Chem. Radiochem. **8** [1966] 257/82). — [2] D. Nakamura, K. Ito, M. Kubo (J. Am. Chem. Soc. **84** [1962] 163/6). — [3] T. B. Brill, W. A. Welsh (J. Chem. Soc. Dalton Trans. **1973** 357/9). — [4] T. L. Brown, L. G. Kent (J. Phys. Chem. **74** [1970] 3572/9). — [5] T. L. Brown, W. G. McDugle, L. G. Kent (J. Am. Chem. Soc. **92** [1970] 3645/53).

[6] E. E. Aynsley, A. C. Hazell (Chem. Ind. [London] **1963** 611/2). — [7] T. B. Brill, Z. Z. Hugus, A. Schreiner (J. Phys. Chem. **74** [1970] 2999/3002).

5.7.5.3 Mössbauer-Spektrum

Mössbauer Spectrum

Die Isomerieverschiebung δ im ^{125m}Te-Mössbauer-Spektrum von Hexachlorotelluraten(IV) ist charakteristisch für das Anion und fast unabhängig vom Kation. Das Spektrum besteht aus einem schmalen Singulett (Linienbreite $\Gamma_{expt} \cong 6$ bis 7 mm/s); wie für Ionen mit O_h-Symmetrie zu erwarten ist, tritt keine Quadrupolaufspaltung auf, Bryukhanov u. a. [1], Gibb u. a. [2], Gukasyan u. a. [3].

Im folgenden ist jeweils für die untersuchte Verbindung die Isomerieverschiebung δ (in mm/s) sowie Standard und Quelle angegeben; Absorbertemperatur 78 bis 80 K:

$(NH_4)_2TeCl_6$ δ	+1.4±0.3*)	+1.70±0.05	+1.0	+1.95±0.05	+1.70±0.10	+1.77±0.10
Standard, Quelle	^{125}Sb(Cu)	ZnTe, ^{125}Sb(Cu)	^{125}J(Cu)	^{125}J(Cu)	^{125}J(Cu)	ZnTe, ^{125}J(Cu)
Literatur	[1]	[3]	[4]	[2]	[5]	[6]

*) in 10^{-8} eV umgerechneter Wert $\delta = 16.6 \pm 3.5$ [7].

Verbindung	$[(C_6H_5)_4As]_2TeCl_6$	Rb_2TeCl_6		Cs_2TeCl_6	
δ	+1.5	+1.66±0.08	+1.95±0.04	+1.73±0.05	+1.94±0.09
Standard, Quelle	Te-Metall, ^{125}J(Cu)	ZnTe, ^{125}Sb(Cu)	^{125}J(Cu)	ZnTe, ^{125}Sb(Cu)	^{125}J(Cu)
Literatur	[4]	[3]	[2]	[3]	[2]

Die stark positiven δ-Werte für TeX_6^{2-} werden von Gibb u.a. [2] durch das stereochemisch „inerte" Elektronenpaar, das sehr beträchtlichen s-Charakter hat, erklärt, s. dazu S. 114.

Ein Vergleich der δ-Werte von TeX_6^{2-} untereinander ($TeCl_6^{2-}$ = 1.4, $TeBr_6^{2-}$ = 1.7, TeJ_6^{2-} = 2.0 mm/s) zeigt eine lineare Abhängigkeit für δ von der Elektronegativität χ des Liganden, s. Diagramm im Original. Mit steigendem χ der Halogene in der inneren Koordinationssphäre, d. h. mit Ansteigen des ionischen Anteils der Bindungen, nimmt δ ab, Bryukhanov u. a. [1], s. auch [7, 8]. Nicht in Übereinstimmung damit ist das Ergebnis von Gukasyan u. a. [3], s. dazu Original und S. 17. Nach Gibb u. a. [2] ändert sich jedoch δ von TeX_6^{2-} entgegengesetzt: δ-Mittelwerte für $TeCl_6^{2-}$ = 1.95, $TeBr_6^{2-}$ = 1.74, TeJ_6^{2-} = 1.59 mm/s. Diese Änderung in der Isomerieverschiebung soll davon abhängen, daß bei Abnahme von χ in der Reihe Chlor-Brom-Jod weniger Elektronenladung über die Bindungen entfernt und damit die effektive positive Ladung am Zentralkern verringert wird. Dadurch wird die radiale Ausdehnung des einsamen Elektronenpaares des Te vergrößert [2].

Ein Versuch, die Isomerieverschiebung für ein s-Elektron, d. h. für völlig kovalente Bindung im oktaedrischen Te-Komplex, zu bestimmen, ergibt im Vergleich mit dem entsprechenden Wert für metallisches Te zu hohe Werte, die auf zusätzliche s-Elektronendichte deuten. Diese wird dem freien Elektronenpaar zugeschrieben, das bereits von Pauling [9] im TeX_6^{2-} angenommen worden ist, Shpinel u. a. [7, 8].

Unter der Annahme einer Molekülstruktur mit 6facher Koordination (sp^3d^2-Hybridisation) wird die s-Elektronendichte am Kernort berechnet mit Hilfe von Slater-Orbitalen und auch wasserstoffähnlichen Orbitalen (wobei sich letztere besser zur Berechnung eignen) und mit den Werten anderer Te-Verbindungen verglichen sowie in Beziehung zu den Isomerieverschiebungen gesetzt, s. dazu Diagramm im Original, Unland [4].

Johnstone u. a. [5] werten die Isomerieverschiebung der TeX_6^{2-}-Anionen in bezug auf reine p-Bindungen aus und stellen in Verbindung mit Werten der ^{129}J-Mössbauer-Emissionsspektren und NQR-Werten (letztere von [10]) eine Beziehung zwischen δ und der Anzahl der Leerstellen in der 5p-Schale des Te in TeX_6^{2-} auf, s. dazu Diagramm im Original [5]. Die Anzahl der effektiven Leerstellen hp wird von Cheyne u. a. [6] für $TeCl_6^{2-}$ mit 4.08 angegeben.

Literatur:

[1] V. A. Bryukhanov, B. Z. Iofa, A. A. Opalenko, V. S. Shpinel (Zh. Neorgan. Khim. **12** [1967] 1985/7; Russ. J. Inorg. Chem. **12** [1967] 1044/6). — [2] T. C. Gibb, R. Greatrex, N. N. Greenwood, A. C. Sarma (J. Chem. Soc. A **1970** 212/7). — [3] S. E. Gukasyan, B. Z. Iofa, A. N. Karasev, S. I. Semenov, V. S. Shpinel (Phys. Status Solidi **37** [1970] 91/3). — [4] M. L. Unland (J. Chem. Phys. **49** [1968] 4514/20). — [5] J. J. Johnstone, C. H. W. Jones, P. Vasudev (Can. J. Chem. **50** [1972] 3037/45).

[6] B. M. Cheyne, J. J. Johnstone, C. H. W. Jones (Chem. Phys. Letters **14** [1972] 545/8). — [7] V. S. Shpinel, V. A. Bryukhanov, V. Kothekar, B. Z. Iofa (Zh. Eksperim. i Teor. Fiz. **53** [1967] 23/8; Soviet Phys.-JETP **26** [1968] 16/9). — [8] V. S. Shpinel, V. A. Bryukhanov, V. Kothekar, B. Z. Iofa, S. I. Semenov (Symp. Faraday Soc. Nr. 1 [1967/68] 69/76). — [9] L. Pauling (Nature of the Chemical Bond, 3. Aufl., Ithaca, N.Y., 1960, S. 251). — [10] D. Nakamura, K. Ito, M. Kubo (J. Am. Chem. Soc. **84** [1962] 163/6).

IR and Raman Spectra. Molecular Vibrations

5.7.5.4 IR- und Raman-Spektrum. Molekülschwingungen

Auf Grund der oktaedrischen Struktur (Punktgruppe O_h) sind 6 Grundschwingungen möglich: die Valenzschwingungen $\nu_1(A_{1g})$, $\nu_2(E_g)$, $\nu_3(F_{1u})$ und die Deformationsschwingungen $\nu_4(F_{1u})$, $\nu_5(F_{2g})$ und $\nu_6(F_{2u})$, wobei ν_1, ν_2 und ν_5 Raman-aktiv, ν_3 und ν_4 IR-aktiv und ν_6 IR- und Raman-inaktiv sind. In der folgenden Tabelle sind die gemessenen Wellenzahlen (in cm^{-1}) für ν_1 bis ν_5

sowie berechnete Werte für ν_6 angegeben, die Gitterschwingungen ν_g sind mit aufgeführt. Alle Verbindungen sind im kristallinen Zustand untersucht, H_2TeCl_6 in wäßriger bzw. in wäßrig-salzsaurer Lösung:

Verbindung	ν_1	ν_2	ν_3	ν_4	ν_5	ν_6	ν_g	Anmerkung
H_2TeCl_6	302 p	263	—	—	137	—	—	b)
H_2TeCl_6	301 s, p	261 s	—	—	140 m	—	—	d)
K_2TeCl_6	301	253	243	139	150	103, 121	108, 98 w-m	b)
K_2TeCl_6	—	250 s	—	—	145 s	—	—	c)
K_2TeCl_6	295	246	—	—	145	—	—	f)
Rb_2TeCl_6	299	254	≈330 sh, 251	—	135	119	63 m	b)
Rb_2TeCl_6	292	248	—	—	137	—	—	f)
Cs_2TeCl_6	288	247	251	—	139	125	62 m	b)
Cs_2TeCl_6	—	—	249 s	127 w	—	—	64.5 m	d)
Cs_2TeCl_6	289 s	247 m	≈260 s, v br	150 w, br	139 m	98	70 s	e)
Cs_2TeCl_6	—	—	265 s, br	150 m, br	—	—	70 s	g)
Cs_2TeCl_6	290	248	—	—	143	—	—	f)
$(NH_4)_2TeCl_6$	—	—	238	96	—	—	—	a)
$(NH_4)_2TeCl_6$	300	250	250	142 w-m	142	88, 111	110, 98 w-m	b)
$(NH_4)_2TeCl_6$	299 s	249 s	—	—	143 s	—	—	c)
$(NH_4)_2TeCl_6$	301 s	250 s	245 s, br	141 w, br	144 s	—	107 m	d)
$(NH_4)_2TeCl_6$	—	—	≈245 s, br	144 m, br	—	—	104 m	e)
$[N(CH_3)_4]_2TeCl_6$	—	—	228	105	—	—	—	a)
$[N(CH_3)_4]_2TeCl_6$	281	243	228	—	136	106, 81	106 vw, 79 vs	b)
$[N(CH_3)_4]_2TeCl_6$	—	—	227 s	—	—	—	74 m	d)
$[N(C_2H_5)_4]_2TeCl_6$	280	243	282 w-m, 228	—	127	111	66 w-m	b)
$[N(C_2H_5)_4]_2TeCl_6$	—	—	226 s, br	94 w	—	—	68 m	d)
$[C_5H_5NH]_2TeCl_6$	283	—	295 sh, 225	—	146	122	100 w	b)
$[J(C_6H_5)_2]_2TeCl_6$	291	252	230, 210, 185	—	—	—	—	b)
$[As(C_6H_5)_4]_2TeCl_6$	284	268	248, 237, 223	156, 146	—	—	—	b)

a) Messungen von Greenwood, Straughan [1]. ν_3 und ν_4 sind abhängig vom Kation, ν_3 nimmt mit wachsender Größe des Kations ab, ν_4 nimmt dagegen zu.

b) IR- und Raman-Spektren, gemessen von Adams, Morris [2]. Die Banden sind stark, wenn nichts anderes angegeben ist. — Das Raman-Spektrum der Lösung von H_2TeCl_6 (dargestellt durch Lösen von TeO_2 in konzentriertem HCl) besteht aus 3 Linien, wie für ein reguläres oktaedrisches Ion erwartet wird. — Die Halbwertsbreiten $\Delta_{1/2}$ von ν_3 und ν_4 ändern sich mit dem Kation in Übereinstimmung mit anderen MCl_6^{2-}-Salzen (M = Pt, Sn, Pb), ν_3 ist aber breiter als bei den MCl_6^{2-}-Salzen, außerdem intensiver als ν_4, das bei $TeCl_6^{2-}$ keine anomale Verbreiterung zeigt; zu einer Erklärung der außergewöhnlichen Breite von ν_3 für TeX_6^{2-} s. S. 114. Bei K_2TeCl_6, $(NH_4)_2TeCl_6$ und $[C_5H_5NH]_2TeCl_6$ beträgt $\Delta_{1/2}(\nu_3)$ ≈180 cm^{-1}, bei den anderen Kationen ≈80 cm^{-1}. ν_3 ist allgemein etwas asymmetrisch, nur für $[N(CH_3)_4]TeCl_6$ ist die Bande wahrscheinlich in 2 Komponenten

($\approx$ 250 und 212 cm^{-1}) aufgelöst. Beim Diphenyljodoniumsalz ist ν_3 ein Triplett, außerdem werden 2 weitere Banden bei 288 (m, s) und 258 (m, s) cm^{-1} gefunden, die den Raman-Werten für ν_1 und ν_2 entsprechen und diesen zugeordnet werden. Ähnliche Resultate für das Tetraphenylarsoniumsalz (die IR-Banden 284 und 268 cm^{-1} werden ν_1 und ν_2 zugeordnet). Die komplexen Spektren der beiden letzten Salze deuten auf C_{3v}-Site-Symmetrie für $TeCl_6^{2-}$. — Die Lage von ν_4 (vermutlich bei $\approx$140 cm^{-1}) ist bei allen Verbindungen nicht eindeutig zu identifizieren, es tritt Kopplung mit den Gitterschwingungen ν_g ein. — Die Berechnung von ν_6 erfolgt aus den Kraftkonstanten für ein modifiziertes Urey-Bradley-Kraftfeld (MUBFF) [2]. — IR-Reflektionsspektren von Adams, Lloyd [3] ergeben wesentlich geringere Halbwertsbreiten der Banden. Für K_2TeCl_6 ist (in cm^{-1}) $\nu_3 = 243$ ($\Delta_{1/2} = 58$); $\nu_4 = 145$ ($\Delta_{1/2} = a$) (a = Überlappung, genaue Messung nicht möglich); $\nu_g = 111$ ($\Delta_{1/2} = a$). Entsprechende Werte für $(NH_4)_2TeCl_6$: 258 (65), 146 (a), 108 (a); für $[N(CH_3)_4]_2TeCl_6$: 225 (31), — (—), 80 (10); für $[N(C_2H_5)_4]_2TeCl_6$: 219 (26), — (—), 60 (36) [3].

c) IR-Werte für $TeCl_6^{2-}$ im festen Zustand: $\approx$250 (s, br), $\approx$130 (sh) bis 120 cm^{-1}. IR- und Raman-Linien im Original nicht zugeordnet, Beattie, Chudzynska [4]. Zuordnung für $(NH_4)_2TeCl_6$ bei Beattie, Gilson [5].

d) Eine schwache Schulter in der Nähe der ν_3-Bande für $(NH_4)_2TeCl_6$ bei 283 cm^{-1} und für Cs_2TeCl_6 bei 272 cm^{-1} wird von Creighton, Green [6] zu $\nu_4 + \nu_5$ ($A_{2u} + E_u + F_{1u} + F_{2u}$) in Fermi-Resonanz mit ν_3 (F_{1u}) zugeordnet; für $[N(CH_3)_4]_2TeCl_6$ kann die Schulter bei 247 cm^{-1} auf Grund einer geringeren Symmetrie als O_h des Anions gedeutet werden. Da ν_4 bei niedrigeren Werten liegt und geringere Intensität hat als erwartet, wird Kopplung zwischen ν_4 und ν_g angenommen [6].

e) IR- und Raman-Spektren von Hendra, Jovic [7] gemessen. ν_6 berechnet nach der Wilson-Regel $\nu_6 = \nu_5/\sqrt{2}$ von [8, 9, 10] mit gemessenem $\nu_5 = 139$ cm^{-1} von [7]. Derselbe Wert für ν_6 wird unter Verwendung der Konstanten des UBFF erhalten [8]. — Im Raman-Spektrum von TeO_2, gelöst in HCl, werden 3 Linien gemessen: 290 (s, br(p)), 255 (m(dp)) und 130 (w(dp)) cm^{-1}, die den Schwingungen des $TeCl_6^{2-}$ zugeordnet werden [7].

f) Raman-Spektren, gemessen von Petrov u.a. [11]. Das Kristallfeld führt zu keiner bedeutenden Verzerrung der oktaedrischen $TeCl_6^{2-}$-Ionen. Die Lage der Banden ändert sich leicht mit dem Alkalimetallkation (bis zu 10 cm^{-1}), dabei wird aber keine Regelmäßigkeit gefunden.

g) IR-Spektrum, gemessen von Katsaros [12].

Berechnete Schwingungsfrequenzen ν_1 bis ν_6 für festes Cs_2TeCl_6 mit Hilfe der Konstanten des Urey-Bradley-Kraftfeldes (UBFF) und Orbital-Valenzkraftfeldes (OVFF) [9, 10] sowie eines modifizierten UBFF und OVFF und des allgemeinen Valenzkraftfeldes (GVFF) [10], s. die Originale und S. 124.

Nach Stufkens [16] entsprechen die Intensitäten der Raman-aktiven Schwingungen (in den festen Verbindungen) nicht denen anderer oktaedrischer Spezies, s. dazu Diagramm im Original. Dieses wird durch den bereits im Elektronenspektrum beobachteten dynamischen Jahn-Teller-Effekt (s. S. 123) gedeutet. Die IR-aktiven Schwingungsbanden t_{1u} (ν_3 und ν_4) sind im Vergleich mit anderen oktaedrischen Spezies verhältnismäßig breit und die Frequenzen niedriger. Auch dieses weist auf vibronische Kopplungen zwischen dem Grundzustand und dem ersten angeregten Zustand (dynamischer Jahn-Teller-Effekt) hin [16].

In nichtwäßrigen Lösungen sind die Wellenzahlen der Schwingungen des $TeCl_6^{2-}$ in guter Übereinstimmung mit denen im festen Zustand, Adams, Downs [13], Ware [14], s. auch Hendra, Jovic [7]. Nach Barrowcliffe u.a. [15] beträgt im IR-Spektrum der Hexachlorotellurate(IV) in CH_3CN $\nu_3 = 230$ cm^{-1} (Halbwertsbreite $\Delta_{1/2} = 50$ cm^{-1}) und deutet im Vergleich mit anderen Chlorometallat-Anionen auf ein inertes Elektronenpaar in der Valenzschale des $TeCl_6^{2-}$. Von Ware [14] werden für eine Lösung des $[(n\text{-}C_4H_9)_4N]_2TeCl_6$ in CH_3CN im Raman-Spektrum folgende Werte gemessen und zugeordnet: ν_1 = (287 s(p)), $\nu_2 = 247$ (m), $\nu_5 = 131$ (w) cm^{-1}. — Durch eine neuere Analyse der Schwingungsspektren von TeX_6^{2-} (in nichtwäßrigen Lösungen) werden von Adams, Downs [13] Abweichungen von den spektroskopischen Eigenschaften der normalen oktaedrischen Spezies aufgezeigt. TeX_6^{2-} hat zwar einen oktaedrischen (O_h) Grundzustand, aber die Schwingungs-Charakteristika dieses Grundzustandes sind durch weniger symmetrische angeregte Elektronenzustände gestört, wodurch die O_h-Auswahlregeln nicht mehr voll gelten: beispielsweise ist das Verhältnis der Intensitäten von $\nu_1\,(A_{1g})$ und $\nu_2\,(E_g)$ ungefähr 10mal größer als für andere oktaedrische Spezies, und für $\nu_4(F_{1u})$ ist die Schwingungsfrequenz regelwidrig niedrig und die Schwingungsamplitude groß [13].

Die mittleren Schwingungsamplituden u (in Å) für die gebundenen (Te-Cl)- und nichtgebundenen (Cl···Cl)-Atompaare betragen:

	0 K	298 K	500 K	Anmerkung
u(Te-Cl)	0.0484	0.0649		a)
	0.0488	0.0660	0.0824	b)
u(Cl···Cl) kurz	0.0758	0.1312		a)
	0.0818	0.1587	0.2034	b)
u(Cl···Cl) lang	0.0605	0.0814		a)
	0.0603	0.0810	0.1011	b)

a) Berechnet von Avasthi, Mehta [8] aus spektroskopischen Daten von Hendra, Jovic [7] unter Verwendung der Müllerschen Näherungsmethode.

b) Berechnet von Srivastava u. a. [17] nach der Methode von Cyvin und der L-Matrix Näherungsmethode von Müller mit selbstberechneten Kraftkonstanten (s. S. 124); die Werte sind Mittelwerte für M_2TeCl_6 mit M = K, NH_4, Rb, Cs, $N(CH_3)_4$, $N(C_2H_5)_4$.

Der Bastiansen-Morino-Schrumpfeffekt (Differenz zwischen dem aus der Molekelgeometrie folgenden und experimentell beobachteten Cl···Cl-Abstand) wird für den langen und kurzen Cl···Cl-Abstand unter Verwendung der Schwingungsfrequenzen von Hendra, Jovic [7] und Strukturdaten von Hazell [18] bei 0 und 298 K von Avasthi, Mehta [8] berechnet (Werte in Å):

Abstand	0 K	298 K
Cl···Cl (kurz)	0.00052	0.0014
Cl···Cl (lang)	0.0022	0.0076

Literatur:

[1] N. N. Greenwood, B. P. Straughan (J. Chem. Soc. A **1966** 962/4). — [2] D. M. Adams, D. M. Morris (J. Chem. Soc. A **1967** 2067/9). — [3] D. M. Adams, M. H. Lloyd (J. Chem. Soc. A **1971** 878/9). — [4] I. R. Beattie, H. Chudzynska (J. Chem. Soc. **1967** 984/90). — [5] I. R. Beattie, T. R. Gilson (Proc. Roy. Soc. [London] A **307** [1968] 407/29, 413).

[6] J. A. Creighton, J. H. S. Green (J. Chem. Soc. A **1968** 808/13). — [7] P. J. Hendra, Z. Jovic (J. Chem. Soc. **1968** 600/2). — [8] M. N. Avasthi, M. L. Mehta (Z. Naturforsch. **25a** [1970] 566/9). — [9] M. N. Avasthi, M. L. Mehta (J. Quant. Spectry. Radiative Transfer **11** [1971] 1583/6). — [10] P. Labonville, J. R. Ferraro, M. C. Wall, L. J. Baile (Coord. Chem. Rev. **7** [1972] 257/87, 274).

[11] K. I. Petrov, A. V. Konov, Yu. M. Golovin, V. A. Grin'ko, V. V. Safonov, V. P. Ksenzenko (Zh. Neorgan. Khim. **19** [1974] 82/4; Russ. J. Inorg. Chem. **19** [1974] 45/7). — [12] N. Katsaros (Diss. Univ. of Massachusetts 1969, S. 1/173, 42; Diss. Abstr. Intern. B **30** [1969/70] 104). — [13] C. J. Adams, A. J. Downs (Chem. Commun. **1970** 1699/701). — [14] M. Ware (Thesis Oxford 1965, S. 1/256, 184). — [15] T. Barrowcliffe, I. R. Beattie, P. Day, K. Livingston (J. Chem. Soc. A **1967** 1810/2).

[16] D. J. Stufkens (Rec. Trav. Chim. **89** [1970] 1185/201). — [17] B. B. Srivastava, A. K. Dublish, A. N. Pandey (Z. Naturforsch. **29a** [1974] 602/4). — [18] A. C. Hazell (Acta Chem. Scand. **20** [1966] 165/9).

UV Spectrum

5.7.5.5 UV-Spektrum

Das Elektronenbandenspektrum des $TeCl_6^{2-}$ wird von Couch u.a. [1] und Stufkens [2, 3] an Filmen sowie in CH_3CN- und CH_2Cl_2-Lösungen von $[(n\text{-}C_4H_9)_4N]_2TeCl_6$ zwischen 500 und 200 nm untersucht. Die Spektren der Lösungen sind dem des dünnen Filmes sehr ähnlich, woraus gefolgert wird, daß die oktaedrische Natur des Anions in diesen Lösungen erhalten bleibt. — **Fig. 18** gibt die Absorptionsspektren eines dünnen Filmes von $[Bu_4N]_2TeCl_6$ bei 300 und 18 K wieder; das bei 77 K gemessene Spektrum ist mit dem Spektrum bei 18 K fast identisch [1]. Nach Stufkens [2] ist das Spektrum von $[Bu_4N]_2TeCl_6$ in CH_2Cl_2 von der Konzentration abhängig. Bei sehr geringer Konzentration wird ein Spektrum mit 2 einzelnen Banden bei 2320 und 2950 Å erhalten, das vollkommen dem Spektrum des $[Bu_4N]TeCl_5$ in CH_2Cl_2 gleicht. Bei höherer Konzentration ändert sich das Spektrum dann schnell, es treten die Absorptionsbanden des $TeCl_6^{2-}$-Ions auf. Die Dissoziation $TeCl_6^{2-} \rightleftharpoons TeCl_5^- + Cl^-$ ist nur bei sehr niedrigen Konzentrationen von Bedeutung.

Fig. 18

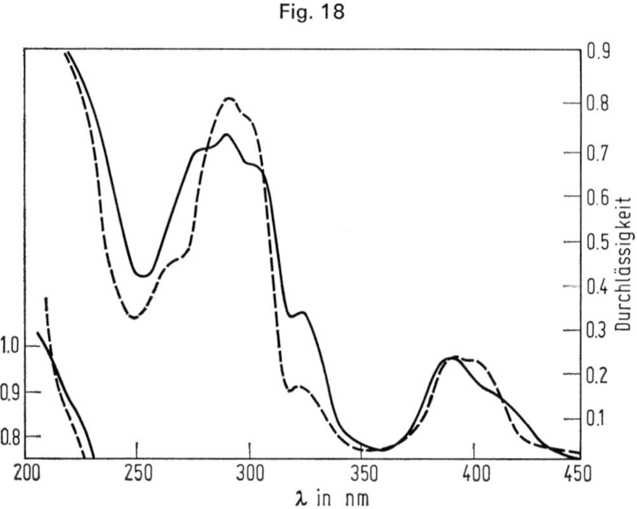

UV-Absorptionsspektrum eines Filmes von $[(n\text{-}C_4H_9)_4N]_2TeCl_6$ bei 300 K —, bei 18 K ---.

Das $TeCl_6^{2-}$-Spektrum zeigt mehrere komplexe Bandensysteme. Die beobachteten Banden ν (in cm^{-1}) werden wie folgt zugeordnet:

	A $^1A_{1g} \rightarrow {}^3T_{1u}(^3P_1)$	B $^1A_{1g} \rightarrow {}^3T_{1u}(^3P_2)$	C $^1A_{1g} \rightarrow {}^1T_{1u}(^1P_1)$	Anmerkung
$TeCl_6^{2-}$				
Lösung	24510	31153	33333	
bei 290 K	25907		34722	a)
			36364	
$TeCl_6^{2-}$				
Film	24650	30750	32880	
bei 18 K	25560		34480	b)
			35680	

a) Messungen von Stufkens [2] an Lösungen von $[Bu_4N]_2TeCl_6$ in CH_2Cl_2 bei Zimmertemperatur. Die Struktur der Banden gleicht denen der Alkali-Halogenid-Phosphore (beispielsweise $KCl:Tl^+$) und wird mit diesen verglichen (s. Original) und den Banden entsprechend zugeordnet.

Beim Übergang des Zentralatoms aus dem Grundzustand $^1S_0$ zu den Komponenten des angeregten P-Zustandes ist $^1S_0 \rightarrow {}^1P_1 (T_{1u})$ erlaubt und die entsprechende Bande wird mit C bezeichnet; der $^1S_0 \rightarrow {}^3P_1$-Übergang ($T_{1u}$), der auf Grund der Spin-Bahn-Kopplung des Zentralatoms beobachtet wird, entspricht allgemein der weniger intensiven Absorptionsbande A. Obwohl die $^1S_0 \rightarrow {}^3P_0$, $^3P_2$-Übergänge verboten sind, wird die Bande B, die zwischen der A- und C-Bande auftritt, $^1S_0 \rightarrow {}^3P_2$ (T_{2u}, E_u) zugeordnet. Die C-Bande ist ein Triplett, die A-Bande ein asymmetrisches Dublett, wogegen die B-Bande ein Singulett ist. Die Aufspaltungsenergien δ_C und δ_A der C- und A-Bande betragen $2\,\delta_C = 0.38$ eV und $\delta_A = 0.17$ eV. Diese Aufspaltungen werden in Übereinstimmung mit den Phosphoren als Folge des dynamischen Jahn-Teller-Effektes in den angeregten Zuständen erklärt, der temperaturabhängig ist. Nach Toyozawa, Inoue [4] beschreibt der dynamische Jahn-Teller-Effekt die starke Wechselwirkung zwischen Elektronen- und Kernbewegungen in entarteten elektronischen Zuständen. Diese Wechselwirkung führt nicht zu nur einer deformierten Struktur (statischer Jahn-Teller-Effekt), sondern das Molekül oszilliert zwischen verschiedenen Konfigurationen. Dieser Effekt kann im Grundzustand wie im angeregten Zustand auftreten.

b) Messungen von Couch u. a. [1] an dünnen Filmen von $[Bu_4N]_2TeCl_6$ bei 18 K. Die Zuordnung der Banden erfolgt unabhängig von Stufkens [2] und ist mit dieser in Übereinstimmung. Die Aufspaltung der A-Bande wird aber als Folge der niedrigeren Symmetrie der angeregten Zustände erklärt, d. h. als Folge der Deformierung des angeregten $^3T_{1u}(^3P_1)$-Zustandes von O_h zu niedrigerer Symmetrie, beispielsweise D_{4h} oder C_{3v}. Auch die Aufspaltung der C-Bande zeigt, daß deformierte angeregte Zustände die Folge der Promotion eines Elektrons zu den stark antibindenden $t_{1u}\sigma^*$-Orbitalen sind. Daß 3 Banden auftreten, soll andeuten, daß die Symmetrie der angeregten Singulett-Zustände noch niedriger ist, evtl. C_{2v}, als die der A-Bande. Weitere Meßwerte in CH_3CN- und CH_2Cl_2-Lösungen und an dünnen Filmen bei 300 K s. Original.

Die Schlußfolgerungen für die Aufspaltung der A- und C-Bande von Couch u. a. [1] und Stufkens [2] stimmen nicht überein. Während Couch u. a. [1] die Aufspaltungen der A- und C-Bande auf eine statische Deformation im angeregten Zustand zurückführen, erklärt Stufkens [2] diese Aufspaltung durch einen dynamischen Jahn-Teller-Effekt in den angeregten Zuständen. Seine Messungen [3] zwischen 100 bis 400 K zeigen, daß die Aufspaltung der C-Bande mit ansteigender Temperatur mehr hervortritt. Wenn die Aufspaltung durch statische Effekte begründet wäre, müßte sie mit ansteigender Temperatur T im Spektrum verschwinden. Bei Temperaturen über 200 K ist die Aufspaltung linear abhängig von $\sqrt{T}$. Dieses beweist einen dynamischen Jahn-Teller-Effekt im angeregten Zustand in Übereinstimmung mit der theoretischen Interpretation dieses Effektes von Toyozawa, Inoue [4].

Außer diesen 3 Bandensystemen unter 40000 cm^{-1} werden von Couch u. a. [1] im Bereich über 40000 cm^{-1} Charge-Transfer-Banden des $TeCl_6^{2-}$ beobachtet. Die starke Absorption über 40000 cm^{-1} hat kein Maximum unter 52000 cm^{-1}. Die Spektren der CH_3CN-Lösungen und des Filmes zeigen eine deutliche Schulter in dem intensiven System. Im Film-Spektrum bei 18 K liegt die Schulter bei 44170 cm^{-1}, außerdem wird eine schwache Bande bei 38210 cm^{-1} beobachtet. Diese schwache Bande stellt den verbotenen $t_{1u}\pi \rightarrow t_{1u}\sigma^*$-Übergang dar, während die mäßig intensive 44170-cm^{-1}-Schulter und das sehr intensive Maximum > 52000 cm^{-1} (nicht beobachtet) als $t_{1g}\pi \rightarrow t_{1u}\sigma^*$ und $e_g\sigma \rightarrow t_{1u}\sigma^*$ bezeichnet werden. Diese Zuordnung entspricht auch dem $TeBr_6^{2-}$-Spektrum (s. in „Tellur" Erg.-Bd. B 3) [1]. Nach Stufkens [2] gehört die von Couch u. a. [1] dem verbotenen Übergang $t_{1u}\pi \rightarrow t_{1u}\sigma^*$ zugeordnete Bande zur C-Bande. Diese bei niedriger Temperatur beobachtete schwache Bande auf der hohen Frequenzseite der C-Bande soll die bekannte Asymmetrie der C-Bande bei Zimmertemperatur erklären [2].

Literatur:

[1] D. A. Couch, C. J. Wilkins, G. R. Rossman, H. B. Gray (J. Am. Chem. Soc. **92** [1970] 307/10). — [2] D. J. Stufkens (Rec. Trav. Chim. **89** [1970] 1185/201). — [3] D. J. Stufkens, A. Schenk (Rec. Trav. Chim. **90** [1971] 190/2). — [4] Y. Toyozawa, M. Inoue (J. Phys. Soc. Japan **21** [1966] 1663/79).

Force Constants

5.7.5.6 Kraftkonstanten in mdyn/Å (wenn nicht anders angegeben)

Unter Zugrundelegung des allgemeinen Valenzkraftfeldes (GVFF) werden unter Verwendung von in der Literatur bekannten Daten die folgenden 7 Kraftkonstanten berechnet:

	f_r	f_{rr}	f'_{rr}	f_α-$f'''_{\alpha\alpha}$	$f_{\alpha\alpha}$-$f''_{\alpha\alpha}$	$f'_{\alpha\alpha}$-$f'''_{\alpha\alpha}$	$f_{r\alpha}$-$f''_{r\alpha}$	
$TeCl_6^{2-}$	1.20	0.08	0.23	0.12	0.01	0.01	0.05	a)
K_2TeCl_6	1.19	0.09	0.33	0.11	0.00	0.00	0.04	b)
$(NH_4)_2TeCl_6$	1.20	0.10	0.30	0.10	0.01	0.00	0.04	b)
Rb_2TeCl_6	1.33	0.09	0.19	0.09	−0.03	0.00	0.01	b)
Cs_2TeCl_6	1.14	0.08	0.28	0.09	−0.03	0.00	0.01	b)
$[N(CH_3)_4]_2TeCl_6$	1.05	0.07	0.32	0.09	−0.01	0.00	0.02	b)
$[N(C_2H_5)_4]_2TeCl_6$	1.13	0.07	0.24	0.08	−0.03	0.00	0.01	b)

Hierbei entspricht: f_r der Streckung der Valenzbindung Te-Cl, f_{rr} und f'_{rr} der Wechselwirkung zwischen benachbarten bzw. gegenüberliegenden Bindungen, f_α der Änderung des Valenzwinkels, $f_{\alpha\alpha}$ und $f''_{\alpha\alpha}$ der Wechselwirkung zwischen 2 benachbarten bzw. nichtbenachbarten Winkeln in derselben Ebene, $f'_{\alpha\alpha}$ und $f'''_{\alpha\alpha}$ der Wechselwirkung zwischen benachbarten bzw. nichtbenachbarten Winkeln in zwei zueinander senkrechten Ebenen, $f_{r\alpha}$ und $f''_{r\alpha}$ der Wechselwirkung zwischen Winkeländerung und Streckung einer anliegenden bzw. nichtanliegenden Bindung.

a) Berechnung von Avasthi, Mehta [1] unter Verwendung der ν_i-Werte für festes Cs_2TeCl_6 von Hendra, Jovic [2], dem berechneten Wert $\nu_6 = 98\ cm^{-1}$ (aus $\nu_6 = \nu_5/\sqrt{2}$) und dem Te-Cl-Abstand 2.54 Å von Hazell [3].

b) Berechnungen von Srivastava u. a. [4] unter Verwendung der Wellenzahlen der Molekelschwingungen ν_i von Adams, Morris [5].

Symmetriekraftkonstanten für Schwingungen der Klasse F_{1u} s. Original [1].

Nach Srivastava u. a. [4] ist der Einfluß der Kationen auf die Kraftkonstanten, die ein Maß für die Stärke der chemischen Bindung im Anion sind, verschieden. Allgemein wird die Valenzkraftkonstante f_r kleiner mit ansteigender Größe der anorganischen Kationen (K, NH_4, Rb, Cs), während sie in Gegenwart von organischen Kationen ($[N(CH_3)_4]^+$, $[N(C_2H_5)_4]^+$) mit deren Größe wächst. Aus dieser Änderung (die bei anderen Hexahalogenospezies ausgeprägter zu beobachten ist) wird allgemein gefolgert, daß in Gegenwart von anorganischen Kationen sich die Festigkeit der chemischen Bindung im Anion mit ansteigender Masse des Kations verringert, während in Gegenwart von organischen Kationen diese mit ansteigender Masse des Kations wächst. Für $TeCl_6^{2-}$ ist weiterhin $f_{rr} < f'_{rr}$, und f_α-$f'''_{\alpha\alpha}$ verringert sich mit ansteigender Masse des Kations. — Der Vergleich der Valenzkraftkonstanten von $TeCl_6^{2-}$ mit denen von $TeBr_6^{2-}$ in Gegenwart des gleichen Kations zeigt $f_r(TeCl_6^{2-}) > f_r(TeBr_6^{2-})$; daher ist die Stabilität der Bindungen Te-Cl > Te-Br. Dieses ist in Übereinstimmung mit der Verringerung der Elektronegativität beim Übergang von Chlor zu Brom und dem Kernabstand in den beiden Ionen $TeCl_6^{2-}$ und $TeBr_6^{2-}$ [1, 4].

Ebenfalls nach dem GVFF-Modell werden von Labonville u. a. [6] aus den ν_i-Werten für festes Cs_2TeCl_6 [2, 5] und berechnetem ν_6 unter der Annahme $f_{\alpha\alpha} = f'_{\alpha\alpha}$ und $f'_{rr} = 4/3\, f_{rr}$ die folgenden 5 Konstanten erhalten: $f_r = 0.99$, $f_{rr} = 0.13$, $f_\alpha = 0.04$, $f_{\alpha\alpha} = 0.21$, $f_{r\alpha} = 0.00$. Die mit diesen Werten berechneten ν_i-Werte sind in guter Übereinstimmung mit den beobachteten, s. dazu Original [6]. — Die von Ozin, Vander Voet [7] berechneten Kraftkonstanten unter Verwendung des Te-Cl-Abstandes 2.51 Å, aber ohne Angabe welcher Wellenzahlen, betragen: $f_r = 1.25$, $f_{rr} = 0.078$, $f'_{rr} = 0.18$ mdyn/Å, $f_{r\alpha} = 0.14$ mdyn/rad, $f_\alpha = 0.10$ und $f_{\alpha\alpha} = 0.033$ mdyn · Å/rad².

Im Urey-Bradley-Kraftfeld (UBFF) charakterisiert K die Dehnung der Te-Cl-Bindung, H die Deformation des Cl-Te-Cl-Winkels zwischen 2 benachbarten Bindungen, F und F′ die Abstoßung zwischen 2 nichtgebundenen Cl-Ionen (Cl···Cl). Im Orbital-Valenz-Kraftfeld (OVFF) tritt an die Stelle von H die Konstante D; sie entspricht der Deformation des Winkels, der aus der Verbindungslinie der gebundenen Te-Cl-Atome und der Richtung des bindenden Orbitals gebildet wird.

Für diese beiden Kraftfelder werden folgende Werte berechnet:

	K	H oder D	F	F'	Anmerkung
UBFF	0.93	0.01	0.18	−0.02	a)
	0.90	0.01	0.18	−0.02	b)
	1.18	0.02	0.13	—	c)
OVFF	0.94	0.05	0.17	−0.02	a)
	0.91	0.05	0.17	−0.02	b)

a) Berechnung von Avasthi, Mehta [8] unter Verwendung der Wellenzahlen der Schwingungen des festen Cs_2TeCl_6 von Hendra, Jovic [2], dem berechneten Wert $\nu_6 = 98\ cm^{-1}$ (aus $\nu_6 = \nu_5/\sqrt{2}$) und dem Te-Cl-Abstand 2.541 Å von Hazell [3].

b) Berechnung von Labonville u. a. [6] aus ν_i-Werten für festes Cs_2TeCl_6 von [2, 5] und berechnetem ν_6.

c) Berechnet von Hendra, Jovic [2] aus den Werten ν_1, ν_2 und ν_5, die aus eigenen Werten von festen Phasen und Lösungen durch Kombination mit entsprechenden Werten von Beattie, Chudzynska [9] für ein freies $TeCl_6^{2-}$-Ion erhalten werden.

Im Vergleich mit den Werten für $TeBr_6^{2-}$ verringert sich auch hier die Valenzkraftkonstante K von $TeCl_6^{2-}$ zu $TeBr_6^{2-}$, s. dazu GVFF-Konstanten.

Bei den aus UBFF- und OVFF-Werten berechneten Wellenzahlen der Molekelschwingungen ν_i stimmen die Valenzschwingungsfrequenzen (ν_1, ν_2, ν_3) gut überein, jedoch zeigen die aus OVFF-Werten berechneten Deformationsschwingungsfrequenzen (ν_4, ν_5, ν_6) gegenüber den aus UBFF-Werten berechneten bessere Übereinstimmung mit den gemessenen Werten, s. dazu Original [6, 8]. Eine Modifikation des UBFF und OVFF verbessert die Übereinstimmung mit den gemessenen Werten für ν_1 bis ν_6 für beide Felder. Konstanten des modifizierten UBFF und modifizierten OVFF s. Original bei [6]. MUBFF-Konstanten, berechnet mit verschiedenen ν_4- und ν_5-Werten, s. bei [5].

Literatur:

[1] M. N. Avasthi, M. L. Mehta (Z. Naturforsch. **25a** [1970] 566/9). — [2] P. J. Hendra, Z. Jovic (J. Chem. Soc. A **1968** 600/2). — [3] A. C. Hazell (Acta Chem. Scand. **20** [1966] 165/9). — [4] B. B. Srivastava, A. K. Dublish, A. N. Pandey (Z. Naturforsch. **29a** [1974] 602/4). — [5] D. M. Adams, D. M. Morris (J. Chem. Soc. A **1967** 2067/9).

[6] P. Labonville, J. R. Ferraro, M. C. Wall, L. J. Baile (Coord. Chem. Rev. **7** [1972] 257/87, 274). — [7] G. A. Ozin, A. Vander Voet (J. Mol. Struct. **13** [1972] 435/57). — [8] M. N. Avasthi, M. L. Mehta (J. Quant. Spectry. Radiative Transfer **11** [1971] 1583/6). — [9] I. R. Beattie, H. Chudzynska (J. Chem. Soc. A **1967** 384/90).

5.7.5.7 Chemisches Verhalten

Chemical Reactions

Radioaktiver Zerfall. Beim Zerfall des $^{129}TeCl_6^{2-}$-Ions bildet sich $^{129}JCl_6^-$, wie ^{129}J-Mössbauer-Emissions-Spektren zeigen; letzteres ist isoelektronisch und isostrukturell mit $^{129}TeCl_6^{2-}$, Johnstone u. a. [1], Jones, Warren [2].

Isotopenaustausch. Nach Knyazev u. a. [3] ist der Trennfaktor für den Isotopenaustausch zwischen zwei beliebigen Verbindungen eines Elementes (hier Te) durch das Verhältnis der sogenannten β-Faktoren dieser Verbindungen $\alpha_{12} = \beta_1/\beta_2$ definiert. Die β-Faktoren sind eindeutig mit den Zustandssummenverhältnissen der isotopen Formen verbunden und charakterisieren daher vollständig die thermodynamischen Eigenschaften der Verbindungen in bezug auf die Isotopentrennung. Sie werden berechnet aus Molekelschwingungen der isotopen Molekelarten. Für $TeCl_6^{2-}$ wird $\beta = 1.000969$ berechnet, Knyazev u. a. [4].

Dissoziation. Aus der Konzentrationsabhängigkeit des Elektronenspektrums von $[(n\text{-}C_4H_9)_4N]_2TeCl_6$ in CH_2Cl_2 wird von Stufkens [5] geschlossen, daß $TeCl_6^{2-}$ bei niedrigen Konzentrationen dissoziiert entsprechend: $TeCl_6^{2-} \rightleftharpoons TeCl_5^- + Cl^-$.

Hydrolyse. In verdünnter HCl- und wäßriger Lösung tritt partielle Hydrolyse des $TeCl_6^{2-}$ auf, wie Untersuchung des Standardpotentials der Te-Elektrode in HCl-Lösungen verschiedener Konzentrationen ergeben, Yakovleva, Andreev [6]. — Spektrophotometrische Untersuchungen von Shikheeva [7] zeigen, daß in Lösungen mit 10 bis 5 mol/l HCl und etwa 10^{-4} mol/l Te^{IV} mit abnehmender HCl-Konzentration aus $TeCl_6^{2-}$ nacheinander $[TeCl_5(H_2O)]^-$ und $[TeCl_4(H_2O)_2]$ durch stufenweisen Austausch von Cl^- mit H_2O gebildet werden. Aus $[TeCl_4(H_2O)_2]$ entstehen wahrscheinlich $[Te(OH)Cl_4(H_2O)]^-$, $[Te(OH)_2Cl_4]^{2-}$, $[TeOCl_4]^{2-}$ und $[TeO(OH)Cl_3]^{2-}$. Nochmalige Verringerung der HCl-Konzentration führt dann zur Bildung von $[TeO(OH)_2Cl_2]^{2-}$, $[TeO(OH)_2Cl]^-$ und $[TeO(OH)_2]$. In Übereinstimmung damit sind die Untersuchungen von Iofa u. a. [8], die aus UV-Absorptionsspektren schließen, daß sich aus $TeCl_6^{2-}$ ($\lambda_{max} = 372 \pm 4$ nm) mit abnehmender HCl-Konzentration (12 bis 3.5 mol/l) in der Lösung nacheinander $[TeCl_5(H_2O)]^-$ ($\lambda_{max} = 268 \pm 2$ nm) und drei Tetrachlorokomplexe ($\lambda_{max} = 294$ bis 296, 250 nm) bilden.

Literatur:

[1] J. J. Johnstone, C. H. W. Jones, P. Vasudev (Can. J. Chem. **50** [1972] 3037/45). — [2] C. H. W. Jones, J. L. Warren (J. Chem. Phys. **53** [1970] 1740/3). — [3] D. A. Knyazev, A. N. Bantysh, A. A. Ivlev (Zh. Fiz. Khim. **40** [1966] 32/7, 1711/9; Russ. J. Phys. Chem. **40** [1966] 16/8, 926/30). — [4] D. A. Knyazev, E. V. Dobizha, Yu. K. Tovbin (Tr. Mosk. Khim. Tekhnol. Inst. Nr. 60 [1969] 71/4; C.A. **72** [1970] Nr. 48283). — [5] D. J. Stufkens (Rec. Trav. Chim. **89** [1970] 1185/201, 1188).

[6] V. S. Yakovleva, E. A. Andreev (Uch. Zap. Leningr. Gos. Ped. Inst. **160** [1959] 181/91; C.A. **1961** 4195). — [7] L. V. Shikheeva (Zh. Neorgan. Khim. **13** [1968] 2967/73; Russ. J. Inorg. Chem. **13** [1968] 1528/31). — [8] B. Z. Iofa, Wan-Hsing Wang, M. Ridvan (Radiokhimiya **8** [1966] 14/20; Soviet Radiochem. **8** [1966] 14/9).

H_2TeCl_6

5.8 H_2TeCl_6

Die Existenz dieser hypothetischen Säure H_2TeCl_6 wird in salzsauren Lösungen des $TeCl_4$ angenommen, weiterhin in Lösungen, die durch Lösen von TeO_2 in konzentriertem HCl entstehen oder in Lösungen von $TeCl_4$ in CH_3OH oder C_2H_5OH. Sie soll sich in der organischen Phase bei der Extraktion von Te^{IV} aus konzentriertem HCl befinden. Für das Gleichgewicht der Reaktion $TeCl_4 + 2HCl \Leftrightarrow H_2TeCl_6$ in Bis(2-chloräthyl)äther wird lg K = 4 gefunden und damit gezeigt, daß H_2TeCl_6 in Äther umfassend in H^+-Ionen und $TeCl_6^{2-}$ dissoziiert ist. Die Hexachlorotellursäure soll als Säure stärker sein als HCl. Sie ist ebenso wie alle Hexachlorotellurate mit Kationen <1.33 Å unbeständig. Die Säure H_2TeCl_6 ist als solche nicht isoliert worden. Sie ist aber in Form ihrer Salze M_2TeCl_6 (M = Alkalimetall, organische Stickstoffbasen) bekannt, die aus ihren Lösungen durch Zusatz von Alkalichloriden bzw. Halogeniden der aliphatischen und aromatischen Stickstoffbasen ausgefällt werden. — Zum Raman-Spektrum der Lösung der freien Säure (dargestellt durch Lösen von TeO_2 in konzentriertem HCl) s. unter $TeCl_6^{2-}$, S. 119.

Literatur:

D. M. Adams, D. M. Morris (J. Chem. Soc. A **1967** 2067/9). — P. Khodadad (Ann. Chim. [Paris] [13] **10** [1965] 83/103, 89/90). — Y. Marcus (Coord. Chem. Rev. **2** [1967] 195/238, 231). — J. Dobrowolski, R. Korewa (Roczniki Chem. **33** [1959] 1459/64). — R. Ripan, S. Pop, F. Buturca, M. Marc (Theory Struct. Complex Compounds Papers Symp., Wroclaw, Poland, 1962 [1964], S. 159/65; C.A. **63** [1965] 12657).

5.8.1 $H_2TeCl_6 \cdot 2H_2O$(?)

$H_2TeCl_6 \cdot 2H_2O$(?)

Die Verbindung wird in Form von gelben Kristallen von Ripan, Paladi [1] erhalten durch Lösen von frisch ausgefälltem TeO_2 in HCl (1:1). Dazu wird Te in Königswasser gelöst, die Lösung mit H_2O verdünnt, mit NH_4OH gerade alkalisch gemacht und dann mit CH_3COOH angesäuert. Das ausgefällte TeO_2 wird nach sorgfältigem Waschen in HCl gelöst und diese Lösung bis zur Kristallisation eingedampft. Versuche von Yakovleva, Troitskii [2] und Dobrowolski, Korewa [3], die Verbindung nach dieser Methode darzustellen, sind negativ verlaufen. Nach Dobrowolski, Korewa [3] ist die von Ripan, Paladi [1] dargestellte Verbindung nicht $H_2TeCl_6 \cdot 2H_2O$, sondern $(NH_4)_2TeCl_6$.

Literatur:

[1] R. Ripan, R. Paladi (Ann. Sci. Univ. Jassy I **30** [1944/48] 155/9). — [2] V. S. Yakovleva, V. P. Troitskii (Uch. Zap. Leningr. Gos. Ped. Inst. **140** [1957] 79ff.) nach D. I. Ryabchikov, I. I. Nazarenko (Usp. Khim. **33** [1964] 108/23; Russ. Chem. Rev. **33** [1964] 55/64, 56). — [3] J. Dobrowolski, R. Korewa (Roczniki Chem. **33** [1959] 1459/64).

5.9 Systeme $TeCl_4$-Alkalichloride

$TeCl_4$-Alkali Chloride Systems

5.9.1 Das System $TeCl_4$-LiCl

The $TeCl_4$-LiCl System

Das nach differentialthermoanalytischen Untersuchungen aufgestellte Zustandsdiagramm (Figur s. im Original) zeigt, daß die beiden Komponenten im flüssigen Zustand nur begrenzt mischbar sind. Es besteht eine breite Mischungslücke, die sich bei der monotektischen Temperatur 599°C von 8 bis 69 Mol-% $TeCl_4$ erstreckt. Der eutektische Punkt liegt bei 96 Mol-% $TeCl_4$ und 220°C, V. V. Safonov, A. V. Konov, B. G. Korshunov (Zh. Neorgan. Khim. **14** [1969] 2880/4; Russ. J. Inorg. Chem. **14** [1969] 1518/21).

5.9.2 Das System $TeCl_4$-NaCl

The $TeCl_4$-NaCl System

Das nach differentialthermoanalytischen Untersuchungen aufgestellte Zustandsdiagramm (Figur s. im Original) zeigt ein Eutektikum bei 95.5 Mol-% $TeCl_4$ und 214°C, V. V. Safonov, A. V. Konov, B. G. Korshunov (Zh. Neorgan. Khim. **14** [1969] 2880/4; Russ. J. Inorg. Chem. **14** [1969] 1518/21).

5.9.3 Das System $TeCl_4$-KCl

The $TeCl_4$-KCl System

In dem nach differentialthermoanalytischen Untersuchungen aufgestellten Zustandsdiagramm, s. **Fig. 19**, S. 128, treten die Verbindung K_2TeCl_6 und zwei Eutektika auf. K_2TeCl_6 schmilzt kongruent bei 570°C. Das Eutektikum zwischen KCl und K_2TeCl_6 liegt bei 29 Mol-% $TeCl_4$ und 559°C, das zwischen K_2TeCl_6 und $TeCl_4$ bei 85 Mol-% $TeCl_4$ und 208°C, V. V. Safonov, A. V. Konov, B. G. Korshunov (Zh. Neorgan. Khim. **14** [1969] 2880/4; Russ. J. Inorg. Chem. **14** [1969] 1518/21).

5.9.4 Das System $TeCl_4$-NH_4Cl

The $TeCl_4$-NH_4Cl System

Das System wird differentialthermoanalytisch im Konzentrationsbereich 50 bis 100 Mol-% $TeCl_4$ untersucht und der Verlauf der Liquidus- und Soliduskurven tabellarisch angegeben, s. dazu Original. Das Eutektikum zwischen der vermeintlich gebildeten Verbindung $2NH_4Cl \cdot TeCl_4$ und $TeCl_4$ liegt bei 92 Mol-% $TeCl_4$ und 213°C, V. V. Safonov, A. V. Konov, B. G. Korshunov (Zh. Neorgan. Khim. **14** [1969] 2880/4; Russ. J. Inorg. Chem. **14** [1969] 1518/21).

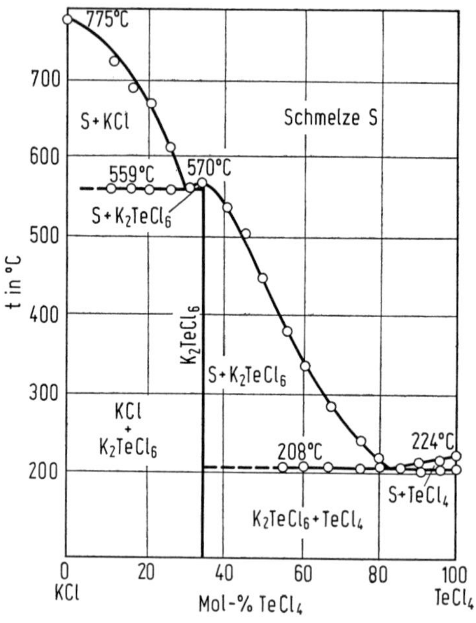

Fig. 19

Zustandsdiagramm des Systems $TeCl_4$-KCl.

The $TeCl_4$-RbCl (-H_2O) System

5.9.5 Das System $TeCl_4$-RbCl (-H_2O)

Differentialthermoanalytische Untersuchungen des binären Systems ergeben das in **Fig. 20** gezeigte Zustandsdiagramm. Danach treten im System die zwei Verbindungen Rb_2TeCl_6 und $RbTeCl_5$ sowie zwei Eutektika auf. Rb_2TeCl_6 mit 33.3 Mol-% $TeCl_4$ schmilzt kongruent bei 670°C, und $RbTeCl_5$ mit 50 Mol-% $TeCl_4$ schmilzt inkongruent bei 518°C. Das Eutektikum zwischen RbCl und Rb_2TeCl_6 liegt bei 20 Mol-% $TeCl_4$ und 596°C, das zwischen $RbTeCl_5$ und $TeCl_4$ bei 87 Mol-% $TeCl_4$ und 202°C, V. V. Safonov, A. K. Konov, B. G. Korshunov (Zh. Neorgan. Khim. **14** [1969] 2880/4; Russ. J. Inorg. Chem. **14** [1969] 1518/21).

Die Untersuchung der Löslichkeit im System $TeCl_4$-RbCl-H_2O erfolgt nach der isothermen Methode. Das Gleichgewicht in dem System wird in 14 Tagen erreicht. Die Löslichkeitsisotherme bei 25°C (Figur im Original) besteht aus zwei Zweigen: dem Kristallisationszweig des RbCl und dem des wasserfreien Rb_2TeCl_6; letzteres bildet sich im System und ist inkongruent löslich. Nach der Restmethode werden als Bodenkörper RbCl, Rb_2TeCl_6 und TeO_2 festgestellt. Zusammensetzung der Lösungen in Gew.-% und Bodenkörper an den Zweisalzpunkten (univariante Gleichgewichte) und Einsalzpunkten (divariante Gleichgewichte) bei 25°C:

Gew.-% $TeCl_4$	Gew.-% RbCl	Bodenkörper
5.16 bis 5.78	44.34 bis 44.07	RbCl
6.14	43.8 bis 43.00	RbCl + Rb_2TeCl_6
8.02 bis 12.43	39.74 bis 28.55	Rb_2TeCl_6
13.14	27.42	Rb_2TeCl_6 + TeO_2

Bei RbCl-Konzentrationen um und unter 27.4 Gew.-% tritt partielle Hydrolyse des Rb_2TeCl_6 auf und damit Bildung von TeO_2, O. N. Fedorova, G. M. Serebrennikova (Zh. Neorgan. Khim. **16** [1971] 2808/12; Russ. J. Inorg. Chem. **16** [1971] 1495/7).

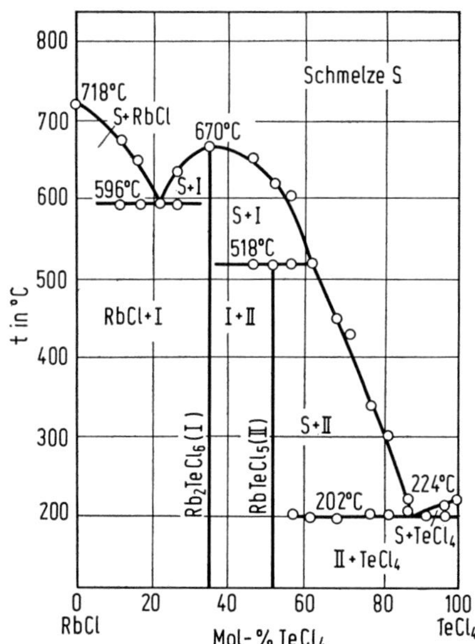

Fig. 20

Zustandsdiagramm des Systems $TeCl_4$-RbCl.

5.9.6 Das System $TeCl_4$-CsCl (-H_2O)

The $TeCl_4$-CsCl (-H_2O) System

Differentialthermoanalytische Untersuchungen des binären Systems ergeben das in **Fig. 21** gezeigte Zustandsdiagramm. Danach treten im System die zwei Verbindungen Cs_2TeCl_6 und $CsTeCl_5$ sowie zwei Eutektika auf. Cs_2TeCl_6 mit 33.3 Mol-% $TeCl_4$ schmilzt kongruent bei 719°C, und $CsTeCl_5$ mit 50 Mol-% $TeCl_4$ schmilzt inkongruent bei 536°C. Das Eutektikum zwischen CsCl und Cs_2TeCl_6 liegt bei 12 Mol-% $TeCl_4$ und 576°C, das zwischen $CsTeCl_5$ und $TeCl_4$ bei 98 Mol-% $TeCl_4$ und 218°C. Im Diagramm sind auch die polymorphe Umwandlung des CsCl bei 452°C aufgezeichnet und die damit zusammenhängenden Auswirkungen, V. V. Safonov, A. V. Konov, B. G. Korshunov (Zh. Neorgan. Khim. **14** [1969] 2880/4; Russ. J. Inorg. Chem. **14** [1969] 1518/21).

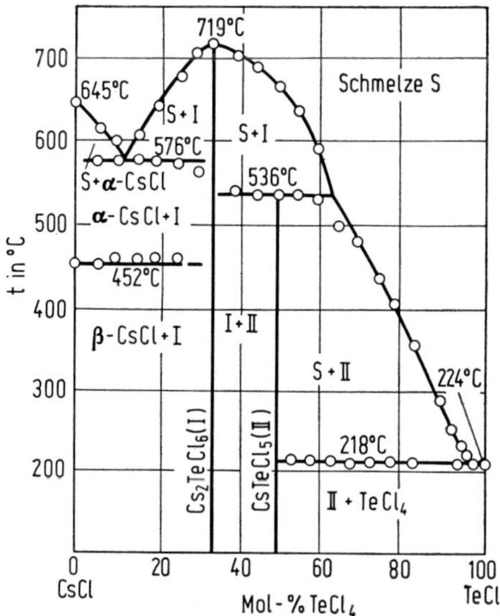

Fig. 21

Zustandsdiagramm des Systems $TeCl_4$-CsCl.

Die Untersuchung der Löslichkeit im System $TeCl_4$-CsCl-H_2O erfolgt nach der isothermen Methode. Das Gleichgewicht in dem System wird in 14 Tagen erreicht. Die Löslichkeitsisotherme (Figur s. Original) bei 25°C besteht praktisch nur aus einem Zweig, dem Kristallisationszweig des wasserfreien Cs_2TeCl_6, das sich im System bildet und inkongruent löslich ist. Auf Grund der geringen Löslichkeit dieser Verbindung verschmilzt ihr Kristallisationszweig (im CsCl-Konzentrationsbereich 63.32 bis 58.03 Gew.-%) mit der CsCl-H_2O-Achse, deshalb tritt eigentlich kein Kristallisationszweig des CsCl auf. Nach der Restmethode werden als Bodenkörper CsCl, Cs_2TeCl_6 und TeO_2 festgestellt. Zusammensetzung der Lösungen in Gew.-% und Bodenkörper an den Zweisalzpunkten (univariante Gleichgewichte) und Einsalzpunkten (divariante Gleichgewichte) bei 25°C:

Gew.-% $TeCl_4$	Gew.-% CsCl	Bodenkörper
—	65.60	CsCl
0.18	63.32	CsCl + Cs_2TeCl_6
0.79 bis 2.64	62.07 bis 40.94	Cs_2TeCl_6
2.36	39.56	Cs_2TeCl_6 + TeO_2

Bei CsCl-Konzentrationen unter 41 Gew.-% tritt partielle Hydrolyse des Cs_2TeCl_6 auf und damit Bildung von TeO_2, O. N. Fedorova, G. M. Serebrennikova (Zh. Neorgan. Khim. **16** [1971] 2808/12; Russ. J. Inorg. Chem. **16** [1971] 1495/7).

The $TeCl_4$-CsCl-KCl System

5.9.7 Das System $TeCl_4$-CsCl-KCl

Randsysteme: $TeCl_4$-KCl s. S. 127, $TeCl_4$-CsCl s. S. 129, CsCl-KCl s. Original und „Caesium", S. 256.

Das durch thermoanalytische und differentialthermoanalytische Untersuchungen an sieben Schnitten aufgestellte Zustandsdiagramm ist in **Fig. 22**, S. 131, wiedergegeben. Die beiden Schnitte Cs_2TeCl_6-K_2TeCl_6 und Cs_2TeCl_6-KCl entsprechen quasibinären Systemen. Im Cs_2TeCl_6-K_2TeCl_6-System wird eine lückenlose Mischkristallreihe gebildet. Im System Cs_2TeCl_6-KCl bilden sich in begrenztem Maß Mischkristalle mit einem Eutektikum bei 595°C und 43 Mol-% CsCl, 35 Mol-% KCl sowie 22 Mol-% $TeCl_4$. Diese stabilen Schnitte teilen das Schmelzdiagramm für das $TeCl_4$-CsCl-KCl-System in drei Teilsysteme, die den ternären Systemen Cs_2TeCl_6-K_2TeCl_6-$TeCl_4$, Cs_2TeCl_6-K_2TeCl_6-KCl und Cs_2TeCl_6-CsCl-KCl entsprechen. Die verbleibenden Schnitte sind instabil. Auf der Schmelzfläche bestehen vier primäre Kristallisationsfelder, die den CsCl-KCl-Mischkristallen, den Cs_2TeCl_6-K_2TeCl_6-Mischkristallen sowie $CsTeCl_5$ und $TeCl_4$ entsprechen. Die Gleichgewichte (Punkte E_1 und E_2) in den ternären Teilsystemen Cs_2TeCl_6-CsCl-KCl und Cs_2TeCl_6-K_2TeCl_6-$TeCl_4$ sind vom eutektischen Typ: E_1 liegt bei 574°C mit 82 Mol-% CsCl, 7 Mol-% KCl und 11 Mol-% $TeCl_4$; E_2 liegt bei 190°C mit 2 Mol-% CsCl, 9 Mol-% KCl und 89 Mol-% $TeCl_4$. — Die Bildung von Mischkristallen aus den Komponenten und ihren Verbindungen in dem System zeigt, daß die Verwendung von kristall-physikalischen Methoden zur Trennung der Alkalimetalle (mit ähnlichen Eigenschaften) in Verbindung mit Chloroderivaten des Tellurs nicht möglich ist, V. V. Safonov, B. G. Korshunov, O. S. Tsyganova (Zh. Neorgan. Khim. **17** [1972] 1749/51; Russ. J. Inorg. Chem. **17** [1972] 906/8).

Fig. 22

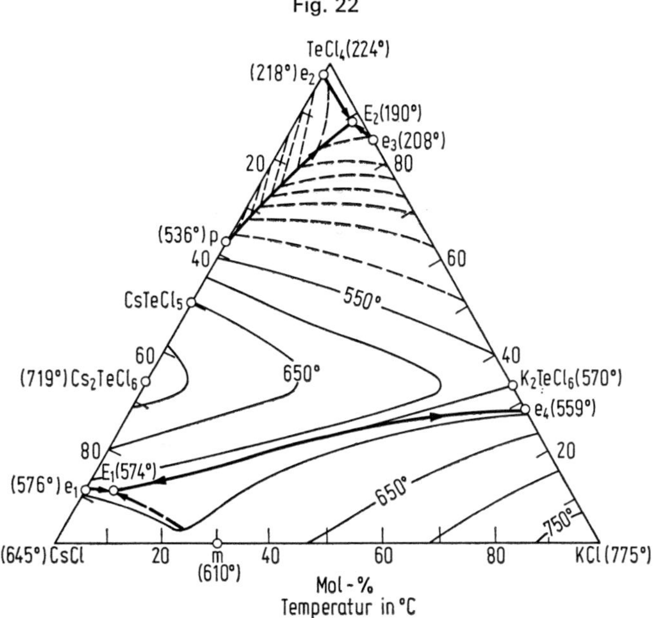

Zustandsdiagramm des Systems $TeCl_4$-CsCl-KCl mit den eutektischen Punkten E_1 und E_2 in den Teilsystemen Cs_2TeCl_6-CsCl-KCl und Cs_2TeCl_6-K_2TeCl_6-$TeCl_4$; e_1, e_2 und p eutektische Punkte bzw. Peritektikum im System $TeCl_4$-CsCl; e_3 und e_4 eutektische Punkte im System $TeCl_4$-KCl; m Minimum im System CsCl-KCl.

5.9.8 Das System $TeCl_4$-CsCl-RbCl

The $TeCl_4$-CsCl-RbCl System

Randsysteme: $TeCl_4$-RbCl s. S. 128, $TeCl_4$-CsCl s. S. 129, CsCl-RbCl s. Original und „Caesium", S. 259.

Fig. 23, S. 132, zeigt das nach thermoanalytischen und differentialthermoanalytischen Untersuchungen an neun Schnitten aufgestellte Zustandsdiagramm. Die beiden Schnitte Cs_2TeCl_6-Rb_2TeCl_6 und Cs_2TeCl_6-RbCl entsprechen quasibinären Systemen. Die Komponenten des Systems Cs_2TeCl_6- und Rb_2TeCl_6 bilden eine ununterbrochene Mischkristallreihe mit einem Minimum bei 658°C mit 15 Mol-% CsCl, 51.7 Mol-% RbCl und 33.3 Mol-% $TeCl_4$. Das Diagramm für das System Cs_2TeCl_6-RbCl hat ein Eutektikum bei 590°C mit 32 Mol-% CsCl, 52 Mol-% RbCl und 16 Mol-% $TeCl_4$. Die thermischen Effekte bei 400°C sind wahrscheinlich der Zersetzung der Mischkristalle zuzuschreiben. Diese stabilen Schnitte teilen das Schmelzdiagramm für das $TeCl_4$-CsCl-RbCl-System in drei Teildiagramme, die den ternären Systemen Cs_2TeCl_6-Rb_2TeCl_6-$TeCl_4$, Cs_2TeCl_6-Rb_2TeCl_6-RbCl und Cs_2TeCl_6-CsCl-RbCl entsprechen. Die übrigen Schnitte sind instabil. Auf der Schmelzfläche bestehen vier primäre Kristallisationsfelder, die den CsCl-RbCl-Mischkristallen, den Cs_2TeCl_6-Rb_2TeCl_6-Mischkristallen, den $CsTeCl_5$-$RbTeCl_5$-Mischkristallen und $TeCl_4$ entsprechen. — Die Bildung von Mischkristallen aus den Komponenten und ihren Verbindungen in dem System zeigt, daß die Verwendung von kristall-physikalischen Methoden zur Trennung der Alkalimetalle (mit ähnlichen Eigenschaften) in Verbindung mit Chloroderivaten des Tellurs nicht möglich ist, V. V. Safonov, B. G. Korshunov, O. S. Tsyganova (Zh. Neorgan. Khim. **17** [1972] 1749/51; Russ. J. Inorg. Chem. **17** [1972] 906/8).

Fig. 23

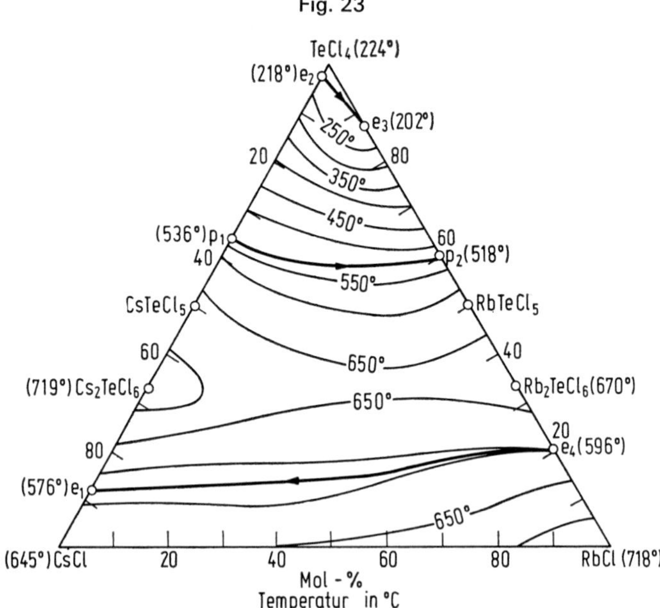

Zustandsdiagramm des Systems $TeCl_4$-CsCl-RbCl. e_1, e_2 und p_1 eutektische Punkte bzw. Peritektikum im System $TeCl_4$-CsCl; e_3, e_4 und p_2 eutektische Punkte bzw. Peritektikum im System $TeCl_4$-RbCl.

Alkali Chlorotellurates (IV)

5.10 Alkalichlorotellurate(IV)

Pentachlorotellurates (IV)

5.10.1 Pentachlorotellurate(IV)

Diese Salze bilden sich vor allem in nichtwäßrigen Lösungsmitteln bei der Reaktion von bestimmten Mengen $TeCl_4$ mit den Chloriden der substituierten Ammoniumverbindungen, beispielsweise $[(C_2H_5)_4N]Cl$ (s. dazu S. 133) oder den Chloriden der organischen Stickstoffbasen, beispielsweise $[C_5H_5NH]Cl$ [1]. Sie entstehen beim Lösen der Aminkomplexe [2] oder Diazinkomplexe [7] des $TeCl_4$, beispielsweise Komplexe mit Piperazin bzw. 2-Aminopyridin oder 1,3- bzw. 1,4-Diazin, in wenig heißer Salzsäure. Sie werden bei der neutralisationsanalogen Reaktion von $TeCl_4$ (Ansolvosäure) mit Solvobasen, wie z. B. Chinolin, in Benzoyl- oder Acetylchlorid erhalten [3, 4, 5]. Sie bilden sich in organischen Lösungsmitteln bei der Reaktion von $TeCl_4$ mit der salzartigen Cl-Verbindung des Triphenylmethans, dem Triphenylchlormethan $(C_6H_5)_3CCl$, auf Grund der Akzeptoreigenschaften des $TeCl_4$ [6]. Pentachlorotellurate(IV) mit Alkalimetallkationen treten in den $TeCl_4$-Schmelzen mit RbCl und CsCl auf, s. dazu S. 133. — Das von Aynsley, Campbell [7] dargestellte Uroniumpentachlorotellurat(IV) $(CON_2H_5)TeCl_5$ (aus $CO(NH_2)_2$ und TeO_2 und HCl) wird später von Beattie u. a. [8] als $(NH_4)_2TeCl_6$ identifiziert.

Literatur:

[1] R. Korewa, H. Smagowski (Roczniki Chem. **39** [1965] 1561/6; C.A. **64** [1966] 10464). — [2] S. Prasad, B. L. Khandelwal (J. Indian Chem. Soc. **39** [1962] 112/4). — [3] R. C. Paul, G. Singh (Current Sci. [India] **26** [1957] 391/2). — [4] R. C. Paul, K. Chander, G. Singh (J. Indian Chem. Soc. **35** [1958] 869/73). — [5] K. Goyal, R. C. Paul, S. Singh Sandhu (J. Chem. Soc. **1959** 322/5).

[6] M. Baaz, V. Gutmann, O. Kunze (Monatsh. Chem. **93** [1962] 1142/61, 1156/8). — [7] E. E. Aynsley, W. A. Campbell (J. Chem. Soc. **1957** 832/4). — [8] I. R. Beattie, H. Chudzynska, R. Hulme, E. E. Aynsley (Chem. Ind. [London] **1963** 1842/3).

5.10.1.1 $[(C_2H_5)_4N]TeCl_5$

$[(C_2H_5)_4N]$-$TeCl_5$

Das Tetraäthylammoniumsalz entsteht aus äquimolaren Mengen $[(C_2H_5)_4N]Cl$ und $TeCl_4$. — Zur Darstellung wird wasserfreies $[(C_2H_5)_4N]Cl$ in CH_2Cl_2-C_6H_6 gelöst und tropfenweise zu einer Lösung von $TeCl_4$ in CH_2Cl_2-C_6H_6-$SOCl_2$ unter Rühren hinzugefügt. Beim Zufügen der ersten Menge $[(C_2H_5)_4N]Cl$-Lösung wird ein weißer Niederschlag gebildet, der $[(C_2H_5)_4N](TeCl_3)_3Cl_4$ sein soll (s. S. 145). Dieser Niederschlag wandelt sich bei weiterem Zusatz in hellgelbes $[(C_2H_5)_4N]TeCl_5$ um. Letzteres ist gewöhnlich mit $[(C_2H_5)_4N](TeCl_3)_3Cl_4$ verunreinigt, da es schwierig sein soll, exakt äquimolare Mengen der Reaktionspartner zu verwenden, Creighton, Green [1]. Um ein stöchiometrisches Hinzufügen sicherzustellen, wird von Ozin, Vander Voet [2] eine bekannte Gewichtsmenge $TeCl_4$ in CH_2Cl_2 oder CH_3CN gelöst und mit dem erforderlichen Volumen einer Lösung von $[(C_2H_5)_4N]Cl$, deren Konzentration bekannt ist, titriert. Das Salz wird in der Lösung sofort ausgefällt und nach Entfernen des Lösungsmittels in Form einer kristallinen gelben Substanz erhalten. Die im IR- und Raman-Spektrum beobachteten Schwingungsfrequenzen werden dem $TeCl_5^-$-Ion zugeordnet, s. dazu S. 113.

Literatur:

[1] J. A. Creighton, J. M. S. Green (J. Chem. Soc. A **1968** 808/13). — [2] G. A. Ozin, A. Vander Voet (J. Mol. Struct. **13** [1972] 435/57, 436).

5.10.1.2 $RbTeCl_5$

$RbTeCl_5$

Zum Auftreten der Verbindung im System $TeCl_4$-RbCl s. S. 128. $RbTeCl_5$ schmilzt inkongruent bei 518°C und wird auf röntgenographischem Wege identifiziert; eine schematische Darstellung des Pulverdiagrammes s. Original [1]. Im System $TeCl_4$-RbCl-H_2O (s. S. 128) wird die Verbindung nicht gefunden [2]. $RbTeCl_5$ bildet mit $CsTeCl_5$ Mischkristalle, die im System $TeCl_4$-CsCl-RbCl (s. S. 131) primär kristallisieren [3].

Literatur:

[1] V. V. Safonov, A. V. Konov, B. G. Korshunov (Zh. Neorgan. Khim. **14** [1969] 2880/4; Russ. J. Inorg. Chem. **14** [1969] 1518/21). — [2] O. N. Fedorova, G. M. Serebrennikova, B. D. Stepin (Zh. Neorgan. Khim. **16** [1971] 2808/12; Russ. J. Inorg. Chem. **16** [1971] 1495/7). — [3] V. V. Safonov, B. G. Korshunov, O. S. Tsyganova (Zh. Neorgan. Khim. **17** [1972] 1749/51; Russ. J. Inorg. Chem. **17** [1972] 906/8).

5.10.1.3 $CsTeCl_5$

$CsTeCl_5$

Die Verbindung tritt im System $TeCl_4$-CsCl (s. S. 129) auf und schmilzt inkongruent bei 536°C. Sie wird auf röntgenographischem Wege identifiziert; eine schematische Darstellung des Pulverdiagrammes s. Original [1]. $CsTeCl_5$ kristallisiert primär im System $TeCl_4$-CsCl-KCl (s. S. 130). Es bildet mit $RbTeCl_5$ Mischkristalle, die im System $TeCl_4$-CsCl-RbCl (s. S. 131) primär kristallisieren [2]. Im System $TeCl_4$-CsCl-H_2O (s. S. 129) wird die Verbindung nicht gefunden [3].

Literatur:

[1] V. V. Safonov, A. V. Konov, B. G. Korshunov (Zh. Neorgan. Khim. **14** [1969] 2280/4; Russ. J. Inorg. Chem. **14** [1969] 1518/21). — [2] V. V. Safonov, B. G. Korshunov, O. S. Tsyganova (Zh. Neorgan. Khim. **17** [1972] 1749/51; Russ. J. Inorg. Chem. **17** [1972] 906/8). — [3] O. N. Fedorova, G. M. Serebrennikova, B. D. Stepin (Zh. Neorgan. Khim. **16** [1971] 2808/12; Russ. J. Inorg. Chem. **16** [1971] 1495/7).

Hexachlorotellurates (IV)

5.10.2 Hexachlorotellurate(IV)

Die Verbindungen der Zusammensetzung M_2TeCl_6 (M = Alkalimetall) werden allgemein bei der Reaktion von stöchiometrischen Mengen $TeCl_4$ und MCl in der Schmelze oder in HCl-Lösung gebildet. Bei der Darstellung in HCl-Lösungen, die seit langem bekannt ist, wird von TeO_2 und konzentriertem HCl ausgegangen (hierbei bildet sich Hexachlorotellursäure) oder von $TeCl_4$. Aus diesen Lösungen werden mit wäßrigen bzw. salzsauren Lösungen der Alkalichloride die Hexachlorotellurate ausgefällt. In einigen Fällen muß das Verhältnis $TeCl_4$:MCl variiert werden, damit nicht Abscheidung von MCl auftritt.

$Li_2TeCl_6 \cdot 6H_2O$

5.10.2.1 $Li_2TeCl_6 \cdot 6H_2O$

Das Hexahydrat wird durch Auflösen von einer bestimmten Menge LiCl in verdünnter HCl-Lösung und Zusatz von $TeCl_4$ (1:1) oder aus TeO_2 durch Behandeln mit heißer konzentrierter HCl-Lösung und Hinzufügen von wäßriger LiCl-Lösung hergestellt. Die entstehende gelbe Flüssigkeit wird nach dem Filtrieren auf dem Wasserbad konzentriert und im Vakuum-Exsikkator über H_2SO_4 zur Kristallisation gebracht. Die pyknometrisch bestimmte Dichte der gelben Kristalle beträgt unter Toluol D = 2.305 g/cm³ bei 25 ± 0.05°C; der Schmelzpunkt wird mit 81.4°C angegeben. Beim Erhitzen der Substanz bildet sich eine gelbe Flüssigkeit, aus der weiße Dämpfe, die aus $TeCl_4$ und LiCl bestehen, frei werden. Nach weiterem Erhitzen (1 h) und Erhöhung der Temperatur verbleibt ein weißer Rückstand von Telluroxid. Die Kristalle sind sehr hygroskopisch; sie zersetzen sich in H_2O; in absolutem Alkohol sind sie löslich, in Benzol und Toluol unlöslich, A. Angoso y Catalina (Acta Salmanticensia Ser. Cienc. [2] **3** Nr. 1 [1961] 77/103, 84, 89, 90, 91; C. A. **57** [1962] 12093).

K_2TeCl_6

5.10.2.2 K_2TeCl_6

Ältere Angaben s. „Kalium" S. 802.

Zum Auftreten der Verbindung in den Systemen $TeCl_4$-KCl s. S. 127 und $TeCl_4$-CsCl-KCl S. 130.

Die Darstellung erfolgt durch Zusammenschmelzen der Komponenten $TeCl_4$ und KCl im stöchiometrischen Verhältnis in luftleeren zugeschmolzenen Quarzampullen. Die Kristalle werden mit flüssigem Paraffin überzogen, um Zersetzung an der Luft zu verhindern, Safonov u. a. [1], Safonov, Kuzina [2]. — Bei der Darstellung in HCl-Lösung können $TeCl_4$ und KCl nicht im stöchiometrischen Verhältnis verwendet werden, da bei diesem Verhältnis KCl zuerst abgeschieden wird. Das Molverhältnis muß 1:1 betragen oder $TeCl_4$ im geringen Überschuß sein. — Nach Brill, Welsh [3] wird salzsaure $TeCl_4$-Lösung mit wäßriger KCl-Lösung gemischt und innerhalb von 10 Tagen langsam eingedampft. Die reinen K_2TeCl_6-Kristalle werden in einer Glove-Box unter N_2-Atmosphäre gesammelt und über P_2O_5 getrocknet. Angoso y Catalina [4] stellt die Verbindung durch Auflösen von einer bestimmten Menge KCl in verdünnter HCl-Lösung und Zusatz von $TeCl_4$ her oder aus TeO_2 durch Behandeln mit heißer konzentrierter Salzsäure und Hinzufügen von wäßriger KCl-Lösung. Die entstehende gelbe Flüssigkeit wird auf dem Wasserbad konzentriert und im Vakuum-Exsikkator über H_2SO_4 zur Kristallisation gebracht. — Die Verbindung bildet sich auch in nichtwäßrigen Lösungsmitteln, wie beispielsweise $SbCl_3$. Hierzu werden $TeCl_4$ und KCl im Molverhältnis 1:2 in geschmolzenem $SbCl_3$ bei ca. 80 bis 100°C aufgelöst. Nach dem Erstarren der Schmelze wird $SbCl_3$ mit CS_2 weggelöst und K_2TeCl_6 als hellgelbes feinkristallines Salz erhalten, Jander, Swart [5].

Die aus der $TeCl_4$-KCl-Schmelze erhaltenen Kristalle werden durch Röntgenaufnahmen identifiziert, eine schematische Darstellung des Pulverdiagrammes s. Original [1]. K_2TeCl_6 gehört zu den Verbindungen, die eine verzerrte K_2PtCl_6-Struktur haben, die durch die Anordnung der großen oktaedrischen Anionen mit den relativ kleinen Kationen erklärt wird, Brown [6]. Ältere Werte für Gitterkonstanten s. „Kalium" S. 803. — Die bei 25°C pyknometrisch bestimmte Dichte unter Tetrachlorkohlenstoff ist D = 2.68 g/cm³ [1] und unter Toluol D = 2.622 g/cm³ [4]. — Die Kristalle sind in polarisiertem Licht optisch anisotrop; in durchgehendem Licht haben dünne Schichten der Kristalle eine smaragdgrüne Farbe, deren Intensität in der Reihe der Alkaliverbindungen von K über Rb zu Cs ansteigt [1]. — Im IR- und Raman-Spektrum werden die Schwingungen des $TeCl_6^{2-}$-Ions beobachtet; Banden und Zuordnung s. beim $TeCl_6^{2-}$-Ion, S. 119. Neben den 6 Grundschwingungen des Anions ν_1 bis ν_6 werden die Gitterschwingungen $\nu_g = 108$, 98 cm^{-1} gemessen. ν_g und ν_4 sind von gleicher Symmetrie (F_{1u}), es tritt Kopplung ein, Adams, Morris [7]. IR-Reflexionsspektren ergeben $\nu_g = 111$ cm^{-1}, genaue Messung der Halbwertslinienbreite ist nicht möglich, Adams, Lloyd [8]. Gemessene NQR-Frequenzen s. S. 116.

Die Verbindung schmilzt unter Luftausschluß bei 570°C [1, 2]. — Bei der thermischen Zersetzung des K_2TeCl_6 bildet sich als Endprodukt ein Gemisch aus KCl und TeO_2. Die Zersetzung ist komplexer Natur, wie durch thermische Untersuchungen gezeigt wird, s. Figur im Original. Bei Erhitzen in inertem Gas zersetzt sich K_2TeCl_6 entsprechend $K_2TeCl_6 \rightarrow 2KCl + TeCl_4$. Das gebildete $TeCl_4$ sublimiert und wird in Gegenwart von Sauerstoff und Feuchtigkeit oxidiert. Bei einer Erhitzungsgeschwindigkeit von 6 grd/min tritt der erste endotherme Effekt bei 78 bis 90°C auf, hierbei wird die hygroskopische Feuchtigkeit, die die Verbindung im allgemeinen enthält (sie kann bis 0.7 Gew.-% betragen) beseitigt. Anschließend erfolgt die Zersetzung des K_2TeCl_6. Die Temperatur, die der maximalen Geschwindigkeit der Zersetzung entspricht, beträgt 261°C; sie ist kleiner als die der entsprechenden Rb- und Cs-Verbindung. Ein weiterer endothermer Effekt beweist die teilweise Oxidation des $TeCl_4$ durch atmosphärischen Sauerstoff. Der bei 313°C beobachtete endotherme Effekt entspricht der Zersetzung von $n\,TeCl_4 \cdot m\,TeO_2$. Die genaue Zusammensetzung dieses Produktes ist nicht bekannt und hängt zu einem beträchtlichen Grad von den Umständen bei der Oxidation des $TeCl_4$ ab, s. hierzu S. 90. Es ist zweifelhaft, ob Chloridoxide konstanter Zusammensetzung bei der thermischen Zersetzung der Hexachlorotellurate(IV) und auch bei der des $TeCl_4$ gebildet werden, vgl. dazu die DTG-, DTA- und TG-Kurven der Alkalihexachlorotellurate und des $TeCl_4$ im Original. Nur dem geringen endothermen Effekt bei 388°C kann eine genaue Zuordnung gegeben werden, er soll von der Sublimation des Chloridoxides $Te_6Cl_2O_{11}$ herrühren. Die thermische Zersetzung des K_2TeCl_6 endet mit der Bildung einer Mischung von KCl und TeO_2, s. dazu Tabelle im Original, Allakhverdov u.a. [9], s. auch [10] und [4].

Die Verbindung zersetzt sich an der Luft [1]. Sie zersetzt sich nur in feuchter Luft; in H_2O tritt Hydrolyse ein [4]. — In absolutem Alkohol sind die Kristalle etwas löslich, zersetzen sich aber mit der Zeit unter Bildung von kristallinem KCl; sie sind unlöslich in Benzol und Toluol [4].

K_2TeCl_6 reagiert beim Zusammenschmelzen mit Cs_2TeCl_6 und Rb_2TeCl_6 unter Bildung von Mischkristallen, s. dazu die Systeme: Rb_2TeCl_6-K_2TeCl_6 S. 142, Cs_2TeCl_6-K_2TeCl_6 S. 142, Cs_2TeCl_6-Rb_2TeCl_6-K_2TeCl_6 S. 143.

Literatur:

[1] V. V. Safonov, A. V. Konov, B. G. Korshunov (Zh. Neorgan. Khim. **14** [1969] 2880/4; Russ. J. Inorg. Chem. **14** [1969] 1518/21). — [2] V. V. Safonov, T. V. Kuzina (Zh. Neorgan. Khim. **20** [1975] 2008/9; Russ. J. Inorg. Chem. **20** [1975] 1121/2). — [3] T. B. Brill, W. A. Welsh (J. Chem. Soc. Dalton Trans. **1973** 357/9). — [4] A. Angoso y Catalina (Acta Salmanticensia Ser. Cienc. [2] **3** Nr. 1 [1961] 77/103, 84, 89, 90/1; C.A. **57** [1962] 12093). — [5] G. Jander, K.-H. Swart (Z. Anorg. Allgem. Chem. **301** [1959] 54/79, 69).

[6] I. D. Brown (Can. J. Chem. **42** [1964] 2758/67). — [7] D. M. Adams, D. M. Morris (J. Chem. Soc. A **1967** 2067/9). — [8] D. M. Adams, M. H. Lloyd (J. Chem. Soc. A **1971** 878/9). — [9] G. R. Allakhverdov, G. M. Serebrennikova, B. D. Stepin (Zh. Neorgan. Khim. **15** [1970] 77/80; Russ. J. Inorg. Chem. **15** [1970] 39/41). — [10] B. D. Stepin, G. R. Allekhverdov, G. M. Serebrennikova, V. E. Plyushchev (Redk. Shchelochnye Elem. **1969** 80/6; C.A. **74** [1971] Nr. 91905).

5.10.2.3 $(NH_4)_2TeCl_6$

$(NH_4)_2$-$TeCl_6$

Ältere Angaben s. „Ammonium" S. 319.

Die Existenz dieser Verbindung wird von Safonov u. a. [1] im System $TeCl_4$-NH_4Cl vermutet, s. dazu S. 127.

Die Darstellung erfolgt nach der allgemeinen Methode für Hexachlorotellurate(IV). Hierzu wird von Brill, Welsh [2] TeO_2 in 12molarer Salzsäure gelöst und mit überschüssigem NH_4Cl, das in einem Minimum an H_2O gelöst ist, vermischt. Die Ausfällung erfolgt sofort oder nach kurzem Eindampfen. Der Niederschlag wird aus verdünnter HCl-Lösung umkristallisiert und im Vakuum-Exsikkator über P_2O_5 getrocknet. Nach Swanson u. a. [3] wird zu einer Lösung von TeO_2 in konzentrierter Salzsäure eine wäßrige Lösung von NH_4Cl in stöchiometrischem Mengenverhältnis hinzugefügt. Beim Eindampfen dieser Lösung auf dem Wasserbad kristallisieren gelbe Kristalle aus. Couch u. a. [4] verwenden zur Fällung eine gesättigte Lösung von NH_4Cl in Salzsäure, mit der sich sofort gelbe Kristalle bilden. Die Lösung wird auf $^1/_3$ eingedampft und dann abgekühlt. Die abfiltrierten Kristalle werden mit Salzsäure gewaschen und in konzentrierter Salzsäure umkristallisiert. Von Angoso y Catalina [5] wird die Verbindung durch Hinzufügen von einer bestimmten Menge NH_4Cl zu einer Lösung von TeO_2 in konzentrierter Salzsäure erhalten. $(NH_4)_2TeCl_6$ kann auch durch Mischen von wäßriger konzentrierter NH_4Cl-Lösung mit einer Lösung von $TeCl_4$ in verdünnter Salzsäure hergestellt werden. Die hierbei gebildete gelbe Lösung wird filtriert und auf dem Wasserbad konzentriert, beim Abkühlen kristallisieren gelbe Kristalle aus. Bei Verwendung von $TeCl_4$, gelöst in konzentrierter HCl-Lösung, entsteht ein gelber kristalliner Niederschlag, der in verdünnter Salzsäure umkristallisiert wird [5].

$(NH_4)_2TeCl_6$ wird aus Salzsäure in Form von hellgelben Oktaedern erhalten. Einkristall-(Oszillations- sowie Weissenberg-) und Pulveraufnahmen von Hazell [6] zeigen, daß die Verbindung kubisch kristallisiert mit der Gitterkonstante $a = 10.200 \pm 0.005$ Å, Raumgruppe $Fm3m = O_h^5$ (Nr. 225); $Z = 4$ [6]. Nach Pulveraufnahmen von Swanson u. a. [3] beträgt $a = 10.203$ Å; 52 Netzebenenabstände und relative Intensitäten s. Original [3]. Die Verbindung hat K_2PtCl_6-Struktur. Die Strukturverfeinerung mit anisotropen Temperaturfaktoren ($R = 0.075$) liefert folgende Atomparameter [6], s. auch [7]:

Atome	Punktlage	x	y	z
Te	4a	0	0	0
Cl	24e	0	0	0.25279
N	8c	0.255	0.255	0.255

Im $TeCl_6^{2-}$-Anion ist das Te-Atom von 6 Cl-Atomen regulär oktaedrisch umgeben. Die Te-Cl-Bindungslänge beträgt 2.528 Å, sie wird zu 2.541 ± 0.007 Å korrigiert unter der Annahme, daß sich $TeCl_6^{2-}$ als starrer Körper bei thermischen Schwingungen verhält. Dieser Wert ist in guter Übereinstimmung mit dem für Rb_2TeCl_6, s. S. 139 [6]. Die kubische Struktur der Verbindung wird durch ^{35}Cl-NQR-Untersuchungen bestätigt; das Auftreten nur einer Resonanzlinie bei den verschiedenen Temperaturen zeigt, daß alle Cl-Atome im $TeCl_6^{2-}$ kristallographisch äquivalent sind; es tritt demnach keine Phasenumwandlung bei Erniedrigung der Temperatur auf, Nakamura u. a. [8], s. auch Brown u. a. [9], Brill, Welsh [2] und beim $TeCl_6^{2-}$-Ion S. 116. — $(NH_4)_2TeCl_6$ ist isotyp mit den entsprechenden $SnCl_6^{2-}$- und $PbCl_6^{2-}$-Salzen [2]. — Die pyknometrisch bestimmte Dichte D in g/cm³ bei 25°C beträgt $D = 2.35$ [10], unter Toluol $D = 2.353$ [5], unter Benzol (bei 20°C) $D = 2.354$ [11], unter Brombenzol (bei 20°C) $D = 2.22$ [12]. Die Röntgendichte ist $D = 2.353$ [3]. Aus Molekulargewicht, Ordnungszahl und Anzahl der Atome in der Verbindung wird $D = 2.38$ näherungsweise berechnet [10]. — Die Kristalle sind optisch isotrop [6]. Der Brechungsindex beträgt $n_D = 1.895$ [3]. Im IR- und Raman-Spektrum werden neben den Molekelschwingungen ν_1 bis ν_6 des $TeCl_6^{2-}$-Ions (s. dazu S. 119) die Gitterschwingungen ν_g 110 und 98 cm⁻¹ beobachtet, die mit ν_4 von gleicher Symmetrie (F_{1u}) sind, es tritt Kopplung ein, Adams, Morris [13]; $\nu_g = 107$ cm⁻¹ [14], $\nu_g = 104$ cm⁻¹ [17]. IR-Reflexionsspektren ergeben $\nu_g = 108$ cm⁻¹, genaue Messung der Halbwertsbreite $\Delta_{1/2}$ nicht möglich, Adams, Lloyd [15]. — Zu Mössbauer-Spektren in festem $(NH_4)_2TeCl_6$ s. beim $TeCl_6^{2-}$-Ion S. 117.

Beim Erhitzen der Verbindung werden weiße Dämpfe, die sich später braunschwarz färben, frei, der nichtgeschmolzene Rückstand ist weiß. Die Dämpfe bestehen aus $TeCl_4$, $TeCl_2$ und NH_4Cl, der Rückstand aus Te-Oxid [5]. — $(NH_4)_2TeCl_6$ ist an der Luft stabil, in H_2O tritt Hydrolyse ein [5]. Die Löslichkeit in wäßriger 6molaler Salzsäure beträgt 0.273 mol/1000 g Lösungsmittel [12]. Die Verbindung ist in Alkohol löslich, aber in Toluol und Benzol unlöslich [5]. Zur Löslichkeit bei 20°C in Dimethylsulfoxid, Dimethylformamid, Acetonitril, Nitromethan, Aceton, Tetrahydrofuran sowie

Äthylformiat und Vergleich mit den Löslichkeiten verschiedener substituierter Ammoniumverbindungen s. Original, Korewa [16]. — $(NH_4)_2TeCl_6$ reagiert mit $(NH_4)_2TeBr_6$ unter Bildung von Mischkristallen, es werden keine Verbindungen mit gemischten Halogeniden gebildet; mit $(NH_4)_2TeJ_6$ bilden sich weder Verbindungen noch Mischkristalle [11].

Literatur:

[1] V. V. Safonov, A. V. Konov, B. G. Korshunov (Zh. Neorgan. Khim. **14** [1969] 2880/4; Russ. J. Inorg. Chem. **14** [1969] 1518/21). — [2] T. B. Brill, W. A. Welsh (J. Chem. Soc. Dalton Trans. **1973** 357/9). — [3] H. E. Swanson, N. T. Gilfrich, M. I. Cook, R. Stinchfield, P. C. Parks (Natl. Bur. Std. [U.S.] Circ. Nr. 539, Bd. 8 [1959] 1/76, 8). — [4] D. A. Couch, C. J. Wilkins, G. R. Rossman, H. B. Gray (J. Am. Chem. Soc. **92** [1970] 307/10). — [5] A. Angoso y Catalina (Acta Salmanticensia Ser. Cienc. [2] **3** Nr. 1 [1961] 77/103, 85, 89, 92).

[6] A. C. Hazell (Acta Chem. Scand. **20** [1966] 165/9). — [7] Structure Reports, Bd. A 31, 1966, S. 100/1). — [8] D. Nakamura, K. Ito, M. Kubo (J. Am. Chem. Soc. **84** [1962] 163/6). — [9] T. L. Brown, W. G. McDugle, L. G. Kent (J. Am. Chem. Soc. **92** [1970] 3645/53). — [10] J. Benkö (Acta Chim. Acad. Sci. Hung. **35** [1963] 447/63, 460).

[11] J. Dobrowolski (Zeszyty Nauk. Politech. Gdansk. Chem. **38** Nr. 6 [1963] 65/105, 82/4, 92, 104/5; C.A. **61** [1964] 8955). — [12] J. Dobrowolski (Zeszyty Nauk. Politech. Gdansk. Chem. **1966** Nr. 11, S. 3/85, 41, 43, 82/4; C.A. **68** [1968] Nr. 45817). — [13] D. M. Adams, D. M. Morris (J. Chem. Soc. A **1967** 2067/9). — [14] J. A. Creighton, J. H. S. Green (J. Chem. Soc. A **1968** 808/13). — [15] D. M. Adams, M. H. Lloyd (J. Chem. Soc. A **1971** 878/9).

[16] R. Korewa (Roczniki Chem. **39** [1965] 323/8). — [17] J. P. Hendra, Z. Jovic (J. Chem. Soc. A **1968** 600/2).

5.10.2.4 Alkyl- und Arylammonium-hexachlorotellurate(IV) sowie Hexachlorotellurate(IV) heterocyclischer Stickstoffbasen

Alkyl and Aryl Ammonium Hexachlorotellurates (IV) and Hexachlorotellurates (IV) of Heterocyclic Nitrogen Bases

Von diesen Verbindungen gibt es eine große Anzahl, beispielsweise (nur Kation angegeben): $[RNH_3]^+$, $[R_2NH_2]^+$, $[R_3NH]^+$, $[R_4N]^+$ mit $R = CH_3$, C_2H_5, C_3H_7, C_4H_9, C_6H_5 usw. sowie $[C_5H_5NH]^+$, $[C_9H_7NH]^+$ usw.

Die Darstellung der Verbindungen erfolgt im allgemeinen durch Reaktion einer Lösung von TeO_2 in HCl (d.h. von H_2TeCl_6) oder von $TeCl_4$ in HCl mit einer salzsauren Lösung der entsprechenden Basenchloride oder Amine. In einigen Fällen kann bei Verwendung von $TeCl_4$ als Ausgangssubstanz die salzsaure Lösung durch methanolische oder äthanolische Lösung ersetzt werden. Bei geeigneten Konzentrationen der Lösungen fallen die Verbindungen im allgemeinen sofort oder nach Eindampfen der Lösung als kristalliner Niederschlag aus. Durch Umkristallisieren aus verdünnter HCl-Lösung werden meist gelbe Kristalle in gut gereinigtem Zustand erhalten, s. beispielsweise Gutbier, Flury [1], Lenher [2], Khodadad [3], Gut u. a. [4]. Darstellung von $[(n\text{-}C_4H_9)_4N]_2TeCl_6$ unter Verwendung von CH_3CN als Lösungsmittel aus $TeCl_4$ und $[(n\text{-}C_4H_9)_4N]Cl$ s. Ware [5], von $[(CH_3)_4N]_2TeCl_6$ in Lösung von $AsCl_3$, Gutmann [6]. — Strukturuntersuchungen sind nur selten durchgeführt worden und nur qualitativer Natur. Nach Gutbier, Flury [1] kristallisieren im kubischen System beispielsweise die Hexachlorotellurate(IV) mit $[CH_3NH_3]^+$, $[(CH_3)_3NH]^+$, $[(CH_3)_4N]^+$, $[C_2H_5NH_3]^+$, dagegen aber $[(C_2H_5)_2NH_2]^+$ im monoklinen System. Nach Brill, Welsh [7] sind einige Verbindungen mit den entsprechenden $SnCl_6^{2-}$- und $PbCl_6^{2-}$-Verbindungen isotyp, beispielsweise $[(CH_3)_4N]_2TeCl_6$, $[C_5H_5NH]_2TeCl_6$, letzteres kristallisiert monoklin. — Röntgen-Pulver- und Weissenbergaufnahmen der aus CH_3OH- oder C_2H_5OH-Lösungen erhaltenen $[C_5H_5NH]_2TeCl_6$-Kristalle ergeben folgende Gitterkonstanten: $a = 12.85 \pm 0.05$, $b = 8.47 \pm 0.02$, $c = 8.03 \pm 0.02$ Å, $\beta = 97°$ [3]; $a = 12.99$, $b = 8.56$, $c = 8.00$ Å, $\beta = 95.5°$, Raumgruppe $C2\text{-}C_2^3$ (Nr. 5), Aynsley, Hazell [8]; mögliche Raumgruppe C_2, Cm oder C2/m [3]; Z = 2 [3, 8]; Netzebenenabstände und relative Intensitäten s. Original [3]. Die experimentelle Dichte beträgt $D_0^4 = 1.92$, die berechnete D = 1.91 g/cm^3 [3]. Die Verbindung ist diamagnetisch, magnetische Suszeptibilität $\chi = -38.4 \times 10^{-6}$ cm^3/g bei 25°C [8]. — Untersuchungen der IR- und Raman-Spektren an einigen Verbindungen werden allgemein im Zusammenhang mit denen der Alkalihexachlorotellurate(IV) gemacht und zeigen die Schwingungen des $TeCl_6^{2-}$-Anions, das auch hier oktaedrische Anordnung hat, s. dazu beim $TeCl_6^{2-}$, S. 119, dort auch Kernquadrupolresonanzen, S. 116. — Die Verbindungen lösen sich allgemein in geringer Menge H_2O, bei Überschuß tritt Zersetzung ein unter Bildung von wasserhaltigem TeO_2, s. beispielsweise [1, 2]. Nach Korewa [9] nimmt die Löslichkeit von einigen dieser Hexachlorotellurate(IV) in H_2O mit ansteigender Größe des organischen Kations ab. Die besten organischen Lösungsmittel sind polare Lösungsmittel mit Donor-Sauerstoffatomen, wie z. B. Dimethylsulfoxid und Dimethylformamid. Zur Löslichkeit der Verbindungen bei 20°C in diesen beiden Lösungsmitteln sowie Acetonitril, Nitromethan, Aceton, Tetrahydrofuran und Äthylformiat s. Original [9].

Literatur:

[1] A. Gutbier, F. Flury (Z. Anorg. Allgem. Chem. **86** [1914] 169/95; J. Prakt. Chem. [2] **86** [1912] 150/66; J. Prakt. Chem. [2] **83** [1911] 145/63). — [2] V. Lenher (J. Am. Chem. Soc. **22** [1900] 136/41). — [3] P. Khodadad (Ann. Chim. [Paris] [13] **10** [1965] 83/103, 89/90). — [4] R. Gut, E. Schmidt, J. Serrallach (Helv. Chim. Acta **54** [1971] 593/609). — [5] M. Ware (Thesis Oxford 1965, S. 1/256, 181).

[6] V. Gutmann (Monatsh. Chem. **83** [1952] 159/63). — [7] T. B. Brill, W. A. Welsh (J. Chem. Soc. Dalton Trans. **1973** 357/9). — [8] E. E. Aynsley, A. C. Hazell (Chem. Ind. [London] **1963** 611/2). — [9] R. Korewa (Roczniki Chem. **39** [1965] 323/8; C.A. **63** [1965] 1254).

Rb_2TeCl_6

5.10.2.5 Rb_2TeCl_6

Ältere Angaben s. „Rubidium" S. 219.

Zum Auftreten der Verbindung in den Systemen $TeCl_4$-RbCl(-H_2O) s. S. 128 und $TeCl_4$-CsCl-RbCl s. S. 131.

Die Darstellung erfolgt durch Zusammenschmelzen der Komponenten $TeCl_4$ und RbCl im stöchiometrischen Verhältnis in luftleeren zugeschmolzenen Quarzampullen. Die Kristalle werden mit flüssigem Paraffin überzogen, um Zersetzung an der Luft zu verhindern, Safonov u. a. [1], Safonov, Kuzina [2]. — Von Brill, Welsh [3] wird Rb_2TeCl_6 nach der allgemeinen Darstellungsmethode für Hexachlorotellurate(IV) hergestellt. Hierzu wird TeO_2 in 12 molarer HCl-Lösung gelöst und mit überschüssigem RbCl, das in einem Minimum an H_2O gelöst ist, vermischt. Die Ausfällung erfolgt sofort oder nach kurzem Eindampfen. Der Niederschlag wird aus verdünnter HCl-Lösung umkristallisiert und im Vakuum-Exsikkator über P_2O_5 getrocknet [3]. Nach Angoso y Catalina [4] wird der Niederschlag in verdünnter HCl-Lösung aufgelöst und die Lösung auf dem Wasserbad konzentriert, bis gelbe Kristalle auskristallisieren. Die Verbindung entsteht auch beim Hinzufügen von wäßriger konzentrierter RbCl-Lösung zu in konzentrierter Salzsäure gelöstem $TeCl_4$. Der Niederschlag ist ein gelbes Pulver. Bei Verwendung von verdünnter Salzsäure bildet sich kein Niederschlag. Die gelbe Lösung wird filtriert und auf dem Wasserbad konzentriert, beim Abkühlen kristallisieren dann gelbe Kristalle aus [4]. In salzsauren $TeCl_4$-Lösungen wird für RbCl von Swanson u. a. [5] Rb_2SO_4 und von Gibb u. a. [6] Rb_2CO_3 zum Ausfällen von Rb_2TeCl_6 verwendet.

Die Bildungsenthalpie des Rb_2TeCl_6 unter Standardbedingungen beträgt $\Delta H^{\circ}_{298} = -294.4$ kcal/mol, berechnet mit Hilfe der in der Literatur angegebenen Bildungsenthalpien von RbCl und $TeCl_4$. Für den Prozeß 2 RbCl(krist.) + $TeCl_4$(krist.) $\rightarrow$ Rb_2TeCl_6(krist.) wird als Enthalpieänderung $\Delta H_{298} = -11.4$ kcal/mol berechnet, Webster, Collins [7].

Physikalische Eigenschaften. Die Form der gelben Kristalle ist eine Mischung von Würfeln und Oktaedern und deren Kombinationen, s. Abbildung im Original. Das Pulverdiagramm ist identisch mit dem früher von Engel [9] beschriebenen, wonach Rb_2TeCl_6 kubisch im K_2PtCl_6-Typ kristallisiert, Fedorova u. a. [8]. Rb_2TeCl_6 ist isotyp mit den entsprechenden $SnCl_6^{2-}$- und $PbCl_6^{2-}$-Salzen, Brill, Welsh [3]. Für die Gitterkonstante wird von Swanson u. a. [5] aus Pulveraufnahmen der Wert a = 10.257 Å bei 25°C bestimmt, der mit dem früher von Engel [9] in kX angegebenen Wert in Übereinstimmung ist. Weissenberg- und Präzessionsaufnahmen von Webster, Collins [7] bestätigen die kubische Symmetrie und die systematischen Auslöschungen, aus denen die Raumgruppe Fm3m-O_h^5 (Nr. 225) folgt; die Gitterkonstante beträgt a = 10.233 Å; Z = 4. Die Te- bzw. Rb-Atome besetzen eine spezielle 4zählige bzw. die spezielle 8zählige Punktlage. Die 24 Cl-Atome besetzen die allgemeine

24zählige Punktlage mit dem Parameter x = 0.245; R-Wert = 0.050. Im $TeCl_6^{2-}$-Anion ist das Te-Atom von 6 Cl-Atomen regulär oktaedrisch umgeben. Die Te-Cl-Bindungslänge beträgt 2.525 ± 0.005 Å, sie wird zu 2.541 ± 0.005 Å korrigiert unter der Annahme, daß sich $TeCl_6^{2-}$ als starrer Körper bei thermischen Schwingungen verhält. Dieser Wert ist in guter Übereinstimmung mit dem Wert für $(NH_4)_2TeCl_6$, s. S. 136 [7]. Die kubische Struktur der Kristalle wird auch durch Untersuchung der ^{35}Cl-Kernquadrupolresonanz bestätigt, es wird nur eine Resonanzlinie beobachtet [3], s. dazu S. 116. Zur Berechnung der Gitterenergie werden von Webster, Collins [7] die bei der Strukturbestimmung erhaltenen Parameter verwendet. Für 5 Modelle mit verschiedenen Ladungsverteilungen im Anion werden unter Berücksichtigung der Coulomb'schen Energie, der van der Waals'schen Energie und der Abstoßungsenergie Werte von 366.5 bis 247.0 kcal/mol erhalten, s. dazu Tabelle im Original, dort auch Madelung Konstanten für den Prozeß Rb_2TeCl_6 (krist.) → 2 Rb^+ (gasf.) + $TeCl_6^{2-}$ (gasf.). Vor allem die Coulomb'sche Energie U ist stark von der Ladungsverteilung innerhalb des Anions abhängig. Die Diskussion verschiedener Ladungsverteilungen führt zu einer Abschätzung U = 360 bis 325 kcal/mol. Hieraus folgt ein Wert für die Gitterenergie von 334 ± 17 kcal/mol, der bei dem Wert für das Modell mit der Ladungsverteilung $Rb_2^{(1+)}[Te^{(0.286-)}Cl_6^{(0.286-)}]$ liegt. Diese Ladungsverteilung würde ungefähr einer 20%igen ionischen Te-Cl-Bindung entsprechen, die sich aus Pauling's Elektronegativitätswerten (2.1 Te; 3.0 Cl) ergibt [7].

Die pyknometrisch gemessene Dichte D in g/cm³ bei 25°C beträgt D = 3.15 [10]; unter Tetrachlorkohlenstoff D = 3.16 [1]; unter Toluol D = 3.01 [8] und D = 3.144 [4]. Die Röntgendichte ist D = 3.086 [5]. Aus Molekulargewicht, Ordnungszahl und Anzahl der Atome in der Verbindung wird D = 3.32 näherungsweise berechnet [10].

Die Kristalle sind im polarisierten Licht optisch isotrop; im durchgehenden Licht haben dünne Schichten der Kristalle eine smaragdgrüne Farbe, deren Intensität größer als die der K-Verbindung und geringer als die der Cs-Verbindung ist [1]. — Der Brechungsindex n_D ist > 1.78 [8], er beträgt n_D = 1.867 [5]. — Im IR- und Raman-Spektrum wird neben den Grundschwingungen ν_1 bis ν_6 des $TeCl_6^{2-}$-Ions die Gitterschwingung ν_g = 63 cm^{-1} beobachtet, die mit ν_4 von gleicher Symmetrie (F_{1u}) ist, es tritt Kopplung ein, Adams, Morris [11]. Zu IR-, Raman- und Mössbauer-Spektren von festem Rb_2TeCl_6 und Angaben für das $TeCl_6^{2-}$-Ion, s. S. 118. — Die Verbindung schmilzt unter Ausschluß von Luft und Feuchtigkeit bei 670°C [1, 2].

Chemisches Verhalten. Bei der thermischen Zersetzung bildet sich als Endprodukt ein Gemisch aus RbCl und TeO_2. Die Zersetzung ist komplexer Natur und entspricht der des K_2TeCl_6, s. S. 135, hier nur abweichende Temperaturangaben. Bei einer Erhitzungsgeschwindigkeit von 6 grd/min tritt im Bereich 78 bis 90°C kein endothermer Effekt auf, sondern erst bei 204 bis 261°C. Hier zerspringen die Kristalle, anschließend erfolgt Zersetzung. Die Temperatur, die der maximalen Geschwindigkeit der Zersetzung entspricht, beträgt 322°C, sie ist größer als die der K-Verbindung. Bei 345°C tritt Zersetzung von $n\,TeCl_4 \cdot m\,TeO_2$ ein, bei 381°C Sublimation des Chloridoxides $Te_6Cl_2O_{11}$. Die thermische Zersetzung endet mit der Bildung einer Mischung von RbCl und TeO_2, s. dazu Tabelle im Original, Allakhverdov u. a. [12], s. auch Stepin u. a. [13] und Angoso y Catalina [4]. — Die Verbindung zersetzt sich leicht an der Luft [1], ist aber nach anderen Angaben [4] an der Luft stabil. In H_2O tritt Hydrolyse ein. Die Kristalle sind in Alkohol etwas löslich, in Benzol und Toluol unlöslich [4]. Die Löslichkeit in HCl in Abhängigkeit von der Temperatur beträgt in Gew.-%:

HCl Gew.-%	0°C	25°C	50°C
26.88	0.27	0.58	1.14
18.04	1.64	2.80	3.74
9.21	13.04	16.61	19.05
4.99	Hydrolyse	26.42	35.55

Die Löslichkeit verringert sich mit ansteigender HCl-Konzentration, nimmt aber mit ansteigender Temperatur zu. Bei 0°C und HCl-Konzentration < 9.21 Gew.-% tritt Hydrolyse mit Ausfällung von TeO_2 ein. Die Löslichkeit ist sehr unterschiedlich zu der von Cs_2TeCl_6, s. dazu S. 141; diese beträchtlichen Unterschiede der Löslichkeiten sind für die Trennung der Alkalimetalle von Interesse, für die eine HCl-Molalität ≌ 5 bis 7 geeignet ist. Zur Änderung der Verhältniszahl Molalität Rb_2TeCl_6/Molalität Cs_2TeCl_6 in Abhängigkeit von der HCl-Molalität bei verschiedenen Temperaturen s. Figur im Original, Fedorova u. a. [8]. — Die Lösungswärme von 0.086 bis 0.307 mmol Rb_2TeCl_6 in 30 ml 0.93 molarer Salzsäure bei 25°C beträgt 3.4 ± 0.6 kcal/mol (Mittelwert), Webster, Collin [7]. — Rb_2TeCl_6 reagiert in der Schmelze mit K_2TeCl_6 und Cs_2TeCl_6 unter Bildung von Mischkristallen, s. dazu die Systeme Rb_2TeCl_6-K_2TeCl_6, S. 142, Cs_2TeCl_6-Rb_2TeCl_6, S. 142, Cs_2TeCl_6-Rb_2TeCl_6-K_2TeCl_6, S. 143. Auch bei der Kristallisation aus HCl-Lösungen bilden Mischungen von Rb_2TeCl_6 und Cs_2TeCl_6 eine lückenlose Reihe von Mischkristallen, s. dazu das System Cs_2TeCl_6-Rb_2TeCl_6-HCl-H_2O, S. 142.

Literatur:

[1] V. V. Safonov, A. V. Konov, B. G. Korshunov (Zh. Neorgan. Khim. **14** [1969] 2880/4; Russ. J. Inorg. Chem. **14** [1969] 1518/21). — [2] V. V. Safonov, T. V. Kuzina (Zh. Neorgan. Khim. **20** [1975] 2008/9; Russ. J. Inorg. Chem. **20** [1975] 1121/2). — [3] T. B. Brill, W. A. Welsh (J. Chem. Soc. Dalton Trans. **1973** 357/9). — [4] A. Angoso y Catalina (Acta Salmanticensia Ser. Cienc. [2] **3** Nr. 1 [1961] 77/103, 85, 89/90, 92; C.A. **57** [1962] 12093). — [5] H. E. Swanson, N. T. Gilfrich, M. I. Cook, R. Stinchfield, P. C. Parks (Natl. Bur. Std. [U.S.] Circ. Nr. 539, Bd. 8 [1959] 1/76, 48).

[6] T. C. Gibb, R. Greatrex, N. N. Greenwood, A. C. Sarma (J. Chem. Soc. A **1970** 212/7). — [7] M. Webster, P. H. Collins (J. Chem. Soc. Dalton Trans. **1973** 588/94). — [8] O. N. Fedorova, G. M. Serebrennikova, B. D. Stepin (Zh. Neorgan. Khim. **16** [1971] 2808/12; Russ. J. Inorg. Chem. **16** [1971] 1495/7). — [9] G. Engel (Naturwissenschaften **21** [1933] 704; Z. Krist. A **90** [1935] 341/73, 361). — [10] J. Benkö (Acta Chim. Acad. Sci. Hung. **35** [1963] 447/63, 459).

[11] D. M. Adams, D. M. Morris (J. Chem. Soc. A **1967** 2067/9). — [12] G. R. Allakhverdov, G. M. Serebrennikova, B. D. Stepin (Zh. Neorgan. Khim. **15** [1970] 77/80; Russ. J. Inorg. Chem. **15** [1970] 39/41). — [13] B. D. Stepin, G. R. Allakhverdov, G. M. Serebrennikova, V. E. Plyushchev (Redk. Shchelochnye Elem. **1969** 80/6; C.A. **74** [1971] Nr. 91905).

Cs_2TeCl_6

5.10.2.6 Cs_2TeCl_6

Ältere Angaben s. „Caesium" S. 230.

Zum Auftreten der Verbindung in den Systemen $TeCl_4$-CsCl(-H_2O) s. S. 129 und $TeCl_4$-CsCl-RbCl s. S. 131.

Die Darstellung erfolgt durch Zusammenschmelzen der Komponenten $TeCl_4$ und CsCl im stöchiometrischen Verhältnis in luftleeren zugeschmolzenen Quarzampullen. Die Kristalle werden mit flüssigem Paraffin überzogen, um Zersetzung an der Luft zu verhindern, Safonov u. a. [1], Safonov, Kuzina [2]. — Von Brill, Welsh [3] wird Cs_2TeCl_6 nach der allgemeinen Darstellungsmethode für Hexachlorotellurate(IV) hergestellt. Hierzu wird TeO_2 in 12 molarer Salzsäure gelöst und mit überschüssigem CsCl, das in einem Minimum an H_2O gelöst ist, vermischt. Die Ausfällung erfolgt sofort oder nach kurzem Eindampfen. Der Niederschlag wird aus verdünnter HCl-Lösung umkristallisiert und im Vakuum-Exsikkator über P_2O_5 getrocknet [3]. Nach Angoso y Catalina [4] wird der Niederschlag in verdünnter Salzsäure aufgelöst und die Lösung auf dem Wasserbad konzentriert, bis gelbe Kristalle auskristallisieren. Die Verbindung entsteht auch beim Hinzufügen von wäßriger konzentrierter CsCl-Lösung zu in verdünnter Salzsäure gelöstem $TeCl_4$. Die gelbe Lösung wird filtriert und auf dem Wasserbad konzentriert, beim Abkühlen kristallisieren dann gelbe Kristalle aus [4].

Die Form der zitronengelben Kristalle ist eine Mischung von Würfeln und Oktaedern und deren Kombinationen, s. Abbildung im Original. Das Pulverdiagramm ist identisch mit dem früher von Engel [5] beschriebenen, wonach Cs_2TeCl_6 kubisch im K_2PtCl_6-Typ kristallisiert, Fedorova u. a. [6]. Eine schematische Darstellung eines Pulverdiagrammes s. Original bei [1]. Die kubische Struktur der Kristalle wird durch Untersuchung der ^{35}Cl-Kernquadrupolresonanz bestätigt, es wird nur eine Resonanzlinie beobachtet [3]. Auch bei tiefen Temperaturen wird nur eine Resonanzlinie gemessen, demnach tritt keine Phasenumwandlung bei Erniedrigung der Temperatur auf, Brown, Kent [13], s. dazu S. 116. Cs_2TeCl_6 ist isotyp mit den entsprechenden $SnCl_6^{2-}$ und $PbCl_6^{2-}$-Salzen [3]. — Die pyknometrisch bestimmte Dichte D in g/cm³ bei 25°C beträgt mit Tetrachlorkohlenstoff D = 3.50 [1]; mit Toluol D = 3.49 [6] und D = 3.501 [4]. — Die Kristalle sind in polarisiertem Licht optisch isotrop;

in durchfallendem Licht haben dünne Schichten der Kristalle eine smaragdgrüne Farbe, deren Intensität größer als die der K- und Rb-Verbindung ist [1]. Der Brechungsindex n_D ist > 1.78 [6]. — Im IR- und Raman-Spektrum wird neben den Grundschwingungen ν_1 bis ν_6 des $TeCl_6^{2-}$-Ions die Gitterschwingung $\nu_g = 62\ cm^{-1}$ beobachtet, die mit ν_4 von gleicher Symmetrie (F_{1u}) ist, es tritt Kopplung ein, Adams, Morris [7]; $\nu_g = 64.5\ cm^{-1}$ [8], $\nu_g = 70\ cm^{-1}$ [9, 10]. Zu IR-, Raman- und Mössbauer-Spektren von festem Cs_2TeCl_6 und Angaben für das $TeCl_6^{2-}$-Ion s. S. 118.

Die Verbindung schmilzt unter Luftausschluß bei 719°C [1, 2]. Bei der thermischen Zersetzung bildet sich als Endprodukt ein Gemisch aus CsCl und TeO_2. Die Zersetzung ist komplexer Natur und entspricht der des K_2TeCl_6, s. S. 135, hier nur abweichende Temperaturangaben. Bei einer Erhitzungsgeschwindigkeit von 6 grd/min tritt in einigen Fällen im Bereich 78 bis 90°C ein endothermer Effekt auf, hier wird die hygroskopische Feuchtigkeit der Probe beseitigt, anschließend erfolgt Zersetzung. Die Temperatur, die der maximalen Geschwindigkeit der Zersetzung entspricht, beträgt 345°C, sie ist größer als die der K- und Rb-Verbindung. Bei 409°C tritt Zersetzung von $nTeCl_4 \cdot mTeO_2$ ein. Der endotherme Effekt bei 436°C auf der DTA-Kurve entspricht der polymorphen Umwandlung ($\alpha \rightarrow \beta$) des CsCl. Die thermische Zersetzung endet mit der Bildung einer Mischung von CsCl und TeO_2, s. dazu Tabelle im Original, Allakhverdov u. a. [11], s. auch Stepin u. a. [12] und Angoso y Catalina [4]. — Die Verbindung zersetzt sich an der Luft [1], ist aber nach anderen Angaben [4] an der Luft stabil. In H_2O tritt Hydrolyse ein. Die Kristalle sind in Alkohol, Benzol und Toluol unlöslich, lösen sich aber in verdünnter Salzsäure [4]. Die Löslichkeit in HCl in Abhängigkeit von der Temperatur beträgt in Gew.-%:

HCl Gew.-%	0°C	25°C	50°C
26.88	0.00	0.22	0.41
18.04	0.02	0.35	0.53
9.21	1.15	2.86	3.71
4.99	7.99	10.50	Hydrolyse

Die Löslichkeit verringert sich mit ansteigender HCl-Konzentration und nimmt mit ansteigender Temperatur zu. Bei 50°C und HCl-Konzentration < 9.21 Gew.-% tritt Hydrolyse mit Ausfällung von TeO_2 ein. Die Löslichkeit ist sehr unterschiedlich zu der des Rb_2TeCl_6, s. dazu S. 139; diese beträchtlichen Unterschiede der Löslichkeiten sind für die Trennung der Alkalimetalle von Interesse, für die eine HCl-Molalität von $\cong$ 5 bis 7 geeignet ist. Zur Änderung der Verhältniszahl Molalität Rb_2TeCl_6/Molalität Cs_2TeCl_6 in Abhängigkeit von der HCl-Molalität bei den verschiedenen Temperaturen s. Figur im Original, Fedorova u. a. [6]. — Cs_2TeCl_6 reagiert in der Schmelze mit K_2TeCl_6 und Rb_2TeCl_6 unter Bildung von Mischkristallen, s. dazu die Systeme Cs_2TeCl_6-K_2TeCl_6 S. 142, Cs_2TeCl_6-Rb_2TeCl_6 S. 142, Cs_2TeCl_6-Rb_2TeCl_6-K_2TeCl_6 S. 143. Auch bei der Kristallisation aus HCl-Lösungen bilden Mischungen von Cs_2TeCl_6 und Rb_2TeCl_6 eine lückenlose Reihe von Mischkristallen, s. dazu das System Cs_2TeCl_6-Rb_2TeCl_6-HCl-H_2O S. 142.

Literatur:

[1] V. V. Safonov, A. V. Konov, B. G. Korshunov (Zh. Neorgan. Khim. **14** [1969] 2880/4; Russ. J. Inorg. Chem. **14** [1969] 1518/21). — [2] V. V. Safonov, T. V. Kuzina (Zh. Neorgan. Khim. **20** [1975] 2008/9; Russ. J. Inorg. Chem. **20** [1975] 1121/2). — [3] T. B. Brill, W. A. Welsh (J. Chem. Soc. Dalton Trans. **1973** 357/9). — [4] A. Angoso y Catalina (Acta Salmanticensia Ser. Cienc. [2] **3** Nr. 1 [1961] 77/103, 85, 89/90, 92; C. A. **57** [1962] 12093). — [5] G. Engel (Naturwissenschaften **21** [1933] 704).

[6] O. N. Fedorova, G. M. Serebrennikova, B. D. Stepin (Zh. Neorgan. Khim. **16** [1971] 2808/12 Russ. J. Inorg. Chem. **16** [1971] 1495/7). — [7] D. M. Adams, D. M. Morris (J. Chem. Soc. A **1967** 2067/9). — [8] J. A. Creighton, J. H. S. Green (J. Chem. Soc. A **1968** 808/13). — [9] P. J. Hendra, Z. Jovic (J. Chem. Soc. A **1968** 600/2). — [10] N. Katsaros (Diss. Univ. of Massachusetts 1969, S. 1/173, 42; Diss. Abstr. Intern. B **30** [1969/70] 104).

[11] G. R. Allakhverdov, G. M. Serebrennikova, B. D. Stepin (Zh. Neorgan. Khim. **15** [1970] 77/80; Russ. J. Inorg. Chem. **15** [1970] 39/41). — [12] B. D. Stepin, G. R. Allakhverdov, G. M. Serebrennikova, V. E. Plyushchev (Redk. Shchelochnye Elem. **1969** 80/6; C. A. **74** [1971] Nr. 91905). — [13] T. L. Brown, L. G. Kent (J. Phys. Chem. **74** [1970] 3572/9).

Systems of Alkali Hexachlorotellurates(IV)

5.10.3 Systeme der Alkalihexachlorotellurate(IV)

The Rb_2TeCl_6-K_2TeCl_6 System

5.10.3.1 Das System Rb_2TeCl_6-K_2TeCl_6

In dem binären System, das differentialthermoanalytisch untersucht wird, bilden die beiden Komponenten eine kontinuierliche Mischkristallreihe ohne Extreme, Meßwerte s. Tabelle im Original, V. V. Safonov, T. B. Kuzina (Zh. Neorgan. Khim. **20** [1975] 2008/9; Russ. J. Inorg. Chem. **20** [1975] 1121/2).

The Cs_2TeCl_6-K_2TeCl_6 System

5.10.3.2 Das System Cs_2TeCl_6-K_2TeCl_6

Das System entspricht einem der stabilen Schnitte durch das ternäre System $TeCl_4$-CsCl-KCl, s. S. 130. In dem binären System Cs_2TeCl_6-K_2TeCl_6, das differentialthermoanalytisch untersucht wird, bilden die beiden Komponenten eine lückenlose Mischkristallreihe ohne Extreme, Meßwerte s. Tabelle im Original, V. V. Safonov, T. B. Kuzina (Zh. Neorgan. Khim. **20** [1975] 2008/9; Russ. J. Inorg. Chem. **20** [1975] 1121/2).

The Cs_2TeCl_6-Rb_2TeCl_6 System

5.10.3.3 Das System Cs_2TeCl_6-Rb_2TeCl_6

Das System entspricht einem der stabilen Schnitte durch das ternäre System $TeCl_4$-CsCl-RbCl, s. S. 131. In dem binären System Cs_2TeCl_6-Rb_2TeCl_6, das differentialthermoanalytisch untersucht wird, bilden die beiden Komponenten eine lückenlose Mischkristallreihe mit einem Minimum bei 658°C und 77.5 Mol-% Rb_2TeCl_6; Schmelzdiagramm s. Original, Safonov u. a. [1], Meßwerte s. Original, Safonov, Kozina [2].

Literatur:

[1] V. V. Safonov, G. M. Serebrennikova, O. S. Tsyganova, B. D. Stepin, B. G. Korshunov (Zh. Neorgan. Khim. **16** [1971] 2818/20; Russ. J. Inorg. Chem. **16** [1971] 1501/2). — [2] V. V. Safonov, T. B. Kuzina (Zh. Neorgan. Khim. **20** [1975] 2008/9; Russ. J. Inorg. Chem. **20** [1975] 1121/2).

The Cs_2TeCl_6-Rb_2TeCl_6-HCl-H_2O System

5.10.3.4 Das System Cs_2TeCl_6-Rb_2TeCl_6-HCl-H_2O

Die Untersuchungen der Löslichkeit in dem quaternären System erfolgt nach der isothermen Methode. Das Gleichgewicht in dem System wird bei 25°C in 28 Tagen erreicht. Es wird eine ununterbrochene Mischkristallreihe gebildet. Zusammensetzung der flüssigen und der festen Phase bei konstanter HCl-Konzentration 12.66 Gew.-% und Löslichkeitsisotherme bei 25°C s. Tabelle und Figur im Original, Safonov u. a. [1].

Da Cs_2TeCl_6 und Rb_2TeCl_6 für die Reinigung der Caesium- und Rubidiumverbindungen und für die Trennung dieser Substanzen von praktischem Interesse sind, werden zur thermodynamischen Charakterisierung der Mischkristalle Cs_2TeCl_6-Rb_2TeCl_6 in diesem System (mit konstanter HCl-Konzentration 12.66 Gew.-%) von Allakhverdov, Stepin [2] die Aktivitätskoeffizienten f_i der Komponenten der Mischkristalle und der thermodynamische Cokristallisationskoeffizient D° nach eigenen Gleichungen berechnet. Letzterer beträgt $D^\circ_{Rb,\,Cs} = 1.4 \times 10^{-4}$ bei 25°C und ist damit kleiner als im RbCl-CsCl-System. Aktivitätskoeffizienten f_i s. Tabelle im Original [2]. Cokristallisationsisotherme bei 25°C s. Figur im Original, Stepin u. a. [3].

Literatur:

[1] V. V. Safonov, G. M. Serebrennikova, O. S. Tsyganova, B. D. Stepin, B. G. Korshunov (Zh. Neorgan. Khim. **16** [1971] 2818/20; Russ. J. Inorg. Chem. **16** [1971] 1501/2). — [2] G. R. Allakhverdov, B. D. Stepin (Zh. Fiz. Khim. **45** [1971] 1872/3; Russ. J. Phys. Chem. **45** [1971] 1070). — [3] B. D. Stepin, G. M. Serebrennikova, A. A. Fakeev, G. R. Allakhverdov, V. I. Safonova (Zh. Neorgan. Khim. **20** [1975] 1069/72; Russ. J. Inorg. Chem. **20** [1975] 599/601).

5.10.3.5 Das System Cs_2TeCl_6-Rb_2TeCl_6-K_2TeCl_6

The Cs_2TeCl_6-Rb_2TeCl_6-K_2TeCl_6 System

Randsysteme: Rb_2TeCl_6-K_2TeCl_6 s. S. 142, Cs_2TeCl_6-K_2TeCl_6 s. S. 142, Cs_2TeCl_6-Rb_2TeCl_6 s. S. 142.

Das nach differentialthermoanalytischen Untersuchungen an drei Schnitten aufgestellte Zustandsdiagramm zeigt **Fig. 24**. In diesem ternären System reagieren die Komponenten unter Bildung einer kontinuierlichen Mischkristallreihe. Die Liquidusfläche stellt das Kristallisationsfeld der Mischkristalle auf Basis der Komponenten dar. Die Mischkristalle sind bei gewöhnlicher Temperatur beständig, V. V. Safonov, T. B. Kuzina (Zh. Neorgan. Khim. **20** [1975] 1008/9; Russ. J. Inorg. Chem. **20** [1975] 1121/2).

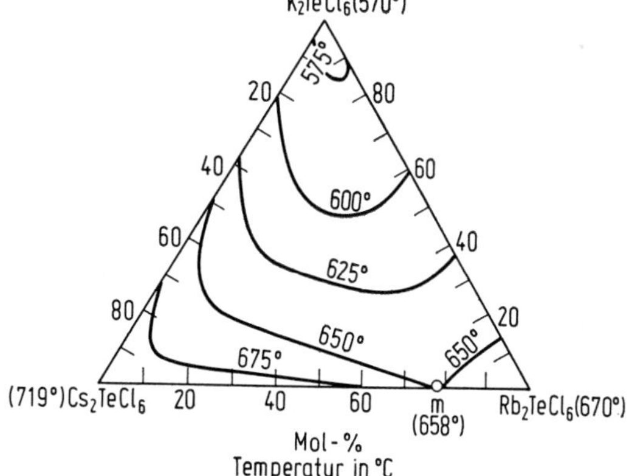

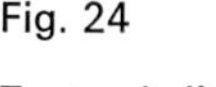
Fig. 24

Zustandsdiagramm des Systems Cs_2TeCl_6-Rb_2TeCl_6-K_2TeCl_6 mit Minimum m im Randsystem Cs_2TeCl_6-Rb_2TeCl_6.

5.11 Mehrkernige Ionen $Te_2Cl_{10}^{2-}$ und $Te_3Cl_{13}^{-}$ und deren Salze

Polynuclear Ions $Te_2Cl_{10}^{2-}$ and $TeCl_{13}^{-}$ and Their Salts

Außer den einkernigen komplexen Ionen $(TeCl_n)^{(4-n)+}$ sind die beiden mehrkernigen Ionen $Te_2Cl_{10}^{2-}$ und $Te_3Cl_{13}^{-}$ bekannt. — Sie werden als Abbauprodukte des Tellur(IV)-chlorids (formuliert als $(TeCl_4)_4$ oder Te_4Cl_{16}) betrachtet. Ihre Bildung erfolgt in benzolischen Lösungen durch Abspaltung von einer bzw. zwei $TeCl_3^+$-Gruppen aus $(TeCl_4)_4$ durch als Lewis-Base fungierende Cl^--Ionen, B. Krebs, V. Paulat (Angew. Chem. **85** [1973] 662/3; Angew. Chem. Intern. Ed. Engl. **12** [1973] 666/7).

5.11.1 $Te_2Cl_{10}^{2-}$

$Te_2Cl_{10}^{2-}$

Das Ion $Te_2Cl_{10}^{2-}$ wird von Krebs, Paulat [1] in Form der festen Verbindung $[(C_6H_5)_4As]_2Te_2Cl_{10}$ isoliert, Darstellung dieser Verbindung s. S. 144. Das $Te_2Cl_{10}^{2-}$-Ion, dessen dimere Struktur durch kryoskopische Messungen nachgewiesen ist, besteht sehr wahrscheinlich aus zwei verzerrten, kantenverknüpften Oktaedern [1]. — Die Bildung des $Te_2Cl_{10}^{2-}$-Ions in Lösungen eines Gemisches aus $TeCl_4$ und $[C_5H_5NH]_2TeCl_6$ in Propionitril oder Acetonitril wird von Beattie, Chudzynska [2] auf Grund von UV-Spektren nicht angenommen. In diesen Lösungen soll das Gleichgewicht: $TeCl_6^{2-} + TeCl_4 \leftrightarrow 2\,TeCl_5^-$ vorliegen [2].

Literatur:

[1] B. Krebs, V. Paulat (Angew. Chem. **85** [1973] 662/3; Angew. Chem. Intern. Ed. Engl. **12** [1973] 666/7). — [2] I. R. Beattie, H. Chudzynska (J. Chem. Soc. A **1967** 984/90).

$[(C_6H_5)_4As]_2Te_2Cl_{10}$

5.11.2 $[(C_6H_5)_4As]_2Te_2Cl_{10}$

Die Tetraphenylarsoniumverbindung wird bei der Reaktion von Tellur(IV)-chlorid $(TeCl_4)_4$ mit $(C_6H_5)_4AsCl$ im Molverhältnis 1:2 in C_6H_6 gebildet und analysenrein in Form von gelben, plättchenförmigen Kristallen isoliert. Die Verbindung kristallisiert triklin mit den Gitterkonstanten a = 12.114, b = 20.663, c = 10.654 Å; α = 94.44°, β = 94.07°, γ = 89.73°; Z = 2; Raumgruppe $P\bar{1}$-C_i^1 (Nr. 2); die Röntgendichte beträgt D = 1.72, die experimentell bestimmte Dichte D = 1.70 g/cm³, B. Krebs, V. Paulat (Angew. Chem. **85** [1973] 662/3; Angew. Chem. Intern. Ed. Engl. **12** [1973] 666/7).

$Te_3Cl_{13}^-$

5.11.3 $Te_3Cl_{13}^-$

Das Ion $Te_3Cl_{13}^-$ ist in Form seiner festen Salze $[(C_6H_5)_3C]Te_3Cl_{13}$ [1] und $[(C_2H_5)_4N]Te_3Cl_{13}$ [2] isoliert und nachgewiesen worden. Darstellung dieser Verbindungen s. S. 145. — Die Röntgen-Strukturanalyse des $[(C_6H_5)_3C]Te_3Cl_{13}$ von Krebs, Paulat [1] zeigt, daß das $Te_3Cl_{13}^-$-Ion strukturell ein Bruchstück von $(TeCl_4)_4$ ist, aus dem eine $TeCl_3^+$-Gruppe abgespalten ist, s. dazu Figur im Original. Bei der Struktur des $Te_3Cl_{13}^-$ handelt es sich um einen bisher unbekannten Strukturtyp eines isolierten trimeren Ions. Das Ion besteht aus drei verzerrten $TeCl_6$-Oktaedern, die über Kanten zu einer trigonalen Einheit mit idealisierter C_{3v}-Symmetrie verknüpft sind. In **Fig. 25** sind die Bindungslängen und mittleren Bindungswinkel angegeben. Die Differenz zwischen endständigen Bindungslängen (Mittelwert 2.342 Å) und Brückenbindungslängen (Mittelwert 2.841 Å) ist beträchtlich, gleicht aber in der Größenordnung der Differenz in $(TeCl_4)_4$, in $TeCl_3^+AlCl_4^-$ und in $PCl_4^+TeCl_5^-$. Diese Differenz ist eine Folge der Anwesenheit des inerten Elektronenpaares und der damit verbundenen geringen Stärke der Brückenbindungen; wie erwartet sind die Bindungen zum dreifach gebundenen Brückenatom Cl-1 am längsten. Das IR-Spektrum des Salzes $[(C_6H_5)_3C]Te_3Cl_{13}$ zeigt im Bereich 33 bis 400 cm^{-1} folgende Banden: 341, 332, 317, 305, 208, 170, 156, 72 cm^{-1}, von denen die ersten vier im wesentlichen den Schwingungen der endständigen $TeCl_3$-Gruppierungen zugeordnet werden [1]. — Das IR-Spektrum des Salzes $[(C_2H_5)_4N]Te_3Cl_{13}$ im Bereich 90 bis 400 cm^{-1} gleicht nach Angaben von Creighton, Green [2] dem des festen Tellur(IV)-chlorids und läßt auch auf $TeCl_3^+$-Gruppen schließen, deren Bindungs-Wechselwirkungen mit benachbarten Chlorid-Ionen aber stärker sind als im festen Tellur(IV)-chlorid. Folgende Schwingungsfrequenzen werden gemessen: 377 (s), 322 (s), 245 (vw), 196 (m), 170 (s) cm^{-1}. Auf Grund des IR-Spektrums soll die korrekte Formulierung für dieses Salz mit dem $Te_3Cl_{13}^-$ folgende sein: $[(C_2H_5)_4N](TeCl_3)_3Cl_4$ [2].

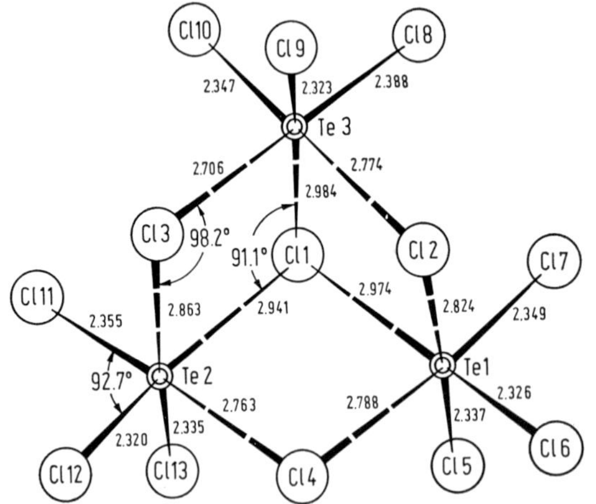

Fig. 25

Struktur des $Te_3Cl_{13}^-$-Ions im Triphenylmethyl-Salz mit Bindungslängen (in Å; Standardfehler 0.005 Å) und Bindungswinkeln.

Literatur:

[1] B. Krebs, V. Paulat (Angew. Chem. **85** [1973] 662/3; Angew. Chem. Intern. Ed. Engl. **12** [1973] 666/7). — [2] J. A. Creighton, J. H. S. Green (J. Chem. Soc. A **1968** 808/13).

5.11.4 $[(C_2H_5)_4N]Te_3Cl_{13}$

$[(C_2H_5)_4$-$N]Te_3Cl_{13}$

Zur Darstellung der Tetraäthylammoniumverbindung wird wasserfreies $[(C_2H_5)_4N]Cl$, gelöst in einem CH_2Cl_2-C_6H_6-Gemisch, tropfenweise unter Rühren zu einer Lösung von Tellur(IV)-chlorid in CH_2Cl_2-C_6H_6-$SOCl_2$ hinzugefügt. Die Verbindung setzt sich als weißer Niederschlag ab. In der Reaktionsmischung muß immer ein Überschuß an Te(IV)-chlorid vorhanden sein, da bei äquimolaren Mengen der Reaktionspartner das gebildete $[(C_2H_5)_4N]Te_3Cl_{13}$ beim weiteren Zufügen von $[(C_2H_5)_4N]Cl$-Lösung in $[(C_2H_5)_4N]TeCl_5$ umgewandelt wird, das als gelber Niederschlag ausfällt. — Aus dem IR-Spektrum (Schwingungsfrequenzen s. S. 144) wird gefolgert, daß die korrekte Formulierung für die Verbindung die ionische Form $[(C_2H_5)_4N^+](TeCl_3^+)_3(Cl^-)_4$ ist, J. A. Creighton, J. M. S. Green (J. Chem. Soc. A **1968** 808/13).

5.11.5 $[(C_6H_5)_3C]Te_3Cl_{13}$

$[(C_6H_5)_3$-$C]Te_3Cl_{13}$

Die Triphenylmethylverbindung wird aus äquimolaren Mengen Tellur(IV)-chlorid (Te_4Cl_{16}) und Triphenylmethylchlorid in Benzol gebildet entsprechend: $Te_4Cl_{16} + [(C_6H_5)_3C]Cl \rightarrow [(C_6H_5)_3C]Te_3Cl_{13} + {}^1/_4 Te_4Cl_{16}$. Beim leichten Erwärmen der entstandenen dunkelbraunen Lösung setzen sich gelbbraune, nadelförmige Kristalle ab. Die Verbindung kristallisiert monoklin mit den Gitterkonstanten: a = 11.095, b = 16.444, c = 20.439 Å, β = 114.50°; Z = 4; Raumgruppe $P2_1/_c$-C_{2h}^5 (Nr. 14). Zur Struktur des $Te_3Cl_{13}^-$-Ions in dieser Verbindung s. S. 144. Die experimentelle Dichte beträgt D = 2.12 und die Röntgendichte D = 2.13 g/cm³. IR-Spektrum s. S. 144. Die Verbindung ist unter Feuchtigkeitsausschluß bei Zimmertemperatur stabil und schmilzt bei 196 bis 198°C, B. Krebs, V. Paulat (Angew. Chem. **85** [1973] 662/3; Angew. Chem. Intern. Ed. Engl. **12** [1973] 666/7).

5.12 Das System $TeCl_4$-TeO_2

The $TeCl_4$-TeO_2 System

Das System wird von Oppermann u.a. [1] durch tensimetrische Messungen und Differentialthermoanalyse untersucht. Durch Messungen des Gesamtdrucks über Gemischen aus $TeCl_4$ und TeO_2 unterschiedlicher Zusammensetzung wird das Barogramm des Systems aufgestellt (Druckverläufe in Abhängigkeit von Zusammensetzung und Temperatur), s. dazu Figur im Original. Das Schmelzdiagramm $TeCl_4$-TeO_2 wird aus den charakteristischen Punkten des Barogramms abgeleitet und durch differentialthermoanalytische Messungen bestätigt, s. **Fig. 26**. Im System treten die

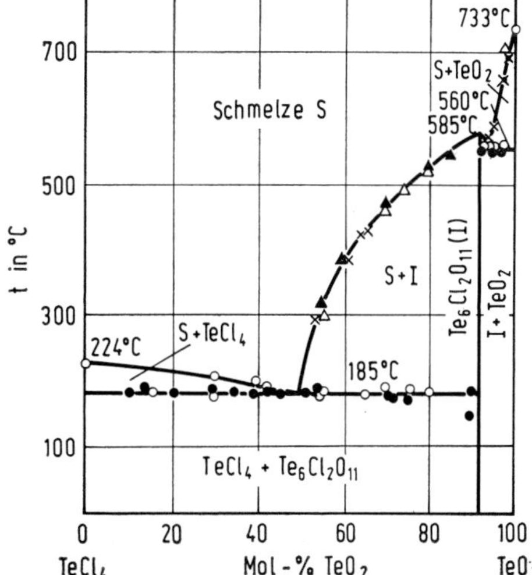

Fig. 26

Zustandsdiagramm des Systems $TeCl_4$-TeO_2. x Tensimetrie, o DTA.

Verbindung $Te_6Cl_2O_{11}$ und zwei Eutektika auf. $Te_6Cl_2O_{11}$ schmilzt kongruent bei 585°C. Das Eutektikum zwischen $TeCl_4$ und $Te_6Cl_2O_{11}$ liegt bei 48 Mol-% TeO_2 und 185°C, das zwischen $Te_6Cl_2O_{11}$ und TeO_2 bei 92.5 Mol-% TeO_2 und 560°C [1]. — Nicht in voller Übereinstimmung damit sind differentialthermoanalytische Untersuchungen von Safonov u.a. [2]. Zustandsdiagramm s. Original. Im System existiert auch die Verbindung $Te_6Cl_2O_{11}$, aber nur ein Eutektikum. $Te_6Cl_2O_{11}$ schmilzt hier inkongruent bei 580°C und das Eutektikum zwischen $TeCl_4$ und $Te_6Cl_2O_{11}$ liegt bei 33 Mol-% TeO_2 und 150°C. Im Konzentrationsbereich 4 bis 30 Mol-% TeO_2 besteht eine Mischungslücke, die monotektische Temperatur ist 190°C [2].

Durch tensimetrische Messungen und Transportexperimente im System wird die Existenz von $TeCl_2O$ in der Gasphase nachgewiesen, Oppermann, Kunze [3].

Literatur:

[1] H. Oppermann, G. Kunze, W. Reichelt (Z. Anorg. Allgem. Chem. **429** [1977] 18/24). — [2] V. V. Safonov, V. S. Nikulenko, M. B. Varfolomeev, V. A. Grinko, V. I. Ksenzenko (Zh. Neorgan. Khim. **20** [1975] 2472/5; Russ. J. Inorg. Chem. **20** [1975] 1370/2). — [3] H. Oppermann, G. Kunze (zitiert in [1]).

Tellurium(IV) Chloride Oxides

5.13 Tellur(IV)-chloridoxide

Tellur(IV)-chloridoxide nicht genau definierter Zusammensetzung bilden sich bei der thermischen Zersetzung des $TeCl_4$ in Gegenwart von Sauerstoff und Feuchtigkeit, s. S. 90. Analysenwerte des Rückstands bei 222 bis 250°C deuten folgende Reaktionen an: $12\,TeCl_4 + 7\,O_2 = 5\,TeCl_4 \cdot 7\,TeO_2 + 14\,Cl_2$. Die Zusammensetzung $n\,TeCl_4 \cdot m\,TeO_2$ hängt von den Reaktionsbedingungen ab. Chloridoxide werden auch bei der thermischen Zersetzung der Alkalihexachlorotellurate(IV) beobachtet, s. dazu die thermische Zersetzung des K_2TeCl_6, S. 135, des Rb_2TeCl_6, S. 139, und des Cs_2TeCl_6, S. 141, G. R. Allakhverdov, G. M. Serebrennikova, B. D. Stepin (Zh. Neorgan. Khim. **15** [1970] 77/80; Russ. J. Inorg. Chem. **15** [1970] 39/41).

$TeCl_2O$

5.13.1 $TeCl_2O$

Nach älteren Angaben, s. „Tellur" S. 334, ist die Existenz dieser Verbindung fraglich.

In der neueren Literatur fehlen Angaben über $TeCl_2O$ in festem Zustand. — In Lösungen von $TeO(OH)_2$ in HCl, HCl-Konzentrationen 1 bis 5 mol/l, tritt $TeCl_2O$ neben anderen Chlorooxo-Komplexen des Te^{IV} auf. Es bildet sich in diesen Lösungen aus $TeCl(OH)O$ entsprechend $TeCl(OH)O + H^+ + Cl^- \rightleftharpoons TeCl_2O + H_2O$, geht jedoch bei höheren Cl^--Konzentrationen in $TeCl_6^{2-}$ über, Nabivanets, Kapantsyan [1], vgl. hierzu S. 148. — In der Gasphase wird $TeCl_2O$ über der Schmelze $TeCl_4$-TeO_2 durch tensimetrische Messungen und Transportexperimente nachgewiesen, Oppermann, Kunze [2]. Es existiert auch in der Gasphase des Systems Fe_2O_3-TeO_2 neben weiteren Fe-Cl- und Te-Cl-Spezies und ist dort entscheidend am Sauerstofftransport beteiligt, Gerlach, Oppermann [3]. $^{131}TeCl_2O$ bildet sich neben $^{131}TeCl_4$ und $^{131}TeO_2$ bei der Reaktion von ^{131}Te mit einem Cl_2-O_2-Gemisch, wie Untersuchungen des Transports von ^{131}Te im Cl_2-O_2-Strom ergeben; als Transportgas für ^{131}Te dient ein auf 350°C erhitzter N_2-Strom. Modell des Reaktionsablaufs s. Original, Steinwandter [4].

Vorläufige Angaben für Enthalpie- und Entropiewerte des gasförmigen $TeCl_2O$: $\Delta H^{\circ}_{298} + (H^{\circ}_{1200} - H^{\circ}_{298}) = -28$ kcal/mol und $S^{\circ} = 105.5$ cal · mol^{-1} · K^{-1} bei 1200 K, Oppermann, Kunze [5].

Literatur:

[1] B. I. Nabivanets, E. E. Kapantsyan (Zh. Neorgan. Khim. **13** [1968] 1817/22; Russ. J. Inorg. Chem. **13** [1968] 946/9). — [2] H. Oppermann, G. Kunze (zitiert in [6]). — [3] U. Gerlach, H. Oppermann (Z. Anorg. Allgem. Chem. **429** [1977] 25/33). — [4] H. Steinwandter (Inorg. Nucl. Chem. Letters **8** [1972] 1047/52). — [5] H. Oppermann, G. Kunze (zitiert in [3]).

[6] H. Oppermann, G. Kunze, W. Reichelt (Z. Anorg. Allgem. Chem. **429** [1977] 18/24).

5.13.2 $Te_6Cl_2O_{11}$

$Te_6Cl_2O_{11}$

Zum Auftreten der Verbindung in den Systemen $TeCl_4$-TeO_2, s. S. 145, und $TeBr_4$-$TeCl_4$-TeO_2, s. „Tellur" Erg.-Bd. 3.

$Te_6Cl_2O_{11}$ wird als Zwischenprodukt bei der thermischen Zersetzung von K_2TeCl_6 und Rb_2TeCl_6, s. S. 135, 139, beobachtet. Die geringen endothermen Effekte der DTG-Kurven von K_2TeCl_6 und Rb_2TeCl_6 bei 388 und 381°C werden der Sublimation des $Te_6Cl_2O_{11}$ zugeordnet, Allakhverdov u.a. [1]. — Die Verbindung bildet sich bei der Darstellung von $TeCl_4$ aus TeO_2 und CCl_4 bei 500°C durch die Reaktion des gebildeten $TeCl_4$ mit TeO_2, Khodadad [2].

Zur Darstellung wird CCl_4 von einem trocknen, reinen CO_2-Strom bei 40 bis 50°C mitgerissen und über TeO_2 geleitet, das sich in einem Pyrexrohr bei 500°C befindet. Ein Teil des sich bei dieser Reaktion bildenden $TeCl_4$ reagiert mit TeO_2 nach $11\,TeO_2 + TeCl_4 = 2\,Te_6Cl_2O_{11}$. Da das Chloridoxid weniger flüchtig als $TeCl_4$ ist, wird es bei 280°C frei von $TeCl_4$ erhalten in Form von nadelförmigen weißen Kristallen, denen weniger ausgebildete Kristalle, die tafelförmig, transparent und farblos sind, anhaften, Khodadad u.a. [3, 4]. Bei einer weiteren Darstellungsmethode wird feingepulvertes, bei 300°C vorbehandeltes TeO_2 mit überschüssigem $TeCl_4$ in einem Bombenrohr bei 400 bis 450°C zur Reaktion gebracht. Nach 48 h wird die Temperatur auf 250°C gesenkt, dabei sublimiert das überschüssige $TeCl_4$ und setzt sich an kälteren Rohrteilen ab. Der Rückstand wird in einem anderen Bombenrohr, diesmal bei 500°C, behandelt. Das Chloridoxid sublimiert beim Abkühlen und wird in gut ausgebildeten Kristallen erhalten; als Rückstand verbleibt TeO_2 [3, 4].

$Te_6Cl_2O_{11}$ kristallisiert rhombisch mit den Gitterkonstanten $a = 6.836 \pm 0.005$, $b = 11.745 \pm 0.005$, $c = 15.17 \pm 0.05$ Å; d-Werte s. im Original. Die Raumgruppe $C2/c2/m2_1/m$ (übliche Aufstellung Cmcm)-D_{2h}^{17} (Nr. 63), Z = 4, wird mit Hilfe der anomalen Dispersion, die Te für CuKα-Strahlung zeigt, bestimmt, Khodadad u.a. [2, 4]. Von Safonov u.a. [6] angegebene Werte für die Gitterkonstanten: $a = 6.77 \pm 0.01$, $b = 11.77 \pm 0.01$, $c = 15.20 \pm 0.01$ (nach Pulveraufnahmen).

Die pyknometrisch bestimmte Dichte beträgt $D_0^4 = 5.50$, die berechnete Dichte $D = 5.52$ g/cm^3 [2, 4].

Die Verbindung schmilzt kongruent bei 585°C, Oppermann u.a. [5], inkongruent bei 580°C, Safonov u.a. [6]. Nach Khodadad [2, 3] liegt der Schmelzpunkt bei 580 ± 5°C. Beim langsamen Abkühlen der Schmelze entsteht eine transparente, röntgenamorphe, glasartige, feste Substanz. Durch Erwärmen auf 280°C tritt Entglasung und Wiederherstellung der anfänglichen Kristallstruktur ein [2, 3]. $Te_6Cl_2O_{11}$ sublimiert im Vakuum bei 400°C ohne Zersetzung [2, 3], Zersetzung wird bis 600°C nicht beobachtet [2]. Im Gegensatz zur entsprechenden Br-Verbindung ist $Te_6Cl_2O_{11}$ sehr stabil [2].

Von H_2 wird die Verbindung sehr leicht reduziert. Die Reaktion verläuft von etwa 480°C an unter Bildung von Te, H_2O sowie HCl und wird von einer starken Kontraktion des Gasvolumens begleitet. Bei gewöhnlicher Temperatur reagiert das Chloridoxid mit H_2O nicht, bei etwa 40°C tritt aber Hydrolyse ein: $Te_6Cl_2O_{11} + H_2O \rightarrow 6\,TeO_2 + 2\,HCl$. — Das Verhalten gegenüber gasförmigem HCl ist identisch mit dem des TeO_2, es wird kein $m\,TeO_2 \cdot n\,HCl$ gebildet. Im Gegensatz zu TeO_2 löst sich $Te_6Cl_2O_{11}$ leicht in konzentrierter Ammoniaklösung. Mit gasförmigem NH_3 findet keine Reaktion statt, was im Gegensatz zum Verhalten des $TeCl_4$ steht. Gegenüber Mineralsäuren, NaOH und KOH verhält sich $Te_6Cl_2O_{11}$ wie TeO_2 [2, 3].

Literatur:

[1] G. R. Allakhverdov, G. M. Serebrennikova, B. D. Stepin (Zh. Neorgan. Khim. **15** [1970] 77/80; Russ. J. Inorg. Chem. **15** [1970] 39/41). — [2] P. Khodadad (Ann. Chim. [Paris] [13] **10** [1965] 83/103, 91/8). — [3] P. Khodadad (Bull. Soc. Chim. France **1965** 468/70). — [4] P. Khodadad, P. Laruelle, J. Etienne (Bull. Soc. Chim. France **1965** 470/1). — [5] H. Oppermann, G. Kunze, W. Reichelt (Z. Anorg. Allgem. Chem. **429** [1977] 18/24).

[6] V. V. Safonov, N. S. Nikulenko, M. B. Varfolomeev, V. A. Grinko, V. I. Ksenzenko (Zh. Neorgan. Khim. **20** [1975] 2472/5; Russ. J. Inorg. Chem. **20** [1975] 1370/2).

Chlorooxo, Chlorohydroxo, and Chloroaquo Complexes of Tellurium(IV)

5.14 Chlorooxo-, Chlorohydroxo- und Chloroaquo-Komplexe des Tellurs(IV)

In Lösungen von $TeO(OH)_2$ in HCl und in Mischungen von HCl mit LiCl sind auf Grund von Löslichkeits-, spektrophotometrischen und Ionenaustauschuntersuchungen von Nabivanets, Kapantsyan [1] verschiedene Chlorooxo-Komplexe des Te^{IV} vorhanden. Die Bildung dieser komplexen Ionen wird nicht nur von der Cl^--Konzentration beeinflußt, sondern ist auch von der Acidität des Mediums abhängig. In Lösung mit 0.5 mol/l HCl und 0.5 mol/l LiCl und einer Te-Konzentration von etwa 10^{-4} bis 10^{-3} mol/l wird TeO(OH)Cl bei 18°C gebildet. Die Stabilitätskonstante $\beta = [TeO(OH)Cl]/[TeO(OH)^+][Cl^-]$ hat den Wert lg $\beta = 0.5$. In Lösungen mit 1 bis 5 mol/l HCl werden mit ansteigender HCl-Konzentration folgende Spezies gebildet: $TeOCl_2$, $TeOCl_3^-$, $TeOCl_4^{2-}$. Die entsprechenden Stabilitätskonstanten betragen bei konstanter H^+-Konzentration 0.5 mol/l nach Verfeinerung und Angleichung der Werte: lg $\beta = 0.23$ für $\beta = [TeOCl_2]/[TeO(OH)Cl][Cl^-][H^+]$; lg $\beta = -0.44$ für $\beta = [TeOCl_3^-]/[TeOCl_2][Cl^-]$; lg $\beta = -0.77$ für $\beta = [TeOCl_4^{2-}]/[TeOCl_3^-][Cl^-]$. Bei weiterem Ansteigen der Cl^--Konzentration von 6 auf 9 mol/l HCl bildet sich $TeCl_6^{2-}$ entsprechend: $TeOCl_4^{2-} + 2Cl^- + 2H^+ \rightleftharpoons TeCl_6^{2-} + H_2O$. Die Stabilitätskonstante $\beta = [TeCl_6^{2-}][H_2O]/[TeOCl_4^{2-}][Cl^-]^2[H^+]^2$ beträgt lg $\beta = -1.7$. Dieser Wert zeigt, daß bei etwa 7 mol/l HCl in der Lösung ein Gleichgewicht vorhanden ist, in dem $[TeOCl_4^{2-}] \cong [TeCl_6^{2-}]$ ist. **Fig. 27** zeigt die Verteilung des Te^{IV} zwischen den verschiedenen Spezies in Abhängigkeit von der Cl^--Konzentration bei konstanter H^+-Konzentration = 0.5 mol/l. Weitere Berechnungen haben ergeben, daß mit ansteigender H^+-Konzentration der Bereich, in dem die einzelnen Komplexe vorherrschen, zu niedrigeren Chloridkonzentrationen verschoben wird [1]. — Nach Petkova, Vassilev [2] werden die komplexen Chlorohydroxo-Ionen des Te^{IV} ausgehend vom $[Te(OH)_6]^{2-}$ durch stufenweisen Ersatz der OH^--Ionen durch Cl^--Ionen bei ansteigender Cl^--Konzentration (1.5 bis 10.3 mol/l HCl) gebildet. Folgende Reaktion wird mit steigender Konzentration der H^+- und Cl^--Ionen angenommen: $[Te(OH)_6]^{2-} + nH^+ + nCl^- = [Te(OH)_{6-n}Cl_n]^{2-} + nH_2O$. UV-Absorptionsspektren (190 bis 390 nm) von Te^{IV} in HCl-Lösungen verschiedener Konzentrationen s. Figur im Original [2].

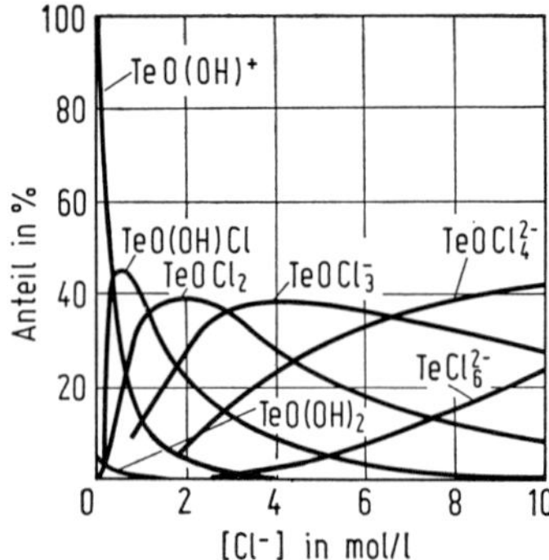

Fig. 27

Verteilung des Te^{IV} zwischen den verschiedenen Spezies in Abhängigkeit von $[Cl^-]$ bei konstantem $[H^+] = 0.5$ mol/l.

Ausgehend von $TeCl_6^{2-}$ in HCl-Lösung (10 mol/l) wird nach Shikheeva [3] auf Grund spektroskopischer Untersuchungen $[TeCl_5(H_2O)]^-$ bei Verringerung der HCl-Konzentration (bis 8.5 mol/l) gebildet. Unter Beteiligung von H_2O ist in diesem Konzentrationsbereich folgendes Gleichgewicht vorhanden: $TeCl_6^{2-} + H_2O \rightleftharpoons [TeCl_5(H_2O)]^- + Cl^-$. Stabilitätskonstante s. S. 110. Das Absorptionsmaximum für $TeCl_6^{2-}$ liegt bei $\lambda_{max} = 375 \pm 2$ nm, für $[TeCl_5(H_2O)]^-$ bei $\lambda_{max} = 381 \pm 2$ nm. In HCl-Lösungen, deren Konzentrationen kleiner als 8.5 mol/l HCl sind, wird die Anwesenheit von Tetrachloro-Komplexen angenommen. Die Zusammensetzung dieser Komplexe kann $[TeCl_4(H_2O)_2]$, $[Te(OH)Cl_4(H_2O)]^-$ und $[Te(OH)_2Cl_4]^{2-}$ sein. Diese Komplexe sind sukzessive Stufen der acidischen Dissoziation des $[TeCl_4(H_2O)_2]$, die aber in 8.5- bis 7.5 molaren HCl-Lösungen vernachlässigt werden können; in diesen Lösungen ist das Gleichgewicht $[TeCl_4(H_2O)_2] + Cl^- \rightleftharpoons [TeCl_5(H_2O)]^- + H_2O$ gegeben, die konsekutive Stabilitätskonstante $K_5 = [TeCl_5(H_2O)^-][H_2O]/[TeCl_4(H_2O)_2][Cl^-]$ hat den Wert lg $K_5 = -1.83$. Bei einer HCl-Konzentration 7.0 bis 5.5 mol/l werden wahrscheinlich folgende Gleichgewichte auftreten: $[TeCl_4(H_2O)_2] \rightleftharpoons [Te(OH)Cl_4(H_2O)]^- + H^+$ und $[Te(OH)Cl_4(H_2O)]^- \rightleftharpoons [Te(OH)_2Cl_4]^{2-} + H^+$ sowie $[Te(OH)_2Cl_4]^{2-} \rightleftharpoons [TeOCl_4]^{2-} + H_2O$. Da die Chlorohydroxo-Komplexe des Te^{IV} allgemein extrem unstabil sind, Wasser abgeben und in Chlorooxo-

Verbindungen umgewandelt werden, kann angenommen werden, daß die Konzentrationen des $[Te(OH)Cl_4(H_2O)]^-$ und des $[Te(OH)_2Cl_4]^{2-}$ verhältnismäßig gering sind und somit vernachlässigt werden können. Die Gesamtgleichung ist dann $[TeCl_4(H_2O)_2] \rightleftharpoons [TeOCl_4]^{2-} + 2H^+ + H_2O$. Die Gleichgewichtskonstante $K'_4 = [TeCl_4(H_2O)_2]/[TeOCl_4^{2-}][H^+]^2[H_2O]$ für die Konversion des Tetrachlorooxotellurat(IV)-Ions in das Tetrachlorodiaquotellur(IV) wird zu lg $K'_4 = -2.20$ berechnet. Mit weiterer Verringerung der HCl-Konzentration von 5.0 auf 2.0 mol/l wird die Bildung eines Trichloro-Komplexes in der Lösung angenommen mit folgendem Gleichgewicht: $[TeOCl_4]^{2-} + H_2O \rightleftharpoons [TeO(OH)Cl_3]^{2-} + Cl^- + H^+$; die Stabilitätskonstante $K_4 = [TeOCl_4^{2-}][H_2O]/[TeO(OH)Cl_3^{2-}]$-$[Cl^-][H^+]$ beträgt lg $K_4 = -3.32$. Eine nochmalige Verringerung der HCl-Konzentration führt zur Bildung von $[TeO(OH)_2Cl_2]^{2-}$, $[TeO(OH)_2Cl]^-$ und $[TeO(OH)_2]$. — Auch Iofa u.a. [4, 5] schließen aus Untersuchungen der UV-Absorptionsspektren, daß sich in 12- bis 3.5 molaren HCl-Lösungen mit Te-Konzentration von etwa 10^{-4} mol/l aus $TeCl_6^{2-}$ nacheinander $[TeCl_5(H_2O)]^-$ und $[TeCl_4(H_2O)_2]$ bilden, wobei die Cl^--Ionen des $TeCl_6^{2-}$ durch H_2O-Moleküle ersetzt werden bei Verringerung der HCl-Konzentration: $TeCl_6^{2-} + i\,H_2O \rightleftharpoons [TeCl_{6-i}(H_2O)_i]^{(2-i)-} + i\,Cl^-$. Als Zwischenprodukte bei der Bildung von $[TeCl_4(H_2O)_2]$ werden $[TeCl_4(OH)_2]^{2-}$ und $[TeCl_4(OH)H_2O]^-$ angenommen. Mössbauer-Spektren dieser Lösungen sind in Übereinstimmung damit [5]. Die Isomerieverschiebung δ des Te^{IV} (angereichert mit 80% ^{125}Te) in 9.4- bis 12 molaren HCl-Lösungen entspricht der des festen Salzes $(NH_4)_2TeCl_6$; bei Verringerung der HCl-Konzentration ändert sich der Wert δ, was auf Bildung von $[TeCl_{6-i}(H_2O)_i]^{(2-i)-}$ mit i = 1, 2.... deutet. Die experimentelle Linienbreite Γ vergrößert sich in 7 und 5 sowie 2.5 molarer Lösung stark auf Grund der Quadrupolaufspaltung, die durch die Asymmetrie der Elektronenstruktur der gemischten Chloroaquo-Ionen des Te^{IV} begründet ist. Von Iofa u.a. [5] werden bei 80 K mit $^{125}Sb/^{125m}Te(Cu)$ als Quelle und Standard folgende Werte für δ und Γ (beide in mm/s) gemessen (m = molar):

Absorber	$\delta(\pm 0.1)$	$\Gamma(\pm 0.1)$
$(NH_4)_2TeCl_6$	1.54	5.2
Te^{IV} in 12 m HCl	1.52	6.2
9.4 m HCl	1.48	6.7
7 m HCl	1.03	8.3
5 m HCl	1.00	8.1
2.5 m HCl	1.06	8.7

Literatur:

[1] B. I. Nabivanets, E. E. Kapantsyan (Zh. Neorgan. Khim. **13** [1968] 1817/22; Russ. J. Inorg. Chem. **13** [1968] 946/9). — [2] E. Petkova, K. Vassilev (Dokl. Bolg. Akad. Nauk **21** [1968] 1173/6; C.A. **70** [1969] Nr. 72434). — [3] L. V. Shikheeva (Zh. Neorgan. Khim. **13** [1968] 2967/73; Russ. J. Inorg. Chem. **13** [1968] 1528/31). — [4] B. Z. Iofa, Wan-Hsing Wang, M. Ridvan (Radiokhimiya **8** [1966] 14/20; Soviet Radiochem. **8** [1966] 14/9). — [5] B. Z. Iofa, M. Ridvan, V. A. Bryukhanov (Vestn. Mosk. Univ. Khim. **24** Nr. 6 [1969] 47/51; Moscow Univ. Chem. Bull. **24** Nr. 6 [1969] 32/5).

5.15 Systeme und Verbindungen TeO_2-Alkalichlorid

TeO_2-Alkali Chloride Systems and Compounds

5.15.1 Das System TeO_2-LiCl

The TeO_2-LiCl System

In dem mit visueller Schmelzpunktsbestimmung untersuchten System wird eine Verbindung bei ungefähr 565°C und 38 Mol-% TeO_2 nachgewiesen. Ihre Zusammensetzung entspricht $2LiCl \cdot TeO_2$. Weiter treten zwei Eutektika auf, eines bei 27.5 Mol-% TeO_2 und 552°C, das andere bei 86.5 Mol-% TeO_2 und 440°C. Wie die Untersuchungen ergeben, wird die Schmelztemperatur des TeO_2 durch den unbeträchtlichen Zusatz von ≈15 Mol-% LiCl um fast 300°C herabgesetzt. Meßwerte s. Tabelle im Original, s. auch Fig. 28, P. G. Rustamov, A. I. Alekperov, E. A. Geidarova (Azerb. Khim. Zh. **1962** Nr. 4, S. 57/63; C.A. **58** [1963] 1953).

2 LiCl · TeO$_2$

5.15.2 2 LiCl · TeO$_2$ ($Li_2TeCl_2O_2$)

Zum Auftreten der bei 565°C schmelzenden Verbindung im System TeO_2-LiCl s. S. 149.

The TeO$_2$-KCl System

5.15.3 Das System TeO_2-KCl

In dem mit visueller Schmelzpunktsbestimmung untersuchten System bildet sich bei 728°C eine inkongruent schmelzende Verbindung der Zusammensetzung 2 KCl · TeO_2. Das Eutektikum des Systems liegt bei 604°C und 87 Mol-% TeO_2. Wie die Untersuchungen ergeben, wird die Schmelztemperatur des TeO_2 durch geringen Zusatz von KCl (ebenso wie durch den Zusatz von LiCl, s. S. 149) merklich vermindert, fast um 130°C. Meßwerte s. Tabelle im Original, s. auch Fig. 28, P. G. Rustamov, A. I. Alekperov, E. A. Geidarova (Azerb. Khim. Zh. **1962** Nr. 4, S. 57/63; C.A. **58** [1963] 1953/4).

2 KCl · TeO$_2$

5.15.4 2 KCl · TeO$_2$ ($K_2TeCl_2O_2$)

Zum Auftreten der bei 728°C inkongruent schmelzenden Verbindung im System TeO_2-KCl s. oben.

The TeO$_2$-KCl-LiCl System

5.15.5 Das System TeO_2-KCl-LiCl

Randsysteme: TeO_2-LiCl s. S. 149, TeO_2-KCl s. oben, KCl-LiCl s. Original und „Kalium", S. 1076.

Das nach visuellen Schmelzpunktsbestimmungen an fünf Schnitten und mit den Werten aus den Randsystemen aufgestellte Zustandsdiagramm, **Fig. 28**, zeigt die vier Kristallisationsfelder: LiCl, KCl,

Fig. 28

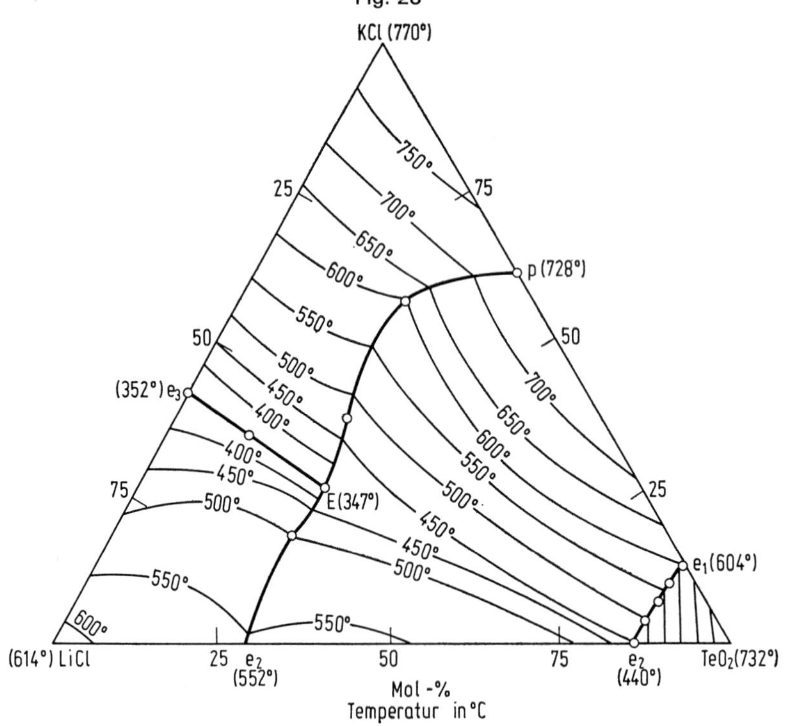

Zustandsdiagramm des Systems TeO_2-KCl-LiCl mit dem eutektischen Punkt E; p und e_1 Peritektikum bzw. Eutektikum im System TeO_2-KCl; e_2 und e_3 Eutektika im System TeO_2-LiCl bzw. LiCl-KCl.

Mischkristalle aus 2 LiCl · TeO_2 und 2 KCl · TeO_2 sowie TeO_2. Der ternäre eutektische Punkt (E) liegt bei 347°C mit 46.0 Mol-% LiCl, 29.0 Mol-% TeO_2 und 25.0 Mol-% KCl. Durch Zusatz einer kleinen Menge von LiCl oder KCl (jeweils bis 15 Mol-%) wird in den an TeO_2-reichen Gebieten der Schmelzpunkt des TeO_2 stark herabgesetzt (fast um 200 bis 300°C), P. G. Rustamov, A. I. Alekperov, E. A. Geidarova (Azerb. Khim. Zh. **1962** Nr. 4, S. 57/63; C.A. **58** [1963] 1953/4).

5.16 Tellurazidchloride

Tellurium Azide Chlorides

Tellurazidtrichlorid TeN_3Cl_3 bzw. Tellurdiaziddichlorid $Te(N_3)_2Cl_2$ bilden sich bei Umsetzung von $TeCl_4$ mit Trimethylsilylazid $(CH_3)_3SiN_3$ im Molverhältnis 1:1 bzw. 1:2 in Methylenchlorid CH_2Cl_2 bei Normaltemperatur nach $TeCl_4 + n(CH_3)_3SiN_3 \xrightleftharpoons{n=1,2} Te(N_3)_nCl_{4-n} + n(CH_3)_3SiCl$. Die Reaktion verläuft sehr langsam, offenbar bedingt durch die begrenzte Löslichkeit des $TeCl_4$ in CH_2Cl_2. Die Azidchloride bilden nach Umkristallisieren in CH_2Cl_2 farblose Nadeln, die bei 59 bis 61°C (TeN_3Cl_3) bzw. 56 bis 64°C ($Te(N_3)_2Cl_2$) schmelzen. Von drei möglichen Strukturmodellen für TeN_3Cl_3 (ionogen, kovalent-monomer, kovalent-polymer) ist der kovalent-monomere Typ mit dem Schmelzpunkt, der Löslichkeit, dem Molekulargewicht und dem IR-Spektrum der Verbindung vereinbar; Entsprechendes gilt für $Te(N_3)_2Cl_2$. Für das Trichlorid ist von den beiden möglichen Strukturen dieses Typs die Molekülform mit axialer Azidgruppe und näherungsweise gleichseitig-pyramidaler $TeCl_3$-Gruppe sehr wahrscheinlich. Im IR-Spektrum der festen Verbindungen in Nujol (Bereich 4000 bis 50 cm^{-1} für TeN_3Cl_3 bzw. 4000 bis 400 cm^{-1} für $Te(N_3)_2Cl_2$) werden folgende Schwingungen beobachtet und zugeordnet:

TeN_3Cl_3	2110 vs	1190 vs	654 m	544 w
$Te(N_3)_2Cl_2$	2085 vs, br	1175 vs, 1165 vs	654 s	547 s
Schwingungsform . .	$\nu_{as}N_3$	ν_sN_3	γN_3	δN_3
TeN_3Cl_3	412 s	357 vs	186 w	164 w, Sh, 156 m
$Te(N_3)_2Cl_2$	413 s, 400 s			
Schwingungsform . .	νTeN_n	ν_sTeCl_3, $\nu_{as}TeCl_n$	δ_sTeCl_n	$\delta_{as}TeCl_n$

Weitere Azidschwingungen treten als Kombinations- und Obertöne auf. TeN_3Cl_3: 3315($\nu_{as}+\nu_s$), 2355($2\nu_s$), 2150(4δ?), 1315(2γ), 1088 (2δ); $Te(N_3)_2Cl_2$: 2300($2\nu_s$), 1310(2γ), 1090(2δ). Die beiden Azidchloride sind in Cyclohexan unlöslich, in Benzol aber löslich, das Trichlorid liegt hier monomer vor. Beide sind schlag- und hitzeempfindlich, das Diazid explodiert regelmäßig bei 130°C, unvermutet aber auch bei Normaltemperatur. TeN_3Cl_3 setzt sich in CH_2Cl_2 mit $(C_6H_5)_3P$ nach folgender Bruttogleichung um: $2TeN_3Cl_3 + 4(C_6H_5)_3P \rightarrow [(C_6H_5)_3P{=}N{-}P(C_6H_5)_3]_2TeCl_6 + Te + 2N_2$.

Literatur:

N. Wiberg, G. Schwenk, K. H. Schmidt (Chem. Ber. **105** [1972] 1209/15); N. Wiberg, K. H. Schmidt (Angew. Chem. **79** [1967] 938/9).

5.17 Das $[TeCl_4F_2]^{2-}$-Ion und seine Salze

The $[TeCl_4F_2]^{2-}$ Ion and Its Salts

Siehe hierzu die Bemerkung auf S. 17. Nähere Angaben in „Tellur" Erg.-Bd. B 3 bei den gemischten Halogenotelluraten(IV).

5.18 Tellurchloridpentafluorid $TeClF_5$

Tellurium Chloride Pentafluoride

Die Verbindung wird beim Einwirken von F_2, verdünnt mit N_2, auf $TeCl_4$ bei 25°C erhalten, als Nebenprodukte fallen TeF_6 und Cl_2 an. Sie bildet sich auch bei der Reaktion von $TeBrF_5$ mit Cl_2 unter UV-Bestrahlung bei gewöhnlicher Temperatur, Fraser u.a. [1]. In kleinen Mengen entsteht $TeClF_5$ als Nebenprodukt bei der Umsetzung von Perfluoräthylentelluriden mit ClF, Desjardins u.a.

[2]. — Zur Darstellung wird in einem Kel-F-Behälter auf TeF_4, $TeCl_4$ oder TeO_2 portionsweise ClF aufkondensiert und das Gemisch längere Zeit auf Normaltemperatur erwärmt. Nach Entfernen der flüchtigen Reaktionsprodukte und des nicht umgesetzten ClF durch Kondensation bei −78°C wird $TeClF_5$ erhalten, Lau, Passmore [3].

Die Verbindung ist eine farblose, niedrig siedende Flüssigkeit. Sie kann in trocknen Metall- und Glasbehältern aufbewahrt werden. Der Siedepunkt liegt bei 13.5 ± 1°C, der Schmelzpunkt bei −28 ± 1°C [3].

Das ^{19}F-Kernresonanzspektrum (gemessen in CCl_3F) entspricht einem AB_4-Spin-System (A = ^{19}F(axial), B = ^{19}F(äquatorial)) mit den chemischen Verschiebungen $\delta_A = 42.7$ ppm und $\delta_B = 4.0$ ppm, bezogen auf CCl_3F, und der Spin-Spin-Kopplungskonstante J(A···B) = 173 Hz [1]. — Die Punktgruppe C_{4v} steht im Einklang mit dem Mikrowellenspektrum, das die Merkmale eines starren, symmetrischen Kreisels zeigt. Für die Rotationskonstante B_0 wird $B_0 = 1395.776$ ($^{128}Te^{35}ClF_5$) und $B_0 =$ 1395.595 MHz ($^{130}Te^{35}ClF_5$) gemessen. Die versuchsweise Zuordnung von Satellitenlinien zum v = 1-Zustand der ν_{11}-Schwingung (Te-Cl-Kippschwingung) ergibt die Schwingungs-Rotations-Wechselwirkungskonstante $\alpha_{11} = 0.770$ MHz ($^{128}Te^{35}ClF_5$) bzw. $\alpha_{11} = 0.779$ MHz ($^{130}Te^{35}ClF_5$). Konstanten für weitere isotope Moleküle s. im Original. Aus den Rotationskonstanten von zwölf isotopen Spezies wird r(Te-Cl) = 2.250 ± 0.003 Å abgeleitet. Unter der Annahme r(Te-F_{ax}) = r(Te-$F_{äq}$) ergibt sich weiterhin r(Te-F) = 1.8305 ± 0.012 Å und $\alpha(F_{äq}TeF_{ax}) = 88°15' \pm 7'$, Legon [4].

Im IR-Spektrum des Gases im Bereich 4000 bis 250 cm^{-1} werden folgende Banden (in cm^{-1}) beobachtet: 727 vs, 410 s, 317 vs, 259 s, die in Übereinstimmung mit den von Fraser u.a. [1] angegebenen starken Banden bei 726 und 317 cm^{-1} sind [3].

$TeClF_5$ reagiert bei gewöhnlicher Temperatur nicht mit Hg [3]. Mit PF_3 entstehen PCl_2F_3, $PClF_4$ und etwas PF_5. Unter UV-Bestrahlung reagiert die Verbindung bei Normaltemperatur mit Olefinen [1].

Literatur:

[1] G. W. Fraser, R. D. Peacock, P. W. Watkins (Chem. Commun. **1968** 1257). — [2] C. D. Desjardins, C. Lau, J. Passmore (Inorg. Nucl. Chem. Letters **10** [1974] 151/3). — [3] C. Lau, J. Passmore (Inorg. Chem. **13** [1974] 2278/9). — [4] A. C. Legon (J. Chem. Soc. Faraday Trans. II **69** [1973] 29/35).

Chloropentafluoroorthotellurate (VI)

5.19 Chlor-pentafluoroorthotellurat (VI) $ClTeF_5O$

Die Verbindung ist im Rahmen der TeF_5O-Gruppe bei den Pentafluoroorthotelluraten abgehandelt, s. S. 60.